自 然 文 库
Nature
Series

MAGIC BEAN

The Rise of Soy in America

魔 豆

大豆在美国的崛起

〔美〕马修·罗思 著

刘夙 译

商务印书馆
创于1897 The Commercial Press

Matthew Roth

MAGIC BEAN:

The Rise of Soy in America

© 2018 by the University Press of Kansas

Magic Bean: The Rise of Soy in America has been translated into Chinese

by arrangement with the University Press of Kansas

插图列表

魔豆：大豆在美国的崛起

致谢

本书的写作计划，是多年前在纽约地铁上诞生的。当时，我和我的朋友、罗格斯大学的校友埃里克·巴里（Eric Barry）*聊天，聊到了豆腐在历史上从什么时候开始在美国成了气候。我那时已经吃了二十年素，而且还在一个真正的公社里面帮人做过豆腐，但对这个问题，我却几乎一无所知。不仅如此，我还不知道，豆腐的发迹历程与我多年前在《素食时代》（*Vegetarian Times*）上见过广告宣传的结构化植物蛋白（TVP）之类仿肉产品之间有什么关系。我也不知道，大豆的这些素食化身，与它在美国人生活中的另一个角色——作为维系着这个国家的工厂化农场体系的大宗农产品——之间又有什么关系。大豆到底是怎样越过太平洋，在彼岸过上这样奇怪的双重生活的呢？

我开始写作本书时，对这个研究主题极为无知。我以为大豆的历史本身就不成气候，而我是在探索一片未知之域。没有比这种想象离事实更远的了。我很快就充分了解到，有很多把大豆作为农作物或科学考察的对象的前人，都曾经对大豆的历史发生过浓

---

* 书中未给出原文的人名、作品名和机构名等，可在索引中查询，其中，种子品种的原文可在"种子品种"条目下查询。本书页下注释均为译者所加。

厚兴趣。比如美国农业部的农学家威廉·莫尔斯，在美国大豆早年发展期间曾为这种作物灌注了很大心血。他 1923 年的著作《大豆》（与他的上司查尔斯·派珀合著）至今仍是不可或缺的研究起点。再比如遗传学家西奥多·希莫威茨（Theodore Hymowitz），也曾对 20 世纪以前美国大豆的情况做过令人惊叹的档案研究。当然，威廉·舒特莱夫和青柳昭子的名字也是必提的，他们那本《豆腐之书》在 20 世纪 70 年代是里程碑式的力作。自那之后，他们就在加利福尼亚州拉法耶特（Lafayette）的大豆信息中心一直积累与大豆历史有关的档案，在美国无有匹敌；其中很多档案在中心网站（www.soyinfocenter.com）上都可以免费查阅。所有这些历史考察，对我的写作都有很大的帮助；我尤其要向舒特莱夫的无私支持表示深深的谢意。

如果没有档案和学术图书馆，历史研究当然是不可能开展的。我要向罗格斯大学图书馆系统、马里兰州贝尔茨维尔（Beltsville）的国家农业图书馆（National Agricultural Library）和很多重要档案馆的各位兢兢业业的工作人员表达感激之情。这些重要档案馆包括：芝加哥的伊利诺伊大学戴利图书馆（Daley Library）特藏部芝加哥期货交易所档案室；国家农业图书馆特藏部，藏有多塞特-莫尔斯考察的记录；康奈尔大学珍本和手稿收藏部，藏有克莱夫·麦凯档案；洛马琳达大学德尔·E. 韦布纪念图书馆（Del E. Webb Memorial Library）档案和特藏部，提供了米勒耳的自传手稿；加利福尼亚大学伯克利分校班克罗夫特图书馆（Bancroft Library）；伊利诺伊大学档案馆；纽约公共图书馆

（New York Public Library）研究收藏部，藏有德韦恩·安德烈亚斯的传记作者的文档；以及美国国家档案馆（National Archives）一馆和二馆，分别藏有日裔美国人被拘留的记录和美国农业部饲料作物调查办公室的记录。此外，我觉得也不应忘记感谢那些把成千上万的文档和报纸扫描成不计其数的在线数据库的佚名人士。

古语有云："千里之行，始于足下。"我为本书写作迈出的第一步，是多年之前地铁上的那次聊天。不过令人唏嘘的是，有的千里之行，不到最后一步越过终点线，都不算真正完成。我的历史学博士论文，以及本书书稿的写作和定稿，就是这样的两次千里之行。如果没有学校和出版社的支持，没有各位提意见者、朋友和家人的无限耐心，这两趟旅行我大概都不可能完成。我要感谢：安德鲁·W. 梅隆基金会，为我提供了夏季小额资助，并让我荣获了毕业论文奖学金；罗格斯大学的历史分析中心和文化分析中心，为我提供了大学奖学金；还有美国环境史学会（American Society for Environmental History）、农史学会（Agricultural History Society）和加州大学伯克利分校，分别给我提供了机会，把书中正在写作的章节拿出来，让学界人士严厉批判。我极为感谢我的论文导师杰克逊·利尔斯（Jackson Lears）以及作为答辩委员的三位老师安·费边（Ann Fabian）、基思·韦卢（Keith Wailoo）和斯蒂文·斯托尔（Steven Stoll）。我在罗格斯大学也辅修了科技、环境和卫生史科目，师从保罗·伊斯雷尔（Paul Israel）；事实证明，这方面的训练对我的研究非常关键。在本书写作快要到最后期限时，堪萨斯大学出版社的编辑们对我格外通情达理。最后，我还要深深感谢妻子斯蒂芬尼（Stephanie）对我的爱和支持；这份感激之情，我永远表达不尽。

魔豆：大豆在美国的崛起

目 录

序章　注定成功？

没有人真正知道，1900 年的时候，美国总共有多少土地栽培着大豆，因为那时没有人关注这件事。不过，这个数字很可能接近于零。1907 年是有估计数字的最早年份，那年大豆还主要用来晒制干草，其总栽培面积大概是 5 万英亩*，分散在全美国 3 亿英亩的农场之中；相比之下，小麦的栽培面积是 4,500 万英亩，燕麦则是 3,500 万英亩。[1] 1909 年的美国农业普查第一次把大豆列入豆类作物；按其记录，339 个农场总共种植了 1,629 英亩的大豆，这些农场大多位于北卡罗来纳州，因为寒冷的天气让更北的州所种的大豆结不出成熟的种子，于是这些农场在那时便为北部州供应着干草大豆的种子。[2] 与此形成对比的是，到 2000 年，大豆的种植面积已达 7,000 万英亩，不光仅次于玉米，而且这些土地加起来要比新墨西哥州的总面积还要略大。[3] 这么多土地共产出 30 亿蒲式耳**的大豆，为种植它们的农民带来了 120 亿美元的价值。大豆以

---

* 1 英亩 ≈ 40.47 公亩 ≈ 6.07 市亩。下文所说"亩产量"均指"每英亩产量"。

** 用于农产品时，蒲式耳为质量单位，并随农产品不同而大小不同。1 蒲式耳大豆约为 27.2 千克；1 蒲式耳小麦质量较之略大；1 蒲式耳玉米质量则较之为少。

及它的两大加工产品——豆油和豆粕的出口总价值达 70 亿美元，它因此成了美国出口总值最高的农作物。大部分大豆出口到了中国，这对于美国的贸易平衡来说是难得的一点儿好消息。中国在 1900 年曾是大豆的第一生产国，但如今已经降到世界第四。与此同时，美国现在却是大豆的第一生产国，产量几乎是亚军巴西的两倍。[4]

总而言之，大豆的兴起，是 20 世纪美国农业最值得大书特书的成功故事之一。但与所有的成功故事一样，一个问题也随之而来：大豆的成功是注定的吗？还是说只是侥幸走了好运？

如果说是注定，那么这注定的结局来得未免太晚。在 16 世纪，世界各大洲之间出现了常规的海洋交通；用环境历史学家阿尔弗雷德·克罗斯比朗朗上口的名言来说，探险家和他们之后的航海者成功地"把泛大陆（Pangaea）重新缝合出来"。虽然要到几个世纪之后蒸汽航运以及后来更高效的内燃机的出现，才让人类有了真正的全球市场，连体积最庞大的货物也能运遍四方，但是风帆时代已经足以让人类把生物扩散到整个世界。农作物能够以种子或插条之类不起眼的方式旅行，然后在异域扎根。甘蔗和咖啡树就这样抵达美洲，蔗糖和咖啡豆又跨越大洋运回来，支持着一个个帝国，又为启蒙运动和产业革命提供了动力。玉米和马铃薯虽然起先默默地种在欧洲的私家花园里，后来却成为农民阶级的高产粮食作物，逐渐传播开来。[5]辣椒到达印度，很快成为当地饮食中不可缺少的成分。稻子从非洲远赴南卡罗来纳，栽培技艺也随非洲黑奴一同到来。[6]与此同时，欧洲的小麦则占领了英属北美的中部殖民地。然而，虽然大豆能够提供的利益堪与甘蔗或马铃薯媲美，但当所有这些全球化交换轰轰烈烈进行时，大豆却几乎一直在亚洲与世隔绝。

与大豆关系最近的野生祖先是野大豆（*Glycine ussuriensis*），原产中国华北和东北的湿润低海拔地区，是一种一年生缠绕藤本，生长在河湖岸边的芦苇丛中。这种植物貌不惊人，生着不大的三小叶复叶，开着紫红色的花，种子又小又硬，据说没有商业应用。[7]从农业资源利用的观点来看，它的主要价值在于它是豆科植物，根上有根瘤，为共生细菌提供了滋生之地；作为回报，细菌可以"固定"空气中的氮气，把它转化为植物很容易利用的一种化合物。只要让农场的土地上有豆科植物生生死死，土地肥力就能增长。中国最早在公元前 11 世纪左右可能就已经成功驯化出大豆，有一个象形文字特地呈现了它的根瘤；而除了土壤肥力之外，大豆对中国农业还有很多贡献。豆科植物能够把所固定的氮转化成丰富的蛋白质，从而为缺乏乳类或肉类食物的饮食填补了这个空白。[8]正如美国农业部的研究者在 1917 年提到的，每英亩的大豆可以产生 294 磅 * 可利用蛋白质，是花生亩产量（126 磅）的两倍还多。[9]差不多 50 年之后，这个估计值经过修订，提高到了每公顷 376 千克（即每英亩 331 磅）。[10]正如威廉·舒特莱夫和青柳昭子在他们 1975 年的畅销书《豆腐之书》中强调的，"比起用于放牧肉牛来，一英亩土地如果用于种植大豆，产出的可利用蛋白质将是其二十

---

* 　1 磅 ≈ 0.454 千克。

倍"。[11] 更何况，这还只是大豆在榨取完大量植物油之后顺带提供的产品。

大豆的普及如此之晚，部分原因与地理环境有关。中国大豆的种植中心在华北和东北，纬度为北纬 35 度至 45 度。在欧洲，这个纬度带主要是干旱地区和浩瀚的地中海。匈牙利植物学家弗里德里希·哈伯兰特在 1873 年维也纳世界博览会的亚洲展品中见到大豆之后，意识到它对人类和牲畜的食用价值，开始在中欧各地开展实验性栽培。他的工作激发了欧洲人对大豆的热情，特别是德国，在 20 世纪的很长时间里都是大豆加工技术的领先者，让大豆加工产品得到了广泛应用。然而，德国的纬度太偏北了，大豆在那里一直没能实现大规模种植。人们必须一路西行，到达北美洲，才能在正确的纬度上碰上横跨了半个大陆的平坦而灌溉充足的平原。今天我们回顾的时候，会觉得美国是大豆注定要在此兴旺发达的国度；然而，最早在 19 世纪 40 年代，当农场主们终于能够用约翰·迪尔的钢犁型开美国中西部的草皮之时，它本来就已经可以发达起来。不过就算是这个时候，其实也已经晚了。

这里面的另一部分原因是基层机构问题。在美国本土还不是美国的时候，这里事实上就已经有少量大豆栽培了。最早的记录是 1765 年，一个叫萨缪尔·鲍恩的前东印度公司水手在佐治亚的萨凡纳（Savannah）种下了他称为"豌豆或野豌豆"的东西，一度还把酱油成功出口到了伦敦。[12] 1770 年，本杰明·富兰克林从伦敦给他在费城的植物学界熟人约翰·巴特拉姆寄了一些"中国鹰嘴豆"，说"用它们做的一种乳酪"在中国有"广泛用途"。[13] 1851 年，伊利诺伊州的医生本杰明·富兰克林·爱德华兹（与前面那位国父没有亲缘关系）在圣弗朗西斯科从日本的船难漂流幸存者那里不可思议地获得了一些"日本豌豆"，把它们送给伊利诺伊园艺协会的一位会员，后者便种在了自家花园里。所收获的豆子又送给了俄亥俄、马萨诸塞和纽约等州的园艺协会，还有负责向农场主分发新优种子的美国专利局局长。到了1854年，"日本豌豆"已经分发给了全美国和加拿大的数十位农场主，乡下的出版物承认它们有作为鸡饲料或猪饲料的潜在价值。[14] 1854年，海军准将马修·佩里的日本考察又给专利局办公室寄去了更多"日本豌豆"样品。[15]

最终，比起传教士、远洋船长和外交官彼此缺乏协调的努力，是美国内战之后建立的政府赠地学院（land grant colleges）和农业实验站，以更为系统的方式进口着大豆的各个品种。1879年，新泽西州罗格斯学院的两位研究者在访问慕尼黑和维也纳时获得了哈伯兰特的大豆。[16] 1882年，北卡罗来纳州的化学家查尔斯·W.达布尼报道，"本州各个地方的许多人"都已经种植了大豆，但这些大豆的来源现在并不清楚；后来，当地的传说把大豆的引入归功于从亚洲返航的远洋船长。[17] 到19世纪90年代，马萨诸塞和堪萨斯两州的实验站都已经直接从日本进口大豆了。[18] 然而，要想收集到具有足够数量和多样性的品种，把大豆确立为一种成功的美国农作物，最终需要联邦政府层面的项目，这就是本书第一章和第三章所讲述的"大豆管线"（soybean pipeline）。大豆管线始于美国农业部种子和植物引栽办公室资助的亚洲考察，这个办公室于1898年成立；之后，在负责整理分发作物品种的饲料作物调查办公室的工作推动下，管线得以延伸；再之后，通过20世纪10年代迅猛发展的推广机构和农场集团构成的网络，管线最终到达农场主那里。把植物物种从外国土地输送到美国农场的这条管线，本来当然不是专为大豆而建设，但后来的事实表明，大豆是管线所取得的最为重大的成果之一。大豆如此迅速地利用了这条管线，到20世纪10年代末便开始在玉米带发力，这便强化了人们的印象，觉得它的成功是注定之事。

与此相反，在那些可能让大豆不能成功的偶然因素中，首先就要认识到一个比起不适宜的地理环境或不完善的基层机构来可能更深层次地影响了大豆推广的障碍。毕竟，其他作物早已通过非正式的渠道流入，并适应了新气候。这个障碍实际上是个文化问题——大豆没有很快适应西方口味。大豆富含蛋白质，这个主要价值在亚洲是通过一系列传统豆制品来利用的，它们包括豆腐（tofu）、天贝（tempeh）、纳豆（natto）和味噌（miso）等。在这些食品中，只有酱油（shoyu）成为真正的世界商品。并非巧合的是，美国最早种植大豆的尝试便是围绕酱油开展，而在西方，大豆的名字干脆也是用酱油来命名（比如大豆的英文是 soybean，就来自酱油之名 soy sauce），而不是反过来用大豆为酱油命名。在20世纪初之前，其他传统豆制品也由亚洲移民带入了美国，第一章对此有讲述。然而，在《排华法案》和其他针对亚洲定居者的限制法规的影响下，这些外来食品始终打不开局面。豆制品的另一个主要的传入因素，是基督复临安息日会以及其他素食、健康和"卫生"团体的工作。在20世纪最初几十年中，这些团体不仅一直在供应和推介传统豆制品，而且坚持不懈地改进和发明肉和奶的新替代食品，想要推广给更多的美国受众。然而在所有这些努力之下，豆制品长期以来仍然一直只有小众的市场，维持它的是宗教信念，以及与宗教关系密切的变换饮食的热忱。

在 20 世纪还没有开始的时候，美国政府也已经开始推广大豆消费。1899 年，美国农业部出了一份简报，附有一个题为"作为人类食物的大豆"的附录，其作者查尔斯·F. 朗沃西指出，稻米比重很大的亚洲饮食中的"蛋白质缺乏问题，通过大量消费……大豆产品得到了弥补"。[19] 虽然他的文章又重印在《卫生公报》之类健康卫生运动的报刊上，但是朗沃西并非素食者。实际上，他和他的上司威尔伯·阿特沃特经常就蛋白质最小需要量与素食者争吵。按他们的估计，这个量对于中等活动程度的男性来说是每天 125 克。[20]（他们最终被研究对手驳倒，承认应是每天 70—100 克，这个数值更合理一点。）朗沃西是学院派家政学研究者的开创一代的成员之一，认为这些蛋白质份额的来源应该尽量具有最为划算的成本，特别是对工人阶级而言。也就是说，应该有更便宜的切割肉和更多的豆类。最终，朗沃西不再打算改良传统豆制品。作为第一次世界大战期间美国农业部家政办公室的主任，他参与发现了可以更容易作为美式豆类菜肴和炖菜食材的大豆品种。他也推广了大豆粉作为肉馅糕仿食的一种原料，那时它还只是小规模生产，用于糖尿病患者的低碳水膳食。[21] 家政学系成了这种大豆食谱的最后阵地，是战时的紧急状态让它脱颖而出。在第二次世界大战期间，因为大豆的栽培更为广泛，人们用大豆作为肉类替代品的热情也更为高涨。

然而，在国家还处于紧急状态的时候，这些尝试就引发了抵触，通常以挖苦的方式表达。第一次世界大战期间，在考察了芝加哥举办的爱国食品展之后，无可争议的幽默大师林·拉德纳单挑出大豆，极尽嘲讽之能事；《纽约客》杂志的聪明人们在第二次世界大战期间也写下了类似的文章。在这两篇文章中，与对大豆的攻击混杂在一起的，是对社会女性的鄙夷，文章作者把她们与大豆推广以及更广泛的膳食改革运动联系在一起。确实，在1945年的著作《有用的大豆》中，米尔德雷德·拉格就强调了"叛逆的男性"是更大程度接受豆制品的阻碍。事实上，在战争结束之后，人们对豆制品的热情也迅速衰退。尽管之后的一代人开始拥护素食主义，但是像《绿色食品》（1975）这样的影片却展示了人们对大豆与退步的生活水平之间的下意识联想。甚至在大豆食品已经流传开来的20世纪90年代，《辛普森一家》仍然延续了那种传统的挖苦。虽然这部动画片的几个作者就是纯素食者，但它还是想象在不久的将来，在遭到家人责骂时，丽莎可以从自动售货机买一瓶大豆汽水（"现在有了反胃抑制药！"）。不管怎样，美国人在20世纪晚期之前，一直无意调整饮食习惯去接受豆制品。把大豆作为人类所消费的蛋白质的直接来源，本是让它能够进入美国农田的最显而易见的方式，但这种可能性却基本从未得到美国人的考虑。

但正是在作为人类食物的时候，事实表明，大豆千变万化的特点让它有了巨大优势。亚洲人民千百年来已经用大豆开发了种类繁多的产品，中国东北长期以来一直是大豆油压榨产业的中心，榨出的油主要用于非食品用途，比如照明，或是制造涂料和清漆。中国人还把大豆磨成粉，供制干粮。欧洲人对大豆产生兴趣之后，发现了它更多的用途——比如可以作为咖啡替代品。美国农业部的大豆专家威廉·莫尔斯在1918年发布的一份简报里包括了一张示意图，对所有这些用途做了很好的总结。因为有这么多潜在用途，大豆有了更多可能的发展路径，通过试错过程，最终便找到了成功之路。不过，这个历程远不是注定的光明坦途，而是充满了各种变数，有长时段的曲折，也有短时段的意外。

长时段的曲折，牵涉资本主义农业几个世纪以来的演变。这场演变的起始是英格兰的"圈地运动"，它在18世纪和19世纪的一系列《议会圈地法》中达到高潮，导致了中世纪敞田制的终结，宣告了更为集约的农业制度的诞生。在敞田制中，人们让牲畜在公共的牧地上牧食，但让它们把粪便排在休耕地上，这在本质上相当于把非常广阔的地域内的养分集中起来，以此恢复耕地肥力。但当农田被兼并和围封后，休耕期就不再实行，取而代之的是包含饲草作物的轮作，其中的饲草作物常是三叶草和野豌豆等豆类植物，可以通过它们自己的固氮作用或是通过动物粪肥的施用来为土壤增肥。[22] 至于美国人，对他们广袤的土地是出了名的不用心，喜欢在耗尽一块地的肥力之后，再搬到更西边的土地上。在美国南方，土地常常只是用来表明蓄养奴隶的行为具有投资价值，而不是反过来。

然而到了19世纪前期，美国开始进行农业改良运动，除了像以前那样，以豆类和牲畜粪肥作为两大支柱，另外又关注石灰肥的施用和其他土壤改良手段。[23]农业协会和刊物如雨后春笋般出现，1820年前后的时期则见证了农业设备的真正革命性开端。[24]东北部的农场越来越把经营目标转为向附近的城市提供农产品和奶类；而美国西部广大的小麦产区，因为运河的兴修热潮带来了把小麦供应给世界市场的商业渠道，也同样采取了更面向商业的经营方式。正是随后对高产豆类饲草的研究，让农业实验站在19世纪后期针对大豆开展了测试，美国农业部的饲料作物调查办公室也在20世纪初开始研究大豆。大豆的茎叶像种子一样，也含有丰富的蛋白质，它最开始是作为干草在美国很多地区传播开来的。不过从更一般的情况看，推动大豆管线最开始的创设的，仍是人们对利润更高的农作物的追求，以及政府在寻找这样的农作物时所提供的协助。

帮助大豆崛起的短时段的意外，包括了20世纪的很多重大事件，在图1中都有显示。这张图表展示了供收获种子（而非干草）的大豆种植面积在20世纪的百年历程中的增长情况。1924年以前的估计值基本只是猜测，但这一时期大豆的兴起是明显的。大豆种植面积的增长在很大程度上要归因于棉花的棉铃象甲害在整个南方扩散扰乱了这一地区居民的生计，它一方面成为引发非裔美国人向北迁徙的原因之一，另一方面也迫使人们试图用其他作物来打破南方棉花的单一种植，但这些尝试基本都失败了（见第二章）。第一次世界大战对大豆的重要意义，在于它带来的余波——因为战时对小麦和玉米的需求突然消失，美国北方也出现了与南方一样严重的乡村危机，这激起了人们对大豆的好几轮热情，

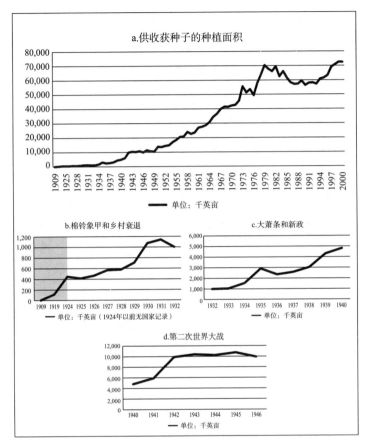

图1　美国大豆种植面积的变化，1909—2000年。

下方三个图表重点展示了三个关键的增长时点。

数据来源：Historical Statistics of the United States: Millennial Edition Online。

先是用它作为干草，后是把它作为油料作物。于是中西部发展起了大豆加工产业，把豆油"压榨"出来，剩下的豆粕富含蛋白质，则用于喂养牲畜。1929年到1930年的大跃升，就呈现了这种从为了刈割干草而种植到为了榨油而种植的改变（见第三章）。这是"咆哮的二十年代"，资本自然也参与其中。

也就是说，农业经济中资本的充裕，一直持续到大萧条爆发时。大萧条让农业经济遭到了美国其他地区的拖累，其严重程度反映在 1932 年大豆种植面积的衰退中。随后，就是富兰克林·罗斯福总统上台，"新政"启动，政府政策限制了供大于求的农作物的种植，于是引导大豆种植面积再次扩张。虽然 1935 年的小高峰在一定程度上与天气状况有关，但它恰好位于第一次新政和第二次新政之间；在第二次新政的时候，政府虽然失去了限制农场土地使用的一些权力，但针对国外食用油的保护主义措施，又有力助推了大豆种植及其加工的发展（见第四章）。大豆的平稳增长一直持续到 40 年代，然后突然出现飞跃，标志着美国参加了第二次世界大战，大豆产业也被动员起来，为牲畜提供蛋白质，以提高肉类产量，供给饥饿的军队（见第五章）。战争带来的技术进步和社会变化又引领了战后的长时间繁荣，反映在大豆种植上，就是其面积迅速扩大，让之前所有的增长都相形见绌（见第六章和第七章）。

到 70 年代，因为石油输出国组织的石油禁运冲击和后续的滞胀，这一扩张趋势遭到打击，在图表上也清晰可见。不过对大豆来说，全球化创造了强劲的出口市场，在这十年的后期继续促进其增长，直到 80 年代的债务危机——其中既有国外债务危机，又有美国国内债务危机，家庭农场的危机尤其突出——让大豆和美国农业都进入了一段艰难的时期。全球化意味着巴西和阿根廷作为大豆出口国的崛起，这进一步挤压了美国作物的份额。但另一方面，全球化也意味着中国作为工业巨头的崛起。中国对大豆有很大的渴求，对于美国大豆所参与的日益激烈的竞争来说是一种补救，这也反映在 1992 年后种植面积的增长上；特别是 1996 年，新的农业法规进一步鼓励了农场主种植世界市场有较高需求的作物（见第九章）。不仅如此，在不断演化的世界经济中，中国的力量还是决定了美国大豆在 20 世纪末的命运的重要因素，这正如中国的贫弱也是 20 世纪初大豆新品种会源源不绝进入美国的因素。

在 20 世纪这些事件之中，乍一看似乎很难察觉是哪件事促成了大豆命运中那个至关重要的拐点，让无常的吉凶变作注定的气运。大豆最初的一些突击，基本都无功而返。它在美国南方没能取代棉花，尽管这种想法在 20 世纪 10 年代这关键十年中可能让美国农业部对这种作物一直保持了兴趣。在玉米带，大豆最初是作为干草作物而兴起的，供人们在田里"放猪"，但到 20 年代前期也衰落了。建立其加工产业的最早尝试——把大豆压榨分离出豆油，剩下富含蛋白质的豆粕——在 20 年代中期同样虎头蛇尾。所有这些努力的共同之处在于，在接受了大豆的人看来，种植大豆是一种低投资、易回报的策略，可以从他们已经拥有的资产那里榨出更多的一点儿收益；南方的棉籽油压榨坊就希望在停工期也能继续利用榨油设备，玉米带的农场主也希望让他们的猪再肥上几磅。直到许多大型企业介入，早期宁可承受几年亏损，也要尽力孵化出一个大豆产业，那个关键时刻才算到来。碰巧，这些大型企业里有玉米淀粉生产商，也有种子商。于是投资的良性循环自此启动，公私两方面的投资都起了助推作用。在此过程中，伊利诺伊大学则做了严格的实验，改进了大豆油在涂料中的性能；美国农业部也向亚洲派出了它的第一支也是唯一的一支"大豆考察队"，去寻找新品种。

此前，大豆的命运飘忽不定，差一点儿就在面对其他豆类或油料的竞争时退出舞台，但现在就是它否极泰来、站稳脚跟的时刻。到 30 年代中期，人们已经有了足够的把握，把大豆作为一种可以在芝加哥期货市场上交易的大宗商品。在第二次世界大战期间，大豆提供了增加动物饲料蛋白质的最为便捷的方式；更多用于研究和提升加工能力的投资让大豆走上了在战后飞黄腾达的道路。而当"大豆产业"在经济和政治两个领域都成为有头有脸的玩家之后，大豆就不只是站稳脚跟，而是牢不可摧了。不过，作为大宗商品的大豆之所以能够掀起势头，不只是因为有过去的这些沉没成本，也是产量和价值相互促进的良性循环的结果。20 世纪中期，《财富》杂志对那时积极从事大豆加工的格利登公司（见第六章）做了报道，文章中附有一幅示意图，对这个过程做了很好的说明（图 2）。这张图片仿佛一片三角洲，"大豆之河"在此不断分为越来越小的副产品汊流——它最开始分成了粗油和豆粕两大产品，二者又各自分裂出用途更为专门的产物。在图表的最右侧可以看到，这些产物中还包括用作合成人类激素的前体的固醇类。大豆产量越大，把它分解为特殊产品的能力也越大。比如要用那些固醇类制取 1 磅合成孕酮，据估计就需要 1.5 万磅大豆。

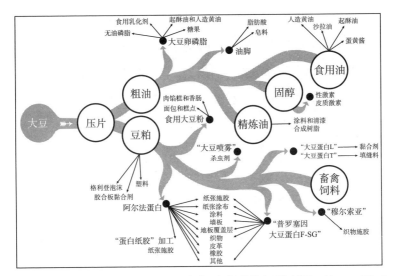

图 2　格利登公司的大豆分解图。引自《乔伊斯盖的房子》（"The House That Joyce Built"），《财富》，1949 年 5 月。版权所有：库尔特·魏斯（Kurt Weihs）。

　　不仅如此，连这幅图表的那个标着"大豆"的起点，都可以想象为从整个大豆植株分出去的一枝。在这样的想象中，如果不去深究这幅图表上的所有特殊产品，至少就这幅图表的总体形式而言，把它从左看到右，就相当于把 20 世纪美国大豆的编年史从前到后过了一遍。一开始，农场主主要把大豆植株作为一个整体来利用。他们或者把它铲入田中，作为绿肥——这是利用了大豆的三大亮点之一的固氮能力，或者把它当成饲草，喂给牲畜。如果牲畜在田间牧食，它们一方面可以发挥大豆富含蛋白质的第二大亮点，一方面又可以把氮素以粪肥的形式返还田中。到 30 年代时，农场开始使用联合收割机，大豆加工产业也有发展，于是大豆籽粒也与植株其他部分截然分开，只有后者仍然作为富含氮素的残留物剩在田中。起先，由大豆籽粒加工而成的油脂和蛋白质都是粗制品，粗油主要供制肥皂；但是随着时间推移，它们又都分解为数目更多的特殊组分，其中很多一开始只是废料。到20世纪末时，并非所有大豆都以合成激素作为终点（虽然还有一部分是这样），还有其他小宗的衍生产品也已经得到了回收，比如供制维生素E的生育酚，以及奥米伽-3脂肪酸。随着大豆产量的增长，即使那些微量的分解成分，价格也能便宜到与其他来源的类似产品竞争。而人们从大豆中榨取的价值越大，它就越是一种值得种植和加工的作物。正是这种良性循环，让大豆的竞争优势不断提升。

到20世纪60年代，大豆已经成为美国生活中恒有的成分，但其作用却与亚洲的情况完全不同。大豆丰富的蛋白质并没有直接供养美国人，而是通过肉类生产的大幅扩张而间接供养着美国人。大豆与廉价的粮食、科学育种以及可以促进生长并让牲畜的大规模集中饲养成为可能的抗生素一样，都是工厂化农场中的关键要素。这样的工厂化农场体系，最开始通过肉鸡的饲养出现在鸡身上，很快又扩展到猪和牛。正如舒特莱夫和青柳昭子后来所哀叹的，这种生产需要把这个国家种出来的大豆蛋白质中可能多达九成的大头挥霍在"动物新陈代谢的过程"中。[25]这也能部分解释，为什么在大豆发挥作用的时候，人们却几乎注意不到它。在过去大多数美国人都从事农业生产的时代，我们还可以想象，一种得到人们采纳的新作物会同时既出现在田间和餐盘中，又出现在他们有意的认识中。但是从那时起到 20 世纪 60 年代，农场与刀叉之间的食物链越来越长，这种想象也越来越错误了。大豆已经全方位地潜入了美国人的饮食，然而它是以供应不断增多的肉类的形式迂回地潜入，是以沙拉油的一般形式间接地潜入，是以加工食品中大豆卵磷脂之类成分的形式小心地潜入。美国的农场主——至少是中西部的农场主，还有越来越多的南方农场主——虽然确实非常了解大豆，但是他们那时在美国人口中已经只占一小部分，而且人数仍在缩减。

不过到 60 年代末的时候，嬉皮士反文化运动发现了大豆，竭力想让大豆挣脱资本主义控制的肉类生产，并在这个过程中提升了它的可见性（见第八章）。但话又说回来，大豆如果最开始没有广泛用作动物饲料的话，嬉皮士们的努力本来并无成功的可能。他们虽然会自己种植大豆，用的也常常是与附近农场主不同的有机方法，但所选用的大豆品种，却是在当地可以获得的适应性良好的品种，而这是美国农业部和各州在作物改良计划中所费心血的遗产。他们还要依赖另外两拨人留下的本土遗产，一拨是美籍亚裔豆腐生产商，另一拨是基督复临安息日会的豆制品创新者。这两拨人服务的都是特定的人群，在他们看来，豆制品代表了维系共同体或宗教信仰的纽带，因此不需要它们有多大的市场吸引力。在日裔美国人的饮食中，豆腐是一个极为顽强的特征性存在；即使美国通过限制移民让日裔中更年轻的世代实现了更为彻底的美国化，豆腐仍然保留在他们的饮食中——甚至当日裔遭受拘押折磨时，也照样出现了豆腐的身影。至于安息日会信徒，他们是在美国用大豆制作肉类和乳产品仿食的先行者，丝毫不考虑味道和口感上的任何缺陷。这些持续存在的共同体，后来成为大豆乌托邦利用的资源；这正如好几代学院派的大豆研究者也曾把他们作为资源，不是去拜访过附近的唐人街，就是曾与安息日会机构取得过联系。

20 世纪 70 年代是大豆的又一个野蛮生长的时代。与其说这个时代预示了"后市场"（postmarket）社会的到来，不如说它是资本积累、产品多样化、商品推广和全面标准化的一轮新循环的前奏。然而这一回，大豆不再隐居幕后，而是走上前台，来到中央，至少也是近于如此。整个 80 年代，豆制品成功地为自己打造出豆腐改良产品的形象，而不是大豆的某种形式。其中的典型代表是"豆馥滴"，这种大豆冰激凌瞄准的是雅皮士对哈根达斯的兴趣，一度因为不再含有任何真正的豆腐成分而受到非难。到 90 年代时，大豆作为一种食品已经赢得了有益健康的名声，"大豆"这个词也已经更为直截了当地出现在装豆浆的纸盒或能量棒的包装袋上。到 2000 年，人们已经常常会在星巴克点大豆拿铁来喝，大豆也终于完成了它历时一个世纪的变身，从异域进口的作物，变为一种司空见惯的、近乎普遍的存在。

对一位叙事史学者来说，这样一部有关大豆崛起的详细报告仍然缺少了一些重要的东西，那就是当事人的作用。他们在工作之时，并不会觉得自己只是历史或资本主义手中的牵线傀儡。这一点非常关键。无论是社会、经济、创新还是徐徐展开的历史，都不可能自动运行，而需要由千百万受着各自的想象所驱动的活生生的人来保持运转，获得发展方向。事实上，发生在大豆身上的每一次变身，没有一次是轻而易举的；大豆常常是一种桀骜不驯的改良目标，需要形形色色的行动者怀着各自的动机付出艰辛的努力。他们在大豆身上投入的东西不只是金钱，还牵涉个人的职业目标，或是建造更美好的世界的梦想。事实上，本书的大部分内容都献给了那些常常以刁钻古怪的方式去想象种种现实不可及的愿景的人物，在多数时候，他们的愿景都落空了。灵感的世界，总是会超越可实现之事的世界；毕竟，如果没有天马行空的灵感，那么一切事情都不可能实现。

本书所记述的，是 20 世纪期间美国人让大豆变身的历史，是 20 世纪的美国让自然界中的许多事物变身的具体方式的个案研究。本书也记述了这些变革过程本身与时俱进的情况。虽然这一历程必然与经济和技术的演变有关，但它也反映了不同年代的人们如何受着不同担忧的困扰，如何介入不同的重要文化时刻，如何各逞才力地想象一个变化的社会可能或应该呈现的模样。有人设想把有用植物从全球各地收集起来，促进国家的经济增长；有人设想让农业现代化，取代南方深受棉铃象甲为害的棉花单一种植模式；有人设想用创新的化学工艺把农产品升级为宝贵的工业原料，从而与乡村的衰落斗争；还有人设想以工匠精神来生产高蛋白素食，借此摆脱资本主义的残酷机制——在所有这些五花八门的设想中，大豆都能获得一处立足之地。一些更为热情的大豆倡导者，甚至毕生为之着魔——它成了一粒魔豆，提供了通往另一个世界的途径。*这也许是它最大的——从某种意义上说也是最神秘的——成功秘诀，和注定成功的关键所在。

第一章　渡　海

　　1910 年，20 岁的山内鹤（Tsuru Yamauchi）*——她的本姓是上川（Kamigawa）——来到夏威夷，在移民局度过了紧张的三天，等待她只在照片上见过的那个丈夫的到来。她的父母对她十分严厉，禁止她接触同龄男性，太阳落山之后她就要一直待在家里，所以她一想到自己要随一个男人离开，就浑身剧烈战栗不已，以至于同在移民局等待的另外两位"照片新娘"需要按住她颤抖的双腿，对她好一番安慰。但比起之前乘"蒙古"（Mongolia）号从横滨出发，在十五天的航行中一直晕船的经历，坐在这里总归是一种解脱。在船上，她吃不到大米，连茶都喝不到，整天只能睡在甲板下面一张厚布做的吊床上。七十年后在接受采访时，她说自己见到船仍会浑身无力。之后，山内昌谨前来，把她带到怀帕胡（Waipahu），那是他劳作的种植园所在地。在那儿的甘蔗地里，她又感觉自己得了另一种病，一种孤寂的思乡病："除了甘蔗和一些山，别的你什么都见不到。没有父母和姐妹，我觉得空落落的。在

---

*　除山内昌安外，译者未能查到山内一家姓名的汉字写法，姑按最可能的情况翻译。

这里你什么都见不到，没有风光，没有美景，只有田地和山。唉，这样的地方。太阳已经要落下了。我就想：'夏威夷就是这种地方吗？'"[1]

大豆本身没法漂洋过海，而是被无休无止迁徙的人类带着前行。人类历史进入 20 世纪之日，正是全球化汹涌勃兴之时；是蒸汽动力的船舶和跨洋通信电缆促成了全球化，推动人们分别从两岸相向跨越太平洋。美国传教士纷纷来到中国，深入内地，因为在义和团运动被镇压之后，当时的清朝处在改良时期，放松了对外国人的限制。竭力要在全球商品贸易中保持竞争力的美国农业部也同样向亚洲和世界其他地方派出考察员，搜求有用的经济植物。与此同时，日本和冲绳的农民则受到让日本经济现代化的明治维新的极大冲击，不得不到夏威夷的甘蔗田里去找工作，之后又来到加利福尼亚州的农场。这几群人分别携带着大豆的一个化身。美国农业部的考察员，以及他们所扶植的植物联系人网络，把实体种子送回国内，育成了美国作物。传教士深深浸淫在中国生活中，给美国带回了豆制品的本土知识；特别是素食的安息日会信徒，提出大豆应该适应美国人口味的理念。至于亚洲移民，不管走到哪里，都会搞来大豆，以维持他们的饮食传统。

现在不清楚，来到夏威夷的移民是在他们新的家园种植大豆，还是通过进口来满足需求，但是就像山内鹤在几十年后的口述史中所述，她们设法做出了豆腐。在甘蔗田中，她和自己陆续添丁的家庭一周能搞到一次豆腐——幸运的话，一周能搞到两次——是从附近的怀帕胡镇徒步带来的。[2] 豆腐所提供的并不只是机体上的营养；对于这一点，从她恐惧地坐待自己即将开始的新生活时由另一种熟悉的食物带来的舒适感也能看出来。在移民局供应的一顿饭中，她喜不自禁地发现"夏威夷也吃海带（konbu）"。[3]身处异乡，食物可以提供家乡的滋味。亚洲移民以顽强的意志，让这种滋味在夏威夷延续下来，在 20 世纪之后的岁月中又把它带到了美国本土。

家乡的滋味

山内鹤成长于冲绳，这里在历史上是个独立王国，只在晚近的时候才并入日本，成为一个县。比起北边的素食邻居来，冲绳人吃的豆腐还要多。他们吃的猪肉也更多，但极为贫困的家庭想搞到猪肉也更困难。[4]山内鹤的家庭就常常仰赖邻居的救济，其中有一位豆腐坊老板，会叫他们来"拿一些烧焦的底层"——这很可能说的是豆腐坊老板的妻子按习俗制作的炸豆腐，日语叫 agé。"在没有任何吃的东西时，就连这个吃起来都很香。"山内鹤在十三四岁时学起了做豆腐，清晨亲手把大豆磨碎，用它来做上一锅豆腐。她会上街把豆腐兜售给朋友。如果豆腐没来得及卖掉，变酸了，她和家人就自己吃掉。[5]

像山内鹤这样的少女要做豆腐，就必须在天还没亮时就醒来，把水泡的大豆磨成豆糊（"吴"，gô）；豆糊从两爿用手转动的笨重的花岗岩磨盘流出，盛装在桶里。为了让豆腐更美味，豆糊要在柴火上架的敞口铁锅中煮沸，还要隔一会儿就用铲子撇一下浮沫。之后，她把豆糊倒进布袋，用一只五十磅重的磨盘和她自己的体重反复压出其中的豆浆，直到布袋中只剩下一种叫"豆渣"（okara）的纤维状物质。[6] 把铁锅仔细擦净、不残留一点儿豆糊后，才能把豆浆倒回铁锅再次煮沸，因为豆糊中的油会影响豆腐凝固。豆浆放凉之后，她就边搅拌边加入苦卤（nigari）作为凝固剂。苦卤的主要成分是氯化镁，传统上是把湿海盐装袋，由袋子渗出的汁液制成。[7] 白花花的豆腐就这样凝固出来，浮在淡黄色的豆清上。她用大勺把豆腐舀到木制方盒里。方盒一英尺见方，深五英寸，[*] 里面衬有粗布，盖上盖子后要用重物压一个小时，让残余的豆清从盒子底部和侧面的小孔流出。[8] 最后制得的就是老式的农家豆腐，呈米黄色，带着粗布的压痕，而且坚实得可以用稻秆捆束。[9]

在操作上，农家豆腐的制作工艺过于繁复，不可能家家自制以供日常之需。在日本的村庄中，有专门的妇女为整个村子制作豆腐，这主要是在过节的时候。而在镇子和城市里，虽然会有像山内鹤这样的姑娘沿街叫卖豆腐，但大部分豆腐是由豆腐坊的男性工匠制作的。同样，在美国加州和西部山区定居的日本人也会从豆腐坊买豆腐，人们也因此比较容易在事后追溯豆腐在这整个地区的扩散过程；而如果豆腐主要是一种自制食品的话，这样的追溯就很困难了。就追溯工作而言，英文史料并不是特别有用。敢去唐人街的农业实验站技术员偶尔会记述，那里的商铺在售卖用黄布包裹或姜黄染色的"白色乳酪"。[10] 一本流行杂志把豆腐鄙夷地描述

---

* 　1 英尺 = 30.48 厘米，1 英寸 = 2.54 厘米。

　　　　　　　　　　　　　　　　魔豆：大豆在美国的崛起

成"在几乎所有华人副食店的橱窗里"都会展示的一种"由豆子乳酪制成的丑不拉唧的黄绿色糕块"。[11]他们没有提到日本豆腐。比起更像日本农家豆腐的中国豆腐来,日本豆腐通常呈白色,也较为松软。不仅如此,城市工商名录很少会列入日本豆腐坊:有一本波特兰市的工商名录在几个版本中都列出了一家豆腐企业,其中最早的一版是1915年,然而,在这几版中不是把它列为面包房、饭店,就是列为澡堂,从来没标明它是豆腐坊。[12]这是一种外人几乎不可见的产业。

与此不同,日语史料却提供了证据,表明凡有日本移民定居的地方,豆腐很快也随之而至。1905年,在圣弗朗西斯科出版的报纸《日美新闻》开始每年印行一本名录,列出整个西部地区的日本企业,其中也包括豆腐坊。[13]第一年的名录列出了6家店,位于洛杉矶、圣弗朗西斯科、萨克拉门托和圣何塞,还有小城艾尔顿(Isleton)。[14]1906年,这个数字增加到8家,多出的两家在西雅图。1907年的时候,像弗洛林(Florin)、维塞利亚(Visalia)和沃森维尔(Watsonville)这样的小城都出现了豆腐坊;此外还有犹他州的奥格登(Ogden),以及加州北部利弗莫尔(Livermore)城外的特斯拉(Tesla)煤矿。1908年,数字增至14家,单是洛杉矶就有4家,还有一家店开在内华达州的里诺(Reno)。总之,豆腐坊从城市向乡村地区的扩张,可以勾勒出移民的路线。与中国移民一样,很多早期日本移民是留学生,或是前来餐馆和旅店的打工者;但在19世纪末20世纪初,越来越多的移民是农民,他们取道夏威夷,作为农场工人前往美国本土。

造成这个变化的是地缘政治事件。甚至在 1898 年并入美国之前，夏威夷就已经达成了一项协议，允许甘蔗种植园的工人移民到美国本土。不过在 1894 年以前，移民的人不多；自 1886 年以来的 8 年间，从日本来到夏威夷的 3 万工人中只有不到 900 人旅居美国本土，主要是想在完成为期 3 年的劳动契约之后返回家乡。[15]然而在 1895 年中日甲午战争之后，获胜的日本政府在财政上捉襟见肘，于是把移民管理事务出让给了私人公司。这些"移民会社"（imingaisha）非常积极地为夏威夷的甘蔗种植者招聘劳工，特别是 1898 年之后，种植园主为了寻求大丰收，对劳力的需求猛增。直到 1900 年遭到美国宪法禁止，移民会社运作的这套卖身契体系才逐渐退出历史舞台。1894 年到 1908 年间，有超过 15 万名日本人来到夏威夷。[16]一旦来到这里，这些不断增长的日本人口又会转而受到加州的劳力招募吸引。他们栽培水果和蔬菜的本领在那里有很大需求，结果那里不仅开的薪水要高，工作条件也比甘蔗田好得多。[17]夏威夷种植园主于是把招募目标转向冲绳人。甘蔗是冲绳诸岛的主要农作物之一，冲绳人本来就很熟悉；为了摆脱赤贫，他们又甘愿承受严酷的劳作。[18]与此同时，来自日本本土的大和人则来到加州乡下定居，起初是雇工和土地租种者，后来有人成了小地主。1901 年到 1910 年间，日本移民多达 13 万；1910 年的《日美新闻》则认为移民总人口约有 10 万。[19]

1909 年，《日美新闻》名录开列的豆腐坊数目突然翻了一番，从 14 家增至 29 家，其中很多位于乡下，包括阿拉梅达（Alameda）、阿莫纳（Armona）、迪努巴（Dinuba）、奥克斯纳德

魔豆：大豆在美国的崛起

（Oxnard）、里德利（Reedley）、圣巴巴拉（Santa Barbara）、塞尔马（Selma）和图拉雷（Tulare）等地。对于店数的跃升，有多种可能的解释。从这些小城出现日本移民，到其人口增长到足够规模，让豆腐坊能开下去，其间可能有个时间差。另一种解释是，这可能体现了1907年之后移民人口组成的变化。那一年，西奥多·罗斯福总统参与了美日政府之间的一笔交易，以阻止圣弗朗西斯科学校委员会把日本学生分进遭到种族隔离的华人学校；作为这笔交易的一部分，美日政府之间的所谓"君子协定"削减了前往夏威夷的男性劳工移民限额。不过，男性劳工的配偶、子女和父母获允成为当地居民，这就导致随后的"家庭召唤时代"（Yobiyose Jidai）期间有一拨女性流入。[20]妻子们和日本老人们的到来，可能加大了豆腐的需求。不仅如此，女性劳力还可能是让豆腐产业经营起来的关键；在她们干的活儿中，有一项就是按习俗炸制豆腐，在下午售卖。

还有另一个很大的可能是，虽然有的小城豆腐坊在1909年之前已经开张，但被人们忽视了。那一年，加州议会对新的"黄祸"感到恐慌，便委托加州劳工统计局编纂了一份有关该州日裔人口的综合报告，这得到了《日美新闻》的协助。劳工统计局的9名特别代理人全是白人，来到加州的每一个日裔社区，分发以英语和日语印制的调查问卷，其中有相当高比例的问卷被顺从地寄了回来。[21]当最终的报告还在印刷，尚未正式发布的时候，就因为其中对日裔的赞美之语而遭到谴责，最后被作为委托方的议会蓄意阻挠，彻底无法出版。[22]然而这个时候，《日美新闻》已经拿到了调查结果，这应该对他们确定豆腐坊的位置有所帮助。不管如何解释，所谓"君子协定"也好，劳工统计局报告的最终结局也罢，都明显反映了当时导致移民限额最终削减的反亚裔情绪——尽管在 1910 年到 1920 年间，仍有 8 万日本人来到美国。虽然也可以想象，正是这种偏见妨碍了盎格鲁裔美国人接受豆腐，然而实际上，豆腐被如此彻底地无视，以至于它压根就没有进入那些抱持"肉与米之战"思维的反亚裔本土主义者的法眼。

1909 年之后，《日美新闻》开始自行开展工商普查。这些普查不限于加州，也涵盖了好些邻州。1910 年的普查确定了 42 家豆腐坊的地址，不过在名录上只列出了 20 家。这一年，科罗拉多、犹他、爱达荷和怀俄明等州，还有华盛顿州和俄勒冈州都在做豆腐。[23] 这些豆腐坊都是小本生意，每年的销售额通常在 500 到 1,000 美元之间，只有加州斯托克顿（Stockton）的一家店挣了 4,000 美元，还有洛杉矶的两家店合起来一共赚了 1.5 万美元。[24] 大多数豆腐坊主人是男性，只在 1913 年的普查列表中，至少有一家店为一位女性独有。[25] 豆腐坊的顾客流失率很高。在那些年列出的店里，只有大约三分之一出现在两年或两年以上的名录中；不过，某些地点很受欢迎，有的地址在不同年份中会变换店名出现，最多的先后有过 6 个名字。豆腐坊有时候只是其他企业附带一做的生意；这些企业通常是食品进口公司，也有不少情况——包括波特兰的那家店——是澡堂，这可能是因为豆腐坊和澡堂都要用到大量热水。[26] 总体而言，每年正在营业的豆腐坊数量都在 40 到 50 家之间波动。[27]

现在已经没法确定，供自家食用或售卖的自制豆腐是否曾与名录上开列的小店共存。以夏威夷为例，山内鹤的一位冲绳同乡后来曾讲述，她把做豆腐当成了挣一点点外快的许多办法之一："我做了十五年豆腐。每天凌晨两点我就起床开始做豆腐。我也养猪。……下午我给宿舍里的单身汉洗衣服。我也学了制衣和裁剪。……我想挣到足够的钱，送孩子上学念书。"[28]《火奴鲁鲁市工商名录》直到1923年才正式列出第一家豆腐坊，从此以后，在夏威夷以及加州，这个产业就成了零售梯级中的最低一级，让业主最终有可能升级到其他的经营项目。[29]山内夫妇就是在从事了多年的甘蔗田农活、房屋清洁和工厂工作之后，在孩子们的协助下于1940年7月开始运营这样一家豆腐坊。后来，他们因为豆腐过上了好日子；一个儿子到加州做生意，把自家的豆腐坊做了现代化改造并扩大经营，使之成为西海岸最大的豆腐企业，还声称他们发明了日后成为标准包装的密封注水塑料盒。

那个时候，也有零星的证据，把美国的豆制品制作与大豆种植联系在一起。1909年，《日美新闻》的《日裔美国人年鉴》估计，之前在1900年的时候，美国大豆作物的产值是700万美元，仅算加州的大豆的话，产值在100万美元以上。这本年鉴没有给出数据来源，它看上去要比其他对1900年大豆种植数量所做的回溯估值要高；至于美国农业部，直到1923年才开始关注大豆。[30]那时候，加州的酱油厂与豆腐坊一样，都对大豆有需求，于是可以合理地想象，美国的日裔农场主会延续传统，把大豆种在果园和商品蔬菜园边缘，甚至常常散植其间。比如在夏威夷，农业实验站研究人员 F. G. 克劳斯就在 1911 年报告，当地日本移民的酱油和味噌生产创造了对大豆本身的"可观需求"，每年要从亚洲进口250 万磅。他也报告，科纳（Kona）区的咖啡种植者每年在咖啡树间种出了 20 万磅大豆，不过尚不清楚这些大豆是供制酱油，还是作为牲畜饲料——这是克劳斯最感兴趣的用途。[31] 不过，他的加州同行没有做过类似报告。早在 1897 年，实验站的植物学家约瑟夫·伯特-戴维就记录了圣弗朗西斯科唐人街店铺售卖的有趣植物，其中包括"大豆，也即 Glycine Soja 的发芽种子，〔以及〕其黑、白、绿色的种子"，但这些可能是进口货。[32] 如果日裔美国人曾把种子买到美国来种植，如果这些品种有更广泛的进入美国农业的途径，那么这个过程对于今天的史学研究者来说仍属未知，一如当年的观察者。

超前理念

在山内鹤遭受漂洋过海折磨的 7 年前，也就是 1903 年，米勒耳（Harry W. Miller）以及与他同乘"印度女皇"（Empress of India）号的医药传教士同行信心十足地觉得，他们一定能够很好地经受远洋航行的考验。第一段航程穿越了狭窄的乔治亚海峡，从加拿大不列颠哥伦比亚省的温哥华到达维多利亚，其间他们连一点点的难受都没感觉到。之后，就在他们上床睡觉后的某个时候，船只载着他们进入开阔洋面。同住一舱的两位男性传教士这回晕船晕得根本顾不上去确认他们的夫人与两位护士的状况。在

魔豆：大豆在美国的崛起

13 天的时间里，米勒耳几乎不能饮食和行走；有人敦促他去呼吸新鲜空气，于是他设法爬上船梯，瘫躺在一张甲板椅子上。当他终于站立在横滨的坚实大地上时，那里的建筑物似乎都在他眼前摇摆颠簸。他甚至在恢复过来之后对自己发誓，一旦到达中国，就会永远待在那里："我再也不会远渡重洋，连着两周身遭如此可怕的病症。"[33] 横滨之后的下个停靠港是神户，他们在那里与一对夫妇共度一晚。那对夫妇曾是他们在美国医药传教学院的同班同学，迫切地想知道来自家乡的消息。作为回报，其中的妻子为这队被晕船折腾得饥肠辘辘的旅客准备了一场日本菜的盛宴——值得一提的是，这对夫妇在海外其实只待了一年时间。有一道菜引起了米勒耳的特别注意：用豆腐做的一道"不错的烧烤"，他觉得吃上去就像蛋奶酥。这便是他第一次听说大豆。[34] 这队旅客"吃啊吃啊吃，又出去参观"，逗留了很长时间，差点儿就错过了准备驶往上海的"印度女皇"号。[35]

在寻求输入西方专业知识的清政府改良派的鼓励下，基督教传教士掀起了一场新的来华浪潮，以空前的规模深入中国内地，米勒耳也参与其中。这是一场全方位的深入体验。米勒耳及同伴在中国内地会的领导下，换穿了全套中国服饰，其中也包括象征汉族屈从于清朝的辫子（queue）和帽子（mao-tze），以便能够与当地居民更好地交往，劝说他们信教。他在一个村子里学会了讲汉语，并办起了一家中文印刷坊，印制传教小册子。当他的夫人因为肠道疾病不幸去世后，他便失去了与讲英语者的日常沟通机会。毫无疑问，他也一直在吃当地饭菜，根据他后来撰写的一份报告，他曾观察了豆腐的制作过程。[36] 因为担心米勒耳的心理问题，他所属的教会最终召他回国休假。为了避开漫长的太平洋横渡，他取道俄国，循陆路西行，一路上慢慢脱掉中国服饰，改换成西式服装，同时恢复了讲流利英语的能力。就大豆而言，他最终带回美国的东西，并不像亚洲移民为了在异国他乡保持饮食传统而搞到的豆子本身那样看得见摸得着。随他一同回国的，是有关大豆食用的新知识；考虑到他所属教派的饮食实践，这些知识具有改变美国人饮食之道的潜在价值。

米勒耳是基督复临安息日会信徒，这个教派又是相信末日将临的米勒派（Millerites，但他与其创始人没有亲缘关系）的分支。米勒派曾预言基督将在 1844 年再次降临，但预言落空，米勒派因此深受这个后来称为"大失望"的事件的打击。基督复临安息日会的创始人和先知叫埃伦·怀特，她在 1863 年时接受了水疗运动，这一教派的饮食教条也在此时成形。起源于奥地利的水疗，对美国的禁酒运动改革者很有吸引力，他们把水视为可以代替酒精的纯洁物质。水疗者通常也会偏爱素食，这是遵循了健康提倡者西尔维斯特·格雷厄姆在 19 世纪 40 年代推荐的方法。格雷厄姆劝人们戒除任何兴奋剂，不光是酒精，也包括烟草、茶、糖、香料、精制面粉和肉类。怀特曾陷入一场幻象，在其中受到启示说，为了"特别照顾上帝赐予我们的健康"，人们应该避免"任何事情的放纵——工作的放纵，饮食的放纵，服药的放纵"，还应该利用"上帝的伟大药物——水，纯净的软水——来治疗疾病，促进健康，清洁身体，获得享受"。[37] 随着 1866 年西部健康研究所在密歇根州

　　　　　　　　　　　　　魔豆：大豆在美国的崛起

巴特尔克里克（Battle Creek）成立，她受的启示更是有了机构的支持。不过，水疗运动后来衰落了，这家研究所在苦苦支撑了十年之后，于 1875 年接受了约翰·哈维·凯洛格的领导。凯洛格把它改名为巴特尔克里克疗养院（常简称为"疗养院"）。

凯洛格是一位神采奕奕、富于魅力的安息日会信徒。怀特曾花钱让他接受了水疗培训，之后他又坚持要他们送他去纽约求学，接受医学博士的训练。他成了一位技术娴熟、擅长胃肠道手术的手术师，一位高产而颇具影响力的科学和健康作家，还通过为病人提供可口素食的不懈努力，成了健康食品的创新带头人。他发明了格兰诺拉（granola）麦片，其最初形式非常类似后来的模仿者中至今依然存在的一个品牌——葡萄坚果（Grape-Nuts）的产品。他还发明了谷物片，这成就了他弟弟威廉·凯洛格的食品帝国。（而且，虽然他不像有些资料宣称的那样是花生酱的发明人，但在花生酱的普及上确实起了关键作用。）虽然他接受了医学训练，却在自己卷帙浩繁的著作中坚决支持活力论（vitalism）这种 19 世纪健康哲学的各种变体。活力论认为，生物体的生命力——特别是把作为死物质的食物转化为活组织的过程——不可能还原为纯粹的化学过程。遵循格雷厄姆派传统的凯洛格因此认为，消化食物用的能量越少，食物越健康。在他看来，便秘就是腐烂的食物被困在身体里，会导致自体中毒，如果腐烂的物质是肉类就更会如此。

然而，凯洛格把活力论做了过火的发挥。在 1903 年的著作《神的活殿》中，他竟然声称要敬畏生命，赞颂说"每一滴水、每一粒沙、每一片雪花……都展示出一个活跃而掌管一切的智能，拥有着无穷的力量和本领"。[38] 这样的观点，后来被他的教派公开指责为异端泛神论，导致他在 1907 年被除名。埃伦·怀特早就对他看不顺眼了，还是在 1902 年，她就声称，在凯洛格世界主义风格的领导之下，疗养院因为沉溺于世俗享乐，正处在"火剑"之下。[39] 在随后的公开决裂中，疗养院归了凯洛格，安息日会则在美国首都华盛顿的郊外新总部附近建立了一所新疗养院。之所以要搬到华盛顿，是为了遵循怀特的宣言："让光就从政府所在地照出来。"[40] 安息日会总算从凯洛格的蓬勃野心带来的不断增长的财务负担中解脱出来，于是在美国内外都广设机构，形成网络。甚至在双方决裂之前，怀特就已经把教会工作的重点转向了乡村学校。比如 1904 年成立的纳什维尔农学和师范研究所，就把安息日会教育带到了美国南方；此外还有加州的洛马琳达学院。与此同时，怀特还积极推动更多的国际传教工作，她本人也深入澳大利亚内陆。

这种机构扩张，让复临主义在此后几十年中成了美国素食主义的理论基石。作为一时风尚，素食主义在兴起之后又沉寂下去；至于安息日会信徒，就和其他美国人一样，在家庭饮食中还是照常吃肉。[41] 尽管只要闻到烟味，教会就会剥夺神职候选人的资格，但埃伦·怀特从来没有把她的健康建议当作信徒身份的检验手段。她本人也恢复吃肉，直到生命最后十年才彻底戒食。[42] 不过，安息日会的疗养院和学院仍会按照原则向病人和学生提供素食，并致力于研制美味的新素食食品，以便能一直吸引这些病人和学生留下来。如果这些机构不能一直经营自己的农场和食品厂的话，它们便会成为那时正把产品推向更多公众的安息日会企业的可靠客户。与此同时，亚洲的传教工作也让米勒耳以及在日本招待他们的东道主这样的安息日会信徒接触到了豆制品。然而，在十几年的拖延之后，安息日会才开始拿大豆和豆制品做实验。

对凯洛格本人来说，这种拖延格外值得一提。在整个 19 世纪 90 年代，他都在设法制作仿肉素食。他推出的这类产品有"纳托斯"（Nuttose）和"纳特林"（Nuttelene），前者如奶油干酪一般黏稠，后者则是一种"精制的白肉，与童子鸡的鸡胸肉一样柔嫩多汁"。[43] 美国农业部助理秘书查尔斯·达布尼对高肉价感到忧虑，在他的推动下，凯洛格在 1896 年又研制了"普罗托斯"（Protose），由他的健康食品公司一直卖了几十年。"普罗托斯"把小麦麸质磨成的粉与花生粕混合，烹制到其稠度和风味都"发生了可观的变化"，而接近肉类的"营养和味觉性质"。[44] 为了能让他的专利尽量得到广泛应用，凯洛格又声称，其他的含麸质谷物和"含油"豆类也可以做原料。但是他没有考虑过用大豆生产"普罗托斯"。后来，他说他那时仅仅是没听说过大豆而已。[45] 的确，在他出版的著作中，最早提到大豆的是《神的活殿》。在书中顺便讲到大豆"在中国和日本用于制作'豆子乳酪'"时，他说大豆"需要更长时间的烹制……且滋味不如一般豆类好"。[46] 在有关"植物奶"的一节中，大豆则未被提及。他在这节中推荐的是坚果奶，并称赞扁桃仁奶具有最精致的风味。[47]

不过，要说凯洛格在 1901 年对豆制品全然无知，也不太可能。早在 1899 年，实验站办公室的查尔斯·F. 朗沃西就写了一篇题为《作为人类食物的大豆》的报告，很明显是美国农业部的简报《作为饲料作物的大豆》的简短附录。朗沃西只找到一篇参考文献，涉及大豆在美国作为人类食物的用途：这是北卡罗来纳实验站的一本简报，报道说把大豆与熏猪肉同煮，可以让大豆更美味，正如美国人所熟悉的其他豆类一样。[48] 朗沃西还指出，在广泛食用大豆的地方，人们通常首先把大豆转化为"多少有些复杂的食品"，包括：豆腐；酱油，即大豆酱；味噌，一种糊状发酵食品；纳豆，由整粒大豆发酵而成，形成"黏稠的大团，具有并非腐臭味的特殊气味"；还有汤叶（腐皮），是"在大豆豆浆表面形成的一种薄膜"。[49] 这些食品在日本饮食中填补了重要空白，取代了"肉类和其他含氮的动物食品"，以弥补由此造成的蛋白质缺乏。[50] 事实上，朗沃西和他的上司——大名鼎鼎的实验营养学家威尔伯·阿特沃特——担心肉类可能很快就会贵得让美国工人吃不起，这就需要一种替代食品。[51] 除了《饮食卫生公报》和《科学与健康颅相学报》等健康改革报刊之外，朗沃西有关豆制品的报告几乎无人注意——然而，这些报刊恰恰就是凯洛格本来一定颇为熟悉的那类出版物。[52]

可以合理得出的结论是，真正的问题与其说是凯洛格从未听说过大豆，不如说是它们在美国市场还难得一见。虽然在农场主和农业研究站之间已有一些品种在少量流通，而适合食用的品种大概也能从唐人街和其他亚裔美国人居住地那里得到，但是市场上的花生要多得多。除非大豆成为一种美国作物，否则凯洛格对大豆不会有浓厚的兴趣，安息日会传教士有关豆制品的体验也不会派上用场。而这又要求大豆种子能够大量漂洋过海，实现移栽到美国土地的目的——也就是要建立大豆品种的输送管线。能够实现这一功绩的，不是移民，不是回国传教士，而是联邦政府的齐心协力。

大豆管线第一期：亚洲考察

自从美国农业部于 1862 年成立之后，在接下来的几十年时间里，它以美元计算的最大项目，是代表众议员把种子分发给他们的选民。1880 年，农业部 20 万美元的预算中有将近一半都用在这件事上面；而到了 1900 年，单是这个项目就要花掉 20 万美元，因为这时要把种子分发给大约 300 万农场主。这样做纯粹是为了换取乡村的支持，大部分种子其实在市场上普遍可见，而且大多数只简单写了个"蔬菜种子"或"花园种子"的标签，而不是新优品种。[53] 戴维·费尔柴尔德是认为这个项目纯属小型贿赂的人之一。他是一位年轻的植物病理学家，和当时部里的另一些人一样，在本国的政府赠地学院中接受科班训练，但深受欧洲科学的严格标准的启发，致力于把美国农业部改造成服务于更大公众利益的研究中心。1897 年，结束休假回到部里的费尔柴尔德，与另一位病理学同事施永格制订方案，从国会的种子分发预算中拿出 2 万美元，用于从海外引进新优植物。农业部部长詹姆斯·威尔逊支持了这个拨款请求，但坚持要在他们打算成立的"外国植物引栽处"（Section of Foreign Plant Introduction）的名字中加入"种子"这个词，这样可以向众议员保证，这个部门的工作只是对存在多年的那个受人欢迎的项目的扩展。于是最终成立的部门名字就成了"外国种子和植物引栽办公室"（Office of Foreign Seed and Plant Introduction，SPI）。[54] 尽管费尔柴尔德很讨厌国会的种子分发，但他对美国农场主的需求和政治势力一清二楚。事实上，他的父亲曾经长期担任堪萨斯州立农学院院长，后来被一场平民党起义赶下台。[55] 不过与平民党人的想法不同，费尔柴尔德为农场主的不幸际遇构想了一种商业上的解决方案，希望能够扶植以新作物为基础的产业，刺激市场对他们的农产品的需求。

为了达成这个目标，费尔柴尔德提议在全球范围内收集有潜在经济价值的植物、大量的国外品种以及在美国已经具备重要性的作物的近缘种。在等待国会批准 SPI 成立的过程中，他为美国农业部撰写了简报《植物的系统引种：目的和方法》，在其中指出，"新兴国家的迅猛发展"要归因于引种的食用植物的良好长势——对美国来说，这包括了几乎所有的主要作物——而"很少是因为培育了本地物种"。（他提到，就连美国的玉米都是从更南边的地方输入的。）不仅如此，现代育种技术也需要系统化的植物收集，在一个地方尽可能多地采集重要作物的品种。他批评那些点缀在整个欧洲殖民地之上的"华丽的植物园"丝毫没有试着去"收集咖啡之类作物的所有近缘种的标本，而这是培育更好品种的第一步"。[56] 植物收集不可避免要涉及广阔的地域，而且很费精力，因

　　　　　　　　　　　　　　魔豆：大豆在美国的崛起

为植物的两个彼此近缘的种可能相距千里，但仍然保留着相互杂交的能力，从而产生合意的杂种；反倒是两个分布地域很近的种，有可能发展出避免这种相互杂交的机制。[57] 所有这些工作，都要求聘用"受过训练的考察者，或植物产业某个分支的专家"去执行，而不能是临时拼凑的一群传教士、军官、外交官和博物学家，虽然以前给美国引来新植物的正是这群人。"如果把这种类型的工作交给个人的进取心，那么可以预想只会有些零星的探险，却不会有人去做涵盖全球可耕作地域的综合性考察。"[58]

费尔柴尔德的项目假定了其他国家会容忍美国采集者的工作。在他自己所做的一些早期考察中，他意识到项目需要谨慎，因为他有可能会夺走当地人的收入。以他在西班牙收集到的约旦扁桃（Jordan almonds）为例，他思索良苦，甚至偷偷希望他的工作不会"摧毁"马拉加（Malaga）附近"那些山区贫困果农的生计"。还好，这个品种的插条在加州栽培之后，产出的是劣质坚果，于是让西班牙农民们保住了"他们的营生手段"。[59] 不过，像这样的偶尔担忧，并没能动摇他的信念，认为所有国家都能从植物物种的全球自由交换中受益。当然他也强调，美国得天独厚的地理环境让它可以受益最多。"世界上那些由进步的栽培者所耕作的国家"里，再没有其他国家能够"像我们这样，由耕作者所联结起来的土地可以展现出如此多样的土壤和气候条件"。植物考察者要在脑海里携带一张这样的地图，把每个国外地域都与美国国内的一个具有类似气候的区域挂起钩来，从而可以努力为美国农民寻找更好的作物。[60] 他特别感兴趣的作物——包括传统作物的新品种——是能够在美国干旱的西南地区或冰天雪地的极北地区生长良好的种类。在费尔柴尔德的想象中,美国仍然是个新国家,它的农业边疆还远未达到尽头。

对任何方面的植物考察来说,中国都是最有前景的国度。中国丰富的野生植物区系没有遭到曾经覆盖了北美洲和欧洲大片陆地的末次冰川的摧残,而中国的农耕也有数千年的悠久历史。[61] 中国内陆的广袤,堪与美国媲美。奥古斯丁·亨利是一位前爱尔兰驻中国领事馆官员,也是知名植物采集家;他曾写信给费尔柴尔德,说:"中国内陆是植物的巨大宝库之一,有经济植物,有园艺植物,还有未知的植物。"到达中国内陆的传教士和外交官寥寥无几,所以亨利建议:"不要在邮费上浪费钱。派人过来!"[62]

1905 年,费尔柴尔德安排哈佛大学阿诺德树木园的查尔斯·斯普拉格·萨金特领导这场考察;他还从同事那里听说,有个人很擅长徒步旅行,在植物繁育上也颇有天赋,于是派他做萨金特的助手。这个人是弗兰克·N. 迈耶(图 3),原名弗兰斯·迈耶,此前曾在阿姆斯特丹植物园工作,是植物园主任、著名科学家胡戈·德弗里斯的手下。1901 年移居美国之后,迈耶在首都华盛顿国家广场上的美国农业部温室找到了工作。迈耶易于抑郁,只有旅行才能放松,于是他先去了美国农业部设在加州的植物引种园,之后去了墨西哥,徒步完成了 240 英里*的旅行,一路自费采集植物。再之后,他又去了圣路易斯,在密苏里植物园工作。[63] 在萨金

---

* 1 英里≈1.609 千米。

　　　　　　　　　　　　　魔豆:大豆在美国的崛起

特退出考察之后，费尔柴尔德把迈耶叫到华盛顿会晤。二人见了面，迈耶讲到他在加州植物引种园工作时，一个固执的植物病理学家拒绝给费尔柴尔德送来的竹子做出恰当的护根处理，也不让迈耶处理。竹子最后死掉了。在讲述这件往事时，迈耶眼中满是泪水。费尔柴尔德知道，这就是他想要的人。[64]

迈耶出身水手家庭，在横渡太平洋时没有像山内鹤和米勒耳那样晕船；事实上，在航程中他显得异乎寻常地活跃。然而，航行结束之后就是中国乡下连续三年的艰苦旅程。按惯例，植物考察要徒步进行；虽然迈耶也是一位徒步英雄，但中国的乡村路实在太难走，驮畜也难得一见。在秋天的漫长行进中，他饱经寒风和尘暴。晚上他躺在旅店的炕上，周围满是虱子和蜈蚣，时不时还有蝎子。在一家旅店的墙上，他看到了法文涂鸦："这留言又有趣又恶心：'一千只臭虫的旅馆。'"[65]美国农业部本身的官僚主义要求，也让他饱受折磨。财务人员吩咐他用中国的通货来记录所有交易，却根本不管实际流通的是大量黄铜、红铜和银的铸币，结果他不得不随时携带着几百磅重的墨西哥银元和香港银元。完成一笔交易之后二十日内，必须把所有花销情况提交归档，可是他在野外常常一待就是几个月。[66]农业部还要求他使用精心制作的蓝白收据，但中国商人经常拒绝在上面签字；连"超重"的行李产生的额外费用，农业部也常常拒不报销。[67]"制定了所有这些规章的先生们，"他不禁发问，"不知道是否曾经出过国，比如去过中国？"[68]不管旅行本身有多么严酷，最让他情绪低落的事情始终是纸质材料的填写。[69]

图 3　弗兰克·N. 迈耶在中国新疆，约 1910 年。引自美国国家档案和记录管理局。

　　迈耶要面对的，还有乡村居民的敌意——有人管他叫"洋鬼子"——以及经常面临的遭土匪洗劫的风险。但对费尔柴尔德来说，这反倒是一件好事，因为他发现，正确的宣传可以加强 SPI 的政治名声，由此也会得到更多资助。他以迈耶书信的内容为依据，把这个沉默寡言的荷兰植物学家塑造成了从庸俗刺激的西部片中走出的英雄。费尔柴尔德散布到大众媒体上的这些故事的代表作，是 1908 年登载在《出游杂志》上的旅行记。在其中一篇旅行记中，迈耶一行人正在中国北方的一片丘陵地区寻找中国最好的桃子，有士兵警告他们，有一拨土匪正在乡间横行。第二天，他们就遇到了"一伙衣着破烂的强盗，在一片田地上把他们团团围住，人人手中都拿着大棒、长刀，假模假样地说要干活儿"。然而，看到太

　　　　　　　　　　　　　魔豆：大豆在美国的崛起

阳光"在迈耶最大的那支枪的镀镍长枪筒上"闪耀着光芒，这伙土匪决定丢下棍棒。在另一场意外遭遇中，暴徒们同样因为害怕美国人"世所皆知的百发百中的名声"，一见到迈耶的"枪管喷火"，就逃之夭夭。而当迈耶与这伙人澄清误会之后，他们便坐下来"像印第安人一样抽起烟筒"，以示和好。[70]

　　迈耶的故事让人忍不住往美国西部边疆去联想，本是理所应当的事情。那个时候的很多美国人就想象，虽然本国的边疆已达止境，但是中国却可以为美国人的野心和精力提供发泄出口，冒险和改革的机遇也都在眼前。[71]至少在一个方面，中国就是美国的西部荒野。虽然迈耶提到了数不胜数的麻烦和不便，但是他从未提及他在往美国寄送珍贵的植物材料时，中国官员对他有过什么刁难；这些材料在航运时也没受过什么限制。美国当时致力于推行所谓的"门户开放"政策，确保所有欧洲势力能够平等地进入中国市场，于是中国就向外界打开了它的植物之门，长远来看，大豆可能就是通过这道门的最有价值的作物。不过到了迈耶考察的时候，中国内部已经出现了一股涓涓细流，很快就要泛滥成洪水。*

　　1898 年 SPI 开始运作的时候，美国土地只种着屈指可数的大豆品种。[72]费尔柴尔德本人在 1898 年安排美国驻日公使给他寄材料，其中既有来自东京的 10 个大豆品种，又有种这些品种的土壤样品[73]，这是因为研究者已经开始了解豆类和土壤中的固氮菌之间

---

* 指 1911 年推翻清政府的辛亥革命。

的共生关系。[74] 到 1905 年迈耶抵达中国的时候，SPI 已经登记了 58 宗外来大豆引种记录——但不都是独立的品种——平均来说大致是每年 7 宗。[75] 迈耶在他的 3 年考察中寄出了 44 份种子。[76] 这是很大的成绩，但在同一时期，正在成长的联系人网络——被奥古斯丁·亨利认为"浪费邮费"而应放弃的，恰恰就是这个网络——也在不断给 SPI 寄材料，总共贡献了 83 宗大豆引种记录。这些种子来自欧洲和日本的私人种子公司，来自上海和西贡的领事馆官员，来自中国的传教士，来自外国农业实验站的负责人，还来自 SPI 的清单上没有确定是什么职业的一大批人。[77] 其实，连迈耶的这次考察和以后的考察，也都有相当一部分任务是培植联系人网络，这样做至少有一大理由，就是能帮助以后的考察者。正如迈耶所说："如果中国不是各地都有传教士的话，我也不会得到我现在得到的这么多东西。"[78]

迈耶的大豆收集开展得颇为缓慢，部分原因在于他认为大豆主要是一种食品：在天津，他见到大豆"用来制作豆子乳酪"，在蒙古地区也被"视为人类食物"，其中有一种类型只需要"很少的灌溉，非常值得在干旱的西部地区试种"。[79] 而且，虽然他本人一直可以欣然接受陌生食物，但他怀疑中国食物未必能打开美国市场。他注意到中国人吃荷花（藕）、荸荠、竹子（竹笋）和苜蓿苗，但他一直记得费尔柴尔德的劝告：美国人可能会觉得他寄回去的蔬菜是"垃圾"。[80] 于是他把注意力转向适合在美国北方栽培的耐寒谷物、水果和蔬菜，并为此前往中国东北，而那里正好是大豆在亚洲的分布中心。[81] 但即便是在那里，他也只收集了 3 份样品，

　　　　　　　　　　　魔豆：大豆在美国的崛起

注意到它们用于榨油，残留的"糕"（豆粕）则运到中国南方作为肥料。[82] 他在朝鲜得到了 1 份样品，然后又前往更北的地方，在西伯利亚得到 9 份，其中 6 份来自马尔科耶乔夫卡的一位农民。[83] 还有一份大豆，是哈巴罗夫斯克（伯力）农业实验站的俄国站长送给他的礼物，他在那座城里的市场上又另买了两份样品。当他最终于 1907 年初取道中国东北返回时，途中又收集到 3 份样品。在为期 9 个月的旅行中，他总共只收集了 16 份大豆样品。即便如此，他在沈阳时曾经拜访过那里的日本农业实验站，惊讶地发现日本人收集的资源竟比他收集的还少。[84]

　　不过在 1908 年初收到美国农业部的简报《大豆品种》之后，迈耶就加强了大豆收集工作。这份简报，是农业部为了确定它设在弗吉尼亚州阿灵顿（Arlington）的实验农场中到底种了多少个不同的大豆品种，而尝试进行的第一次系统梳理。[85] 他贡献的一个样品已经成了命过名的品种，列进了简报名录中。事实上，这个品种的名字就是"迈耶"（Meyer）："我看到我的名字已经因为给一种长着斑点的平凡豆子命名而永垂不朽，"他在给费尔柴尔德的信中说，"别提有多高兴了！"[86] 但在这份荣誉之外，更可能是农业部的敦促，让他把更多的关注转向大豆。1907 年 11 月的时候，他就已经在"焦急等待"从华盛顿寄来的整整一套大豆样品，以帮助他避免重复收集。不过，他倒不是很担心这个问题。"你要知道，中国人没有我们那样的种子店，"他评论道，"每个农夫都要给他所有的庄稼留种，于是……这里就有着数不清的株系，每个株系只会让考察者碰见一次。"[87] 这时候，他方才意识到，大豆竟然有如此众多的品种。

迈耶于 1908 年 5 月初乘坐标准石油公司的"阿什塔比拉"
（Ashtabula）号蒸汽船返回美国。在登船的时候，他打包了 18 份
大豆样品。不过，它们算是迈耶担心得最少的货物，因为他还要费
力给差不多 20 吨的其他材料打包装船，其中包括种子、插条和栽
于盆土中的活植物。数以百计的乔木竹类，代表了 30 个不同的品
种，也被打包到 100 个装满土壤的大板条箱里。[88] 然而，即使到了
圣弗朗西斯科，他悬着的心也没有放下来。迈耶当时还没有入籍，
仍然要被移民官员找上门来。更让人痛心的是他那些珍贵的乔木
竹子在加州园艺检疫员手上所遭受的粗暴对待。他们注意到竹子
上有些介壳虫，便对板条箱做了熏蒸处理；虽然迈耶总是敦促他
的植物材料必须彻底熏蒸，但这次的熏蒸方式连他都觉得太过分
了。很多竹子之后就死掉了，后来费尔柴尔德写道，这场损失"几
乎让迈耶心碎"。[89] 最后他总算把收集到的材料装上了一列南太平
洋公司的货车，运到了美国农业部设在加州奇科（Chico）的植物
引种园。他在那里又把一部分收集品重新打包，往东运回华盛顿，
18 个大豆包裹都在其列。这些在失去萌发能力之前只有很短保质
期的种子，现在总算在美国的土地上扎下根来。

就这样，到 20 世纪初，大豆已经通过几种方式进入了美国：
来到美国及其海外领地的亚洲移民，起到了扩散种子的作用；回
国的安息日会传教士，扮演着文化交换的角色；还有美国农业部的
考察者和官员，连同他们所扶植的联系人网络一起促进了种子的
繁育。然而所有这些人物都在对付着更为紧迫的问题，大豆远不

是他们的关注焦点。就连美国农业部派出的那些考察者，虽然身负重任，要系统性地把全世界的植物宝藏转送到美国海岸，也把他们的大部分精力用于关注其他方面。而且，虽然大豆以更大的数量进入了美国，它仍然要继续与其他有前景的作物竞争农业研究项目的空间，归根结底是在竞争美国的农场。比起维持传统或者按照某种乌托邦式的想法改造世界来，进口新商业作物的过程并没有什么特别目的，因为这是个广撒网的过程，追求的是在不可预测的市场需求的指使下一点一滴地重塑世界。作为这条从东半球到西半球的跨太平洋管线第一期所支持的产品，大豆需要在新世界找到一种全新的、更有实在商业价值的用途。

大豆管线第二期：大分类

1905 年，弗兰克·迈耶在他考察前期经过北京的一次旅行中采集到了一份大豆样品。差不多相同的时候，他还记录了杏的两个品种（他把杏仁称为"扁桃仁"，说它们"作为饭后甜点食用，也用来制作点心"），一种"作为点心烤食的"豇豆，还有赤豆，"煮熟后做成糊，加糖，烤成小糕点"。他得到的那个大豆品种也同样可以做成小吃，"烤过之后，作为熟食在北京售卖"。[90] 事实上，在中国和日本，大豆经常都会加盐炒熟，要么直接食用，要么包在糖果中。北京的气味，让讲究整洁的迈耶特别烦恼，他在给朋友的信中曾经这样写道："你们待在美国的人完全想不到这里有多污秽。"[91]考虑到这一点，后人可以愉快地想象，在这段旅程中，城里的点心铺和街头的食品小贩那里，成了迈耶所能觅得的避难所。尽管迈耶在收集中国食品时往往有些犹豫，很担心会被美国人鄙弃，但他还是把大豆装了一小袋。他在袋子上标记了数字"17a"（"a"表示其中包装的是种子而非插条），把它与其他装着种子的袋子都密封在白铁罐里，作为总共有一百多件类似包裹的一批货物中的一件，由货船运过太平洋，寄运到华盛顿的美国农业部。到货之后，种子和植物引栽办公室又给这袋大豆种子登记了他们自己发明的编号：SPI 17852。

这些种子从那里又转送到饲料作物调查办公室，这是当年才成立的机构，旨在开发用于放牧和饲养牲畜的更好的作物。[92] 两年前，查尔斯·派珀作为一名禾草学家——也就是研究禾本科植物的专家——已经加入了美国农业部的农场管理办公室。后来让派珀出名的成就之一，就是他让美国高尔夫球场的草皮得到了彻底革新。[93] 不过，饲养牲畜的作物才是他的主要关注点，其中就包括高粱之类禾草。事实上，派珀本人可能会把苏丹草的发现评为他职业生涯中的最大成功。苏丹草是高粱的近亲，因为耐寒，可以在西部大平原上存活。做出这个发现的关键，在于他的分类学功底：他不遗余力地研究植物之间的分类亲缘关系，为的是做出全新的发现，补上物种之间的缺失环节。用他一位同事的话来说，这些缺失环节"很可能存在，但对应的类群过去从来没有被人实际见到"。[94] 派珀推测，连接高粱和一种叫石茅的恶性杂草的中间环节有可能在北非找到，而当装着苏丹草的包裹寄到时，他的推测便被证实了。不过，派珀的工作不限于禾草；他对有前途的豆科植物也越来越关注，因此也就关注到了美国农业部从 1898 年以来积累的那些大豆品种。

豆科是植物中结荚果的一个科，包括苜蓿、三叶草和多种豆类。有两个理由让人们偏重关注豆科植物。首先，不管是留在田地里作为牧草，新鲜割下来运到粮仓作为青饲料，与谷物混合后保持水分贮藏在地窖里作为青贮饲料，还是晒干之后捆成大包作为干草，它们的蛋白质含量都要高于谷物和禾草。正如美国农业部的一份简报在 1898 年指出的，如果把畜奶生产或牲畜"迅速而持续的生长"作为目标，那么高蛋白的饲养方式就是"非常经济"的方式，但只有把役畜逐步替换为肉畜和奶畜，这样的做法才能体现出其重要性。[95] 其次，豆科植物有一种能力，可以吸收土壤所含空气中的氮气，把它"固定"为植物可以利用的化合物。它们之所以能完成这样的伟绩，靠的是与某些种类的细菌共生，这些细菌才是固氮工作的实际执行者。豆科植物让细菌生活在它们根上肿块状的根瘤里来滋养它们；在 20 世纪早期，根瘤常被称为"结核"，这让人联想到人类患结核病时形成的类似菌落。不管是犁到土地里，还是留在田中供出产粪肥的牲畜牧食，豆科植物都能为耗损了肥力的土壤增加氮素；即使作为青贮饲料或干草刈割，它们对地力的消耗至少也要比谷类作物或棉花小。

当派珀在 1903 年第一次见到美国农业部收集的大豆时，它们正处于分类混乱之中。这是他要设法处理的第一件事，而他也按着自己的典型作风，把这项工作指派给助手卡尔顿·鲍尔，鲍尔干了四年最终完成。[96] 当鲍尔回顾这段经历时，种子批发商和"私人研究者"已经与实验站一起让大豆在他们和农场主之间流通起来了。美国农业部的收集既来自这些个人和机构，在1898年引栽办公室成立之后，又开始直接来自外国实验站和批发商。鲍尔在1907年出版的简报《大豆品种》中提及，美国农业部"确保了大豆种子来自旧世界7个不同国家和不少于65个的不同批次"，又指出这些种子包含了大约20个品种。就育种和栽培目的来说，同属一个品种的种子，彼此在遗传上往往相似得难以从形态上区分；就算能够区分，也完全可以相互替代（图4）。[97] 美国农业部收集的种子，在很多情况下来自一些已经在欧洲和美国流通了一段时间的品系，因为缺乏统一的命名方式，流通的过程已经模糊难考了。1903年的时候，大豆种子通常根据一个以种皮颜色（白、绿或黑）和籽粒成熟所需时间为依据的体系来命名。比如有两个品种叫"早白"和"晚黑"，"早"指的是籽粒成熟较早，因此更适合生长期较短的北部各州栽培。[98] 这样的命名系统能够提供的名称选项太少，不足以涵盖大豆里面的全部性状差异，哪怕再加上"中"（指成熟期介于早熟品种和晚熟品种之间）和"晚中"等名字也不行。

因此，鲍尔的第一步工作，就是改革大豆的命名，给每个品种拟定唯一的专名。大多数情况下，每个品种名都源于植物的某个方面：植株大小（"猛犸"），种子外观（"铅弹"和"黄油球"），最先种植的实验站（"曼哈顿"，来自堪萨斯州；"金斯敦"，位于罗得岛州），首先采集到该品种的海外考察者（"贝尔德"），还有一些看上去怪异的名字，经常源于亚洲语言，之前就已经由实验站或种子

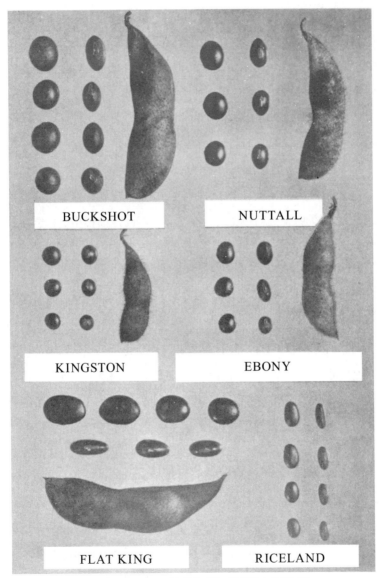

BUCKSHOT NUTTALL

KINGSTON EBONY

FLAT KING RICELAND

图 4　大豆的品种，引自鲍尔《大豆品种》（1907 年）。

批发商所命名（"伊藤先生"和"枝"）。此外，有些品种名则用来纪念鲍尔认为为大豆推广做出了重要贡献的人（"纳托尔"和"哈伯兰特"）。[99]之后，鲍尔给每个品种撰写了详细描述，他希望这样一个统一的品种名体系能够被种子经销商和研究者接受，这样它就能让农场主找到符合其需求和当地气候的大豆。[100]最后，鲍尔定下了23个不同名字的品种，其中一些品种把不同来源的种子归并在一起，最多的来自16个来源。做这些决定花了他三年时间，这部分是因为他需要诸如植株高度或植株倾斜程度（所谓"株形"）之类的特征，而他觉得至少需要三年的连续种植，才能在任何指定地点达到一种"均衡"状态；起初呈现的一些差异，是植物对新环境条件的反应，常常会在三年之后消失。[101]

SPI 17852倒是不需要等待三年，就成了一个得到命名的品种。这批大豆于1906年2月到达华盛顿，随后在当年春天就种下。仅仅基于籽粒外观，鲍尔就觉得足以称之为"一个属于花斑群的独特品种"：这些种子并非只有一种颜色，而常常呈现为黑色和褐色的混合。他给这个新品种起名"迈耶"。这个看上去匆忙的命名，反映了鲍尔当时已经取得的成果——一部已知品种的最终目录；以后再有新的引种，都可以拿来与目录对照，这就为美国农业部的大豆工作奠定了重要基础。不过后来的事实表明，他把SPI 17852判为一个单独品种的做法实际上是草率了。他也注意到这些种子里面有差别，比如有的"完全覆盖"着黑色，另一些则大部分为褐色，黑色仅表现为"模糊的线"，但是他没有仔细思考过这些形态所呈现的遗传变异实际上到底有多大。[102]毕竟，他之前的分

魔豆：大豆在美国的崛起

类工作是要解决多年以来在实验站、种子经销商和美国农场主之间流通的大豆品系的重复问题。处理直接从亚洲运来的种子的变异性，将是这项工作的一个全新阶段。

美国农业部在 1907 年出版鲍尔的简报时，他已经离开饲料作物办公室，到了粮食调查办公室。派珀又把大豆工作指派给 H. T. 尼尔森，他也在为办公室做着豇豆研究。大豆和豇豆都是一年生豆科植物，主要适合在美国南方栽培。新到的大豆样品分不同的"地方宗"，也就是在一个地点种植了多代、形态大致相似的植株构成的居群。这些地方宗通常蕴含着可观的遗传多样性，在某种程度上是由农民们特意保存下来的株系，作为一种对冲机制，来应对可能会导致颗粒无收的意外事件。到 1907 年秋天，阿灵顿的试验地里已经种下了足够数量的大豆植株，可以用大为扩充的性状列表来评估它们了。这些性状包括植株高度以及株形的两个方面：一个是灌木状多分枝或纤细少分枝，另一个是"直立"或"近直立"。尼尔森还考察了花色（紫红色或白色）、毛被颜色（黄褐色或绿色）、荚果大小和膨大情况（"肿胀"或"压扁"）、种子大小和形状（"长圆形""椭圆形""扁平状"等）以及荚果的"炸裂"（也即成熟之后裂开，散出种子）特性。他记录下的种子颜色有黑、褐、橄榄黄、草黄、铬绿和双色等，同时还注意了种脐（位于种子两片连接处的小疤痕）颜色和外皮除去之后种子胚胎的颜色。[103]

对这些植物移民来说，美国无论如何不是个"熔炉"，因为尼尔森把它们分成了"纯"系和"混"系——每个纯系的植株之间几乎看不出来有差别，只有株高例外，在特定范围内波动；至于混系，虽然性状不那么整齐，但比起地方宗来，在遗传上仍然较为纯粹。[104] 一旦完成这种分类，这种遗传上的纯洁性就很容易通过大豆常常自花传粉的习性维持下去。当然，这种习性同时也让育种者难以通过精心计划的杂交育种来创造新品种。[105] 不过，从亚洲送来的大豆的多样性，让这种育种方法在很大程度上没必要实行；有几十年时间，大豆品种的发展靠的都是分类，而不是杂交。从 1907 年到 1908 年，当年在华盛顿附近的美国农业部农场中种下的大豆品系数目从大约 170 个增加到了 280 个。这里面有 64 个之多的新品系是在田间挑选出的，而非直接从国外引种，其中又有 3 个成了正式命名的品种。[106] 以 SPI 17852 为例，尼尔森从中识别出了多达 17 个不同类型，每个类型都用一个字母标示。[107] 总体来看，它们展现了可观的多样性：种子颜色涵盖了从黑、褐、铬绿到橄榄黄色的整个色系；有的开白花，有的开紫红色花，还有的同时开两种颜色的花；有些呈灌木状，但大多数"纤细，直立，顶端缠绕状"，是适于晒制干草的好性状。[108] 其中最有前途的是 17852 B，是个纯系，尼尔森把它命名为"北京"。在"迈耶"品种被弃置一边的时候，"北京"却在之后的十年中在北方各州广为流通。本来是中国食品、曾经炒来在北京街头售卖的这种大豆，就这样成了美国牲畜的饲料。

不同的大豆品系相互竞赛，以求得命名，成为正式品种，享受由此而带来的好处——能够分发到州实验站，得到种子批发商的大规模繁育，也更有机会为农场主所采用——这种模式让人觉得就像野外发生的达尔文式竞争。与此类似，大豆整体上作为一种作物，也在与其他作物竞争美国农业部提供的基础资源，比如空间、资金和职员的关注等。因为大豆收获之后很快就会失去萌发能力，用于育种的品系必须年年播种和收获。在国会于1900年从战争部那里把毗邻阿灵顿国家公墓的400英亩土地转授给农业部后，在以此设立的阿灵顿实验农场中，这种播种工作就开始了。[109] 植物产业局下属的众多变来变去的分支机构全都在竭力谋求阿灵顿的土地，以便能够繁育植物，开展田间试验，这通常由一个驻扎在农场当地的专门负责人所实施。从1907年开始，饲料作物调查办公室的一位叫威廉·莫尔斯的新雇员就充当了该部门的这个角色。那年秋天开始的繁重的大豆栽培工作，大部分都由他完成；而当尼尔森在1909年调到大田作物调查办公室之后，莫尔斯就正式成为负责大豆和豇豆的科学助理。他一直待在阿灵顿，受着其他科学助理的支配，继续为他们做试验，这个事情本身就意味着大豆在那个时候可能并不是人们最优先考虑的作物。[110]

的确，虽然大豆已经漂洋过海，在美国土地上扎根，但人们还远远不能确定它最后能找到什么理由走出实验站，在美国传播开来。作为饲用豆科作物，大豆要与苜蓿、三叶草、豇豆和花生竞争，而且人们并没有普遍认为它是一种有前途的食用作物。尽管如此，传说派珀曾在星期日、晚上和其他不同寻常的时间去阿灵顿实验农场找正在那里工作的莫尔斯，向这位年轻人担保大豆的重要价值。在1942年出版的著作《大豆：来自土地的黄金》中，派珀说他"把未来的农业经济娓娓道来"，大豆将在其中起着"巨大作用"。"小伙子，"派珀说，"这些豆子就是来自土地的黄金。没错，先生，来自土地的黄金。它们在西方世界的生活中具有潜在的巨大力量，人们必须敬畏这种力量。"[11] 但在那个阶段，这些话很可能只是用来鼓劲而已。不过，就在此期间的 1909 年，在大豆身上突然又冒出了一个新的潜在角色——作为棉花带的救星来种植。

第二章　抢　跑

　　威廉·莫尔斯在他 1918 年的简报《大豆：用途与文化》中给出了一张图表，列出了五十来种大豆产品，既有干草和油毡，又有熏乳酪（图 5）。[1] 这张图表在很大程度上是一种激励式的展望，把大豆在这世界上的某时某地曾经有过的用途全都汇编在一起，其中很多用途常常还处在试验阶段。不过，这份汇编也为莫尔斯提供了一份日程，让他几乎不会错过任何一个推动的机会。比如在1920 年 10 月的一天，莫尔斯在密西西比州比洛克西（Biloxi）查看附近种植实验区的计划完全破灭，他一时觉得无所事事。后来他在写给派珀的信中说，他决定随便走走，结果巧遇了一家"咖啡豆烘焙坊"。因为对这家作坊避免产生浓烟的方法很感兴趣，他走进作坊，与老板攀谈起来。最后，这场对话的主题变成了大豆，以及用大豆来烘焙"咖啡豆"的可能性："我允诺会把我们的'猛犸黄'种子给他寄去一些。他说他会烘焙这些大豆，寄还给我们一些样品。"在信中，他还怀着希冀，说："我们很可能和他们一起开始做成什么事，虽然当下这家作坊还只是个小企业。我觉得他们的规模在不久的将来就能扩大。"[2]

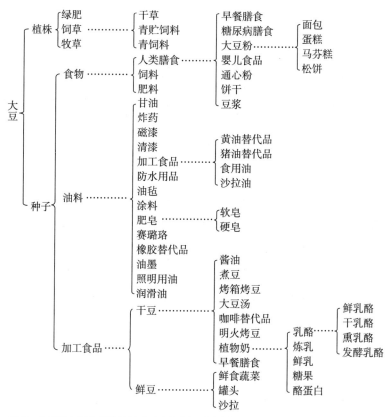

图 5 约 1918 年时汇总的这些大豆用途，与其说是那个年代的实际商业产品，不如说是一些激励人心的展望。引自莫尔斯《大豆：用途与文化》。

没有任何证据表明，这次邂逅促进了什么事情。而且说实话，用作咖啡替代品并不是大豆最光明的前途。在 19 世纪 90 年代，有些农场主似乎已经在烘制大豆"咖啡"自用，这个用途一度成为农业简报上的主题。印第安纳州拉法耶特农业实验站站长就曾宣称这种"咖啡"有"怡人"的味道，而且比大麦"咖啡"更有营养；但是他也承认，它应该还满足不了"高级咖啡爱好者"。[3] 与此相反，农业部部长却认为它是"糟糕的替代品……差不多等同于烤焦的小麦或黑麦"。[4] 而且到 1920 年时，这种大豆"咖啡"还要面对挑战，与当时流行的咖啡替代品"波斯特姆"（Postum）竞争。

不过，密西西比州的这次偶遇，却可以有力地说明两件事。首先，莫尔斯确实足堪作为大豆的推广者；他具有开朗乐观的天性，对技术事务拥有广泛的好奇心，而且还有耐心去探索所有的商业潜能。其次，大豆确实辜负了人们在此前十年间对它所抱的期望。莫尔斯和派珀曾经怀揣希望和规划，以为在整个美国南方会出现一个欣欣向荣的大豆产业，人们不再压榨棉籽，而是压榨大豆；这可以为农场主——甚至土地租种者——提供一种打破棉花单一种植的方法。在 20 世纪 10 年代，人们在大豆上面还押了其他赌注，同样也都不怎么成功。有发明家申请了从大豆榨取豆浆的工艺的专利，以为豆浆可以作为满是病原体的牛奶的替代品；而在第一次世界大战期间，联邦政府也曾鼓励用大豆作为当时稀缺的肉类的替代品，为此甚至还把一位女性华人派遣到她的故乡，去探索豆腐制作的秘密。不过，就算诸如此类的努力并没有让大豆产业迎来突破，它们仍然维系了人们对这种作物的兴趣和投资，而这是大豆在此后几十年中大获成功、终于得以实现其提倡者早年梦想的必要前提。

南方的希望

美国南方的农业改革者早就指出，过度依赖单一的作物导致了地力耗竭、乡村贫困和技术落后（一直用的都是"单马犁"）。[5]
他们呼吁执行一项名为"石灰肥、豆类和牲畜"（lime, legumes
and livestock）的改良项目，通过种植固氮豆类作物、施用石灰肥
和粪肥来给土壤增肥。多样化的农场种植还可以带来更好的收入，
能够售卖的将不仅是棉花，还有干草、肉类和畜奶。他们认为，这
将进一步让南方的经济和文化发生更普遍的革新。"这个体系让
我们能够修建更好的道路、更好的住宅、更好的学校和更好的教
堂，"北卡罗来纳州的一位农业技术推广员说，"我们将因此成为
更好的公民和更好的基督徒。"[6]这一项目还能提供一种对付棉铃
象甲（boll weevil）的手段。棉铃象甲是一种入侵的甲虫，1892年
首先在最南边的得克萨斯州对棉花造成了重大危害。而到1922年
时，它已经不可避免地乘着晚夏的南风扩散到了南方所有的产棉
县。[7]在初抵一个县之后的几年间，这种害虫可对棉花造成毁灭性
打击，减产多达五成。[8]不过，改革者把棉铃象甲视为一种必需的
"瘫痪性冲击"，可以诱导南方农场主实施"重大转变"，执行"石
灰肥、豆类和牲畜"项目。[9]

　　与这些改革者同步，派珀也在为南方寻找一种能够与北方诸
州种植的三叶草和苜蓿媲美的多年生豆类，认为它"将有无法估
量的价值"。他认为葛藤是一种有希望的候选作物，但只适合过于
硗薄而无法开垦的土地。[10]在没有新发现之前，大豆和豇豆之类
一年生豆类便暂时成为豆类作物的最佳选择。因此，他明确指出
大豆的"重要性最大的地区"是"红三叶草种植区以南"。[11]不过
在1909年时，激发人们兴趣的并不是大豆能提供更好的干草的前

　　　　　　　　　　　　　　　　　魔豆：大豆在美国的崛起

景，而是在美国棉籽产业授意下由美国商业部发布的一份特别领事报告。在19世纪后半叶，棉籽摇身一变，从棉花产业的一种偶尔用作肥料来肥田的废料，成了价值很高的副产品。精炼的棉籽油味道清淡可口。而在能把液态的植物油变成固态脂肪的氢化技术发明之后，棉籽油还成了"克里斯科"（Crisco）等起酥油的理想原料。然而，1908年棉籽和亚麻籽的短缺，迫使英国的榨油坊不得不从中国东北进口大豆。那份领事报告说，这些油坊做了"一系列试验，想要表明豆饼、豆粕和豆油也堪使用，据说结果格外令人满意"。"英格兰的榨油者已经在非常积极地为他们的产品寻找经销者，事实上，他们已经把这类产品供应给了欧洲的所有市场。"[12]

这件事让棉籽油生产商感到忧虑，但美国农业部却察觉到让南方发生革命性变化的可能。在1909年的一份简报中，派珀明确声称："近期，大豆和豆粕从中国东北到欧洲的大规模出口似乎表明，这类产品实际上拥有无限市场，［而且］在棉花带的所有地方，大豆实际上都可能作为一种带来利润的粮食作物来种植。"[13] 简而言之，在棉铃象甲危机期间，大豆对于南方来说是一种有潜力的替代性经济作物。这一地区漫长的生长季可以保证收获大量成熟的籽粒，是理想的榨油原料。[14] 至关重要的是，用于生产粗油（也就是把油从籽粒中榨出来）的基本设施，似乎已经就绪。南方到处都点缀着榨油坊，全都离极易变质的棉籽产地不远。派珀希望的是，大豆一开始可以作为棉籽的补充；以前的榨油季很短，仅仅是棉花收获之后的一小段时间，大豆有可能先让榨油季的时间延长。然后，再让大豆取棉籽而代之。棉籽油的产量一直都供不应求，因为棉花产量响应的是棉纤维的价格，而不是棉籽的价格。而如果大豆的种植量大到可以填补这个空白，那么它就能为土地租种者和地主都带来收入。1916年，派珀和莫尔斯又准备了另一份简报，其中包含一幅地图，确定了"特别适合种植大豆以榨油"的地方，是包括了南方所有州，向北一直到弗吉尼亚州南部、肯塔基州和密苏里州的地区。[15] 到这个时候，有些能支持他们预言的明显迹象也出现了。

3年之前，大豆油榨取工艺在北卡罗来纳州就有了重大突破，尽管莫尔斯直到1914年才对此有所了解。位于该州东北角的伊丽莎白城（Elizabeth City）有一家公司叫南方棉籽油坊，做试验"尝试用大豆来榨油"。"我还没见过比这更成功的试验。"油坊主在写给派珀报告这一发现的信中补充说，"如果能让农场主认识到，这种作物不仅具有经济作物的潜力和价值，而且对土地也有价值，那么榨油坊就将不缺棉籽的替代品。"[16] 事实上，那里的农场主自从19世纪80年代起，就已经开始以不算太小的规模种植大豆了，[17] 他们收获越来越多的豆子，卖到北方诸州，那些州所青睐的刘草品种因为成熟得太晚，无法结出足够数量的种子。[18] 因此，甚至在1913年以前，有些北卡罗来纳的农场主就已经在商业化种植大豆，常常会用伊丽莎白城制造的机械收割机来收割。[19] 商业大豆这种不同寻常的供应，为当地的油坊提供了机会，有可能在压榨极容易变质的棉籽的短暂常规榨油季之外继续运作。无论如何，南方棉籽油坊1913年的试验动机，看来都是为了能更全面地利用他们的物质资本。

　　　　　　　　　　　　　　魔豆：大豆在美国的崛起

不过直到 1915 年，大豆压榨才开始热切地实行；那时，棉籽的短缺已经超过了季节性短缺的程度。1914 年 7 月，第一次世界大战的爆发使运往欧洲的棉花总量锐减。棉价暴跌之时，种植者便改而播种大豆。而当棉花贸易在 1915 年重启时，因为供应很少，战争又促进了需求，于是棉纤维和棉籽的价值又都一飞冲天。这时，相对充足的大豆就成为榨油坊可用的便宜替代品。1915 年 12 月，伊丽莎白城油业与肥料公司在一次试运行中压榨了 1 万蒲式耳的大豆。[20] 公司经理叫威廉·托马斯·卡尔佩珀，后来因为建立了北卡罗来纳州的大豆产业有功，而成为该州议会的议员。[21] 卡尔佩珀起头后，其他人也跟随其后，到 1916 年春，全州至少有 9 个城镇的榨油坊共压榨了可能多达 10 万蒲式耳的大豆。[22] 1916 年收获之后，大豆价格上涨，因为农场主把更多的种子保留下来播种，以便来年扩大收成，这让榨油坊转而使用更便宜的中国东北大豆。不过，榨油坊与农场主就 1917 年种植更大面积的大豆签订了合同，1918 年从中国东北进口的大豆也因此减少。从这时起，北卡罗来纳州本地的大豆产业便完全建立起来。[23]

这一发展不单纯是市场的成果。北卡罗来纳实验站站长 C. B. 威廉斯在州内推广大豆尤为积极。早在 1907 年，他到达罗利（Raleigh）后不久，就向美国农业部饲料作物办公室索要了大豆新品种的种子；在之后的十年中，他便一直努力去说服北卡罗来纳的农场主种植大豆。在华盛顿，除了开发大豆新品种、与派珀合写研究简报之外，莫尔斯也把大豆送给任何索要它们的实验站、科学家或农场主；作为回报，他们要把任何能够提供的数据反馈回来。从 1910 年开始，莫尔斯每个秋天都会跟踪访问这些"合作者"，在这十年间穿梭于 20 个州之间，并与另外 15 个州的联系人保持通信。[24] 就像他多年以后回忆的那样，在一年一度的外出考察中，他会随身带上"几蒲式耳"的大豆，然后雇马车从火车站深入乡村，劝诱农场主"种上几排大豆"。[25] 比如在 1910 年 10 月，他就拜访了伊丽莎白城以南大约 80 英里处、位于贝尔黑文（Belhaven）附近的弗雷德·莱瑟姆的农场。莱瑟姆是州参议院议员，几年来一直想要推动这一地区农场种植的多样化，现在能够"接触到这个掌握着我一直渴求的信息的男人"，自然颇为兴奋。他们谈了"一整个下午，一整个晚上，然后是第二天一整天"。[26] 莫尔斯、威廉斯以及那些种植大豆后向邻居夸赞其优点的合作者们就这样一起完成了始自中国的新品种管线的敷设。

莫尔斯接连出了好几份简报，竭力想把北卡罗来纳州大豆压榨的成功经验推广到南方其他州。这些简报包括 1916 年的《大豆：特别介绍了豆油、豆饼和其他产品的用途》（与派珀合著）、1917 年的《收获大豆种子》以及 1918 年的《大豆：用途与文化》。在美国农业部 1917 年的《农业年鉴》中，他也报告说："南方的棉籽油坊已经发现了大豆作为榨油种子的潜力，整个棉花带的很多榨油坊已经与种植者订立了购买 1917 年收成的合同。"[27] 然而，莫尔斯在这里提到的"南方"和"棉花带"其实都是对事实的歪曲，因为在 1917 年，北卡罗来纳州出产了整个美国接近一半的大豆种子，是毗邻的弗吉尼亚州的两倍多。这就意味着南方其他州产出的大豆加起来还不到总产量的三分之一；而且，其中还不知道有多少

　　　　　　　　　　　　　　　魔豆：大豆在美国的崛起

大豆——但肯定占大头——种植的目的是作为饲料，而不是用于榨油。[28] 有一点倒是真的：到 1917 年时，全美国的大豆种植面积已经增长到 1907 年时的 10 倍，从大约 5 万英亩[29] 增加到大约 50 万英亩。[30] 然而，这些大豆分散种在 3 亿多英亩年年耕获的农场之中[31]，其中有大约 3,000 万英亩种的是棉花。因此，大豆的推广在南方基本不可能取得什么进展，特别是如果把它和棉花的优势地位相比较的时候。就算是北卡罗来纳，虽然一直到 1924 年都还是首屈一指的大豆种植州，但在州内，大豆想要以它最初立足的东北部为滩头堡向其他地方扩张，也同样步履维艰。

大豆在南方的扩张乏力，可能部分要归因于大豆油难于推销。大豆油的理化性质多少介于棉籽油和亚麻籽油（用亚麻籽榨取）之间。棉籽油是不干性油，气味清淡，足堪作为沙拉油或起酥油来食用。与之相反，亚麻籽油是干性油，对涂料制造很有用，因为它迅速干燥之后可以留下一层坚硬的薄膜，但是它尝上去"涂料味太重"，不能马上用于食品用途。大豆油则是"半干性油"，也就是说，它的涂料味也比较重，无法完全替代棉籽油的食用用途，但是干燥速度又太慢，无法完全替代亚麻籽油的涂料用途。就这两种选择而言，把大豆油作为亚麻籽油的部分替代品还算多少有点儿前景，但这就要求让大豆油进入一个完全不同的商业网络，这个网络通常把美国中西部的亚麻种植者与涂料制造商联结在一起，而不是把南方的榨油坊与食品制造商联结在一起。[32]

一些实验站也想采取措施弥补大豆油的缺点。亚拉巴马州塔斯基吉研究所的乔治·华盛顿·卡弗在 1911 年首次向饲料作物办公室索要了大豆和豇豆。[33] 他在 1912 年种下大豆，对它们所出产的"品质真是极好"的大量饲草印象很深。1914 年，他不再只关注饲料用途，而是与新泽西的一家涂料公司合作，测试了 5 个品种，以确定它们的产油量。[34] 与此同时，北卡罗来纳的 C. B. 威廉斯也接触了数十家涂料和清漆制造商，其中大部分都位于美国东北部和中西部；他还在 1916 年的简报《大豆的商业用途》中把这些制造商回复的意见摘抄了进去。[35] 不巧的是，因为第一次世界大战导致物资短缺，一些公司对大豆油的用途做了过于随意的发挥。这些大豆油大部分从中国东北进口，质量较差；按照一些报告的说法，在后来一些年中，其产品完全摧毁了大豆油用于涂料制造的声誉。[36] 战后，大豆油终于找到了主要出路——做肥皂。这样一种低价值的用途，比起棉籽油来，只能为榨油坊带来很低的回报。

不过，大豆在南方扩张时受到的最大限制因素，还是其他作物的竞争。首先，对棉花将要衰亡的预言是十分不准确的。[37] 虽然棉铃象甲一直在缓慢向东扩散，但是未受影响的地区仍有足够的时机扩大棉田面积，以弥补受害地区的产量损失。这样一来，在棉铃象甲接近一个县的时候，那里的棉花产量反而会猛增，因为有大批劳工从受害县涌入这里，在他们的帮助之下，棉花种植者竭力想"挤榨出最后一次好收成"。[38] 这样膨胀的产量，随后便会跌到一半——十年之内，棉田面积通常会慢慢回落到这种预防性止损之前的某个水平上下。有些土地改而种植玉米，但玉米的亩产量也在下降，这说明农场主不得不把更多的土地用于勉强维持自给自足，更谈不上采用什么与大豆轮作的改良方法了。[39] 棉铃象甲给种

　　　　　　　魔豆：大豆在美国的崛起

植棉花的南方带来了一片混乱，导致一拨又一拨的内部移民，有不少人也迁徙到其他地区，但南方仍然雷打不动地继续依赖棉花种植。原因很简单：棉花毕竟仍是可以由人力所收获的最值钱的经济作物。

就北卡罗来纳州而言，棉铃象甲直到 1920 年才入侵[40]——因此这并不是 7 年前那里开启大豆压榨产业的直接因素。但是当这种害虫危害到该州的棉花时，大豆已经遭到了另一种经济作物的围堵。在 20 世纪初，"亮叶"（bright-leaf）型烟草的栽培开始从皮埃蒙特（Piedmont）地区向东扩展到大西洋沿岸。这个品种的烟草口味香甜，广泛用于制作烟草嚼块，之后又用来卷制香烟。它也颠覆了农村改革者给土地增肥的项目，因为其色泽和口味恰恰是其最初生长阶段过后植株缺氮的结果。相应地，烟草农场主会以严格控制的剂量，为他们能找到的最为贫瘠的土地施用商业肥料[41]——而且与一些追求进步的棉花农场主不同，他们拒绝让烟草与豆类轮作，这也完全是因为豆类会让土地过于肥沃。[42] 随着"亮叶"型烟草抵达北卡罗来纳州东北部，土地租种率也上升了，农场的平均规模则有所下降，[43] 从而强化了这一土地租赁体系。因为大豆只能为每英亩土地带来相对较低的回报，之后的几十年中，只有小农场主才会种植大豆，作为迫不得已才用的最后一招。[44]

最后，大豆还面临着豇豆和花生这两种豆类的竞争。在南方，它们都是人们熟悉的自种自食型作物。已经基本放弃大豆研究的乔治·华盛顿·卡弗就认为，比起种植大豆来，小农场主更容易被说服，去扩大这两种作物的种植面积，而这样想的绝非只有他一个人。[45] 作为一种经济作物，远在卡弗发表他那份著名的花生简报之前，花生在北方就已经拥有发展成大产业的优势——无论是烤花生、带壳盐水花生、花生酱还是"好家伙玉米花"（Cracker Jack），在市场上全都有很大需求。[46] 花生也可用于榨油。比起这两种豆类来，大豆的主要优势在于植株直立，因此较易作为干草刈割，或是用收割机收获籽粒。花生和豇豆都是蔓性植物，只能沿地面攀爬。莫尔斯在豇豆上面花的时间不亚于大豆。事实上，他曾经花工夫开发了豇豆的一个杂交品种，所用到的育种技术比开发大豆时所用的分类－试验法更为精细；这个杂交品种直立性更强，可以说把大豆那种尚堪竞争的优势也抵消了。[47] 然而说实话，大豆那种株形主要在机械化农场中才能显出优势；在南方，只有把租种者都逐出土地，才能让这种农场建设起来。这正是后来在大萧条和新政的联合压力之下所发生的事，为第二次世界大战之后大豆成为南方主要作物提供了空间。然而在此之前，这一地区一直坚守着长期以来的经济体系，就像那里把经济作物与自给作物混种在一起的传统一样顽固。

更卫生的奶

尽管让大豆进入美国南方农业的努力基本失败了，在 20 世纪 10 年代，还有其他危机为大豆提供了机遇，其中之一是与美国牛奶相关的卫生危机。最强有力地发出这一警报的，是美国公共卫生局卫生实验室的米尔顿·罗斯瑙在 1912 年出版的著作《牛奶问题》。罗斯瑙在书中说，虽然在上个世纪就已经发布了禁令，禁止售卖用酿酒坊的废料喂养的体弱多病的城市奶牛所出产的"泔水奶"，但是牛奶仍然是美国城市中导致儿童死亡的流行病的源头。事实上，他谴责了当时牛奶从乡下运抵城市途中的不卫生状况："让婴儿的嘴与奶牛的乳头间隔几百英里之远，对于婴儿来说常常是个严重问题。……污物和细菌会进来，变质过程会发生，毒素会积聚，所以在普通市场上买到的一杯牛奶可能已经与它刚离开乳腺时的样子非常不同了。"[48] 尽管有这么多风险，罗斯瑙仍然坚持认为牛奶是必需的食品："一些人口以百万计的大国，没有利用奶牛或人类的其他任何哺乳类朋友所产出的奶，也能运转得相当好，这是事实。……然而，西方文明已经深深依赖牛奶作为一种儿童必不可少的膳食，它也已经成为成人膳食中非常重要的成分。"[49] 这样一种既危险又不可避免的两难局面，让一些人想找到一种几乎与牛奶等价、只是风险较低的替代品；联邦政府通过专利授权，在其中也起到了辅助作用。

这十年中，在美国申报了一些豆浆的专利。有的专利是由欧洲居民申请的，他们并不觉得必须从卫生角度论证自己发明的新颖性。毕竟，像人造黄油之类的人造奶制品之所以被创造出来，为的是满足战时的短缺或军队的需求，这类创新在欧洲已经有很长的历史了。比如有位丹麦公民叫克努德·埃尔斯莱夫，在1919年的专利申请书中，就只提到"曾经有很多人做过从植物产品制取人造奶的工作"，而他的发明较之这些早先的工作在成分和味道上更接近牛奶。[50] 美国最早的豆浆专利，于1913年授予李煜瀛（1911年申请）。李煜瀛又名李石曾，当时是从中国逃亡的政治难民，在巴黎郊外开办了一家豆腐厂。他的专利书不同寻常，因为他还把多种由豆浆制备的产品包括在内，其中不仅有豆腐和几种腐乳，而且还有酱油，以及可供工业应用的纯化大豆"酪蛋白"（casein）。[51] 但与埃尔斯莱夫一样，李煜瀛也丝毫没有提及公共卫生问题。

　　美国的豆浆创新者则不同，都着重突出了他们产品的卫生优点。威斯康星州奥什科什（Oshkosh）有一位多产的发明家路易斯·J. 莫纳汉，最为人知晓的成就是汽车发动机设计，也在1913年提交了一份"制备豆浆的工艺"的申请，说这个专利可以"除去由动物排泄物导致的传染病"，并得到"不含任何对糖尿病患者有害的成分"的产品。[52] 连美国媒体对德国人生产人造奶（"大豆似乎是其重要成分之一"）的工作所做的新闻报道，都强调这种人造奶的优点之一，是它"基本消除了通过奶类造成的感染危险"，这个优点"实在显著，以至于公布这一成果的重要性显而易见"。这里的关键在于，包括豆浆在内的植物奶的制备通常都需要煮沸奶汁，从而让它"完全无菌"。[53] 与此相反，牛奶的巴斯德消毒法用的是低于沸点的温度，以此来避免牛奶蛋白质变性。不过有必要指出的是，在大多数豆浆专利中，煮沸豆浆的主要目的不是杀菌，而是改进豆浆的风味。豆浆有一种始终存在、难以遮掩的"豆腥味"，这是它在西方难以得到广泛接受的主要障碍，也让众多专利申请人竞相展现着聪明才智。只有李煜瀛是例外，这可能因为他是中国人。他从未把"豆腥""恶心""令人不快"或"生豆"味的

　　　　　　　　　　　魔豆：大豆在美国的崛起

去除作为专利目标。而且虽然他对豆浆做了巴斯德消毒，却并没有煮沸。[54]

　　煮沸不是消除豆腥味的唯一方法。汽车工程师莫纳汉的方法是，把细大豆粉与碳酸氢钠加在石灰质水（也就是富含钙质的水）中制成乳液，"使用这些制剂的理由在于，它们可以尽可能地抵消豆腥味，同时还能部分减少由此导致的油腻味道"。[55]加斯顿·泰弗诺是密尔沃基（Milwaukee）的居民，后来搬到了纽约市。他是想要解决这个口味问题的最为坚持不懈的人之一，在20世纪10年代后期和20年代前期申请了4个专利。在最早的专利中，他只是把豆浆煮沸，但在1923年的专利中，他还把煮成糊的豆子浸到酒精或其他溶剂中。[56]英国专利申请人威廉·梅尔威什发现，是大豆中的油导致了那种"恶心"味道。他因此用一台离心分离机把油分彻底去除，用味道更好的芝麻油取而代之。不过，这种工艺会带来"分离机［以及］其清洁保养的高昂花销"，所以在他的专利通过之前，他又提交了从花生制取人造奶的另一份申请。[57]但不管奶牛可能有多么不卫生，想要用大豆取代它们都不会是易事。也正是这个时候，牛奶加工也迎来了重大变革。这包括强制性的巴斯德消毒处理，在1914年成为纽约州的法律；还有一个彻底的措施，是剔除感染结核病的奶牛。在豆浆争取到立足之地之前，这些变革已经让牛奶的形象在公众心目中大为改观。不过，就算大豆作为牛奶替代品的出路就此堵死，这十年间还有一场最大的危机，为大豆提供了以固体食品的形式获得大发展的机会。

爱国的替代品

1918 年 1 月，芝加哥爱国食品展开幕。开幕之时，这场展览被宣扬成这个国家的第一场这一类的展览，甚至还有人夸口说这是全世界的第一场。展览的组织者是伊利诺伊州国防委员会的一个特别分委会，展览得到了赫伯特·胡佛作为局长领导的战时食品管理局的赞许。[58] 展厅的布置体现了那个时代营养科学的原则，包括五个平行的展廊，分别展出了"五个食品组"：蛋白质、油脂、甜食、果蔬和淀粉。[59] 展区位于每个展廊的中线处，纵贯其全长。宽阔的展柜后面站的是来自附近的家政学系师生，向参观者分发食品样品；参观者只需花上 5 美分，便可买一份《官方食谱手册》，在上面查到样品配方。展区两侧则是商摊，往往会在玻璃柜中摆出展览所用的产品。[60] 一位叫林·拉德纳的幽默和体育作家，在《芝加哥论坛报》的专栏中温和地调侃了这场盛会，用这样几句话概括了展览带给观者的整体感受："食物中维生的原则是蛋白质、淀粉、糖和油脂。……食品展的目的是让公众知道，有哪些饮食既包含了上述原则，但又不违反任何节俭爱国的法律。"[61]

在这五个展廊里，有三个出现了大豆：它与其他豆类一起在"蛋白质"展廊里作为肉类代食品，与豇豆一起出现在"蔬菜"部分，又在"淀粉"展廊里被碾成豆粉。不过，在"油脂"展廊中的"多种新型油料"部分里，虽然有棉籽油、花生油和椰子油，却不见大豆的身影。[62] 官方发布的食谱书中有 300 多份配方，里面有

12 个用到了大豆。其中的"大豆面包"要用到"大豆面糊"，需要把大豆浸泡 24 小时，加小苏打微火煮沸 2 小时，再放入"无火炊具"中，继续保持 12 小时热度，然后用绞肉机绞烂。[63] 这本食谱书不推荐用大豆粉来做发酵面包，但有一些马芬糕、果仁面包、蛋糕和纸杯蛋糕配方会用到大豆"面粉"，要求烘焙者本人把大豆碾成粉，与小麦粉以一比一兑和。[64] 大豆在食谱中的广泛出现，给拉德纳留下了深刻印象，他评论道："如果你家里有一点儿大豆，那么你就不会有营养不良之虞。这个小家伙看上去几乎可以替代任何食材，从凤尾鱼（anchovies）到餐后甜点（'zert），从 A 到 Z，无所不能。"然后拉德纳便"为一整日的爱国餐"开了一个调侃的菜单，其中有很多大豆菜肴。拿早餐来说，其中就包括："**蛋白质**：大豆。**淀粉**：耐吃版或低配版的肉丁土豆，但用的原料不是土豆，是把两个穿破的衬衫硬领切成小薄片，与大豆和起来。**油脂**：煮德皇脑袋。把一枚顶针上的霍亨索伦家族成员头像中的脑子移去，然后在沸水中给天平消毒。**甜食**：奥尼·弗雷德* 锅巴馅饼，以大豆为馅。"[65]

烹饪作家简·埃丁顿是拉德纳的《论坛报》同事，她对这场食品展上那些"有真正而神奇的教育意义"的展品抱有更为诚挚的热情。和拉德纳一样，她也强调了大豆的广泛应用，重点记述了一个由两位华人女性开设的商摊。这两人一个叫哈蒂·董·桑，一个叫玛丽安·G. 梅，在橱柜里展示了"大豆面包"。她们说，这些

---

* 有关此人以及这些调侃菜单的更多解释，参见作者的尾注。

面包含有百分之十的小麦面粉，刚"够让面团发起来"。[66] 埃丁顿尝过这些"大豆面包"之后，评价说："颇为美味可口，甚至让人想要批评平庸面包师用小麦面粉做的那些除了油脂味之外就几乎没有味道的面包了。"不过，她向对方打听在哪里可以买到大豆粉之后，得到的回答却是："我们做的只够自家烘焙用。"这个商摊也展示了豆腐和豆芽，以及其烹饪方法。埃丁顿最后说："如果我们多留点儿神，也许能发现制作大豆乳酪或'豆腐'的方法。"[67] 不过在她下一期的专栏中，她介绍给读者的大部分内容，却是从威廉·莫尔斯描述豆腐制作方法的一篇简报中摘抄的大段文字，而不是她自己在厨房的试验过程。[68] 来自这家芝加哥豆粉面包公司的食谱，包括用到了豆腐的那些，最终都写进了查尔斯·派珀与莫尔斯合写、在 1923 年出版的著作《大豆》。[69] 不过在爱国食品展举办的时候，美国农业部自己也正在致力于让大豆适应美国口味，一方面不远千里派出调查者到中国，去发现制作豆腐的奥秘，但大部分精力关注的是如何把大豆加到马芬糕和肉馅糕之类的食品中去。

大豆之所以对家政学者这么有吸引力，关键在于它蛋白质含量很高，可达总重的四成，实在是个营养宝库，可以为美国人奢侈的肉类消费提供一种较为节俭的替代选择。[70] 早在 1911 年，就有很多美国报纸，在"神奇的大豆"之类标题之下向公众介绍了英国驻新加坡卫生官员吉尔伯特·布鲁克的工作。他曾经赞扬大豆又便宜又抗病；"最重要的是"，布鲁克强调，它们所含的营养"比其他任何已知的动植物食品都更接近一顿完美膳食所含的全部必需而比例均衡的营养成分"，除了高蛋白质含量外，这也因为它还

魔豆：大豆在美国的崛起

有高油脂含量。[71]1914年，简·埃丁顿也引用其他英国文献，指出"有利于土壤保持肥力的那种元素——氮——同时也是我们"通过蛋白质"从食物中摄取的那种可以维持、修复或塑造肌肉的元素"。不过在后续的专栏文章中，她又忠告读者，大豆的这种性质也会带来不便：它们"因为蛋白质含量很高，必须文火慢烹，可能需要几个小时才能让它足够软烂"。[72]1917年，不光肉类涨价，连小白芸豆都涨价了，埃丁顿于是再次推荐大豆，但又提醒说，它在"全世界植物食材中的地位，就像老母鸡在肉类食材中的地位一样。这二者都含有坚硬如石的蛋白质，你只有知道方法，才能把它们烹得软而美味。很多人不知道方法，所以才会在只试过一两次之后就放弃了大豆"。[73]

在美国农业部，莫尔斯后来也以他惯用的方式——品种的穷举实验——解决了这个问题。1917年，美国农业部职员开始拿大约800个编了号的引种材料来做烹饪实验，最终发现有两宗材料可以煮得非常软烂，一个编号SPI 34702（后来得名"易烹煮"），另一个编号SPI 40118（后来得名"哈托"）。这二者都是大粒型大豆，淀粉含量异常高。一般大豆平均需要3到6小时才能煮软，但"易烹煮"只用20分钟就能煮好。[74]莫尔斯还推荐用这两个品种——特别是"哈托"——作为棉豆（lima beans）的替代品，只要在豆粒颜色还绿、成熟度达到七成五的时候收获即可；不过，也有些研究者发现这种替代令人失望。[75]不管怎样，莫尔斯最早大概在1919年的时候就能够把这两个品种的大豆分发给实验站了，那时他也把它们寄给了乔治·华盛顿·卡弗和安息日会的纳什维尔农学和师范研究所，后者很有兴趣为大豆罐头开拓市场。[76] 与此同时，最容易获得的大豆则来自种子店，通常都是像"猛犸黄"这样的常见刈草品种，很不容易煮软。[77] 在一份 1918 年的简报中，莫尔斯报告，早在 1916 年发表"易烹煮"之前，就已有几家公司以纯豆粒的形式把 10 万蒲式耳的大豆做成了罐头。[78] 然而在 1917 年后期，大豆本身的价格上涨，于是家庭主妇与罐头厂一样，在最初的热情之后，似乎都相应地缩减了购买大豆的花销。[79] 到 1918 年 4 月，埃丁顿已经开始称赞斑豆（pinto）是大豆较为便宜的替代品，不仅如此，它还是"一种容易消化的豆类"；与此相反，她"在这方面对大豆颇表怀疑"。[80]

如果说美国人用烹饪小粒芸豆的方法来烹饪大豆是件很难克服的麻烦事的话，那么大豆粉和豆腐之类的豆制品倒是仍然还有希望。美国农业部家政办公室对大豆粉较为关注，因为那些较容易买到但也较硬的"猛犸黄"之类品种很适合磨粉。中国人很久以前就把炒大豆碾磨成粉食用，特别是用来制作甜食，但直到 19 世纪，继哈伯兰特的首倡之后，德国人才成为生产未烤过的大豆粉的先驱，把它作为欧洲穷人的一种便宜的蛋白质来源。[81] 不过，大豆粉的最受欢迎之处，却是作为供糖尿病患者食用的特种食品，通常以不同比例与小麦粉混合，作为降低面包中碳水化合物含量的方法。随着英国出现大豆压榨产业，对于榨油之后剩下的豆饼来说，把它加工成大豆粉，是比喂养牲畜或作为肥料更有价值的用途。事实上，在莫尔斯的展望中，豆饼也将是南方大豆产业的副产品，他曾经试图激发起北方的磨坊和面包坊对这种副产品的兴

　　　　　　　　　　魔豆：大豆在美国的崛起

趣。[82] 正是在那位曾于 1899 年写过有关豆腐和其他亚洲豆制品的文章的查尔斯·朗沃西的领导之下，1918 年 5 月，家政办公室发布了题为《用大豆粉来节约小麦、肉类和油脂》的小册子。

这本小册子提供了用大豆粉制作速发面包、马芬糕和发酵面包的方法，不过它也提醒说，"大豆粉富含蛋白质和油脂，应该与富含淀粉的米粉、土豆粉或玉米粉掺和使用"；不过，因为在那个年代，即使是脱脂的大豆粉也仍然有不小的含油量，这倒是减少了添加脂肪的需求。[83] 这本小册子还教导家庭主妇如何制作"大豆粉糊"，方法是在双层蒸锅中把大豆粉煮两个小时。成品是一种"代肉食品"，因为它可以切成片，像可乐饼那样烘焙，或是像大豆肉馅糕的做法那样，与真正的肉一起作为原料。[84] 很难确定单独这一本小册子所产生的影响力；除此之外，美国农业部的演示员们——特别是化学局的汉娜·韦斯林——也奔赴全国各地，向农业推广员们展示大豆粉的用法。[85] 大学里的家政学系也在研究大豆和"大豆面包"配方（有用整豆的，也有用大豆粉的），这些配方频频发表在报纸上。所有这些努力都假定家庭主妇会搞来豆子自己磨粉，因为商业售卖的大豆粉非常少。正如《芝加哥论坛报》的埃丁顿在 1914 年和 1917 年的专栏文章中先后说过的，她唯一能买到大豆粉的地方是一家"制药坊"，那里会生产供糖尿病患者食用的大豆粉。[86]

美国农业部也没有排除让亚洲的豆制品适应美国人口味的可能。虽然农业部似乎对国内的豆腐生产一无所知，但他们却挑选了一位独一无二的杰出人物，肩负了前往中国的使命，这个人就是金韵梅（图6）。金韵梅于1864年出生在一个中国基督教皈依者家庭，她父母死于一场霍乱流行。之后，她由美国医药传教士抚养，先是在中国，后来带到日本。[87]十六岁时，她以 Y. May King 的英文名进入女子医学院，这是由女性医学教育的先驱伊丽莎白·布莱克韦尔医生所建立的纽约妇女儿童医院的组成机构之一。1885年，她以全班第一名的成绩毕业，由此成为第一位获得美国医学学位的华人女性。[88]她以医药传教士的身份回国做了短期旅行，与一位出生于澳门的葡萄牙乐手结婚，然后移居夏威夷，并在1896年生了一个儿子，取名亚历山大。[89]之后，她又移居加利福尼亚州，遗弃了趁她不在的时候起诉要求离婚的丈夫，开始做巡回剧场演讲。她在演讲时穿着精致的中国服饰，英语又完美无瑕，让听众十分惊奇。[90]在那个华人会遭到驱逐和歧视的年代，她却得到了美国上层社会的欣然接纳。怀抱着成为自己国家的伊丽莎白·布莱克韦尔的梦想，她再次回国，担任清帝国在天津设立的北洋女医院（及其附属医学堂）的负责人，致力于把西方医学卫生技术引入中国。[91]她在这个位子上见证了清王朝的覆灭和中华民国的成立，并在1911年再次前往美国，护送中国的护理专业学生去美国培训，并再次开始巡回演讲。[92]

而现在，她在国籍完全混乱的情况下，又成了美国使节，被派遣到中国。1917年6月10日，《纽约时代杂志》刊登了一则整版报道：《作为政府代理派往中国研究大豆的女人：金博士将要针对她祖国最有用的食品向美国汇报》。这篇文章强调，这是美国政府第一次"赋予华人如此大的权力"，又进一步赞叹说，"如今，这样非凡的信任，被寄托在一位女性身上"。这篇文章后面的文字则是对金博士原话的详细引用，她重申了她演讲中反复出现的那个主题思想：虽然西方可能在技术上占据优势，但若要论到聪明机智的生活，"我们中国人要远远胜过你们"。她指出："西方人用漫长而昂贵的方法，把粮食喂给牲畜，一直到牲畜可以宰杀食用为止；而在中国，我们会走捷径，直接食用大豆，它本来就是蛋白质、肉和奶。"[93] 在那个物资短缺的战争年代，对于西方的协约国来说，这可能确实是一种不可或缺的智慧。

图6　金韵梅，1912 年。承蒙 onceuponatown.tumblr.com 许可使用。

另一篇媒体报道称，金韵梅将要在中国政府的协作之下积极推动"大豆产量的翻番，[以出口到]美国、加拿大和英国"。她甚至还想招募中国农民与她一起去美国（虽然那时候《排华法案》禁止引入华工）"开垦豆田；她认为中国人擅长以最佳模式选拔人才"。[94] 这些计划自然无果而终；而且金韵梅在中国期间，除了开展大豆调查之外，还竭力想要在美国专家的指导下，在多个北方省份开启棉花种植。[95] 不过她在 10 月返回纽约之后，便着手在美国农业部化学局（美国食品药品管理局的前身）的纽约实验室建立研究机构，有一篇媒体报道说，这是"世界上最有趣的厨房之一"。[96] 从 1904 年起，这个实验室就开始检验从纽约这个美国最繁忙的港口运进国内的那些怀疑掺了假的食品、葡萄酒和油料。[97] 金韵梅参与的则是化学局的另一个在战争期间大大扩充的职能——为紧缺的食品寻找"优异的替代品"。有位叫萨拉·麦克杜格尔的记者，为许多媒体写稿，她在 1918 年的一个炎热的夏日到访实验室，由此为金韵梅的工作提供了一手报道。

　　"我进门之前，一个华人小伙子刚刚从大豆中挤完奶。"她记述道，并解释说，虽然这"可能听上去很稀奇"，但"其实非常简单"。首先把大豆浸泡一晚上，然后用磨盘碾碎。磨盘"看上去颇为原始，由两大块花岗岩组成，是从中国进口的。在中国，这种磨盘由人来拉动，在纽约则用电驱动"。用豆浆所制作的"大豆乳酪"——麦克杜格尔从未称之为"豆腐"——是"一系列伪装实验的基础"，它作为仿食的成功，同一楼层其他实验室偶尔来串门的很多化学家都可以做证。"昨天晚上我们就把它做成了鱼肉，供晚餐食用。"有一个人说,"我妻子炸了几条鱼,然后又用炸过鱼的油汁炸了一些大豆乳酪;坦白地讲,我根本吃不出来它们的区别。它就是有这种本事,可以吸取任何跟它一起烹饪的食材的风味。""我们家是拿它与排骨一起做菜。"另一位接受采访者说,他坚定地认为,如果事先不知情的话,他还以为自己多吃了一份排骨。"那个地方的所有人都愿意支持大豆。"麦克杜格尔写道。她自己也对一条长桌上展示的放在一排玻璃罐里的多种大豆产品产生了深刻印象。"这才叫作双重人格!大豆的化身如此众多,就算你不喜欢它的某种形式,但我敢说,你肯定会喜欢上它的另一种形式。"

在金韵梅儿子的公寓,麦克杜格尔吃了一顿全是豆制品的午餐。金韵梅自己不能出席,是那位名叫"伟"(Wai)的华人小伙子招待了这位客人。他莞尔一笑,把一盘菜放到她面前,那是一只填了馅料的青椒。"大豆。"他说完就安静地消失了。麦克杜格尔自己曾经以完整豆粒的方式烹煮过大豆,结果令人失望,所以"哪怕那只青椒里面填的东西是大豆的某个远亲",她都难以相信。后来金韵梅告诉她,青椒里面塞的是剁碎的豆腐末,做法类似鸡肉泥。"老实说,我从来没有吃过任何比这更美味的东西。"那顿饭里的松饼也是用大豆粉做的。当伟把这道甜点端上桌时,只见"一块颤颤巍巍的巧克力牛奶冻,顶上浇着白色酱汁"。"大豆。"他说。[98]这一餐的最后一道菜是大豆乳酪。但它不是连金韵梅也常称之为"乳酪"的鲜豆腐,而是一种腐乳,由豆腐经过"奶酪工艺"制成,看上去像是罗克福尔(Roquefort)奶酪。

在7月的后半月，差不多是麦克杜格尔去拜访金韵梅的厨房的时候，化学局东区负责人 B. R. 哈特给国家罐头商协会的会员寄送了一封信函。前一年，哈特在第一次留意到金韵梅的使命时，还认为亚洲豆制品——包括酱油、味噌、豆腐和汤叶等——"只有东方人才会消费，也许一小部分酱油是例外。事实上，大部分这类食品的风味过于独特古怪，它们几乎不可能被西方人所接受。"[99] 而现在，他告诉罐头商，金韵梅已经开发出了新式大豆菜肴，"非常适合制成罐头；考虑到当下肉类的短缺，它们可以很好地添加到你们如今在市场上见到的产品中"。他还补充说："有很多各种类型的烹制菜肴都已经开发出来，随时可用，这些菜肴的做法，还有制造豆腐的工艺，都已经有非常详细的研究。……金博士很乐意让你们或你们的代表对她进行个人采访，她会介绍所有这些情况。"[100] 然而没有迹象表明，有哪家罐头商接受了哈特的建议。

金韵梅也希望，能用豆腐来"增加肉菜的分量和营养价值，提供给在附近军营训练的士兵们食用"，甚至能为一队军官供应全大豆的饭食。不过，战时的后勤阻碍了她实现这个愿望，因为她无法安排政府管理的铁路运送从北卡罗来纳大规模航运而来的大豆。[101] 金韵梅还尽力去做公开演示，在华盛顿召开的家庭演示大会上做有关大豆的报告[102]，甚至还前往布法罗、纽约这样的地方，去"演示豆腐可以作为面粉的替代品来使用"。[103] 然而，战争最终没有为豆腐提供她所寻求的机遇。造成这一局面的原因之一，在于她的宣传方式。她要么一直把豆腐作为鸡肉或鱼肉的替代品，要么把它的味道描述为"有点像脑花，又有点像杂碎"。[104] 美国人已经用这类肉食作为牛肉、猪肉和羊肉的替代品，食品管理局出于节约目的所定义的"肉类"，就只包括这三样；现在，她的描述又把豆腐定位为肉类替代品的替代品。[105] 在 1919 财年（包括 1918 年后半年），美国农业部只为她的研究划拨了区区 500 美元，而且这笔经费她还得与局里其他的科学家共用，由此便可见她那项目逐渐黯淡的前景。[106] 在 1923 年出版的《大豆》中，派珀和莫尔斯只是简单地提到："在过去 5 年中，人们曾经尝试把豆腐介绍给美国人，但不太成功。"[107] 金韵梅本人也在 1920 年永远回到了中国，只有由美国的一些大豆爱好者组成的小圈子，还记得她是一位"非常有名的豆腐倡导者"。[108]

不过，虽然第一次世界大战没有让美国人普遍接受豆腐，但对于美国的豆制品来说，它还是带来了福音。因为从美国农业部那里可以得到为数众多的品种，于是在战争期间，基督复临安息日会最终成了大豆创新者。1918 年，莫尔斯访问了纳什维尔农学和师范研究所，报告说这所学校的园艺师"已经针对由大豆制成的多种食品做了大量研究。他们现在拥有一家工厂，能够以他们农场所种植的大豆为原料，把几种不同的豆制品制成罐头"。[109] 这些实验的成果似乎在 1917 年开始显现。而在 1919 年莫尔斯把"易烹煮"的大豆籽粒送给他们之后，他们的大豆罐头质量毫无疑问又有了提升。1922 年，麦迪逊食品厂——也就是这家研究所的商业食品厂——把"大豆肉"增加到该厂以坚果为原料制作的肉类替代品的生产线上。[110] 根据米勒耳儿子的回忆，他父亲曾在华盛顿疗养院里制作豆浆和豆腐，而这家疗养院是米勒耳早在 1921 年从中国回国之后所创办的机构；不仅如此，米勒耳还在1923年把大豆粉也添加到那时主要仍然用小麦麸质和花生制作的肉类仿食里。[111]

加州还有一位叫 T. A. 冈迪的安息日会信徒，早先曾在圣海伦娜疗养院食品公司工作过。早在1918年，当时已经到圣何塞附近的一家大牧场担任工头的冈迪就做出了"斯莫因"（Smoein，"熏蛋白质"〔smoked protein〕的缩写），是用碾成粉的烤大豆制作的熏肉风味的调味品。（1922年，位于洛马琳达附近的疗养院食品公司也推出了一种类似的产品，叫"斯莫金"〔Smokene〕，其配方中含有干酵母。）后来，冈迪的女儿回忆说，她父亲对大豆的兴趣是在1915年参观圣弗朗西斯科举办的巴拿马-太平洋万国博览会之后激发出来的；在博览会上，他在一个亚洲展台与大豆不期而遇，然后便设法买了一百磅重的一袋大豆，开始实验。[112]

约翰·哈维·凯洛格虽然已经不再是安息日会的成员，也在1917年所著的《糖尿病新疗法》中发现了大豆的用处，指出它们在欧洲用作"供糖尿病患者食用的价值很高的食品"[113]，主要以大豆粉的形式应用，可以增加面包中的蛋白质，减少碳水化合物含量。凯洛格的侄子约翰·伦纳德·凯洛格似乎也很快就对大豆产生了兴趣。约翰·哈维·凯洛格有位和他比较隔膜的弟弟叫威尔（Will），在巴特尔克里克开设以他姓氏命名的那家著名的麦片公司"家乐氏"；而常被称为"伦"（Lenn）的伦纳德正是威尔的公子。与他伯父一样，伦很喜欢做食品实验；家乐氏的全麸麦片据信就是他发明的。[114]1915年，他申请了一个叫"一种食品的制造"的专利，把大豆粉与花生油混合，所制得的产物实际上是花生酱的一

魔豆：大豆在美国的崛起

种替代品；他认为这样一种产品比花生酱含有"更多蛋白质"，因此"非常适合作为每日膳食"。[115] 没有迹象表明这种产品曾经上市。不管怎样，到 1921 年约翰·哈维·凯洛格撰写《新膳食学》时，他已经是位十足的大豆迷，声称"大豆是最好的豆类"。[116] 他通过引用数量不断增长的有关豆制品的文献，在书中描述了豆浆、豆腐、酱油和豆芽。他还记载了一个"用大豆做的非常可口的豆浆"配方，要求把豆浆煮沸十分钟；不过除此之外，豆浆的总体风味并无变化，而他也承认，这种风味"不同于牛奶"。[117]

到 20 世纪 20 年代，安息日会成了豆制品生产和消费的最后堡垒，而美国的其他人基本都不再关注大豆作为肉类和牛奶替代品的用处。接下来的几十年间，安息日会还会继续开发大豆产品，直到 60 年代终于为大豆的突围提供了新的机遇。然而在接下来的几年里，大豆的扩张却并非仰赖美国人接受传统豆制品，而是因为多少让人意想不到的另一个原因——玉米带接纳了大豆，用在生产肉类的农业体系中。

第三章　扎　根

　　"第一届玉米带大豆田日"在当年举办的时候，虽然可能没人觉得它的意义有事后追溯的那样重大，但其规模还是超出了所有人的预期。印第安纳州普度大学的作物推广专家筹办了这个节日，作为整个 1920 年夏天举办的一系列展示各个县大豆田的活动的高潮。出于近水楼台之便，他们也邀请了邻近的几个玉米带州的种植者和实验站工作人员参加。[1] 9 月 3 日，一千多名美国中西部的农场主、农场顾问和农业研究者齐聚印第安纳州卡姆登（Camden）附近的福茨家族农场，这个农场另有个名头，叫"大豆地"（Soyland）。来访者参观了这里的 150 英亩供生产种子和干草之用的纯大豆田，以及 200 英亩套种着大豆和玉米的田地，其间放养着黑脸绵羊羔。就在羊羔快活地大啖大豆荚的时候，当地的长老会妇女救助会也为云集的人类访客供应了午餐。午餐上除了三明治和馅饼之外，还有豆粒沙拉和盐烤大豆。当地的种植者还组建了一支四重唱队伍，唱起《种大豆为生》助兴。[2] 虽然歌词已佚，但十年之后，节日当天的东道主之一泰勒·福茨发表了一首赞美诗，其中的文字可能与当年的歌词一脉相承——

　　　　　　　　　　　　　　　魔豆：大豆在美国的崛起

大豆啊！大豆！你就像是一支乐团

演奏给调到"最佳作物"频道的农人。

微生物作曲家们，在一兆赫的频段

群集狂欢，向小根唱响"爱"的歌篇。……

一曲《豆荚爆裂》，是猪的爵士乐

小猪们精神焕发，在哼哼中长大。[3]

　　这些文字，反映了那天云集"大豆地"的嘉宾们所感受到的恐惧和希望。这一地区经历了之前二十年的繁荣与发展，农产品的需求在战争年代达到顶峰，但如今却只能苦苦应付崩盘的作物价格。农学家还担心，通常与南方农业相关联的植物病虫害——这与当地对少数作物的过度依赖以及土壤肥力的损耗有关——现在也已经传到了北方，于是人们便把希望寄托在大豆身上。作为豆类作物，它们可以恢复土壤肥力。作为一种新作物，它们又可以让中西部农业更为多样化。而作为一种高蛋白质含量的猪饲料，它们既可以在田间被直接牧食，又可以与玉米一起窖藏，就算无法解决供大于求的问题，至少也让人看到了降低猪肉生产成本的希望。不过最重要的是，大豆田日那天的活动生动地展示了这一地区在面对困难时动员起来的活力。那是一个大大小小的协会的黄金时代；事实上，就在那天傍晚，一群出席者就决定，既然今天的活动如此成功，来年还要继续，但不会是第二届"玉米带大豆田日"，而要叫"全国大豆田日"，活动的组织方将是新成立的全国大豆种植者协会。后来这个协会又改名为美国大豆协会，时至今日仍然是豆农的主要代言机构。[4]

不过，把 1920 年的那一天与这个地区最终将大豆捧上主要作物的宝座这两件事情直接建立因果关系，却是错误的。说服大量的中西部农场主种植大豆的任务，在接下来的二十年中并非一帆风顺，而是断断续续的。玉米带大豆田日是第一阵热潮的巅峰，因为人们觉得让猪在田里吃掉可以肥田的大豆是个有前途的做法。但此后一直到 1940 年，有这种念头的人却越来越少，取而代之的是大豆加工产业的增长，其诸多产品中也包括商业猪饲料。站在事后回溯的角度，很容易会觉得大豆在中西部的传播是件必然之事，但是从 1920 年的起点向后看，哪怕福茨农场中云集的嘉宾们都怀着乐观主义态度，大豆的大发展却远不是一件确定之事。

大豆管线第三期：最后一英里

中西部对大豆的热情，让美国的一流大豆专家一开始颇为意外。在威廉·莫尔斯与那位比洛克西的咖啡制造商进行充满希望的谈话之前差不多一个月，他从自己这场一年一度的行程的北段寄出了一份更为振奋人心的报告。1920 年 8 月 31 日，他在伊利诺伊州香槟（Champaign）的比尔兹利（Beardsley）宾馆写信给 C. V. 派珀："到目前为止，我这趟出差是我为了大豆所出的差中最棒的一次。值得关注的是，整个北部和中部地区的州对大豆都来了兴趣。"他和派珀并没有想到大豆会在这片地区兴起，不过，这种意外基本没有影响到他十年以来在任何可能成功的地方都同等卖力地推广大豆所带来的自豪感。"特别可喜的是,"他写道,"我们办公室送出去的品种站住脚了。"在伊利诺伊州昆西(Quincy)附近,他观察到一块 8 英亩的田地种了弗吉尼亚大豆,平均有 6 英尺高。"不用说,种植者肯定无比骄傲。"第二天,他计划访问一家为了收获种子而种了 170 英亩大豆的农场;接下来的一天,他又将"与哈克尔曼教授一起坐汽车前往印第安纳的卡姆登,去拜访福茨兄弟的那些有名的大豆农场"。[5] 莫尔斯也出席了玉米带大豆田日,这似乎只是机缘巧合,因为没有证据表明组织方想过邀请他。然而一到那里,他就热情地介绍了阿灵顿农场正在进行的育种工作。[6]

作为给莫尔斯和刚成立的美国大豆协会提供关键联系的人物,杰伊·科特兰·哈克尔曼可以说非常合适。接下来的十年中,他与莫尔斯建立的紧密联系,是让伊利诺伊州成为大豆生产领衔者的原因之一。常被同事称为"哈克"的哈克尔曼,1888 年生于印第安纳州的迦太基(Carthage)。在还小的时候,他就表现出了显著的勇气和进取心,尤其具备领导才能。他在普度读了大学,在校期间曾担任过农学会主席、《普度宣传日报》(*Purdue Daily Exponent*)编辑、普度大学年鉴主编和爱默生文学会主席。他于 1912 年在密苏里大学获得硕士学位后,在那里担任农作物讲师到 1917 年,又担任作物推广助理教授到 1919 年。[7] 从 1914 年到 1919 年,他还是密苏里玉米种植者协会的秘书和出纳;在此位上,他作为饱受干旱之苦的密苏里农场主和种子商人之间的中介,表现十分突出,曾说服种子商人捐赠出价值数千美元的种子。[8] 1919

年，他加入伊利诺伊大学，担任一年前才设立的作物推广[9]助理教授之职，[10]照例在这新工作中投入了饱满精力。终其一生，他最为人知的成就有二：一是发起了"更好的留种玉米"（Better Seed Corn）运动，推进了玉米品种的改良；二是在伊利诺伊作物改良协会的建立中起到了重要作用。[11]

哈克尔曼是人数渐增的推广员之一。当时有所谓农场示范运动，担任志愿者的农场主会在农业专家的指导下展示新作物和新方法。这场运动起源于 20 世纪初的得克萨斯，当时美国农业部的代理人西曼·A. 纳普说服一位农场主在面对棉铃象甲入侵时采用多样化农业技术。这位农场主的方法——及其收益——随后又展示给这一地区的其他人。农业部的第一位代理人于 1906 年出现在得州的史密斯（Smith）县，他只服务于这一个县，其工资一部分由该县的农场主和企业提供。这些早期的县代理人是巡回教导者，通常也是他所服务的那个县的农场主，按照纳普的授意协调示范工作。[12]而在示范工作开展较慢的北部和西部，州里的农业院校更常参与这一工作。那里的代理人有时也叫"农场顾问"，通常是受过科学农业科班训练的院校毕业生。与此同时，那里的示范工作也不像南方那么自上而下，因为代理人关注的是如何把产量最高的当地农场主已经采取的实践方法普及传播开来。[13]

1914 年颁布的《史密斯－莱弗法案》提升了联邦政府对县代理人的经费支持，作为他们所受的州和县两级支持的补充，同时还通过美国农业部推广工作办公室和州农业学院的联合管理巩固了这个推广体系。法案促进了县代理人数目的增长，从 1914 年的 928

人一直增加到第一次世界大战爆发之时的 1,436 人。虽然战争让示范工作有所减少，但同时也让县代理人的数目和声誉继续增长，因为他们参与了旨在提高食品产量的国家运动。到战争结束时，县代理人已有 2,435 人之多，服务着全美国近三分之二的县。[14] 这一增长也与县农场局数目的增长同步，农场局是乡村公民自愿组建的协会，为县代理人提供了额外的经费支持。在农业院校的推动之下，1919 年已经有了数以百计的农场局，总会员数更是达几十万人。[15] 对于第一次世界大战结束后出现的购销合作社，县代理人也起了重要作用，不仅参与组建，担当顾问，有时甚至亲自运营。合作社能够把资金集聚起来，用于购买肥料、种子和其他生产资料，又能把禽类、农产品和乳产品集中起来销售。[16] 在北方，这种协会化运动劲头尤足，从而使它相对于南方而言越来越有可能成为新作物的试验场。

　　每一套分配系统都需要下很大功夫解决"最后一英里"问题，让干线能够分裂开来，把货物运输到众多最终目的地。对于大豆新品种来说，它们通过源头支线网络汇聚到莫尔斯在华盛顿的办公室这个中央主管线之后，其"最后一英里"指的便是要把这些新品种送到种子商人那里，后者可以把到手的种子扩散开来，最终送到一个个农场主手中。推广员、县代理人、农场局和志愿者协会所组成的日益增长的网络，为大豆构建了这最后一英里，而事实表明，其中没有人干这活儿能比哈克尔曼干得更好。到他于 1919 年秋加入伊利诺伊大学之时，大豆已经成了人们优先考虑的作物。哈克尔曼确凿无误地发现，虽然玉米新品种可以在当地培育，但大豆新品种的最优质来源，却是经由华盛顿运来的亚洲品种，于是他开始主动去争取莫尔斯的支持。

在他的新岗位上就任伊始，哈克尔曼便于1919年11月写信给莫尔斯，以带着一丝恭维的语气，提醒他注意两人之前的通信："您可能会发现，我的职位已经多少有所改变，但是我获取大豆信息的源头却没有改变。"[17]（他曾经在1914年与密苏里当地的农场主一起做过大豆品种试验。）[18]翌年1月，他又写信问道："您那里是否有什么大豆新品种或新品系，是您觉得特别有发展前景、愿意在玉米带繁育的？"他向莫尔斯保证："我准备尽我一切力量推动伊利诺伊的大豆生产，这里的县顾问已经在热火朝天地干这件事了。"莫尔斯对此信做了试探性的回复，说如果这工作"不需要花太多钱"的话，那么他有可能与伊利诺伊州合作测试品种，"因为我们手头能提供的各个品种的种子数量比较有限"。[19]到2月，哈克尔曼便报告说，他与农场顾问一起开了会，在会上安排了伊利诺伊州南部两个县的示范活动，这两个县位于圣路易斯的河对面。莫尔斯同意直接给那些顾问寄去7个品种的种子。在回信中，哈克尔曼提到，他现在正赶往该州西北部，会在回程中写信，"提到那里所需要的品种和种子数量"。[20]

哈克尔曼步步推进，在6月又写信邀请莫尔斯在他秋天到北方和西部州所做的考察中"抽出一天时间，到厄巴纳（Urbana）我们这里看一看"。在之后的一封信中，他的邀请内容更为丰富，还包括了到南部县去看一下几个示范点。与之前寄送种子的交涉一样，莫尔斯最初的回复虽然礼貌，态度却不明朗："如果那个季

　　　　　　　　　　　魔豆：大豆在美国的崛起

节我在那个地区，而且能够匀出时间，那么我很愿意去顺路拜访您。"最终他的态度变得温和，同意在 8 月晚些时候与哈克尔曼在圣路易斯会晤，从那里一起到伊利诺伊州几个县考察，那几个县都有农场主联合举行的大豆示范活动。[21] 正是在这趟出行中，莫尔斯见证了最重大的那两个事件："大豆地"的大豆田日活动和美国大豆协会前身的成立。从这一刻起，莫尔斯就果断地把关注重点转移到了玉米带，他和哈克尔曼也成了主动的合作伙伴。莫尔斯不再吝惜给这位新朋友寄去种子，每年都会满足他的需求，寄出多个品种，每个品种的种子竟可重达 100 磅之多。这些种子用在了伊利诺伊州越来越多县的示范田里——1921 年和 1922 年是 16 个县，1923 年则是 27 个县。[22]

在一个关键时刻，哈克尔曼为大豆新品种提供了一段宝贵的管道。他报告说，在与各县农场顾问一起开的筹划来年示范活动的会议上，一位来自伊利诺伊州南部某县的顾问犹豫不决，不知是否要违抗当地农场主比起大豆更偏爱豇豆的观念。其他顾问则大声告诉他，一年之前他们那里同样也是这种情况，但是"做上一两次示范活动就能大大地扭转局面"。[23] 哈克尔曼和莫尔斯通过合作，还让在"大豆地"成立的那个协会牢固地建了起来。1921年，一年一度的大豆田日在香槟举办；1925 年，哈克尔曼领了一大批伊利诺伊的代表到华盛顿访问，这回是莫尔斯做东。[24] 他们两人每个冬天还会一起去参加芝加哥国际畜牧展，全国大豆种植者协会的最初几次商务会议就是在此期间举办的，主要目的是选举负责人，筹备夏天的大豆田日。他们二人又都担任了大豆命名委员会委员，致力于让新品种的供应规范化。这就需要与种子公司合作，增加新品系的供应，整个过程自始至终都必须要求对方使用正式的品种名称，而不是为老品种另起新名称。这种乱起新名的做法在当时十分流行，为的是反复从本来可以自行留种种植的农场主那里赚钱。甚至在莫尔斯到访香槟之前，哈克尔曼为了这个目的就已经在当地建立了一个大豆种子种植者组织，要求参加组织的农场主承诺只种植经过核准的品种。[25]

哈克尔曼和其他像他一样的人，是保证新品种可以顺利到达农场的关键一环，但光靠他们自己无法创造出大豆的第一波种植热潮。实际上，起到作用的是一些更大的力量，让玉米带院校的农学家也优先关注大豆，并让农场主热切地想要种植它们。

地里的干草

第一次世界大战之前，在玉米带的农场主中间就已经有少数人对大豆产生了坚定的兴趣；激发这种兴趣的是几位先驱式的热情推广者，比如印第安纳州亨廷顿（Huntington）县的艾萨克·"大豆"·史密斯博士，以及俄亥俄州斯特赖克（Stryker）县的 E. F. "大豆"·约翰逊。史密斯是位内科医生，继承了家族的农场，决定按照科学方式来经营。他在 1905 年从美国农业部那里直接拿到了大豆，一开始发现它们长势不佳。他看了一份普度大学的简报，简报提醒他，需要用恰当的细菌给大田接种，于是他说服了实验站送给他一些土壤，用于开展实验。在一份报告中，史密斯在回家路

魔豆：大豆在美国的崛起

上"告诉几个农场主,他有意给自家农场接种细菌,引来了他们的嘲笑"。然而接下来,连年的收获不仅让土壤增肥,这些土壤又可以渐次给更多的土地接种,这样到1914年时,他已经有了60英亩土地用于种植大豆,而且开始"靠它们赚到了钱"。事实上,早在1911年时,他面临的主要困难,就已经是不知道要用大豆来育肥猪只,还是把大豆连同接过种的土壤一起卖给那些曾经嘲笑过他但现在又嚷嚷着要种子的农场主了。[26] 而到1916年时,E. F. 约翰逊也同样声称,"可能没有其他作物能够像大豆这样,以如此迅猛的势头赢得玉米带农场主的欢心"。十年之前还无人知晓的这种作物,"现在正迅速成为所有轮作体系中必不可少的土壤改良者"。[27]

不过,考虑到这两位是劲头十足的推销员和倡导者,对于史密斯和约翰逊自述的情况,应该抱有一定怀疑。伊利诺伊大学土壤化学教授西里尔·霍普金斯在1916年对大豆的流行程度做了更为量化的评估。应莫尔斯对该州统计数字的请求,霍普金斯写道:"我们认为豇豆和大豆在伊利诺伊州都是有价值的作物,其主要价值在于,农场主在三叶草歉收而无法用三叶草来轮作的时候,它们可以作为替代作物。"正如那些年中的典型情况一样,大豆只是一系列豆科作物中的一种;这些作物都可以用于肥田和刈割干草,但大豆在其中的级别不仅低于三叶草,而且似乎也不如豇豆更常见。虽然没有过硬的数据,但是霍普金斯猜测:"在伊利诺伊州南部,大约十个农场主里面有一个会多少种植一些豇豆,面积可能为其农场总种植面积的十分之一。在伊利诺伊州中北部[位于豇豆主要栽培区的北面],可能至多有上述规模一半大的大豆,在三叶草歉收或绝收的年份种下；而在三叶草产量较高的正常年份，大豆也相应地种得更少。"[28] 如果这个评估容易让人觉得伊利诺伊大学本身就对大豆有更多关注的话，那么该大学农学院的 W. L. 伯利森在回复一位 "W. J. 穆尔（Moore）先生" 时，就干脆拒绝从莫尔斯那里接收 30 个用于试验的中国东北大豆新品种。[29] 除了同样向 W. J. 穆尔索要过几次较老的品种之外，伊利诺伊大学和莫尔斯之间就没什么联系，这一局面在 1919 年哈克尔曼到该大学工作之后才有改观。

哈克尔曼就职之日，正是玉米带遭受着战后农场危机之时。第一次世界大战过后，玉米和小麦的价格暴跌，玉米从 1918 年的每蒲式耳 1.52 美元跌到 1920 年的每蒲式耳 60 美分。哈克尔曼估计，就连燕麦，"所能提供的回报似乎也一季不如一季"。[30] 更糟的是，农场主能够从每英亩土地上收获的玉米也越来越少了。哈克尔曼把这种产量衰减归咎于战时需求导致的土壤肥力下降。农场主以牺牲传统轮作制中其他作物——特别是三叶草之类能固氮的豆类作物为代价，过多地种植了玉米和小麦。土壤因此变酸，与此同时，总称为"石灰肥"的含钙矿物质遭到耗竭；而当战后农场主想恢复种植三叶草时，这又让三叶草的亩产量降得更低，土壤因此只能获得更少的氮。[31] 由此导致的玉米亩产量减少，加上一些州用于种植玉米的土地面积减少——比如俄亥俄州，玉米田面积从 1919 年到 1924 年减少了 39%——本来有可能抬升玉米价格，但是在更西边和更北边的州所种植的玉米却一直让全国市场上的玉米供大于求。[32] 玉米带的农场主无法把收入增加的希望寄托于闲置土地和限制供应。他们需要改变田地用途，拿来种一些更有利润的作物，而大豆是一种有希望的选择。

到 1919 年 3 月时，伊利诺伊大学农学系的新任主任 W. L. 伯利森已经明显看好大豆的前景，远不是他 1917 年时回应莫尔斯提供新品种时的那种冷淡态度了。在《奥兰治·贾德农场主》杂志上的一篇文章中，他称赞了大豆对酸性土壤的耐性，这让它们能够生长在三叶草长不了的土地上，同样起到为后茬作物增加土壤肥力的作用。[33] 为了能领头发起一场大豆运动，伯利森便聘请了哈克尔曼，以及植物科学家 C. M. 伍德沃思；在之后二十年中，该大学的大部分实际育种工作都是伍德沃思完成的。[34] 不过，如果伯利森的主要目标是挽救伊利诺伊州土壤的肥力，那么单是这一点理由还不足以说动农场主们接纳一种新作物。除了作为一种较便宜的肥田方法之外，种大豆还得有些其他好处。事实上，大豆在伊利诺伊州农场主中间的第一波流行的关键，在于它似乎还能提供一种育肥肉猪的便宜方法。

对玉米带来说，这里的产品与其说是玉米，不如说是用玉米饲养出的肉畜。这一套实践起源于 19 世纪前期的弗吉尼亚州和肯塔基州；之后不久，殖民者就把这套系统带到了中西部。第一次世界大战之后，伊利诺伊州玉米利润最高的去处，就是州里的肉牛育肥场和芝加哥那些著名的屠宰加工厂，而在玉米市场行情不好的时候，农场主们还有一条可依赖的后路，就是在自家农场里用玉米育肥肉猪。不巧的是，肉猪在战后的价格也因为供大于求而下跌了。[35]根据《芝加哥论坛报》，1920 年有很多玉米带农场主"关闭了育肥场的大门，声称不到情况改善的时候不会再干这种营生"。[36] 不过，他们没有完全不再养猪，而是开始在玉米田中套种大豆，然后在晚夏的时候在田里"放猪"。那个季节的玉米还比较幼小，作为饲草较为适口，但大豆已经足够成熟，能够提供高浓度的蛋白质营养；在传统育肥场，起到这一作用的本来通常是下脚（肉类加工后的残渣）或榨过油的油粕。[37] 如果农场主不想在玉米大豆田里放猪，他们还可以把这两种作物一并收割，作为鲜食的青饲料或冬季使用的青贮饲料。哈克尔曼估计，伊利诺伊州的大豆种植面积在 1909 年时还不到 300 英亩，1919 年时增加到 4 万英亩。但到 1923 年，这个数字就增加到近 90 万英亩。[38]

作饲料之用的大豆种植面积的扩张，又引发了获取大豆种子的后续种植热潮。有一个指标可以说明这一点，就是比起与玉米或其他作物套种的田地面积来，单独种植大豆的田地面积所占比例一直在上升。1919 年时，纯大豆田只占全部大豆田的十分之一；到 1923 年时，纯大豆田已经占到了大为扩张的总种植面积的足足四分之一。[39] 不过，这也带来了一种隐忧，就是大豆的种植热潮可能会成为一场泡沫。就在农场主开始出产种子，卖给其他那些想播下更多种子的农场主之时，所有这些种子最终的市场却显示出疲软的迹象。用整粒大豆喂猪的问题开始浮现。大豆最大的害处是，其中较高的油脂含量会导致猪肉变"软"，外观松弛。对于育肥之后用于炼制猪油的猪来说，这倒不算什么损害，但是那时的市场需求已经变化，人们更喜欢用来制作熏肉的较瘦的猪。这个问题的一种解决方案是，就像用花生喂养的猪那样，在屠宰之前几

　　　　　　　　　　　　　　　魔豆：大豆在美国的崛起

个星期里只喂它们吃玉米。不过，其他生产商用了另一种方法，就是在猪食中限制全豆含量不超过一成，这便对大豆的扩张起了潜在的制约作用。[40]

在1923年与农学会的谈话中，哈克尔曼警告说，大豆其他一些早期宣扬的卖点也都有夸大之嫌。大豆确实可以在红三叶草长不了的酸性土壤上生长，但要获得高亩产量，仍然需要大量施用石灰肥。事实上，按他的估计，出产一吨大豆干草所需的石灰肥要比出产一吨红三叶草干草还多。[41] 同样，"大豆作为土壤改良作物的好处说得实在太多了，人们为此抱了很大希望。但现在看来，对大豆这方面特性的强调实际上是太过分了"。他指出，虽然在有利条件下，大豆确实能自行产出总量可观的"含氮养分"，但是那些匆匆忙忙扩大种植面积的"玉米带农场中只有相当小的一部分农场真正把这种作物当成豆科作物来种植"。他们没有用共生固氮菌为大豆种子进行恰当的接种，而如果没有固氮菌，大豆消耗的氮将会是燕麦的两倍，消耗的磷和钾也要多很多。就算接种比较彻底，仍有证据表明，对于后续种植的小麦来说，大豆提供的益处几乎不比燕麦更大。[42]

哈克尔曼总结说，"为了查明它真正的价值，确定它在农场种植体系中的合适位置"，是时候对大豆来一个彻底的重新评估了。正如哈克尔曼这时所发现的，用于放猪的大豆种植体系可能无法维持这种作物的继续扩张。要从大豆那里获取足够的价值，就意味着在它们身上要投入更多人力财力。大豆干草（需要收割和调制）的回报，堪与苜蓿干草媲美。不过，大豆最大的价值，还是在于榨取油脂——正是它导致了软猪肉——然后再用豆粕作为高蛋白质来源，添加到饲料中。就这种作用而言，大豆确实可以用来代替亚麻籽粕和棉籽粕。然而，实现这种用途最终所要求的不仅仅是农场主的投资，它还要求当地建立压榨产业，事实最终表明，光靠农场顾问、官员和学会构成的网络是无力做到这一点的。他们自己没有能力从零开始建立这样一个产业。尽管如此，一旦压榨产业终于建立起来，这些网络却能够在关键节点处提供必要支持。[43]

可持续的压榨

1927 年，伊利诺伊中央铁路线驶来了"土壤与大豆专列"，这是以大豆和大豆产品为主题的巡回展览，同时还有"土壤博士和大豆专家"的讲座。[44] 专列有两节车厢是哈克尔曼准备的展品，两节车厢改造成了电影放映厅，一节车厢做讲座，最后面的一节车厢则是职员用餐和睡觉的地方。"大豆专列"总共行驶了 2,478 英里，停靠 105 站，吸引了差不多 3.4 万人前来参观；除了其他各种活动外，参观者还可以参与竞赛，猜猜一个 5 加仑 * 容量的玻璃罐里装了多少粒大豆——猜中者得到的奖赏，是总计 50 吨用于改良土壤的石灰肥。[45] 这个专列是为数众多的一系列农业演示列车中的最新一辆，这种演示的历史可以追溯到 1904 年的"留种玉米福音列车"。单是 1911 年，就有 71 个专列在 21 个不同的州之间穿梭，参

---

* 在美国，1 加仑 ≈ 3.785 升。

魔豆：大豆在美国的崛起

观者总计接近 100 万人。[46] 现在已经不清楚放映车厢里放的是什么电影。可能里面有一部是《四个男人与大豆》，这部 20 分钟长的影片在 1925 年美国大豆协会的会议上首映，拍摄了四位农场主在俄亥俄州立大学大豆日上参加现场演示的情景。[47]

展览中最受欢迎的活动之一，是玉米淀粉大亨、大豆专列的主要组织者 A. E. 斯特利的出场。60 年前出生于北卡罗来纳的斯特利，喜欢讲述他父亲在 1880 年参加了循道宗的一场露营聚会，从一位自中国归来的传教士那里得到了一把大豆。"我父亲把大豆拿给我玩。我在自家的蔬菜园里种了两排大豆。我为它们感到骄傲。我给它们除草，采摘它们的豆荚。然后我又种下更多大豆。那位传教士说，它们对土壤有好处。我相信这说法——哪怕别人都不信。"他还声称，北卡罗来纳现在仍然有一些大豆，"是来自中国的最初那一把大豆的后代"。[48] 当一位负责报道大豆专列的记者问他是否有什么爱好的时候，他的回答竟也正中主题。"大豆——我想我只爱好大豆。"这个回答并不完全正确：对斯特利来说，大豆实际上不是爱好，而是他竭力想从中赚取利润的商业投资。坐上这趟专列去说服农场主种植更多大豆——然后收获种子，而非干草——是他多管齐下的策略中的一部分，为的是从零起步建立大豆压榨产业。

在玉米带开办大豆榨油坊的最早尝试，始于 7 年之前，正是第一波大豆热潮席卷这一地区的农场之时。这个地区缺乏南方那些无处不在的棉籽榨油坊；对派珀和莫尔斯来说，南方毕竟有这样一个天然的基础，可供建立一个产业。玉米带倒是也有不少小型榨油坊，比如 1907 年开办的芝加哥高地制油公司，依赖从其他地区运来的棉籽和亚麻籽运营，把它们加工成油和油粕，供附近的工厂和饲场之用。然而在 20 世纪初，这家公司有了一个压榨当地农产品玉米胚的机会。玉米胚按重量只占玉米粒的 10%，但所含的油分足足占一半。在那个时代，供应全国市场的品牌需要较长的货架期，为了避免玉米产品产生酸败味，越来越多的玉米磨坊会先除掉玉米胚，再把它们碾压成从玉米粗渣、玉米渣到玉米粉的不同产品。一开始玉米胚用于喂养牲畜，但是市场上对植物油越来越大的需求，加上第一次世界大战期间橄榄油的短缺，都让玉米胚榨油更为有利可图。然而与棉籽一样，玉米胚是种副产品，其供应量会随着玉米产品需求的波动而波动。第一次世界大战的结束让玉米的需求骤跌；更糟的是，禁酒令也威胁到了玉米渣的主要用途，因为它可以与大麦芽一起用于酿造啤酒。[49]

为了寻找玉米胚的替代品，芝加哥高地在 1919 年秋做了大豆压榨实验。[50]结果令人失望。然而，伊利诺伊和印第安纳两州的农场主很想把开裂的或其他不适合种植的大豆售出。不仅如此，这家公司的经营者仍然竭力想找到让玉米榨油设备能适用于大豆的方法。一份记录写道："压出的那区区几桶油，看上去跟豆子一样差劲。" 1920 年的大豆收获季期间，公司干脆没有拿到任何豆子，因为农场主把它们都保留下来或卖出，以供播种。公司最后只能从北卡罗来纳和弗吉尼亚运了十车皮的大豆来用。它把最后榨出的 20 桶油都卖给了一家调和油公司，这一回，这批大豆油产品的质量已经好到可以与更高品质的油调和起来而不被人发觉。[51]芝加

　　　　　　　　　　　魔豆：大豆在美国的崛起

哥高地还努力想为大豆压榨的其他最终产品扩大市场。用公司的一位叫 I. C. 布拉德利的经营者的原话来说，公司曾"引诱和力劝牲畜饲养者试用豆粕"。他们把免费的豆粕样品分发给农场主和实验站，在县和州的市集上展览，还把豆粕与小麦粉兑和，以五磅的规格打包，在副食品店售卖给少数至少"愿意接受它们的人"。[52]

A. E. 斯特利差不多也在这个时候开始关注大豆。斯特利小时候渴望离开农场。十几岁的时候，他在小城的一家干货店当上了店员，在他理所当然会向上跃迁的一生中，这是第一步。在店员之后，他干起了旅行销售，这让他注意到当时全国正有一个趋势，就是把那时还散装售卖的一些商品包装起来加上品牌销售——举例来说，纳比斯科公司的盒装饼干就在取代家家户户的饼干桶。于是他便在巴尔的摩创办了自己的流行品牌"奶油玉米淀粉"（Cream Corn Starch）。然后，为了保证原材料的供应，他在 1908 年买下了伊利诺伊州迪凯特（Decatur）的一家破产的淀粉厂，开始投资玉米淀粉制造。凭借出色的经销才能，他靠一己之力挨过了多次濒临破产的危机；到 20 世纪 20 年代，迪凯特工厂最初的 6 英亩占地已经扩大到 47 英亩，生产厂房的数目也从 8 栋增加到 41 栋。[53]与玉米碎粒的"干法碾压"一样，玉米淀粉的"湿法碾压"也要除去玉米胚，于是其中一栋厂房里面也建起了玉米油车间。与芝加哥高地一样，斯特利的淀粉厂有很好的条件扩大业务，开展大豆压榨。不过在开始大豆压榨的时候，斯特利坚持认为这主要不是为了追求更多利润。

斯特利定期与当地农场主聊天。农场主向他抱怨玉米价格太低，土地肥力也在衰退。斯特利同意该州农业研究者的观点，认定这个地区正在"被玉米搞死"，因为玉米也作为原料供应给他的企业，他自己也脱不了干系。1919年，斯特利回了一趟北卡罗来纳的老家，按他自己的说法，他在那里忆起了童年种植大豆的经历。在返回途中，据说他从衣服口袋里掏出了一把大豆，向一个商业伙伴宣称："农场主需要什么东西来和玉米轮作，我想这种庄稼就是大豆。"一开始他相信，把未成熟的青豆从豆荚里剥出，作为绿肥犁入田里，是有用的做法。但是后来他说这个念头是"完全被误导"的结果。很快他就从伊利诺伊大学那里获得了更可靠的知识，然后印成小册子，散发给为他供应原料的农场主。[54] 差不多也是这个时候，哈克尔曼因为担心大豆的扩张可能会以失败告终，而写信给莫尔斯，催促他"为大豆种子找到当前用途以外的"用途；他所说的当前用途，就是大豆种子被"几乎百分之一百"地留下播种。[55] 1920年，可能是在哈克尔曼的敦促之下，斯特利购得了两台玉米油压榨机，命令工厂负责人乔治·张伯伦把它们改造成大豆油压榨机。

整个1920年，张伯伦都在改造压榨机。他还修理了烘干大豆的设备。1921年，他又把精力都用在建立以卡车运货的渠道上，因为预期运抵的大豆太少，不值得租用铁路货车。之后公司业绩下滑，资金变得紧张，斯特利不得不靠着每日的货单来发放工资。直到1922年6月，虽然时间有点儿晚了，但农场主还没种完大豆，斯特利才正式宣布大豆榨油厂开始动工。工厂于10月开张，斯特利称赞它"为伊利诺伊州中部开创了新产业，为这一地区的大豆

　　　　　　　　　　　　　　魔豆：大豆在美国的崛起

种植者开拓了市场"。艺高人胆大的斯特利做出预言："总有一天，我们的工厂加工的大豆会比玉米还要多。"这个时候，他的公司每天可以处理4万蒲式耳玉米。[56]

在斯特利的工厂开业之时，还有别的几家新工厂也在运营。皮亚特（Piatt）县的农场顾问帮忙在蒙蒂塞洛（Monticello）开办了一间合作榨油厂，位置大致在迪凯特和香槟之间；在1922—1923年间，该榨油厂利用最先进的溶剂浸出法，加工了事先计划好的5万蒲式耳大豆。皮亚特县的顾问又是到印第安纳州的佩鲁（Peru）参观了一家新榨油厂之后受到的启发。[57]芝加哥高地也展露了对大豆的信心，添置了两台液压机，以提升压榨能力。与此同时，东圣路易斯油业公司也做好了加工大豆的准备。[58]在哈克尔曼的推动下，伊利诺伊的4家榨油企业——斯特利、蒙蒂塞洛、芝加哥高地和东圣路易斯油业——向农场主签署了联合保证书，允诺采购25万吨大豆供压榨之用。[59]

不过，农场主没有配合这个计划。大豆的丰收，反而让很多人担心这会让压榨市场过于饱和。他们决定把大豆贮藏到来年春天，希望在对大豆播种有强劲需求的时候再卖出。结果，4家公司只收到了几千吨的大豆。[60]1923年前期，哈克尔曼在写给莫尔斯的信中哀叹，他无法理解印第安纳和伊利诺伊大豆过剩的"谣言是怎么造出来的"。虽然榨油厂为每蒲式耳大豆付的钱涨到了1.45美元，却"还是拿不到足够开工的大豆"。[61]蒙蒂塞洛工厂在1923—1924年间只运营了6个月，之后就彻底关停，直到1929年被人收购。[62]芝加哥高地也关门歇业，把机器卖给了伊利诺伊州布卢明顿（Bloomington）的芬克兄弟种业公司；该公司则继续雇用I. C. 布拉德利来运转这些设备。[63]

斯特利一开始还能用每蒲式耳不到 1 美元的低价购买大豆，他的工厂在 1922 年运转了 74 天，在 1923 年前期运转了 57 天。[64]但到 1923—1924 年间的开工季，他的状况也没有多好，每蒲式耳大豆得花 1.50 美元购买。他在 1924 年发现已经有很多新厂开张，因为这些厂子不像他那样可以较长时间闲置，结果便进一步把大豆价格推高到了每蒲式耳 1.80 美元。"到目前为止，我们感到既无利可图，又十分沮丧。"他这样说道。在计算了投资、折旧和工厂闲置的代价之后，他的评估结果是"我们运营一个月的损失可达大约两千美元"。在确信 1924 年收获的大豆大多也会留作播种之后，斯特利在当年秋天关闭了工厂。他制订了计划，如果价格不下跌的话，就"拆掉工厂，不再做大豆生意"。[65]

最终，大豆价格真的下跌了，但只是因为种子市场停滞不前了。在 1925 年秋天的美国大豆协会现场会议上，斯特利公司大豆部主任弗雷德里克·万德报告说，1925 年春，农场主们"没法以任何价格处理掉大豆了"。[66]其实前一年大豆产量并没有大幅增长——农场主的种植面积增长了 25%，但当年较差的收成意味着总收获量只增长了 7%——但到了春天仍然成了这样的情况。万德认为这是一个相互信任的问题。农场主只有在相信"榨油商的诚心和正直心"，相信他们"加工大豆只会获取微薄利润"——也就是要支付一个合理的价格——的情况下，才会大规模种植大豆，从而为这种作物创造买方市场。而在榨油商看来，除非种植者"以足够的数量生产大豆，保持榨油厂一年到头都持续运转"，他们才会为大豆支付可靠的高价。想要削减管理成本，为大豆产品建立全年不休的市场（这一点更重要），互信是唯一的方法。万德最后认为，农场主应该会发现，为了压榨而大量种植大豆，比起年年赌运想收获更多的种子来，是更为可靠的做法。然而，农场主完全反其道而行之，在1926年缩减了大豆种植面积。不过，这一年的好收成实际上又提升了总产量，价格因此暴跌。总体来看，斯特利发现他的榨油厂在1925年值得开动7个月，在1926年则是开动8个月比较划算。[67]虽然这让农场主避免遭到彻底的损失，但对于互信的建立却未必有什么帮助。

新生的大豆产业所面临的问题，不仅仅是农场主是否会在更多的土地上种大豆。这更是一个意愿问题，要看农场主是否愿意投入大量人力财力，让作物的产能充分发挥出来。举例来说，要提高大豆和轮作的后茬作物的亩产量，农场顾问不得不极力强调给土壤接种的必要性，要么把含有细菌的土混合到田间，要么把接种过的土壤或纯粹的细菌培养物覆盖在种子外表。此外，要想在收获期间让籽粒的损失减到最小，收割设备就得全面升级。用来把植株收集起来供筛谷机脱粒之用的传统割捆机会导致大量豆荚碎裂。一种可行的替代方案是用联合收割机，在田间可以同时完成收割和脱粒工作，只留下秸秆。然而，虽然联合收割机当时已经在美国西南部用于收割小麦，玉米带的农场主却普遍觉得它过于庞大，超出了农场需求。不过在1924年，在亲眼看到伊利诺伊州中部200英亩大豆田上的示范之后，弗雷德里克·万德来到了纽约州巴塔维亚（Batavia）的马西-哈里斯收割机公司总部。他敦促经理们把销售部门扩展到伊利诺伊州，很快这家公司就在那里成功地卖出了8台联合收割机，对该州来说是个小而有意义的起点。[68]在1928年的一份简报中，哈克尔曼称赞联合收割机可以减少碎荚损失，缩短收获时间，因此降低坏天气的风险；联合收割机还能把秆、叶和荚壳留在田中，肥沃土壤。但他也还是提到了"联合收割机价格昂贵"（图7）。[69]

　　商业导向的中西部农场主长期以来一直愿意采纳资本密集型创新技术，但是在20世纪20年代早期，大豆只是一种保本作物。人们把它作为饲料作物与玉米套种，或是在玉米价格较低的时候种成纯豆田。[70] 很多农场主懒得给土壤接种；很多人坚持要

图7　伊利诺伊州的联合收割机在收割中国东北大豆，约1928年。引自 J. C. 哈克尔曼《伊利诺伊州的大豆生产》（*Soybean Production in Illinois*）。

按传统的轮作方式种植燕麦，哪怕农场顾问敦促他们用利润高得多的大豆来代替也不为所动。燕麦易种易销；大豆生产则不然，根据一位榨油厂经营者的估计，需要"更多的知识、劳力和机械"。在缺乏"标准化市场"的情况下，大豆并不值得投资。[71]虽然私人和公共资本事实上已经开拓了这样的市场——大学、政府和榨油厂都投入了资源来建立大豆加工产业——但如果这个市场不足以撬动农场主的投资，那它就几近于无。在斯特利那一边，他一直不断在向农场主做宣传，向农产品商店、粮食仓库和银行分发海报和免费的小册子。这一策略在他策划1927年的大豆专列时达到了顶峰。[72]那一年，农场主也确实种了更多大豆，但这主要是因为玉米长势不佳。异常的干旱天气，以及一种叫欧洲玉米螟的新害虫入侵中西部，都让大豆再一次成为一种有吸引力的保本作物。

　　大豆产业真正的转折点，是在1928年迎来的。那一年，"皮奥里亚计划"（Peoria Plan）启动，但斯特利却没有参与。通过那个时代密集的志愿者协会网络，这个计划渗透开来。美国磨坊公司总裁H. G.阿特伍德碰巧参加了皮奥里亚商会的城乡委员会会议。在会上，一个农场主抱怨大豆在市场上销路不畅。阿特伍德与皮奥里亚县农场局局长洽谈了此事，提出他的公司可以和另外几家公司联合起来，作为大豆的担保买家。他们又安排了一次会议，与会者包括芬克兄弟种业公司、农庄联盟联合交易所（GLF）及卡特彼勒拖拉机公司的代表。哈克尔曼与芝加哥的《草原农场主》杂志编辑也出席了会议。芬克兄弟、美国磨坊和GLF同意签订一份购买伊利诺伊州5万英亩大豆的合同（这差不多相当于100万蒲式耳），担保购买价格是每蒲式耳 1.35 美元。这份协议也允许农场主把大豆以高价卖给其他出价者，只要他们允许这三家榨油厂能首先选择是否能给出更高的价格。签订这份合同的个体农场主都报出了他们计划种植的大豆面积，分发合同的则是在伊利诺伊州县代理人召开的一次会议上成立的一个农场局委员会。到 8 月初的时候，委员会已经收到了 1,000 多份签过字的合同，涵盖了 4 万多英亩土地。[73]

整个计划框架中，最关键的地方是独特的市场营销方案。这个计划并没有力推大豆油，毕竟如果它不能持续保持高品质的话，那除了"煮皂锅"之外也注定不会有更合适的去处。[74] 相反，这三家榨油厂为标准不那么严格的豆粕开拓了可靠而有利可图的销路。三家榨油厂都在大量生产混合饲料或"配方"饲料。其中除了大量玉米碎渣外，通常还有棉籽粕或亚麻籽粕，作为蛋白质的高浓度来源，但在多数情况下，豆粕也能满足需要。因为在压榨之后，豆粕仍然残留较多油分，所以这样的饲料仍然不是喂猪的好选择——结果便是造成软猪肉——但用来饲养奶牛却挺合适。此外，奶牛饲料市场在玉米带以外地区也很广阔。以 GLF 为例，这家公司就与纽约农庄联盟联合交易所及其奶牛农场主签订了合同。豆粕的这个销路获利颇丰，让三家榨油厂最终能够按合同价格支付给所有农场主，不管他们是否签过合同。结果，榨油厂不得不手忙脚乱地去为超过最初预期四成的大豆寻找贮藏空间。这又迫使其他榨油厂经营者也支付类似的价格——就连斯特利，虽然拒绝加入这个计划，因为他的原则是绝不会提前 30 天以上签订大豆合

　　　　　　　　　　　　　　　　魔豆：大豆在美国的崛起

同，也只能就范。[75] 与发起皮奥里亚计划的榨油厂一样，斯特利最终也用豆粕来取悦新的客户。他发明了颗粒饲料，撒在覆有积雪的牧场里容易被牛羊看到，于是科罗拉多州等西部州的牧场主便为这一创新提供了现成的市场。[76]

这些新措施的影响不限于短期的销售。它们最重要的地方在于提供了稳定的收益——以及未来的光明前景。这样一来，它就能为大豆吸引到从农场主和榨油厂到农业实验站和联邦政府的方方面面的投资了。

投资

皮奥里亚计划的影响一直持续到下个十年。伊利诺伊州大豆的种植面积在 1927 年是 46.5 万英亩，到 1928 年略微增加到 49.7 万英亩；随后，经过连续两个高亩产的好年景和坚挺的价格之后，到 1930 年增加到 71.9 万英亩。为了收获籽粒而种植的大豆数量增长更为迅猛，1927 年的收获量是大约 200 万蒲式耳，到 1928 年便达到 300 万蒲式耳多一点儿。虽然 1929 年收获的籽粒只增长了几十万蒲式耳，但那一年收获之后作为种子售卖的大豆所占比例异乎寻常之高，导致 1930 年的大豆收获量猛增到只比 600 万蒲式耳略少。[77] 在最靠近皮奥里亚、迪凯特和布卢明顿那些榨油坊的县中，这种变化最为明显；这些县种植的大豆有一半到三分之二收获的都是籽粒，而非干草。与此相反，在靠近该州南北边境的县中，七八成的大豆收获的仍然是干草。大豆种植的增加，与更多的投资有密切关系，这一点能从下面的事实看出来——在以收获籽粒为目的的大豆种植最多的县，亩产量也最高，每英亩可出产19 蒲式耳；而在最南边的县，亩产量是 11 蒲式耳。[78] 联合收割机的销售量也上升了，收获大豆的用途便是其推动因素。[79] 农场主对于田地的接种也更为上心，无怪在 1930 年，市面上很容易买到像"狄金森氏大豆新纯培养腐殖质接种"之类公司的商业产品。[80]

　　农场主在担保购买的保证下对大豆进行越来越多的投资，又促进了加工商、大学和政府投资的良性循环，主要形式是研究和开发。尽管由豆粕制成的颗粒饲料可以带来稳定收入，但斯特利相信，最高的利润应该来自供人食用的大豆油，只要能改良其品质。他聘请了莫里斯·德基，这个人曾经与化学工程师戴维·韦森搭档，一起在南方棉籽油公司工作。棉籽油的精炼方法，是用碱来中和游离脂肪酸，用漂白土（一种特殊的黏土）来漂白，再用超热蒸汽脱臭，由此得到的便是澄清而无味的油脂，可以是液态油，也可以通过氢化而硬化成起酥油。这一套工艺已经是棉籽油用于食用的黄金标准。[81] 20 世纪 20 年代期间，玉米油也得到了成功的精炼，在食品用途上堪与棉籽油匹敌。而在第一次世界大战期间，也有人用类似的工艺对大豆油做过早期的精炼尝试——所用的大豆进口自中国东北——但大都失败了，最终制得的油脂尝上去总有"鱼腥味"或"涂料味"。[82] 有了玉米带农场主更为稳定的原料供应，德基对大豆油做了更多研究，采纳了用于精炼玉米油的设备，终于设法生产出了他后来形容为"好得令人意外"的大豆油——无色，芳香，清淡，只是在贮存几星期之后，免不了还是容易产生

"青草味"或"豆腥味"。[83] 这个缺点在一定程度上限制了大豆油代替棉籽油或玉米油作为沙拉油、起酥油或人造黄油的用途,然而比起做成肥皂来,加工成这些产品总归还是能赚得更多利润。

同样,伊利诺伊大学也加紧了利用研究。家政学系考察了供人类食用的用途,而畜牧和乳畜系也研究了豆粕对牲畜的用途。不过,最大的成果还是来自农学系对调和了不同比例大豆油的室内和室外涂料所做的实验。与食品用途的情况一样,第一次世界大战期间用中国东北大豆制作涂料的经验让大豆有了坏名声,人们皆知它不堪代替涂料生产所用的亚麻籽油。不仅如此,亚麻籽油还是干性油,可以形成坚固的薄膜;而大豆油却是"半干性油",需要在涂料中另外添加名为"干燥剂"的化学品。这便是另一个研究焦点。[84] 除了应用研究之外,该大学还出版了大量公开函和报告,就如何选择种植品种、给田地接种、对付植物病害、收获大豆以及更一般的如何最大程度提高亩产量等问题向农场主提供建议。这些建议还包括如何提高财务收入的内容,由农场组织和管理系发布,是采用多种方法对大豆种植和收获成本以及与其他作物相比的收益所做的详细分析。

在联邦政府层次,大豆投资的增长也显而易见。有些投入是监管性质的,美国农业部做了一系列实验,为大豆建立了质量等级,这个工作方便了大豆作为大宗粮食的贸易活动。在作为籽粒售卖时,大豆必然得拥有高质量等级,其中无法萌发的损伤粒或"劈裂"粒应该尽可能少;此外,混杂其中的"异物"——通常含有杂草种子——也要尽可能少。与此不同,用于榨油的大豆则无须萌发。不过，相关标准在 1925 年 9 月发布时，对劈裂粒数目的规定仍然较为严格；对于一级大豆，其重量百分比限制在 1% 以下；对于二级大豆，则限制为 10%。就像负责制定这些标准的官员 J. E. 巴尔在 1925 年美国大豆协会的现场会议中所解释的，即使在用于工业加工时，更高比重的劈裂粒并不必然会造成什么异样，这个比重也仍然应该纳入标准，作为确定等级的一个因素。如果不这样做的话，他认为"会助长大豆脱粒时的草率处理"；与此相反，等级标准应该能"激励最高质量产品的生产和销售"。[85] 制定标准的公共投入的主要目的，因而是为了刺激更大的私人投资。

不过，给人印象最深刻的联邦投资，还要属美国农业部 1929—1932 年间的东方农业探索考察，非正式的名字叫多塞特－莫尔斯考察（Dorsett-Morse Expedition）。P. H. 多塞特是外国种子和植物引栽办公室的老职员，也是一位经验丰富的植物考察家；他在 1924 年到 1927 年间，曾到中国去寻找柿子的新品种，在这趟考察期间，就曾把海量的大豆新品种寄回华盛顿。1925 年秋，他收到了 100 棵挑选出的单株大豆，种子还留在豆荚里，是哈尔滨的"满洲农学会"的苏联植物学家送给他的礼物。这些大豆很快就经由大豆管线输送回美国，到翌年春天，哈克尔曼已经把其中一些品种在伊利诺伊州的厄巴纳种了下去。[86] 多塞特还安排中国东北的邮政管理局局长让整个地区的邮局局长从乡村收集大豆和绿豆样品。结果正如莫尔斯向哈克尔曼做的报告所说，到 1927 年早期，他已经"收到差不多 1,200 宗来自满洲和中国的引种材料"。[87] 多塞特的大豆多数都来自"北满"地区，后来美国大豆种植区向北推进到明尼苏达等州时，这些材料起了宝贵作用。事实上，在品种杂交成为大豆育种中更为常见的方法时，多塞特贡献的一小部分样品后来给美国大豆的遗传结构造成了不成比例的巨大影响。[88] 不过在当时，多塞特觉得他对亚洲大豆品种的宝库实在取之甚少，于是建议美国农业部再开展另一场由一流专家牵头的独立考察。

在 1929 年的时候，这位一流专家毫无疑问是威廉·莫尔斯。1923 年，麦格罗-希尔公司出版了《大豆》一书，表明随着这种作物在中西部获得了发展势头，它的重要性也与日俱增。当时查尔斯·派珀是书的主要作者，莫尔斯只是次要角色。但派珀于 1926 年去世时，莫尔斯已经在新改名的美国大豆协会主席的职务上干了两年。按照一开始的设想，多塞特-莫尔斯考察将涵盖中国南方、荷属东印度、新加坡和锡兰*，这反映了莫尔斯下一步的行动，想要寻找能够在美国南方生长良好、可供食用和饲用的品种。然而多塞特的身体欠佳，大萧条又让预算变得更紧张，诸多因素最终让亚洲南部地区被排除在考察地域范围之外。但就算美国和日本之间的紧张关系已经初现端倪，莫尔斯还是把他的旅行重点放在日本控制的地区——日本本土、"南满"地区和朝鲜——而且常常从协助他们的日本农学家那里受益良多。这些重点地区所处的纬度大致与美国玉米带相同，这也反映了压榨产业的重要性越来越大。莫尔斯在"南满"逗留的时间，比原定计划更长，部分原因是

---

* 荷属东印度即印度尼西亚；锡兰后改名斯里兰卡。

为了更充分地记录当地的大豆油产业（图8）。这时，私人投资的增长在一定程度上决定了公共投入的目标。这趟考察最终登记了4,500宗新引种记录，其中很多都非常适合榨油产业。[89]

图8 1930年，威廉·莫尔斯在中国大连的一家榨油坊察看大豆"油饼"（大豆榨过油之后所剩之物）。承蒙大豆信息中心许可使用。

1930年时，随着投资在各个层次上都有扩大，为数众多的榨油厂加入了斯特利、芬克兄弟和美国磨坊的行列，进行大豆加工，其中包括：锡达拉皮兹（Cedar Rapids）的艾奥瓦磨坊公司（1928），在密西西比河以西地区率先开始压榨大豆；密尔沃基的威廉·O. 古德里奇公司（1926），在1928年为阿彻－丹尼尔斯米德兰（Archer-Daniels Midland, ADM）公司所收购；还有谢拉巴格粮食产品公司（1929），加入了斯特利的迪凯特工厂。1930年5月，也就是大豆种植者成立美国大豆协会十周年之际，玉米带压榨商也成立了自己的贸易集团——全国大豆油制造商协会（后来改名为全国大豆加工商协会）。这在一定程度上，是对一年前成立的大豆经销协会的响应。大豆经销协会是个短命的合作组织，创建目的是保证农场主能够以最高的可能价格出售大豆，但在发起皮奥里亚计划的三家榨油厂中，只有芬克兄弟同意与之谈判。[90]加工商成立的那个新协会，却像美国大豆协会一样成为永久的机构，直至今日。

在新的十年伊始，公共和私人投资的良性循环也同样保证了大豆在美国农业中获得长久的地位。这样在30年代，便掀开了新的一幕——当美国生活中其他那么多事物的前景显得如此黯淡的时候，大豆却在这样一个似乎最不可能的时代真的腾飞了起来。它甚至不只是一种大为扩张的作物，它干脆在美国人的想象中获得了突出地位，成为由这个国家最著名的企业家牵头的一场社会运动的象征。

第四章 探 路

1934 年，通称"芝加哥世博会"的"世纪进步国际博览会"办到了第二个年头；这一年的会展上，没有展商能够比汽车制造商亨利·福特吸引到更多人的注意了。福特在 1933 年抵制了这届世博会，抗议通用汽车公司展出了一条组装流水线，他认为这是窃取了他的想法。[1] 然而，他在 1934 年又决定参与世博会的第二季，而且对布展全力以赴。他花了空前的 250 万美元巨资，创办了一场规模巨大的展览。作为展馆的"福特大楼"的中央圆形建筑造型犹如硕大的同心圆齿轮，拔地而起十二层楼。大楼中央，一个巨型地球在旋转，几十辆汽车前后相连，讲述着车轮运输的历史。其两侧是史诗般的照片墙。大楼顶层露天开放，晚上会点起数以千计的彩灯；在天气状况良好时，从那里射出的白色光柱可向天直冲一英里高，在二十英里外的地方都能看到。大楼的两翼里面则设有福特博物馆和产业大厅，延伸出几百英尺。[2]

尽管福特展馆如此气势雄伟，但是其中最引人关注的展品之一，却是主建筑旁边的一座其貌不扬而饱经风霜的干草仓库（图 9）。这座草仓于福特出生的 1863 年盖成，如今被小心翼翼地

118　　　　　　　　　　　　　　　　　　魔豆：大豆在美国的崛起

图 9　在 1934 年芝加哥的世纪进步国际博览会上展出的福特工业化草仓。引自亨利·福特的收藏。

从他童年所生活的农场迁移到会场。如果说这届世博会总体上堪称一剂治疗大萧条的技术乐观主义解药，那么这座"福特工业化草仓"就代表了福特本人为美国的农场危机提供的解决方案。草仓里面压根儿没有马厩和干草堆，取而代之的是井井有条地排列的机器和管道，可以用一种己烷溶剂把大豆中的油分浸取出来（图10）。脱好粒的大豆在重力作用下填入一台碾压机，被压成薄片。这些薄片又通过一根呈 10 度倾斜的管道，被一台状如螺丝钉的传输机向上输送，在里面浸入向反方向流动的溶剂。在管道顶部，豆粕会经过下方的热蒸汽，除去其中残留的溶剂。大豆油与溶剂的混合物从另一端的管道底部流出，被迫向上穿过一道细颈，然后再向下经过一个蒸馏器，溶剂在那里被蒸汽向上蒸走，剩下的就是大豆油。整套机器中运转的溶剂有 100 加仑，冷却之后可以循环利用。"机器的所有接缝和开孔都已密封，"一本小册子指出，"里面的汽油基本没有损耗，也基本没有起火危险。"[3]

图 10 工业化草仓内部。引自亨利·福特的收藏。

就在世博会于 5 月下旬开幕之前不久，福特视察了展馆；正好有一队玉米、小麦和奶牛农场主，由导游带领前来参观，福特便利用这个机会，把这套机器的意义向他们做了解释。福特公司发布的一本小册子就讲述，有一位农场主震惊于"展品的不可思议"，要求解释"所有这些东西的理由"。福特回应说，他想"让美国

魔豆：大豆在美国的崛起

农场主了解一种新想法",可以让他和他全家"过上充裕的生活","能够有闲钱来购买他和家人想要的东西"。这种新生活方式要求把农场产品用到工业之中。20年前,福特曾经推动实行了"五美元工作日"制度,让福特公司的工人拿到了前所未有的高工资,由此提升了他们购买福特普及型汽车之类商品的能力。如今,福特向农场主们说的话,仍然还是这个调调:"做买卖不过就是商品的交换。如果我们想让农场主成为我们的主顾,那么我们就必须想方设法成为他的主顾。"⁴农业的复兴,又可以进一步帮助人们结束大萧条:"只要个体农场主能赚到钱,农场问题就能解决,我们其他大多数经济问题也能解决。"⁵福特的这些话暗含了对新政农场政策的直率批评;新政想要提升作物价值的方式,是削减作物产量,却不是为它们在工业上找到更好的新用途。

除了恢复经济之外,工业化草仓也是实现福特另一个目标的方法,就是在抛弃所有陈旧农活儿的同时,仍能保留乡村生活的优点。他认为,用溶剂提取大豆油是一种可以缩小规模进行的现代工业生产工艺,非常适合农场开展。福特公司的小册子就解释说:"这套机器构造简单,安装方便。任何地方都可以用很小一笔开销把它组装起来。其大部分结构都是标准管道。"由于挽畜逐渐被拖拉机所替代等原因,"美国有很多草仓现在处于废弃状态,而它们可以容易地改造成类似本届世博会展品的工厂"。⁶然而,福特本人希望这个想法成真的愿望有多强烈,对大豆工业生产工艺可以逆规模化生产的优势而运行的怀疑理由也就有多充足。那些装满了高度挥发性的己烷的溶剂箱真的安全吗?——特别是如果考虑到一般农场主根本就没有福特公司所具备的安全设施和专业知识的话。8月中旬的一天，这些问题有了答案。虽然已经采取了预防措施——比如把锅炉安装在草仓外面一个与之分离的砖砌围墙里面——这座有70年历史的草仓不知何故还是起了大火，几乎夷为平地，一位展览管理员因此被烧成重伤。[7] 在30年代后面几年中，福特继续在国家、地区以至世界级的博览会上展出浸出制油设备，但现在不清楚他是否再次展示了他那座"工业化草仓"。[8]

20世纪30年代是大豆引人兴奋的年代。福特为它营造的公众形象，直到几十年后才重新恢复。而在那个非常时期，福特并不是唯一认为大豆象征了未来的革命性新世界的人。一群自称"冶化学家"的人看到了大豆作为工业原料的前景，安息日会则愈加致力于让大豆成为新式美国食品的基础。然而所有这些努力，都没有避免大豆仍然渐渐成为第二次世界大战之后的一种无趣事物；它最终确实成了新型工业化食品的关键原料，以一种独特的方式把这两拨人的梦想结合在一起，但那时人们对此已经鲜有关注了。

工业用途

他们用"冶化学"（chemurgy）这个词，来称呼他们对农产品在工业中的新用途的共同展望。1935年5月，亨利·福特做东，邀请了几十位百万富翁、工业家、农场主和科学家齐聚"绿野庄"，这是他建在密歇根州迪尔伯恩的户外历史建筑博物馆。与会者走进复制的独立大厅，签署了《以土地为依靠和自给自足权宣

言 》(Declaration of Dependence upon the Soil and of the Right to Self-Maintenance)。为了"满足和保证后一种权利",作为当年托马斯·杰斐逊所开列的权利的扩展,这份文件认为:"人人应知,他的基本生计来自土地,而不是来自商人的货架;凡是产业中心化导致有害的人口密聚、对自给自足权造成破坏时,人人都须求助于土地,因为除了水产和矿产,所有新财富都从土而生。若不这样做,自治权也无法维持。"[9] 考虑到福特本人对富兰克林·罗斯福及其政策十分反感,而与会者更是普遍对 1933 年颁布的《农业调整法》怀有敌意,所邀请的客人中故意忽略了新政领导人。[10] 不过这场会议也表明,虽然福特本人还是一如既往地别出心裁,但是工业化草仓所采用的那些想法,却不都是他个人的发明。

在威廉·黑尔看来,前沿的有机化学与乡村生产这两个领域如果不能常常齐头并进,那这只不过是因为人们缺乏想象力。黑尔是密歇根州米德兰(Midland)的陶氏化学公司的研究人员,1926 年在福特的《迪尔伯恩独立报》上发表文章,哀叹农场主"是以几乎直接的方式为人类[供应]衣食的唯一"职业,可所有人似乎都在"透过旧日的阴霾"去打量农业。他建议人们应该改变看法,把农场主定义为"有机化学制造商";他们生产的原料物质——淀粉、蛋白质、纤维素、油脂——可以在化学家的聪明才智之下转化为一系列新物质,其总体价值马上就能让"给猪喂玉米的农活儿"与"其他那些不高尚的做法,比如为了获得热能而把新鲜烟煤填进炉子"成为同一类型的工作。而且,煤焦油虽然长久以来被视为废料,但在 19 世纪却奠定了有机化学的基础;与此类似，黑尔预言，被人们视为农业废弃物的东西，在 20 世纪也会发生革命性变化。[11] 1934 年，在造了几个石沉大海的新词——比如"化学遗传学"（chemo-genetics）——之后，黑尔又造出了"冶化学"（chemurgy）这个词，来表达他提出的原则：正如冶金学（metallurgy）家从混合的矿石中提取出宝贵材料一样，冶化学家也与学院派化学家有别，可以从有机原料中提取新产品。[12] 非常关键的一点是，黑尔认为在农产品上附加的价值应该满足农场主自己的福祉，而不是让工业和金融大亨富得更加流油，这种观点正合乎福特的民粹主义胃口。

冶化学运动的其他领导人也都出席了迪尔伯恩大会，其中包括查尔斯·赫蒂博士、惠勒·麦克米伦以及会议主席弗朗西斯·P. 加万。赫蒂被视为冶化学的共同创立人，虽然是学院派化学家，却致力于复兴美国南方。他的办法是把一种叫湿地松（slash pine）的杂草般的速生树种种植成人工林，再转化为新闻纸。在那个时代，新闻纸是用北方的老龄森林的木材制造的。麦克米伦是《乡村家园》杂志的编辑，在世纪进步博览会上出资展出了一幢"模范农场住宅"，使用现代方法和材料（包括大豆油涂料）来建造，着眼于其便捷性和经营效率。[13] 加万是律师科班出身，后来成为化学基金会主席。第一次世界大战期间，德国化工企业在美国申请的专利被悉数没收，化学基金会便是这些专利的托管者；那些专利中的方法，也成了美国染料工业的发展基础。加万是冶化学运动比较晚的参与者，但是这场新生的运动之所以能够顺利开展，化学基金会的支持，还有福特那些公开展出的机器，据信起了关键作

　　　　　　　　　　　魔豆：大豆在美国的崛起

用。虽然这些领导者背景各不相同，但是他们都笃信，农产品可以经历"侏儒妖式"*的变化，成为高价值的工业原料；这个过程既可以让农场主赚到钱，又可以节约利用可再生资源。因此，他们都是把玉米乙醇作为燃油的早期倡导者，还赞扬了乔治·华盛顿·卡弗用花生制造的数以百计的有用物质。福特也曾邀请卡弗到迪尔伯恩私下会晤。

虽然黑尔在 1926 年的文章中单独挑出大豆作为"最值得关注"的作物，并列举了制作肥皂、墨水、清漆和磁漆等产品的用途[14]，但是最为热情地把大豆捧为独一无二的适合工业用途的作物的人，却是福特本人。1929 年，为了纪念他的导师兼朋友托马斯·爱迪生，福特在绿野庄成立了爱迪生研究所，其中有一间化学实验室和一个实验农场，都用来让黑尔开展研究。为了执行相关工作，福特选中了一个聪明活泼的年轻人。他叫罗伯特·博耶，没有在大学受过化学科班训练，而是亨利·福特贸易职校的 21 岁毕业生，领导着一支 12 人的队伍，都是他原来的同学。[15] 他们此前曾经拿许多作物做过实验，之后，据说福特在 1931 年的一天漫步到实验室里，漫不经心地拿起了一本派珀和莫尔斯合著的《大豆》，从头看到了尾，然后就吩咐他们把工作重点放在大豆上。[16] 到 1933 年，这项工作已经进展到这样的程度：福特宣布下一年的汽车模型将喷上用合成树脂和大豆油制造的磁漆。[17] 这个声明，让一

---

* 原文为 Rumpelstiltskinesque，来自《格林童话》中的侏儒妖龙佩尔施蒂尔钦（Rumpelstiltskin）。它拥有把麦秸变成黄金的魔法。

些报纸觉得充满了幽默的不协调感，其中一家报纸就说福特"成立了另一家'汽车厂'*，是大豆"。[18] 博耶和他手下的化学工作者很快开发了新方法，可以在铸造型芯中使用大豆油——把沙与油混合填入金属铸件的孔洞处，烧硬，在金属冷却后便可碾成粉除去。此外，大豆油还可以制成减震液。[19]

在提取完油分之后，还剩下豆粕，这种大块大块的副产品常常只是卖给本地需求不足的小市场，作为牲畜饲料，以赚取一点儿利润。为了寻求价值更高的用途，福特的化学家们把它变成了塑料。在这个时代，有不少塑料是从天然产品生产的：赛璐珞、玻璃纸和人造丝就都是用纤维素制造的，而纤维素是植物细胞壁的主要成分。用大豆蛋白来制造塑料也不是完全新鲜之事——早在1913 年，英国和法国就颁布了这类专利；美国的第一个大豆塑料专利则在 1917 年颁发给了一位日本公民。[20] 常见塑料酚醛树脂是用煤焦油的衍生物合成的，具有耐热性和防水性，几乎坚不可摧；与之相反，大豆塑料和其他天然塑料易于从空气中吸湿，导致它们变形、开裂，从而在多数情况下只能用于制作纽扣之类小型物件。博耶团队解决吸潮问题的方法是创造一种复合材料：其部分成分是用甲醛硬化的大豆塑料，部分是合成酚醛树脂，还有部分是"木粉"。[21] 这种复合材料比纯酚醛树脂轻，可以塑造成小而耐用的汽车组件，比如喇叭按钮、换挡杆球、电灯开关拉手和车窗饰边条。[22] 一份评

---

* 原文为 automobile plant，是双关语，一般意义为"汽车厂"，但也可以理解为"自动植物"。

魔豆：大豆在美国的崛起

估认为，如果为每年开下流水线的一百万辆福特汽车中的每一辆都用上 15 磅的这种塑料，那么这大概需要种 2.8 万英亩的大豆。[23]

A. E. 斯特利曾经不无虚伪地声称，大豆是他的爱好。亨利·福特更是有过之无不及。只不过，因为福特的财富和声望，还有他事实上对一个大型制造业公司的控制，他那私人爱好才深重地影响到了工业对大豆的应用，以及公众对大豆的认识。但如果没有福特这种乌托邦式的痴迷，资本主义的理性运作是否会继续为大豆找到用途，却是不太确定的事情。涂料公司是最可能的需求来源。大豆油不仅有某些内在的优势——比如不容易像亚麻籽油那样随时间推移而变黄——而且还有了向农场主这个大型市场推销产品的依据：只要你买我们的涂料，我们就会用你的大豆。可惜，大豆油不易干燥的性质严重限制了它替代亚麻籽油的总量。[24] 事实上，涂料公司之所以把大豆油加到涂料中，大部分情况下是因为它们手头有大量作为副产品的大豆油供应。斯威夫特公司虽然是芝加哥著名的肉类加工商，也有一项副业，是用生产完饲料后剩下的油来制造涂料。不过，没有什么别的案例，能比格利登的奇特案例更能说明这一点的了。

格利登公司位于克利夫兰（Cleveland），成立于 1875 年，多年以来都是只有一家工厂的清漆企业，以"日本漆"这个品牌最为知名。不过在 1917 年，阿德里安·乔伊斯接手了公司。他在艾奥瓦州的农场长大，在芝加哥的斯威夫特公司那里当过学徒。如果说冶化学运动的信条是通过创造性的化学工艺开发有价值的副产品的话，那么这对肉类加工商来说早就是标准经营流程了。他们会把羊毛和头发做成刷子，把下水做成肠衣和小提琴弦，把骨头做成梳子和胶水，把脂肪做成蜡烛和人造黄油。[25] 乔伊斯本人就曾协助斯威夫特公司建立肥料部门，用肉类的下脚制造植物肥料和动物饲料。[26] 同样，他在接手格利登公司之后，不光通过标准化和垂直整合把它扩展成了全国性的涂料制造商，而且还积极从"工业加工的碎片残渣"中寻求利润。[27] 正是这种对利润的追求，最终引出了一个野心勃勃的计划，要在芝加哥的一家巨大的新工厂里加工大豆。

格利登公司之所以投资新产业，部分原因在于意识到了已有工艺中的隐藏价值。举例来说，乔伊斯为了尽可能利用亚麻籽榨油厂，安排它在亚麻籽缺货的季节压榨从菲律宾进口的椰干，以产出椰子油，主要供制皂之用。为了给椰子油寻找更有利润的用途，他把椰子油精炼之后用于制作起酥油和人造黄油。刚以这种小规模的方式介入人造黄油产业，乔伊斯马上就决定收购一个全国性的配货体系，以便与通用食品公司竞争。1929 年，格利登收购了位于全国各地的一些食品公司，其中一家是长岛上的 E. R. 德基公司，由此为这个部门的产品提供了"德基名食"这样一个品牌名。[28] 除了这个新食品部门，公司还有另外三个部门，都生产一些彼此可以互相利用的产品：涂料和清漆部；松脂制品部；化工、冶金和采矿部。[29] 其中两个部门为大豆油提供了潜在市场，一是可以在涂料中用来代替亚麻籽油，二是可以在人造黄油中用来代替椰子油（或棉籽油）。然而，让乔伊斯创立豆制品部的有力理由，并不是豆油的价值，而是豆粕的潜在用途。在 20 世纪 30 年代，虽然豆粕

　　　　　　　　　　　　魔豆：大豆在美国的崛起

不怎么算"碎片残渣",但是它通常都没有豆油值钱,这多少与20年代的情况相反。如今乔伊斯正是希望提升豆粕的价值,来让整个大豆生意更有利可图。

　　乔伊斯和格利登的副经理威廉·奥布赖恩到欧洲做了趟考察,以观察工业化学的进展。他们在德国观看了从豆粕中提取蛋白质的加工过程,最后产品质量好到足以作为一种叫酪蛋白的牛奶蛋白质的可靠替代品。[30] 酪蛋白本身也是冶化学运动热衷之物。冶化学家就哀叹,在制取黄油时,把脱脂牛奶丢弃是一种罪过,因为早在19世纪90年代,酪蛋白就在模制塑料中找到了用途。他们还常举出意大利的成功案例:意大利法西斯分子决心摆脱对进口商品的依赖,由此利用酪蛋白丝开发出了仿羊毛。意大利驻英国大使有一次在伦敦露面时,故意展示了身上的一套西服,夸耀说其中含有48品脱 * 的脱脂奶。[31] 事实上,福特的研究者后来也用大豆蛋白模仿了这一成就,但在当时,乔伊斯和奥布赖恩心中有个更实际的目标。他们盯上了纸胶市场。以蛋白质为原料的涂布层——有的无光泽,有的有光泽——在很大程度上决定了墨水在纸上的附着力。酪蛋白当时在美国确实也有用途,主要就是作为纸胶原料。但因为美国人大都把酪蛋白弃而不用,所以它主要从欧洲进口。进口酪蛋白往往比较昂贵,而且质量参差不齐;但就算美国人决定不把酪蛋白丢弃而是自行生产,考虑到乳业分散经营的性质,情况可能更会如此。[32]

---

* 　1美国湿量品脱≈0.473升。

乔伊斯推断，合适的大豆蛋白可以大规模生产，为这个发展不足的市场提供均质产品。大豆压榨还能带来附带的好处，就是可以为格利登的涂料和食品两个部门提供廉价油。蛋白质提取的研究于1932年在克利夫兰开始。奥布赖恩后来反思说："如果格利登公司事先知道会面对很多困难，而其中花费的巨额开支会把难题带到当前的竣工时刻，［公司］可能会犹豫是不是要开启这个项目。"[33] 如今的任务已经不只是从豆粕中除去类似酪蛋白的蛋白质而不破坏它们了——事实表明，让压榨时受了高温或高压的大豆还能保持蛋白质完好无损，已经足够困难了[34]——之后还要以刚刚好的方式小心地改变蛋白质的性质，也就是变性，才能让它拥有令人满意的性能。在这步加工中，要打断决定蛋白质三维结构的一些化学键。恰当加工的蛋白质，在溶解于弱碱性溶液中时，可以形成涂布胶，具有良好的"色泽、黏性和附着力"，但如果加工不当，最终产品可能色泽太暗，或是过于黏稠而无法喷洒，或者不是黏性太强就是太弱，而无法让墨水恰当地附在纸上。让困难更复杂的是，大豆中有多种蛋白质，其中只有一种大豆球蛋白（glycinin）在弱碱中可溶。[35] 这个项目苦苦进行到1934年，格利登终于从西雅图的两个化学家那里购买了一项工艺专利，不仅能够以看上去颇为恰当的方式给大豆球蛋白变性，而且还可以迅速过滤掉其他蛋白质。[36]

格利登给最终产品起名为"阿尔法"（Alpha）蛋白质，区别于两种产量较低的蛋白质（"贝塔"和"伽马"）。[37] 到1934年后期，乔伊斯和奥布赖恩已经对产品很有信心，于是投资65万美元在芝加哥西侧新建了一家大豆综合加工厂，旁边就是附属于它的涂料厂。[38] 一座从前的六层楼高的酿酒厂——有流言说它在禁酒时期就已经偷偷地开张了——经过改建之后，容纳了巨型的生产罐，经过溶剂浸出的大豆粕在里面与一种碱性溶液搅和，便可产出阿尔法蛋白，然后这种蛋白质再泵入邻近的厂房中干燥、打包。[39] 在生产罐厂房的另一侧有防火墙，墙对面是两栋四层楼高的厂房，一栋把生豆压裂、挤扁成大块，然后送到另一栋厂房中用溶剂浸出豆油。[40] 最后，还有一栋厂房把卵磷脂从豆油中除去。这一整套新设备一天可以加工 130 吨大豆，但其中的设计缺陷，却让这座加工厂没能这样全力运转很长时间。

工厂于 1935 年前期投产，但之后又关闭，维修和精调了很长时间。在重新运转之后没多久，1935 年 10 月 8 日快正午时，一场爆炸把工厂夷为平地。砖和钢铁的碎片像雨点一样落下，砸扁了停在附近一条小路上的 5 辆汽车，以及不远处一条道岔上的两节火车车厢。周边以几个街区为半径的区域内的窗户全部粉碎，爆炸声在 3 英里外还能听到。事故造成 43 人受伤，而在第二天，彻夜搜救的救援人员发现了 6 具尸体。[41] 最终，死亡名单增加到了 11 人。[42] 在救援人员把尸体从废墟中拉走的时候，奥布赖恩从克利兰夫赶到，来调查爆炸原因。警方和消防部门、州检察官办公室、验尸所和美国农业部的专家也各自开展了独立调查。[43] 与工业化草仓的事故一样，己烷可能是肇因。当另一座不属于格利登公司的大豆工厂在 10 月 22 日发生了类似的爆炸之后，所有人心目中都认为这个原因更合理了。

与格利登的工厂相反，在芝加哥以南 50 英里处、位于伊利诺伊州莫门斯（Momence）的第二座发生爆炸的工厂是个小厂，是用来证明把大豆加工厂设在乡村小镇具有可行性的试点项目。厂主自己设计了生产设备，在当地一家铁厂中组装起来。爆炸发生在设备运转了差不多一个小时之后，似乎有未察觉的己烷烟雾泄漏出来，通过一扇打开的门进入锅炉房，于是摧毁了厂房——同时造成厂主及其助手遇难。[44] 格利登的设备虽然投入了充足的资金，采用了最先进的技术，但似乎也是因为厂房之间相互连通而导致事故发生。从浸出厂房泄漏的己烷烟雾，要么是漫过了防火墙，要么是钻进了水管，最终进入了生产罐厂房。与此同时，把大豆压成饼的厂房中产生了火花，点燃了灰尘或蒸汽，导致一场爆炸也通过一条门廊进入生产罐厂房。就这样，源自两栋彼此分隔甚远的厂房的火花和蒸汽，在第三栋厂房中不幸相遇在一起。[45]

　　格利登对这场得到了保险赔偿的灾难的反应，是把工厂重建为 5 栋相互分离的"防爆"厂房。一位结构工程师向新闻媒体保证，"在豆制品加工中，机械工艺将会取代之前用的化学工艺"，有 5 篇新闻报道登了他这句话。然而事实上，格利登还安装了两套新的溶剂浸出设备，如果没有它们，阿尔法蛋白的生产就不可能实现。[46] 原来的六层楼高的蛋白质厂房，如今被格利登替换为一间较小的试验厂房。这个措施表明，即使在爆炸发生之前，蛋白质的生产也并非十分顺利。事实上，1935 年前 9 个月生产的阿尔法蛋白可以说令人失望，无法吸引客户。而在爆炸之后，格利登又有了重新在绘图板上设计的机会，这意味着它要把之前的野心暂时

　　　　　　　　　　　　　　　魔豆：大豆在美国的崛起

收敛一下。[47]

如果大豆像冶化学家坚持的那样，对它最好的期望——往大了说，也是对美国农业最好的期望——是为非食品制造提供原材料的话，那么在这十年的中期，它的前景可谓喜忧参半。对福特公司来说，经济理性是不予考虑的因素，但亨利·福特不可能万寿无疆。格利登则对这场赌博的回报做了更为细致的计算，但这种白白砸钱的事后来也没有继续做多久。不过与它们同时，还有其他经济力量让大豆得以在它发展的道路上越过一个重要的里程碑，逐渐成为美国的主要农产品。

新赌注

1936 年 10 月 2 日，芝加哥期货交易所的会员以 633 票对 23 票通过了建立大豆期货市场的决议。大多数人是在 45 层楼高的期货交易所大厦里面投的票，这座大厦那时是芝加哥最高的建筑，竣工之时，正好赶上大萧条开始，对商务办公空间的需求彻底消失。[48] 交易所的交易室位于 12 楼，那一层的商务活动这几年来也衰落了，达成期货交易合同的那些八角形交易厅更是如此。这不只是大萧条本身的后果，也是新政政策的后果；新政为小麦和玉米之类粮食提供了价格补贴，于是粮商用期货来为价格变动投保或对冲的需求也就弱化了。[49] 交易所因此急需宣扬新的业务，而考虑到大豆在农场中越种越多，在榨油厂中也越用越多，大豆期货便有了前景。任何贮藏或运输大豆的人，都是潜在的对冲者。与此同时，福特和其他人近年来的公开示范，也激发了投机商的兴趣，他们的交易占了全部交易的大头。出于所有这些原因，交易所花了差不多5年时间考察大豆期货的可行性，最终使之成为现实。但让这一步得以迈出的部分原因，也正在于福特和交易所会员所憎恶的那些新政政策。

交易所的期货合约，与它们所涉及的粮食一样，都是大宗商品。[50]期货交易创始于19世纪中期，最开始是个人之间的"远期合约"，双方借此达成协议，在未来某个指定的日期以协议价格交割粮食。不过，这些面对面的合同受到了很多不利因素的限制。并非每一位卖家都能找到买家，不断变化的市场状况也常常会让达成协议的一方或双方违约。与此相反，期货合约是由交易所发行的标准化产品，专门约定了一定数量的某种指定品级的粮食要在某个指定月份的最后一天交割。事实上，这些合约里面几乎没有几项是通过真正的交割来完成的，因为交易商只需把这些可转换的合约卖回到市场，便可以结清账目。他们通过期货交易是赚钱还是赔钱，取决于合约价格在此期间的变动情况。对于对冲交易者来说，期货则可起到类似远期合约的作用，把集体市场所估计的一蒲式耳粮食在未来某个指定日期的价格紧紧盯住。

对投机者来说，买卖期货纯粹是对期货价格下注，并没有处理粮食本身的意图。不过，他们会面临所谓"逼空"的风险，这时，期货合约持有人事先已经买下了市场上可获得的全部供应，但又需要对方交付给他们真正的粮食，因此便可以在投机者被迫想办法履行合约的时候赚取丰厚的利润。因此，建立一份大豆期货合约的决定以两种方式取决于可能的交易量。首先，期货交易的总量必须足够大，让交易所认为有理由投入精力管理其交易过程。交易量是由对冲者和投机者一起决定的——但绝大多数是投机者带来的，他们因此为市场注入了流动性，这是期货交易比旧式的"远期合约"更灵活的关键所在。其次，仅就真正大豆的交易量而言，它也必须足够大，让任何交易者都很难"逼仓"。若非如此，投机者就会对赌注的投放畏首畏尾。

　　大豆期货的想法第一次有人提出时，大豆产量还没有超过那个神奇的阈限。1931年，位于伊利诺伊州布卢明顿的芬克兄弟农场的尤金·芬克组织了一个调查玉米育种方法的董事委员会。他一边抱怨农场主、粮仓主和加工商都因为缺乏对冲的机会而左支右绌，一边乘机推出了大豆期货的想法。[51] 同样，W. L. 伯利森在第二年出版的一份简报中也提到，有些思路很活的粮仓主和加工商会用亚麻籽期货做大豆的对冲，并用棉籽油期货做豆油的对冲，但"这两种类型的产品的价格变动不是非常同步"，让这种投资不太可行。[52] 这些拜访了芬克兄弟的委员会成员于是联系了芝加哥期货交易所主席，主席马上指定了一个委员会考察这个提议。[53] 此事后来不了了之。事实上，供收获籽粒种植的大豆面积在1932年时比1931年略有减少，在1933年也停滞不前，这让人们很难马上就采取什么行动。[54]

　　紧接着，就颁布了1933年版《农业调整法》（AAA）。这一法令于5月通过，这个时间对农场主来说太晚了，已经很难改变他们种植的作物组合。在冶化学家的鄙夷之下，AAA致力于通过减少供应——最开始干脆是把作物铲平——来提高某些商品的价格，包括小麦、棉花、玉米、猪肉、大米、烟草、牛奶等。这部法令强迫农场主在 1934 年减少这些作物的种植面积，通常又通过附加条款规定他们不得把田地挪作栽培其他作物之用，这样才能领到补助。不过，如果种的农作物供自家食用，或是用于改良土壤，上述限制可以放松。把大豆铲入土里，它们作为绿肥，可以给土壤增添氮素，并保护土壤免遭侵蚀，因此大豆被评定为土壤改良作物。确实，在 1934 年之后，用作这种用途的大豆面积有很大增长，主要通过牺牲用于刈割干草的大豆而实现。[55] 不过，供收获籽粒或干草的大豆虽然一般不认为是土壤保护植物，但在农场主面临干旱和其他困难时，也越来越多地被允许种植。[56] 正如一家贸易公司的代理在 1935 年前期所报告的："在伊利诺伊州各地总共可能拥有 5,000 英亩土地的……斯托达德家族打算把政府允许种植的玉米田面积削减整整三成，全用于种植大豆。人们普遍有这种想法。"[57] 另一位观察员也多少尖刻地写道，在 "AAA 的'稀缺换繁荣'协议" 之下，在 "伊利诺伊、艾奥瓦、印第安纳和密苏里州，几乎全部被迫放弃生产粮食用于制作面包和饲料的农田" 都种上了大豆。[58]

为大豆开路的不只是那些受到限制的作物。燕麦虽然不在 AAA 的规定之列，其种植面积的衰减甚至比玉米还快。这两种作物都对干旱天气高度敏感，也都深受北美洲的麦长蝽（chinch bug）之害。与它们相反，大豆对麦长蝽有很强的抗性，也更能忍受干旱。[59] 与燕麦不同，大豆还可以在比较晚的季节种植，这让它

　　　　　　　　　　　　　　　魔豆：大豆在美国的崛起

们在玉米绝收的时候成为一种理想的保本作物。不过，燕麦面临的最大问题在于，越来越多的机械化农场所利用的挽畜越来越少，而燕麦是为这些挽畜提供力气的食粮。大豆除了可以从机械化中受益外，反过来也助推了这一趋势。1933 年，可以用单独一辆拖拉机拉动的"婴儿"联合收割机开始在玉米带的中等规模的农场中出现，取代了马队。[60] 而到 1935 年时，就像《华尔街日报》所报道的，机械制造商甚至已经开始供应专门设计用来满足"大豆收割的特点"的联合收割机。[61] 1936 年，全国范围内生产的脱粒机数目从 4,000 台增长至 16,000 台以上，翻了两番还多。[62] 联合收割机有助于在收获时减少大豆籽粒损失，由此便提高了利润。[63] 它们还有助于给土壤增肥，进一步带来了经济效益以及环境效益。传统上的割捆机要把大豆植株割走，供之后的脱粒之用；但联合收割机会在田地上留下大量豆秸。[64] 所有这些因素，都提升了大豆的竞争优势，让它成为农场主的合意之选。

不过，即使没有 AAA 的作用，对大豆油需求的增长，仍是让大豆最为有利可图的因素。这一需求又是另一项联邦政策的结果。在 30 年代前期，两拨苦苦相争的对手——黄油生产商和人造黄油生产商——暂时联合起来，反对第三种产品，也就是所谓的"烹饪化学品"（cooking compounds）。虽然烹饪化学品在标签上注明了是猪油的替代品，但碰巧具有黄油的色泽和稠度。由于这种颜色是天然的，来自爪哇的棕榈油，所以这些烹饪化学品可以免于像"人工"着色人造黄油那样被征收每磅 10 美分的税。这个漏洞在短期内也让国内大豆种植从中获益。1930 年，有人发现添加未漂白的大豆油可以让人造黄油带上一种诱人的黄色色调，于是 A. E. 斯特利那年生产的大豆油便全部售罄。不过在 1932 年，这个法律漏洞得到填补，国外进口的棕榈油在竞争中又胜过了大豆。[65] 在上述旨在创造公平竞争环境的措施之外，联邦政府又在 1934 年对所有进口油脂征收 10% 的关税（此外各州还会另外征税）。[66] 这保证了国产油脂——主要是棉籽油，但大豆油的用量也越来越多——能成为人造黄油和其他黄油替代品所用的主要油脂。[67] 与 AAA 一样，这项关税也是一种有助于建立大豆市场的反市场措施。

从 1933 年到 1934 年，全美国的大豆收获面积从 84.7 万英亩猛增到 110 万英亩；所收获的籽粒总量增长更大，从不到 1,200 万蒲式耳涨到大约 1,800 万蒲式耳。[68] 伊利诺伊州的增长尤为惊人，从 1933 年的 400 万蒲式耳飞升至 1934 年的 1,100 万蒲式耳。不仅如此，所收获的大豆中，用于压榨而不是作为种子销售的比例也有所提升，从 1930 年的 30% 增加到 1934 年的 40%。[69] 这引起了芝加哥期货交易所的注意。在 1934 年后期，交易所开启了大豆的现货交易，按与小麦、玉米、燕麦、黑麦和大麦相同的方式进行。[70] 它还指派了一个委员会，开始讨论大豆的期货交易。[71] 在 1935 年前几个月，这个委员会向那些最大的大豆交易商分发了调查问卷，并举办听证会，邀请交易所会员提供"支持和反对大豆交易的事实、数字和理由"。可是出席听证会的人很少，而调查问卷的反馈结果也意见不一，于是委员会在 1935 年 3 月的报告中建议不启动大豆期货。委员会的关键发现在于，虽然大豆种植在 1934 年有很大增长，但是在市场上销售的籽粒还是太少。[72]

魔豆：大豆在美国的崛起

如果农场主卖出的大豆太少，不符合交易所的要求，那么原因只能是他们把种子保留下来供种植之用——这与以前产量猛增时的情况是一样的。[73] 1935 年，大豆产量又翻一番，达到 2,200 万蒲式耳[74]；到 1936 年时，已有几乎七成大豆用于压榨，而不是作为种子销售。[75] 这种爆炸式的增长，导致在 1936 年 1 月，也就是芝加哥期货交易所指派的第一个委员会发布报告之后不到一年时，交易所主席又指派了另一个"大豆特别委员会"[76]。这个委员会发放了 1,500 份调查问卷。[77] 在 384 份返回的问卷中，有 331 份赞成建立大豆期货市场。此外，粮食贸易的各方代表——包括粮仓经营者、粮食现货接收仓库和加工商——以及几个代表了投机者的大型经纪行的人员还一起举办了 4 场会议，也达成了类似的共识。[78] 唯一表达了某些保留意见的团体是加工商，其中一些人在前几年曾经完全拒绝这个想法。虽然他们现在全都在原则上赞成大豆期货，但在马上启动交易还是在之后某个不确定的日期再启动的问题上仍有分歧。[79] 加工商之所以犹豫不决，可能是因为他们心有余悸，担心一旦出现逼仓，自己的商业运作便会被打乱，比如他们会被迫把大豆转运到芝加哥。除了格利登公司这个例外，真实大豆的运输都集中在迪凯特，而不是芝加哥这座"风城"。

大豆特别委员会向交易所董事建议马上建立期货市场，这些董事在 10 月份把这件事交由会员表决。在投票之前，《芝加哥商业日报和拉萨尔街日报》刊出了一篇分 20 节的系列文章，题目叫《大豆——魔法植物》，高度赞扬了大豆的扩张，并以明显的冶化学式风格夸赞了它"多方面的用途"。[80] 10 月 2 日，交易所会员赞成开设大豆期货合约，并规定：芝加哥是期货合约的唯一交割地点；交易单位是 1,000 蒲式耳；合约价格以 2 号黄豆为准，并允许在交割时用 3 号黄豆代替，但要打 2 美分的折扣；除上述规定之外，在其他交易事项上，大豆合约与玉米期货合约保持一致。[81]交易所会员还投票通过了一条规则修正案，把大豆纳入交易受到限制的商品列表（玉米也在其列）之中。这样一来，大豆期货的交易价格，以每蒲式耳计，便不能比前一日的收盘价格高或低 4 美分之上。[82]此前，会员们在 7 月已经通过投票，把大豆纳入"将至规则"（to-arrive rule）管辖范围；该规则会禁止交易所会员叫出比"最后公布"的市场价格更高的价格。[83]总之，不管是现货大豆还是期货，卖家和买家之间的个体交易都严格地绑定在由集体市场所确立的价格之上。

而且，虽然大豆期货交易一开始规模不大，在 1937 年的时候总共还不到 3,000 万蒲式耳——相比之下，玉米期货是 25 亿蒲式耳，小麦期货几乎是 110 亿蒲式耳[84]——但是它标志着大豆已经进入了大宗农产品的时代。大豆市场的成熟，让大豆更易购得，价格更低，也让它更获福特和格利登公司的青睐。这两家公司都在这种作物身上推进着雄心勃勃的计划。

蛋白质产品

1936 年前期，格利登一边重建芝加哥工厂，一边需要有人为它的大豆蛋白质研究带来新气象。威廉·奥布赖恩为了推动格利登的纸张涂布胶生产，参加了造纸化学研究所的一次会议，在会上他听人说起了一位完美的候选人——这个国家的一流有机化学家之一，从豆类籽粒分离和合成物质的专家，还能讲一口流利的德语（这个能力非常有用，因为格利登的很多大豆设备都是德国制造）。位于威斯康星州阿普尔顿（Appleton）的造纸化学研究所本身也在考虑为他提供一份工作，但却遇到了法律障碍。阿普尔顿是所谓的"日落镇"，严禁非裔美国人在其辖境内过夜，更不用说买房居住了。而这位名叫珀西·拉冯·朱利安的候选人是位黑人。就在研究所高层竭力想要对抗他们眼中的陈旧法规时，奥布赖恩悄悄从会场溜走，打电话联系了朱利安。他在还没有进行私人会晤的情况下就在电话中当场为朱利安提供了职位，这有部分原因在于可以先斩后奏，向格利登的董事们声称他不知道朱利安的种族。他所提供的职位，是豆制品部门的助理研究主任。[85] 根据一份报告的记录，朱利安对这个聘用通知感到十分意外，以致他用了几天时间才考虑接受聘请。在此期间，乔伊斯和奥布赖恩还以为他无意就职，又为他提供了更高的薪水和研究主任之职。[86]

朱利安是一个杰出家族的杰出成员——他们家原来是亚拉巴马州的奴隶，后来成为土地租种者，并一直孜孜不倦地寻求教育机会，哪怕有时候希望微茫。朱利安本人就达成了当时顶级的教育成就：在德国大学拿到了科学博士学位。华盛顿的霍华德大学是美国的王牌黑人大学，他在那里担任过化学系主任，但后来因为丑闻和学校政治的分歧而被迫辞职。他回到了自己的母校——印第安纳州的迪堡大学，虽然在研究上成果颇丰，但当地的种族主义——同样加上学校政治的分歧——堵塞了他晋升教授之路。他想过在私人机构任职，但杜邦和其他公司都觉得他资历太高，怀疑不会有白人化学家愿意在他的领导下工作。造纸化学研究所也受到了阿普尔顿的日落镇法令的限制，最终便让格利登这家常常能识别出价值被低估的资源的公司捡了漏，聘用了朱利安。[87] 就这样，朱利安在出路越来越少的情况下，在接下来的 18 年中，成了美国最有名的"大豆科学家"。他基本让自己完全回避与另一位黑人化学家乔治·华盛顿·卡弗的比较 [88]，尽管两人都在从事冶化学的事业，从豆类中获得具有多方面用途的物质。不过，卡弗为花生设想的用途很少能获得商业成功，而朱利安的工作从一开始就是为了开发马上就能具有市场价值的产品。

朱利安的第一项任务，是改进阿尔法蛋白。他检查了格利登重建的试验工厂。在被格利登的管理人员问到检查后的想法时，他直言不讳地说："先生们，糟透了。"[89] 他在改进的生产方法专利申请中特别强调了阿尔法蛋白的缺点。该产品中有一种"高分散残渣"，无法完全溶解在用于制造纸张涂布胶的碱性溶液中。就算这些残渣能均匀分散开来，所获得的溶液也会有"高黏度"，"即使在蛋白质浓度相对较低的情况下"也很容易形成"坚硬的凝胶"。对于造纸商来说，这意味着必须投入非常多的能量去搅拌涂布胶，因为在涂布胶不可避免地凝结为凝胶之后，需要"可观的花费才能让它恢复合适的稠度"。更糟糕的是，作为所谓的酪蛋白替代品，大豆涂布胶的"吸附性能比起牛奶酪蛋白来相对较差"。[90] 到目前为止，阿尔法蛋白都是把不含油的大豆压片浸在强碱性的碱液中后提取出来的，之所以要采取这种工艺，是因为这是获取一种易溶于弱碱中的蛋白质的最佳方法。然而，也许是朱利安天赋闪现——至少也是他的实验胆识的体现——他的改进方法做了完全相反的处理，首先把压片用热酸处理。这个方法花了朱利安及其团队一年时间才完善，产物是一种"衍生"蛋白质，与大豆中未改变的大豆球蛋白明显不同。[91] 把这种蛋白质提取出来，再用酸处理，使之凝集。压成饼之后，它看上去像是豆腐，但所含的是纯蛋白质。

用朱利安的方法最后生产出来的阿尔法蛋白，可以可靠地作为高品质酪蛋白的替代品；它可以成为低黏性的涂布胶，不易凝结，又有很大附着力。[92] 不过，其生产成本也相对较高，妨碍了它在财务上的成功，这意味着大豆部门的大多数利润只能来自较便宜、纯度没那么高的蛋白质。朱利安实验室的两位技师阿瑟·莱文森和詹姆斯·L. 狄金森又申请到了一项专利，可以改善溶剂浸出豆粕作为牲畜饲料时的缺点。与机械压榨后的豆粕不同，溶剂浸出豆粕质地疏松，呈粉尘状。因为在加工过程中不会加热，所以豆粕还保留了苦味和豆腥味，会给所有供食用的豆制品带来严重的麻烦。莱文森和狄金森解决这些问题的方法是，把大豆压片再用压榨机压一下，但用的温度和压力都低于机械榨油加工时的参数。最终产物是质地均匀的豆饼，易于碎裂为不掉渣的小块，而且在经过足够的烘烤后已经除去了大多数异味。他们还指出，在用压榨机处理这些不含油的豆粕之前，通过往其中添加任意指定量的油脂，可以精确调控豆饼中的脂肪含量。[93] 一旦能把苦味去除，大豆在"红心狗粮"*中所占的份额也越来越大。根据一份报告，这些狗粮都要经过尝味测试，需要人类实验室的员工每隔一小时就亲自尝一下样品。[94]

尽管有这些改进，但格利登还是彻底改变了它最初的经营模式，在大豆蛋白上所获得的收入要少于在大豆油（用于制造人造黄油和涂料）和卵磷脂上所获得的收入。特别是卵磷脂，是大豆油中非常有价值的组分。它最早是在 20 世纪初从蛋黄中分离出来的，后来广泛用作人造黄油和巧克力中的乳化剂，也就是可以阻止油从水分离出来的物质。大豆卵磷脂一开始只是被人们视为一种黏糊糊的废物，必须在精炼时从大豆油中除去。提取卵磷脂的困难，与大豆油的生产方法有一定关系。豆油从大豆中压榨出来的时候，所受的热量既可以把豆粕烘烤得更为适口，又会破坏卵磷脂。然而，如果用溶剂浸提大豆油，那么卵磷脂就可以回收为可以利用的形式，这是德国研究者最早发现的现象。当时德国和美国的专利组成了一个联合专利库，可供美国卵磷脂企业集团的成员使用；因为格利登和 ADM 公司都是该集团的成员企业，于是朱利安得以从专利库中获知提取卵磷脂的相关信息。[95] 他利用自己熟练的德语，在格利登监督和改进了大豆油浸出工艺。很快，他与实验室的一位员工又为一种从大豆油中回收更多卵磷脂的方法申请了专利。这只是朱利安实验室众多成果中的一项，该实验室最终申请了 100 项专利，涵盖了大豆加工的方方面面；[96] 格利登也因此有

---

* 当时由艾奥瓦州的约翰·莫雷尔（John Morrell）公司所有的一个著名狗粮品牌。

底气在广告中吹嘘它能把大豆用在让人眼花缭乱的许多产品中，其中有涂料、起酥油、纸张涂布胶、狗粮、甜食、烘焙食品、含酒精饮料、化妆品、汽车、包装材料和塑料等。[97]

然而在 1939 年，正当格利登开动马力拉制阿尔法蛋白纤维[98]，希望复制意大利大使那套酪蛋白正装的成果时，它却被福特公司的罗伯特·博耶打了个措手不及。在美国大豆协会 1938 年会议上，博耶宣布他的团队刚刚成功地首次利用植物蛋白生产出人造纤维，是一束大豆纤维，很像羊毛或马海毛。[99]在博耶的方法中，大豆蛋白溶液会喷洒通过"浸没在凝固浴中的喷丝板"上的微孔，这样它瞬间便可沉淀成丝。[100]由此制成的仿羊毛，本来计划用于福特汽车的胎侧装饰，但因为也用在亨利·福特本人的衣服上——最开始是一条含有 50% 大豆纤维的领带——而赢得了极大的知名度。1941 年，福特穿着一套"大豆正装"亮相。这套衣服实际上含有四分之一的大豆纤维和四分之三的绵羊毛[101]，制作它花了大约 3.9 万美元。就像《底特律时报》（*Detroit Times*）的报道一样，福特穿着这身衣服，"快活得就像一个第一次穿了长裤的男孩"。[102]到 1942 年，一家试验工厂每天可以制造 1,000 磅大豆羊毛，还有一家 5 倍产能的新工厂正在建设。福特曾劝说军方用大豆纤维制作制服，但没有成功。1943 年时，因为未能开发出在价格上可以与羊毛竞争的产品，他便把相关的工艺和机器设备卖给了辛辛那提的德拉克特公司。同样，德拉克特公司也没能成功地让这种纤维打开市场。[103]

不过，博耶在这些年中最值得一提的成就，是满足了福特用大豆塑料制造汽车车身的梦想。他为"水星"轿车生产了数以百计的实验性后备厢外板，然后福特亲自用斧子去砍，直到砍碎或砍出凹痕。最终经受住斧砍的那款外板，除了大豆之外还含有其他多种农产品。首先，博耶用"得自秸秆、棉短绒、大麻、苎麻和湿地松的长短纤维"制作了骨架；其中的大麻，福特到 30 年代后期才拿到特别种植许可。[104] 考虑到大规模生产的要求，博耶让这些"纤维素的大团"浮在水中，然后"抄到帘上，把它加工成最终成品的大致形状"。最后，博耶找到办法，得以一次造出 6 个框架。然后，他向其中加入豆粕、合成树脂和色素，在热压机中把所有这些压塑成形。福特公司的工程师最终生产出一台"塑料汽车"的原型，在钢管骨架上安设了 14 块博耶开发的板材。[105]

亨利·福特一步步地揭开了塑料汽车的面纱。1938 年，为了回应全国劳资关系委员会一项反对其公司的劳工政策的裁决，福特召集了一群新闻记者，带着他们参观了一趟工厂。"这位瘦削的老人捡起一块弯曲的复合材料板，说这是用大豆做的，兴奋地跳起来踩在它上面，"然后得意洋洋地指出，"如果这是钢做的，那它现在就会凹进去。"[106] 1940 年 11 月，他又一次召集新闻记者，继续让他们大吃一惊。他先用斧子砍向一辆汽车的塑料车盖作为演示，然后又预言说，福特公司将在三年内开始生产"塑料车体"的汽车。《时代》和《财富》杂志各刊登了一篇报道，附上了显眼的照片，吹捧了博耶开发的材料的优点：它看上去像抛光钢，但重量只有一半，抗凹痕性能却是钢的十倍；它的颜色又是内在的，而不是喷漆喷上去的，与板材本身一样持久。[107] 最后在 1941 年 8 月，

　　　　　　　　　　　魔豆：大豆在美国的崛起

在迪尔伯恩返乡日（Dearborn Homecoming Day）的庆祝仪式上，福特骄傲地展示了一台原型车，并邀请记者参加一顿有 14 道菜的大豆午宴。媒体再次极尽奉承之能事：这种汽车"将会让汽车工业发生革命性变化"，实现一场"和平的农业革命"；"车轮上的美国人一直等待的东西就在这里。请快点让它上市，福特先生；快点！快点！"[108] 这款在战时的钢铁短缺不断逼近的时候推出的塑料汽车，又一次塑造了福特的远见卓识者的形象。

然而在福特看来，大豆的那些特殊用途终归还是不如它们的另一个用途重要，就是让他梦想的现代化乡村景观得以实现。从 1918 年开始，他在密歇根州南部建立了一系列"村庄工业"，后来总共有 19 处。这些都是为他的中心工厂生产汽车配件的小工厂，建在 19 世纪的水力磨坊的原址上，甚至就建在翻新后的建筑里。[109] 在一年中的农闲时间，这些小工厂可以为农场主提供额外收入，不过农场与工厂的年历很少能彼此配合得天衣无缝。1938 年，他开设了两家这样的工厂，都在萨林河（Saline River）畔。厂房中安装的是他当年在工业化草仓中安设的那种溶剂浸出设备，但规模更大，用于加工大豆。[110] 但在福特去世的 1947 年，两家工厂还是都关掉了。同样，塑料汽车也从来没能比原型车更进一步，因为战争的爆发导致国内所有新汽车的产量都锐减。虽然大豆明显是福特的心头偏爱，但是他的大豆项目到最后也未能成为福特公司不断发展的业务的永久内容。

在福特留下的遗产中——事实上也是整个冶化学运动中最为持久的成就，是 1938 年《农业调整法》的一项附加条款，建立了

4 个隶属于美国农业部的地区性实验室，考察农作物的工业应用。[111] 其中的北方地区性研究实验室设在伊利诺伊州的皮奥里亚，优先进行大豆研究。这个时候，两年前就已经在伊利诺伊大学成立的联邦地区性大豆工业实验室也继续尝试了一段时间，想要创造一种真正的大豆塑料，而不是以豆粕为填料的酚醛塑料，但没有取得突破。[112] 福特的另一项遗产是他为大豆带来的公众知名度，但是这可能也带来了始料未及的后果。虽然那个时代的报纸喜欢拿植物塑料的概念来打趣，比如建议用菠菜来强化其性能 *，或是说用植物塑料制造的汽车可以在胡椒和醋上行驶 [113]，但是后来战争爆发，要求人们多吃大豆时，却有一些迹象表明，人们已经认为大豆是工业原料，而不是食品了。这个结果很有讽刺意味，因为福特本人其实非常热衷于豆制品，是推崇豆制品的少数美国人中的一员。这些人主要包括亚裔美国人和基督复临安息日会信徒——还有美国农业部的大豆专家威廉·莫尔斯。

烹饪发明

威廉·莫尔斯在 1929 年踏上美国农业部的东方农业探索考察之路时，已经对传统豆制品很熟悉了。他 1923 年与查尔斯·派珀合著的《大豆》一书中就包含了弗兰克·迈耶拍摄的多种豆腐食品的照片。利用美国农业部收藏的有关中国农业的图书，该书中

---

* 1929 年开始连载的著名漫画《大力水手》中有大力水手吃菠菜后变强大的情节。

"作为人类食物的大豆产品"一章提供了6种豆腐食品的介绍——包括豆腐脑、豆腐干、千张豆腐、香干等——此外还有纳豆、滨纳豆（hamanatto）、汤叶、味噌和毛豆（也就是从豆荚里直接剥出食用的未成熟的蔬食大豆）。一幅横贯5页的插图则描绘了制作酱油的传统方法。[114] 除了由多个大学的家政学系提供的大豆粉面包配方外，莫尔斯还在书中放入了来自芝加哥豆粉面包公司的豆腐食谱（最可能是他在爱国食品展期间收集到的）和一家"大豆产品公司"的豆腐食谱。[115] 他的介绍也不全是二手内容。有一张表格给出了由这本书的"次要作者"所实行的测试的结果，确定了不同大豆品种制作的豆腐的品质。37050号品种的种子为黑色，可以做出很多豆腐，但成品的颜色呈"蓝灰色"。与此类似，37282号是种子为绿色的品种，做出来的豆腐也"略呈绿色"。[116]

尽管如此，莫尔斯来到亚洲之后，还是大开眼界。他在致美国大豆协会第十届年度大会（也是他第一次无法出席的大会）的信中就说："在日本用大豆制作的食品种类之多，真是令人惊叹。"他印象最深刻的就是毛豆。他写道，当他在副食店和种子店里搜求新品种时，意外地"发现大豆竟然列在作为蔬菜的豆类里面"。事实上，他在东京附近到处考察时发现，"在九成五的情况下都有其他作物套种在成排的大豆之间，比如早熟白菜、葱类、百合（其鳞茎可食）……以及其他供出售的作物"。早在5月，"在市场上就能见到豆荚饱满的小捆大豆。……人们把豆荚在盐水中煮熟，从豆荚里面剥出豆子吃"。[117] 最后他终于知道，日本人把这些种在菜园里的品种叫作"豆"（mame），有别于用作粮食和牧草的大田种植的"大豆"（daizu）。[118] 尽管他已经花了十多年时间在美国推动把"易烹煮"和"哈托"这两个品种用于制成罐头或作为蔬菜种植，但此时的所见所闻还是让他大为惊奇。

在接下来的两年考察中，他急切地收集着尽可能多的豆制品。除了味噌、纳豆和豆腐——这包括许多种炸豆腐和"冻干"豆腐——之外，他还调查和收集了不计其数的酱油、汤叶、羊羹、大豆粉、大豆面条、腌豆、毛豆、用于许多甜食中的炒豆等，还有其他一些杂类制品，比如"阿尔门"，是朝鲜的一种罐装健康饮料，用大豆粉制作。[119] 在日本北海道的十胜实验站考察时，他还偶遇了一群参加活动的妇女；他的向导告诉他，她们在酿造一种发酵的大豆酒饮。在华盛顿时，他的同事曾取笑他除了禁酒令时代的"自酿酒"之外想用大豆制作一切饮食。而现在，虽然因为这种酒饮还没有发酵，所以没法尝一尝最终产品是什么滋味，但是他拿到了这个配方，于是"再没有人能嘲弄我做不了大豆啤酒了"。[120] 莫尔斯把食品样品都寄到了他在美国农业部的办公室，其中更容易变质的样品还密封在马口铁罐中。他期望自己在返回华盛顿之后，可以开一家"糖果店、面包店、药店、肉店、饲料店兼巫师店"——为什么还有巫师店？他解释说，这是因为日本人会在名为"节分"的节日大声把晒干或炒干的大豆撒在家里和寺庙中，以驱走魔鬼。[121] 尽管做了这么多事，莫尔斯对大豆的前景还是不太看好，怀疑它在美国是否能"像这里一样，以所有这些方式"得到人们接受。[122]

到他回国时，这个预言得到了充分的证实；在下个十年中，他一直在推广蔬食大豆，但收效甚微。不过，尽管传统豆制品缺乏

魔豆：大豆在美国的崛起

能让非亚裔美国人转换口味的广泛吸引力，但是它们确实在一个群体中找到了位置——素食的基督复临安息日会信徒。40 年代前期，莫尔斯曾被诊断患有溃疡，然后他就坚持着一种柔软清淡的饮食，其中包括豆腐、豆浆和大豆冰激凌。为了买到这些食材，他只能从华盛顿的住处出发做一次短途出行，来到位于邻近的马里兰州塔科马帕克（Takoma Park）镇上由安息日会运营的华盛顿疗养院。[123] 不过，安息日会不只是接受亚洲豆制品这么简单。莫尔斯的采购清单所包括的大豆冰激凌（以至豆浆）表明，他们还做了自行创新。

　　到 20 世纪 30 年代，许多安息日会食品公司开始生产豆制品，主要供附近由该教派运营的学院和疗养院消费。不过从其产品的名字也能看出，它们事实上也想以"健康食品"（这是 J. H. 凯洛格自创的用语）的名头赢得更广大的全国性市场。田纳西州麦迪逊附近的纳什维尔农学和师范研究所（NANI）附属的麦迪逊食品厂，就公开投放了"维戈罗斯特"（类似牛排）、"大豆堡包"、"素牛排"、"亚姆"（类似博洛尼亚红肠）、"早餐脆片"和"大豆芝士"（非常硬的调味豆腐）等产品（图 11）。* 这些产品里面大部分的开发者是佩里·韦伯，以前是传教士，在日本工作时接触到了豆制品。NANI 是自负盈亏的学院，在大萧条期间繁荣一时；其雇员中还有一位叫弗朗西斯·迪特斯的营养学家，在学院的《麦迪逊调查》期刊上发表了许多有关大豆的论文和食谱。[124] 洛杉矶附近

---

*　　该图中上方标题意为"请享用无肉产品"。

的洛马琳达食品公司以及由 T. A. 冈迪在拉·塞拉科学院附近开办的拉·塞拉产业公司也都推出了类似的系列产品。拉·塞拉公司供应烤"大豆麦片"（Soy Cereal）、"B 坚果"（像花生那样烤制的大豆）、大豆"三明治酱"、"大豆面筋"（类似凯洛格的"普罗托斯"）、"大豆咖"（类似咖啡）、生大豆粉和炒大豆粉以及"大豆乳酪"（Soy Cheese，加了辣椒以避免颜色发灰的罐装豆腐）。[125]洛马琳达的产品则有"大豆威化饼""大豆普罗蒂纳"和"大豆碎末三明治酱"。[126]

虽然健康食品店在美国遍地开花，但是事实上，健康食品文化主要在洛杉矶比较流行。这有部分原因在于当地涌入了许多与"生活改革"（Lebensreform）和"自然人"（Naturmenschen）运动相关联的德国和奥地利流亡者，对太阳和山脉的神秘崇敬把他们吸引到了加利福尼亚州。[127]米尔德雷德·拉格记录了这些人为豆制品带来的机遇。她在 1934 年开办了"更好生活之家"，是一家"天然食品"店和信息交换所。受当地安息日会的影响，她对大豆产生了特别的兴趣，在 1938 年的《更好生活之家目录》中列出了42 种可供选购的豆制品，其中包括费恩博士的"加蛋白质可可"、"膳食大豆麦片"、比尔·贝克的"速食大豆烙饼"和"华夫粉"、"卡比森大豆面筋饼干"以及她自创的"米尔德雷德·拉格速烹碎大豆"。[128]豆制品在洛杉矶的副食店也有售卖。中央公共大市场在1932 年的一则广告中就列有"大豆粉，供糖尿病患者食用"；梅氏公司现代市场在 1934 年也有一则广告，列有"大豆面包，有益您的健康"，瞄准的也是看这广告的糖尿病患者。[129]

魔豆：大豆在美国的崛起

图 11　麦迪逊食品厂生产的安息日会食品的广告，1940 年。承蒙大豆信息中心许可使用。

　　把大豆粉作为糖尿病患者食物的做法，始于 19 世纪的欧洲，这也是大豆最早引发 J. H. 凯洛格兴趣的用法。然而在糖尿病之外，安息日会还为大豆想象出了更广泛的功能，后来拉格在她

1945年的著作《有用的大豆：现代生活的正因子》中称之为"矫正式营养"。这个概念来自活力论传统，虽然它也接受了维生素之类科学新发现，但是仍然坚持那个核心思想——如果摄入恰当的营养，那么生命过程可以祛除疾病。这就要求食物的"赋生性质"不能在加工中破坏，食物还要易于消化，让体内的生命力在同化它时，不会过度消耗。到了20世纪30年代，活力论者也偏爱"碱化"食物，认为它们可以改变体液的pH平衡，达到让疾病无处容身的程度。事实上，在拉格看来，大豆最重要的优点是它"把营养价值很高的蛋白质与能够帮助人体抵抗疾病和感染、缓解体液酸化的碱性灰分神奇地结合在一起"。[130] 杰思罗·克洛斯是纳什维尔疗养院食品公司的前负责人，一直将该公司运营到由麦迪逊食品厂接手为止。他在1939年的《回到伊甸园》一书中也写道，血流"如果纯洁而呈碱性，便可溶解带走所有毒素"。而在该书中出现在50多个食谱配方中的大豆，则是"豆类之王"，部分原因在于"它是一种很好的碱性食物"。[131]

　　安息日会还欣然接受了俄国免疫学家伊利亚·梅契尼科夫1907年的著作《生命的延长》中的观点，认为肠道益生菌能保护身体免受导致腐烂的有害细菌为害。不仅如此，益生菌还可以通过酸奶移植到肠道中，在那里继续得到酸奶滋养。[132] 这是祛除疾病和死亡之源的活力原理的另一个版本，也是让 J. H. 凯洛格转向豆浆的关键。他对牛奶本来就抱有一种矛盾的态度，一方面在1916年时称赞"从奶牛之泉中新鲜取出的牛奶""富含维生素和酶"以及高品质的蛋白质，但另一方面又提醒说，如果吞咽牛奶太快，它会在胃中形成大而坚硬的凝块，所以应该小口慢饮，并彻底"咀嚼"。[133] 不过，他也担心豆浆作为替代品时的口感问题。现在，有了梅契尼科夫的理论引导，他发现酸豆浆不仅具有怡人而浓烈的风味，而且对于他和梅契尼科夫都偏爱的那种细菌来说是特别有效的培养物。照他的估计，这种名为嗜酸乳杆菌（*L. acidophilus*）的细菌在豆浆中要比在牛奶中生长得更为迅猛，每单位体积内的细菌个数可达牛奶的 5 至 10 倍。[134] 他在 1935 年报告说，迪翁五胞胎在其主治医师用凯洛格的乳杆菌豆浆喂养之后，成功地治好了肠道疾病，恢复了健康。到 1936 年，巴特尔克里克食品公司便拿它上市售卖了。[135] 而早在 1934 年，加州帕萨德纳（Pasadena）城外的疗法有限公司就在给"疗法乳杆菌"（Theradophilus）打广告，推介这个"美味的大豆乳杆菌培养基"品牌，说它能让"一支嗜酸乳杆菌的新军队去与"导致了"便秘、消化不良、结肠炎"的"害菌战斗，歼灭它们"。[136]

对安息日会来说，碱性的豆浆即使没有培养友好的益生菌，也能提供牛奶所无的益处。但是豆浆也有缺点，其中的糖分和脂肪无论与母乳还是牛奶相比都较为欠缺，尝上去又有苦味，还容易导致肠道不适，让它很难大量饮用。[137] 田纳西州的麦迪逊食品厂和加州的拉·塞拉食品公司早在 1929 年就已生产豆浆，但现在不清楚它们是如何克服这些问题的。[138] 在《回到伊甸园》中，克洛斯给出了一个简单的"除去大豆味道"的办法，是在煮豆子的时候换几次水，然后把豆浆煮沸 20 分钟，再把它从豆渣中榨出来。[139] 然而，这种处理会导致蛋白质失活，引发消化不良，那些令人厌恶的味道却可能仍然存在。因此，米勒耳采取了一种复杂得多的加工方法，以改良豆浆的风味。米勒耳曾在中国传教，后来一度担任华盛顿疗养院院长。30年代期间，他又担任了上海卫生疗养院院长。米勒耳后来回忆说，他在20世纪初最早几次来华时，就好奇中国人为什么要让豆浆凝结成豆腐，而不是直接饮用。他自己在做学生时非常喜欢喝牛奶，现在则想为他上海的学生们寻找本地来源的牛奶替代品。最后他得出结论，认为如果中国孩子在断奶的时候能喝到更多的豆浆，那就可以解决他们的蛋白质缺乏症。[140]

对于让豆浆更为可口的操作步骤，米勒耳后来做过不同的记述。他最初的尝试基本就是添加蔗糖，这虽然可以盖过苦味，但并不能让豆浆变得更易消化。在查阅了农业实验站的简报之后，他试着让煮豆浆的时间比中国的传统做法更久；中国人把豆浆煮一会儿就做成豆腐，有助于节省稀缺的燃料。[141]米勒耳发现，更长时间的烹煮，可以让豆浆更易消化，胃肠更少胀气，但不良口感和营养缺乏问题仍然存在。有一天，他在处理豆浆，还没有滤掉豆渣，这时突然有了突破性创新的点子："我听见我后面一个神圣的声音在说：'为什么你不用蒸汽把它蒸得久一点呢？'"[142]在精炼大豆油之类植物油时，让蒸汽穿过油为之脱臭，在那时事实上已经是普遍操作。蒸汽在油中造成的搅动，让挥发性有机化合物在远低于油的燃点的温度下也可以较容易地蒸发掉，正是这些有机物造成了豆浆的不佳口感和气味。米勒耳曾经到访菲律宾，碰巧在一家椰干加工厂亲眼见过这种加工。当时他注意到，虽然大堆的椰干"闻上去像是屠宰场的气味"，但水蒸气蒸馏却能从椰子油中除去那些令人不快的气味。[143]

　　现在不清楚米勒耳在 1936 年时是否已经发现了这个方法，那一年他亲自去见了美国专利局局长，力陈他应有"脱苦味"豆浆的方法专利。按照米勒耳的讲述，局长和他的专业品尝师"承认，在尝过那么多豆制品之后，这是他们第一次尝到了一种真正无苦味的豆浆"。专利局人员在 1937 年 5 月批准了这个专利，编号 2078962。[144] 但米勒耳在专利申请中并没有提到蒸汽，而是写道，豆浆应该"加热到沸点"，同时"搅拌其汁液……一段时间，让豆浆的整体风味从豆腥味变为可称之为'坚果味'的风味"。[145] 他在这项专利中强调的是另一个创新，是他在一次跨太平洋的旅行中所受的启发。当时他看到，用一台小型高速搅拌机，可以把脱脂奶粉、水和熔化的黄油重新复原为牛奶。米勒耳意识到，用同样的方法也可以给豆浆中添加任意量的任何油脂，且不让它分离出来。为了这个目的，他买了一台胶体磨，可以让固体颗粒在液体中粉碎，然后一直保持悬浊状态。用这台机器，他把"谷物糖"、植物油和少量盐都加到了豆浆里。[146]

　　1932 年，米勒耳在上海卫生疗养院建立了维托斯营养实验室，1935—1936 年间，他开展试验，把这种配方豆浆喂给了上海诊所的数百名幼儿，其中一些婴儿从出生起，有 6 个月时间以它为唯一食物。作为对照组的幼儿则以牛奶和多种美国或欧洲的婴儿食品为食。试验结果于 1936 年 4 月发表在英文的《中华医学杂志》上。按照米勒耳这篇论文，结果表明"大豆豆浆"从出生开始"喂养婴儿时，仅次于母乳"。[147] 为了把豆浆供应给更多的上海居民，他和已经成年的儿子威利斯（Willis）进口设备，创办了一家工厂，生产"维托斯"豆浆。在这些设备中，有一台是"瓶内消毒机"，这让他们可以用瓶子盛装豆浆，然后瓶子可以回收再利用。他们在整个上海建立了送货路线，每天会有送货童骑着自行车，拉着推车，递送 3,000 瓶一夸脱 *装和 4,000 瓶半品脱装的豆浆。米勒耳父子所供应的产品最终扩大到巧克力豆浆和乳杆菌酸豆浆（凯洛格持有后者的美国专利），他们还给工厂添置了喷雾干燥机，生产豆浆粉，可以递送到更广的范围。米勒耳设想他们将来能够改善全中国儿童的营养，为大多数穷得买不起牛奶的家庭提供另一种产品。[148] 然而在 1937 年 8 月，维托斯工厂才投产了 8 个月，就毁于日军的炸弹。1939 年前期，米勒耳一家被迫逃离中国，上海卫生疗养院也变成了难民营。[149]

米勒耳定居到了俄亥俄州，在那里开办了一家食品厂，出口罐装豆浆粉到菲律宾和上海公共租界，这两个地方还未遭入侵。[150] 但当这些销路也被太平洋战争切断之后，米勒耳便面对了始料未及的挑战——把豆浆卖给一直喝着充足供应的牛奶的美国公众，同时要直面供应牛奶如此充足的乳业的反对。米勒耳开发了两种产品，供成人食用的"大豆与麦芽"，以及供婴儿食用的"大豆乳"。然而，尽管"大豆与麦芽"的口味已经从豆腥味改善成了坚果味，美国人吃起来还是觉得它的味道不够像牛奶，这让米勒耳只能承认："要说服别人，光摆出一个东西很有营养的科学事实是

---

* 1 美制湿量夸脱 = 2 品脱 ≈ 0.946 升。

不够的。"不过，婴儿还不知道去留意"大豆乳"的味道，于是米勒耳请求美国医学会为这一产品背书，认为它作为婴儿食品与牛奶有同等价值。但是美国医学会的推荐很谨慎，限定它只能用于对牛奶过敏的婴儿。大豆广泛用在婴儿配方食品之中（同时也被越来越多的美国人频频消费）的时代，还要过几十年才能到来。而在第二次世界大战期间，米勒耳的食品厂最畅销的产品，事实上是米勒耳氏肉排（一种用小麦麸质制作的肉类替代品），以及罐装青豆。[151]

　　虽然像米勒耳这样的安息日会信徒开发起豆浆和其他新式豆制品来最为积极，但他们绝对不是唯一做这件事的人。还有亨利·福特，早在20年代，就已经做过一个著名的宣言，说他现在对马做的事，将来也要对牛做——用效率更高的机器来取代它们的主要职能。事实上，他在1934年时就已经在绿野庄开办了一家示范工厂，每天能生产数百加仑的豆浆；据说这种产品很受福特公司中的菲律宾工人的欢迎。[152] 就这件事而言，他对豆浆的兴趣也与他为大豆设定的其他目标一致。他积极寻求食品生产的现代化，减少农场那些沉闷无聊的工作。然而，他对大豆作为食品的兴趣还源于他人格的另一方面——作为最具美国风格的怪人，他在饮食上也有怪癖。

　　与安息日会一样，福特是严格的禁酒者和禁烟者；同样与安息日会一样，他还认为人们是因为吃的食物太坏，引发了放荡的习惯，结果才造成了抽烟喝酒的罪恶，不应该反过来把烟酒视为人们放荡的原因。这些想法，连同他对大豆的兴趣，可能都是从J.

H. 凯洛格那里受到的影响。福特的名字经常出现在凯洛格的疗养院的嘉宾名单里；他还有一次说过："我喜欢凯洛格先生的哲学。"[153] 不过，福特对于素食主义只是表面上应和，从来没有真正接受，在这方面不需要凯洛格的教导。他更愿意把人体视为类似他那经久耐用的 T 型车一样的东西：只要给以合适的燃料和定期保养，就能够平稳运行，充其量只要一些小修小补。正如他用这个汽车的比方所说的，任何人都可以"活到 125 至 150 岁，只要我们把碳排出系统"。[154] 不仅如此，福特的想法总体来说都比凯洛格更古怪。他在 19 世纪 90 年代相信蔗糖晶体会刮伤消化道。在 20 世纪 20 年代，他坚持认为面包应该在做好之后放一天才能吃，认为"只有鹰适合吃鸡"，认为在一顿饭里同时吃下淀粉、蛋白质和水果酸分是有害的，还认为在下午 1 点之前，人们什么东西都不应该吃。[155]

1926 年，福特聘用了他的童年玩伴埃德塞尔·A. 拉迪曼博士，在绿野庄的一间实验室里从事营养实验。[156] 拉迪曼之前是范德比尔特大学药学院院长，在 1928 年开始用大豆做实验，通过饲喂大鼠来测算其蛋白质、脂肪和碳水化合物的营养价值。[157] 1932 年，他访问了麦迪逊食品厂，带回了一些安息日会豆制品的样品，其中有"维戈罗斯特"，还有"大豆乳酪"（一种非常硬的调味豆腐）。他的妻子把"大豆乳酪"做成了可乐饼，他吃过之后写信给麦迪逊，说他觉得非常好吃。[158]

到芝加哥召开世纪进步博览会的时候，拉迪曼自己用大豆所创造的食品，已经足以让他在福特大楼的贵宾厅中设宴，以 5

道菜的晚宴招待 30 位客人了。这些菜肴可能是与福特的厨师长扬·威伦斯合作开发的[159]，包括填入大豆乳酪的芹菜、加盐大豆（像花生一样食用）、番茄酱大豆可乐饼、黄油青豆、大豆咖啡，还有各式甜点——苹果派、蛋糕、饼干——原料里多多少少都用了大豆粉。[160]《基督教科学箴言报》对这顿饭评价很高，说，"这样一桌丰富的宴席，其中所有菜肴和饮品都要么全部、要么部分用那种小小的豆子制作"，其间"虽然没上肉菜，但这绝不是无心之失"。据说有位嘉宾也评论说："大豆蛋糕很美味，但在享用完大豆可乐饼、大豆苹果派和大豆咖啡之后，你知道，我真的已经吃不太下了。"[161] 在 30 年代，拉迪曼和福特还面向记者办过至少另外两次大豆晚宴，在 1941 年推出塑料汽车的原型车时，又办过一次有 14 道菜的大豆午宴。其中很多菜肴见于一本 19 页的小册子，书中列出了 58 个无所不包的大豆菜肴配方。[162] 与这些花样翻新的菜肴相反，福特还敦促拉迪曼开发一种适合多种用途的大豆压缩饼干，其中要含有人体健康所需的所有营养成分。福特公开说他很喜欢最后的成品——就和拉迪曼的大鼠一样——但是福特的一位秘书在被迫尝了一块之后，却形容这种饼干是"曾经放到人嘴里的最糟糕透顶的东西之一"。[163] 到第二次世界大战期间，虽然还有类似的产品开发出来，但福特的这款试验性饼干却基本无人问津了。

虽然福特、莫尔斯、安息日会以及米尔德雷德·拉格等少数健康食品爱好者做了不少工作，但是在 30 年代，大豆并没有成功地成为人们主动追求的食品。它也没有实现冶化学家让它成为非食品类工业原料的梦想。实际上，它最大的成功，是因为食品生产的工业化程度加深，而成为一种难以识别的原料；接下来的几十年，它还会继续在这样一条路上走下去。就算美国参与第二次世界大战之后，肉类再次出现短缺，人们对安息日会所提倡的那类豆制品的兴趣也有所恢复，但这场战争最终却让人们去直接利用大豆本身，而那些豆制品也就可有可无了——与其让大豆取代肉奶，还不如让它帮助提高全国的肉奶供应。

第五章 应 召

　　1943 年 6 月的一天下午，纽约州州长托马斯·E. 杜威办了一桌得到广泛报道的午宴，虽然对外宣传为"战时饮食午宴"，但很快就被人们称为杜威的"大豆午宴"。州府奥尔巴尼的州长官邸里面昏暗的深红色长廊，曾经让富兰克林·罗斯福的子女们觉得像是好莱坞的鬼屋；那里面有一间正式宴会厅，据说能让 32 位客人就座，但那天却招待了 67 位客人，包括报纸、杂志和电台记者。午宴持续了两个小时，其间纽约州紧急食品委员会的多位成员发表了讲话。与此同时，新闻媒体也有机会采访与宴者，询问他们对这顿主要由"卑微的大豆"（《纽约时报》语）做成的午餐有何想法。在这顿饭里，大豆呈现为几种不同形式：鸡肉豆芽蛋奶酥，豆芽洋葱，大豆面包，可能还有油拌沙拉里的豆芽。饭后上的甜点则是没有大豆的草莓奶油酥饼。只有一位客人——是一位男士——拒绝去碰那些大豆菜肴，但大多数人"尽可能地饱餐了一顿，尽管其中多数人此前从来没有吃过大豆"。张罗这顿午餐的是州长官邸的工作人员；杜威则告诉记者，自他于 1 月份任职以来，他们全家吃的大豆越来越多。"前不久我们还在晚上吃了些大豆姜饼，特别好吃。"他说。为了给纽约州的其他家庭以身作则，州长解释说，变化"已经被战争强行加在我们身上"，促使人们要研究"可以维持健康和活力的可口新食品"。[1]

这场大豆午宴并非完全没有政治意图。杜威担任州长之职共12年，刚上任时曾热切地想要削减州支出，与腐败做斗争，同时展示州政府能够积极高效地提升州民的福利。他认为华盛顿的官僚对战争事务控制过多，所以努力想要做出抗衡。他责成紧急食品委员会解决后勤保障问题，既要实施一项制度，把拖拉机和卡车尽快开到任何最需要它们的地方，又要找到几百万蒲式耳的大麦，并诱使鸡把它们吃下去。[2] 然而在这些临时性的问题之外，委员会还预见到了一个逐步逼近的危机。在举办午宴的一周之前，委员会向杜威提交了一份报告，预测说："我国将不再有足够的食物供人和当前饲养的牲畜食用。因此，大多数牲畜将不可避免被处理掉。"为了帮助纽约人节约利用处于危险之中的"动物食品（奶、蛋、肉、黄油和板油）"，并找到替代品，委员会建议了一些措施，比如进口粮食来提高牛奶供应，发布简报让市民知道什么食物处于供应短缺之中，还有就是研究新食品，特别是大豆芽和大豆面包。[3] 这些建议都合于杜威的想法，它们不仅积极主动，而且大都能在联邦政府实行引发广泛抱怨的配给计划的同时积极鼓励市民的志愿行动。[4]

纽约州长之职常常是未来总统的晋身之阶，杜威因此拥有了全国性的名望，让他举办的大豆午宴可以获得广泛报道，关注度甚至超过了9年前亨利·福特举办的同类活动。《生活》杂志登出

　　　　　　　　　　　　魔豆：大豆在美国的崛起

了杜威州长夫妇正在吃东西的照片，杜威"正在实践他所宣扬之事"，吃着炒卡尤加豆芽。杜威太太则在享用"第二份大豆粉马芬糕"之前吃完了"所有大豆蛋奶酥"。与照片相配的文章赞扬了杜威的积极行动，并告诉读者，委员会将会向所有感兴趣的人分发一本免费的小册子，介绍如何发豆芽。之后的几页照片则展示了种植豆芽的过程（图12），以及如何把它们做成各式菜肴。比如豆芽

图12　发豆芽的方法。引自《大豆：杜威州长支持把它们作为食物危机的部分解决方案》(Soybeans: Governor Dewey Sponsors Them as Partial Solution to Food Crisis),《生活》, 1943 年 7 月 19 日。Nina Leen/Contributor/Getty Images.

冻，就是"一道营养丰富的夏日凉菜"，看起来也很诱人，其中的豆芽似乎空悬在透明的模具中。最后一张照片展示了一只叫拉西的凯恩－苏格兰㹴犬，从来没有吃过任何肉，却身体健康，正在吃一碗豆芽。这张照片表明，肉类竟然可以被放弃到如此的程度；不过，把豆芽展示为狗食，对一些读者来说，也可能会传达一些不怎么正面的意味。[5]

第二次世界大战期间大豆的角色，最终表现得比杜威或委员会所期望的更为复杂。它们确实出现在平民和士兵的菜单上——也出现在竭力想要在偏远的拘留营中活下去的日裔美国人的饭食中——但无论是大豆种植面积还是美国大豆压榨能力的大规模扩大，都让委员会做出的那些最为可怕的预测幸免成真。与上一场大战不同，尽管政府的大豆计划在早期面临了后勤障碍，但第二次世界大战最终成了美国大豆兴起的决定性因素。

喂养牲畜

在杜威的午宴之前很久，或者更准确地说，在美国参战之前很久，第二次世界大战就已经影响了大豆的需求。20世纪30年代后期，中国的抗日战争中断了中国的桐油供应，于是大豆油——至少是其中能快速干燥的那部分——就越来越多地取代了桐油在油漆和清漆中的地位。[6] 德国在1940年春入侵挪威之后，同样中断了美国的鱼油（主要是鳕鱼鱼肝油）的进口，而德国势力向地中海国家的扩张，又切断了美国每年1亿磅橄榄油的进口。这些损失大概占到了油脂总进口的 10%。[7] 1939 年和 1940 年，美国大豆种植有了显著增长，进口损失可能起了一定作用，但这主要还是两个长期趋势的结果，一是大豆油在人造黄油生产中的用量渐增，二是农业调整管理局（AAA）对其他作物的种植限制。确实，1941年时，AAA 为了解决来自欧洲的需求增加了玉米和肉猪的生产份额，大豆种植面积也因此减少，这是五年以来没有发生过的事情。不过，当时对大豆油毕竟有强烈需求，所以玉米取代的大豆本是用来刈割干草的那部分。用于收获籽粒的大豆种植面积仍在增加，只不过增加速度没有干草大豆种植面积的下降速度那么快罢了。[8]

　　美国农业部在 1941 年 6 月努力想要进一步加快这个从干草到籽粒的转变过程，于是把收获籽粒的大豆由"消耗地力的作物"重新定义为"保持地力的作物"，这是 AAA 放宽限制的更广泛操作的一部分。[9] 8 月，政府在执行"粮食换自由计划"时，开始采购大豆粉，运输到英国。9 月，AAA 设立了在 1942 年种植700 万英亩收获籽粒的大豆的目标，比起 1941 年来，这个数字增加了 100 多万英亩。[10] 1941 年 12 月，《大豆文摘》对州 AAA 委员会做了民意调查，获取了农场主种植意愿的调查结果，发现 3 个位居前列的大豆州——伊利诺伊、印第安纳和艾奥瓦——的种植意愿超出了 AAA 的目标 100 万英亩，3 个州所种植的收获籽粒的大豆，比整个国家 1941 年种植的还多。这本期刊预计，全国总种植面积会达到 800 万英亩。[11] 这份调查可能是在偷袭珍珠港之前做的，而在袭击发生后，AAA 开始鼓励农场主参加"大豆战役"，又设定了 900 万英亩的全国目标。[12] 日本对菲律宾、东印度、马来亚和中国更多领地的征服，为美国带来了10亿磅椰子油、棕榈油和桐油的进口损失。[13] 为了弥补这一损失，联邦政府敦促农场主种植更多花生、亚麻和大豆。

在做这一推动时，政府同时用了财政刺激和爱国主义召唤两种方式。商品信贷公司（CCC）是新政设立的又一家代理机构，政府授权它提升农产品价格，以补偿AAA限制和管理生产带来的影响，保证以每蒲式耳1.60美元的价格采购大豆。[14] 不过，《大豆文摘》认为诉诸物质利益并不是动员农场主的最佳方法。首先，就算价格有了担保，在较为平坦的农田中种植大豆所得的利润仍然不如玉米高。其次，这种财政刺激似乎"败坏"了农场主的爱国主义情怀。更好的方法来自艾奥瓦州农业推广服务局。该机构分发了2.5万份小册子，在其中指出，根据美国农业部的统计，1942年全美国将需要30亿磅国产油脂，供给"我们的军队和勤奋工作的平民"，他们"需要膳食有更多脂肪来提供能量"。此外，美国如今还是英国、加拿大和苏联这些同盟国获得食用油的唯一大型资源国。"美国农场主从来不会让国家失望，"《大豆文摘》最后说，"特别是在种种局势如此真切地呈现在他面前的时候。"[15] 与此同时，各个作物改良协会也发掘了一种更为简单的自豪感，就是在当地发起竞赛，看看哪些农场主能让每英亩大豆获得最高产量——同时，也看看哪些州能获得最高平均亩产量。[16] 最后，1942年一共种了1,000万英亩供收获籽粒的大豆。其中一些替换了供刈割干草用的大豆，但大部分田地都是首次种植大豆。[17]

这样大规模的扩张，本身又创造了新问题。首先，有人担心在更为边缘的新土地上种植大豆，会加剧土壤侵蚀。与三叶草之类深根系的多年生豆类不同，大豆容易导致土壤疏松，如果种在斜坡上，会造成较严重的水土流失。土壤保护局就注意到，因为田地不够，"与玉米的情况一样，平地种不下所有的大豆"，于是建议在必要时采取等高耕作。[18] 不过，后勤保障上的大量困难，让人们马上产生了更大担忧。虽然1942年的多雨天气有利于大豆种植和生长，但也为收获带来了麻烦。大豆种植所需的劳力和联合收割机均有短缺，因为战争事务对机械和工人都有很高的需求。美国大豆协会前主席G. G. 麦基尔罗伊在1943年的农场治化学大会上做报告时，就提到他的麻烦是只有一台十英尺联合收割机，不光自己要用，还要借给邻居用。这台收割机在10月坏了，但他一直到12月才得以给它更换零件，此时收割大豆的最佳时节已过。[19] 伊利诺伊州有一个县向战时生产委员会申请120台收割机，却只分配到20台。[20] 1942年11月的一次寒潮南下，更是迫使田间工作中断，在收割时导致大豆籽粒的亩产量下降。[21] 最后，这一年的产量仍然高得空前，却让仓库也出现短缺，迫使农场主只能自建临时性的仓棚。[22]

不过，最大的瓶颈在于，绝大多数新种植大豆的玉米带没有足够的榨油厂来加工这种作物。1942年3月，《大豆文摘》对全美国的压榨能力做了粗略计算，得出结论说，全国的能力可以把大约1.5亿蒲式耳的大豆加工为豆油和豆粕——至少"差不多是这个数"。当时，大豆加工商自己可以处理至少1.05亿蒲式耳，此外，南方的棉籽榨油坊有能力再处理2,000万蒲式耳，还有1,100

万或 1,200 万蒲式耳可以运到西海岸的椰干和亚麻籽榨油坊，这样加起来总共是 1.37 亿蒲式耳。然而，这个计算低估了压榨的困难，因为文章中所附的表格本身就预测，光是大豆产量最多的 3 个州——伊利诺伊、印第安纳和艾奥瓦州——就会产出 1.05 亿蒲式耳的大豆，但它们的压榨能力只有 7,600 万蒲式耳。[23]《大豆文摘》的计算还低估了每英亩产量。事实表明，1942 年全美国生产了 1.87 亿蒲式耳大豆，其中有 2,000 万蒲式耳留下来供 1943 年的种植之用。[24] 把玉米带大豆出口到其他地区加工的需求由此产生，这除了给战时货运体系带来压力之外，还引发了另一个始终存在的麻烦，也就是《大豆文摘》那篇文章中顺便提到的"豆粕问题"。

战前，饲养牲畜的豆农通常从购买他们的大豆的同一家加工商那里买来豆粕，运回农场当成高蛋白质饲料，作为玉米或燕麦等其他作物的补充。然而，在压榨商那里也存在一个小型市场，他们把大部分豆粕放到这个市场上，卖给数目越来越多的混合饲料生产商，这种交易通常提前几个月以远期合约的方式进行。战时的状况打乱了这些交易安排。豆粕的需求在此期间猛增，因为农场主不光为了战争行动豢养了更多牲畜，他们还受到鼓励，喂给每只牛或每只鸡更高比例的蛋白质，以提升奶、蛋和肉的产量。[25] 与此同时，CCC 为豆粕定下了价格上限，让混合饲料生产商可以便宜地买到豆粕。很快他们就遭到控诉，不光把太多的豆粕用于提升配方饲料中的蛋白质含量，而且还用来替代价格较贵的成分。[26] 因为混合饲料工业通过远期合约封锁了豆粕供应，基本没什么豆粕能够剩给本地饲料商和农场主。让局面变得更糟的是，如果大豆被运到了其他地区，那么豆粕就再也不会运回来，农场主只能被迫购买高价混合饲料。他们愤恨地决定，在第二年要把更多整豆留下来作为饲料，哪怕会冒软猪肉的风险也在所不惜。这又进一步导致本地加工商用于压榨的大豆出现短缺，由此又威胁到需求更大的大豆油的供应。[27]

这些问题的解决既不容易，又进展缓慢。一方面，CCC 和全国性的价格管理办公室调节了豆粕的价格上限；另一方面，战时生产委员会又制订了一个分配计划，把玉米带以外地区加工的一半豆粕保留下来，运给面临短缺的地区。[28] 1943 年又在南方靠近过剩压榨能力的地方做了大豆推广工作。[29] 饲料工业与美国农业部也在一项联合研究中得出结论，1943 年可用的蛋白质将只能满足八成的牲畜需求，于是饲料生产商同意自愿接受豆粕的供应限制；战时食品管理局（WFA）很快又不顾他们的抗议，把这个限制改成了强制性要求。[30] 饲料生产商坚持认为，肆意浪费蛋白质的其实是农场主。在《大豆文摘》的一幅全页广告中，联合磨坊鼓动农场主向漫画形象"浪费之鼬"（weasel of waster）宣战，与之并列的还有"德式香肠"（wurst）之鼬和"南蛮"（wop）之鼬——二者分别是画成鼬形的阿道夫·希特勒和贝尼托·墨索里尼的漫画形象——它们共同代表了战时的敌人。这幅广告建议采取多种反浪费的措施，其中包括经常淘汰产量不高的鸡蛋生产者，最大程度利用牧场，并把饲料加在食槽或料斗中，而不是撒在地上。[31] 不过，最后各方都被迫承认，短缺主要不是浪费或滥用的问题，而只不过是因为牲畜数量增长得太快，导致很多牲畜处于饥饿状态。

正是这样的局面，促使纽约州紧急食品委员会在 1943 年预测，很快牲畜就得被大量屠宰。

1944 年 2 月，虽然 WFA 已经对加工商可以用远期合约购买的豆粕施加总量限制，从而建立了可以由 WFA 按需分配的豆粕储备，但是《大豆文摘》仍然报道说，"所有人"都面临着豆粕短缺。[32]不过到 1944 年 8 月，蛋白质危机便缓解了。到 10 月时，这场危机基本结束，主要是因为玉米带最终有了足够的加工能力。1943 年12 月，战时生产委员会批准，优先把材料分配给 33 家大豆厂的兴建或扩建，其中 18 家在艾奥瓦州，5 家在伊利诺伊州，剩下的散布于其他许多北方和中西部州中。[33]专门加工大豆的榨油厂数量，到 1944 年中期时已从 100 家增加至 137 家，总共具有每年压榨1.72 亿蒲式耳大豆的能力。[34]这些工厂的经营者主要是 30 年代的大豆产业先驱——伊利诺伊州的斯特利、格利登和斯威夫特，密苏里州的罗尔斯顿·普里纳，印第安纳州的中央大豆，以及明尼苏达州的 ADM 公司——但也有一些小型企业。在 1944 年底，豆粕配额有所松动，这部分是因为鸡和猪的数量如同紧急食品委员会所预测的那样发生了大幅下降。[35]不过在 1945 年，豆粕的供应已经可以与牲畜数量保持同步增长。牛肉产量第一次突破了 1,000 万磅；牛、猪和鸡的屠宰数目也创下历史新高，而且并没有给第二年的产量带来负面影响。[36]这一地区加工能力的提升，也让植物育种者能够推广更为高产的品种。比如"林肯"大豆，就是个亩产量和含油量都比较高的品种。[37]

虽然不断遇到一些小麻烦，但大豆工业的成功扩张，对战争期间美国无与伦比的食物供应仍然做了很大贡献。即使在 1943 年强制实施肉类配给的时候，每个美国人每天仍然可以分配到两磅肉，是英国的两倍；至于苏联、德国、意大利、法国和日本的平民，就更难望其项背。[38] 事实上，根据政府调查，比起大萧条期间的最低点，战争期间肉类消费量总体来说是上升的；最贫穷的三分之一人口在 1944 年食用的畜肉和禽肉，比 1942 年多了 17%，而中间的三分之一和最上层的三分之一人口的消费量也只是少了 3%—4% 而已。[39] 不过，美国人这时的消费量还是远远不如 20 世纪初的消费量，而且如果考虑到战时经济带来的工资上涨，实际消费量也比他们本来有能力达到的购买量要少。勒紧裤腰带的感觉是真实的，通过配额来为美军和盟国节约肉食的力度，也比第一次世界大战时更大。与此相应，号召人们食用肉类替代品的呼声也更响了，政府就在各个层次上敦促美国人采取多种行动，其中之一是直接消费更多的大豆，而不是消费用大豆饲养出来的牲畜。美国公民对此反应不一，有积极的爱国热情，也有尖刻的鄙薄。

平民的豆制品

理论上来说，任何全国性的勒紧裤腰带的时代，都会为豆制品提供机会，让它们被更多人接受。在大萧条时期，肉类消费骤减，大学的家政学系便拿大豆粉做起了实验。与此呼应，美国农业部农业化学研究处的 J. A. 勒克勒克在 1936 年对美国大豆协会发表的演讲中指出，"在蛋白质含量上，一磅大豆粉等于两磅肉"；

而只需把普通面包替换为大豆面包，就可以轻松地替代美国人每日摄入的肉类的四分之一。[40] 不过，还是战时短缺，让食用豆制品的建议成为召唤爱国心的方式，从而更强有力地刺激了人们采纳这样的建议。推广豆制品的努力在第二次世界大战期间又比在第一次世界大战期间更有成效，这在很大程度上是因为此时已经有了更多不同种类的大豆和豆制品。到 40 年代前期时，作为美国化的豆制品中主要成分的大豆粉已经有大量公司在生产，主要供应糖尿病饮食市场；1942 年，政府的直接开支又为大豆粉生产提供了额外推力。农产部运销局购买了大量大豆粉和大豆渣，通过"武器租借计划"把它们运到英国；此外又加工成脱水汤料，在国内用在"学校午餐计划"之中。[41] 1943 年 3 月，在 1942 年自愿性质的"节约肉类"运动失败之后，鲜肉也加到了配给食物清单之中。美国农业部鼓励大豆加工商在 1943 年把大豆粉的产出增加到三倍；农业部的人类营养和家政局则在当年 10 月发行了一本叫《用大豆粉和大豆渣做饭》(*Cooking with Soy Flour and Grits*) 的 16 页小册子，鼓励人们消费。到 1945 年，这本小册子在修订后已经收录了130 个食谱配方。[42]

不过，大部分这方面的行动是在州一级展开的，其中纽约州在豆制品的推广上处于领头地位，这在很大程度上要归功于克莱夫·麦凯和珍妮特·麦凯夫妇这两位营养学家的工作。珍妮特拥有营养学博士学位，但是她年轻时曾经是金牌面粉（Gold Medal Flour）的店内营销员，这让她积累了这方面的经验[43]，同时她仍然热衷于传播和推广饮食观点。1942 年，她获得了康奈尔大学儿童发育系与营养系的推广教授之职，开始与该系同事合作撰写文章、无线广播讲稿和简报。在她的课程和示范中，大豆是频繁出现的主题。1943年，当她开始负责新成立的紧急食品委员会的出版工作之后不久，马上就成为其大豆分委会的主席。[44]在杜威午宴极大地催生了公众兴趣之后几个月时间里，分委会登记了2.2万多封索要大豆食谱的来信，以7月（也就是《生活》杂志那篇文章发表的时候）最多，几乎有1万封。虽然极大部分信件由纽约州居民寄出，但是美国的所有州（此外还有夏威夷、阿拉斯加和首都华盛顿的来信）以及加拿大和墨西哥都有来信，甚至还有零星的信件从英格兰、古巴、波多黎各等地方寄来。[45]为了满足需求，珍妮特及其团队到1943年底时印制和分发了9万多份有关大豆的小册子，有些成捆成捆地寄给了家庭营销员和营养教师。到战争结束时，分发数目更达到了大约100万份。[46]

　　这些小册子中，有一本是《神奇的豆子》，其中主要介绍了把整粒大豆或大豆渣用作肉类填充料的配方，比如可以用来做"加大豆墨西哥辣肉酱"和"活力肉馅糕"，此外还有"大豆渣饼干""海伦的生日香料蛋糕"和"露西尔·布鲁尔的'公开配方'面包"等烘焙食品。她还印行了《大豆饭后甜点》，以及一本由克莱夫所写的小册子《五十美分大豆食谱》，专门介绍如何发豆芽。[47]这些推广工作的巅峰是《大豆》，是康奈尔大学在1945年2月出版的一本63页的推广简报。所有这些出版物都因为配有康奈尔大学艺术教授肯尼思·沃什伯恩以及其他艺术家所绘的插图而显得内容活泼。他们设计了醒目的图表，把大豆产量数字和营养数据绘制出来，此外还有更多异想天开的插画。比如在克莱夫那本小册子的封面上就有一幅漫画，是戴着平顶礼帽和领结的豆芽组成四重唱，唱着《大豆芽之歌》。[48] 州长的午宴也在整个纽约州启发了模仿的灵感。珍妮特就在一份寄给家庭营销员和教师的内部简讯《食品评论员》上报道，几乎所有的县都在做类似的饭菜。教堂、庄园食堂（grange halls）和共济会食堂举办了250多场社区大豆晚宴，参加者大约有 7,500 人。[49]

40 年代的时候，克莱夫·麦凯在营养科学领域已经十分有名。他于 1925 年在伯克利大学获得生物化学博士学位，之后又在耶鲁大学与著名研究者 L. B. 孟德尔共事。他的主要兴趣是为动物开发最佳饮食，其中既有康涅狄格州孵化场里的幼鱼，又有整个美国的宠物狗。他 1943 年的著作《犬的营养》是一本成功的畅销书。他最为知名的发现之一是，用热量严格限制的饮食饲养幼鼠、造成其发育迟缓之后，一旦再喂以正常食物，那么它们不但能够恢复发育，而且最后还明显比一直正常喂养的小鼠更长寿。因为这个发现，他开始反对摄入他和其他人最早称之为"空洞热量"的食物，并且积极推广营养强化，作为让美国人所摄入的热量在营养上更充实的方法。[50] 同样，他为犬类创造营养均衡的饲料的工作也让他坚信："总的来说，这个国家的狗吃的东西可能比儿童还好，特别是那些养在狗屋里、用优质混合饲料喂养的狗，吃得就更好。"[51] 在 1942 年 11 月为州家务局联合会所做的一次演讲中，他同样坚持认为："家庭主妇应该对她给全家人吃的东西特别讲究，就像农场主对他给牲畜喂的东西特别上心一样。"因为面包是常见主食，他特别敦促面包房在面包标签上标出"百分比成分"，也就是每种营养所占的比例，这非常像卖给农场主的配方饲料上所标注的内容。[52]

除了在标签上标注外，与配方饲料的类比，还意味着面包也可以从科学上设计配方，添加豆粕之类原料，以补偿它在蛋白质和其他营养成分上的不足。推动克莱夫这方面工作的动力来自卡尔·E. 拉德，他是克莱夫曾任教的康奈尔大学农学院院长，建议对学院所在地纽约州伊萨卡（Ithaka）镇上能买到的面包做个调查。克莱夫的团队一开始分析的是牛奶固形物的百分比含量，这是面包中蛋白质和维生素含量的指标，结果发现，29 种面包中有 28 种存在营养缺陷，所含的牛奶固形物不到 6%。[53]拉德催促克莱夫及其同事研究一下添加大豆粉能够以怎样的方式改善白面包的食物价值。这个康奈尔团队发现，给大白鼠喂以用 5% 的大豆粉强化的白面包之后，它们会生长得更好，哪怕面包中已经含有最佳水平的牛奶固形物时也是如此。[54]

克莱夫请求露西尔·布鲁尔根据他的具体要求开发一种营养强化面包。布鲁尔是一位家政学教授，几十年来一直在开发面包新配方，而且已经做过在面包中添加大豆粉的实验。就像在演讲中所说的那样，克莱夫坚持要把每种原料的百分比含量印在任何按照这一配方制作的商业售卖的面包的标签上，这样在自家烘烤面包的主妇就能广泛得知这一配方。因此，这种面包便被称为"露西尔·布鲁尔的'公开配方'面包"（这又是对动物饲料的模仿）或"公开做法面包"。[55]在杜威的午宴上所提供的就是这种面包，《纽约时报》很快就公布了它的配方，其中包括 9 餐匙高脂大豆粉。[56]
这种面包的目标是让白面包这种主食能提供全面的营养，而无须
对它做重大改变。"如果一个国家出现食品短缺，那么人民通常
不得不倒退到只能吃更多的谷物。"公开配方面包的标签如是说，
"应对膳食营养质量下降的最为可行的办法……是强化面包这种主
要谷类食品的营养品质。"[57]

　　克莱夫还以豆芽这种更为显眼的形式来推广大豆。当时有
一位叫许鹏程的中国博士后，因为战争爆发而滞留在伊萨卡。从
1942 年前期开始，克莱夫与许鹏程前往纽约市，在唐人街的地下
室里观察发豆芽的方法。[58] 然后，他们用不同品种做实验，尝试了
多种发豆芽的方法，比如他们在实验室中研发了一套设备，可以给
100 磅重的许多豆芽浇水。[59] 他们还开始在伊萨卡食品合作社试售
豆芽。这个合作社是大萧条时期成立的自助性经营项目，是后来几
十年间出现的销售健康食品的合作社的前身，当时也售卖公开配
方面包和大豆粉。连康奈尔大学的食堂和肉店也在供应豆芽。[60] 克
莱夫设想在罐头厂和乳品厂中也设立商业性的发豆芽业务[61]，但
是他也普及了在家里发豆芽的方法：《生活》杂志介绍杜威午宴的
那篇文章就给出了一个步骤详细的指南，还配有照片，展示了发豆
芽时牛奶瓶和加氯的石灰质水（用来抑制霉菌生长）的用法。[62] 虽
然比起白面包来，豆芽在美国人看来是异国情调很重的食品——
哪怕他们经常会吃到绿豆芽，这是炒杂碎的一种原料——但是克
莱夫对大豆芽的宣传语调并没有太大不同。与大豆粉面包一样，
关键都在于要把大豆变成另一种形式，对大豆芽来说，是变成一

种新鲜的绿色蔬菜。虽然大豆芽的蛋白质含量高得出人意料，但实践表明大豆要比绿豆更难完成这种形式转化。即使发了芽，它在一端仍然顽固地保持着豆子的形状。不过除了蛋白质之外，大豆芽还含有丰富的维生素 C、烟酸和核黄素（维生素 B_2）[63]，此外还有一大优势，就是大豆比绿豆更容易买到。

当时已经出现了一种成见，成为让人们普遍接受大豆、视之为一种食品的主要障碍；克莱夫做的这些努力，都是为了回避这个障碍。差不多在杜威举办午宴的时候，国家研究委员会的食品习惯分委会做过一项想要确定推广豆制品的最佳策略的研究，就着重指出了人们的成见问题。这项研究由帕特里西亚·伍德沃德及其同事完成，她们设计了许多海报，高度赞扬了大豆的优点。比如有一幅海报，强调了由大豆制成的豆制品种类之丰富；另一幅则强调了大豆的营养益处。研究者把这些海报张贴在许多政府部门的食堂里。与此同时，她们又安排食堂在菜单上的一些菜品中加入大豆，比如肉馅糕、马芬糕、通心粉和奶酪等，还有豌豆瓣汤。每种菜品中加入的大豆都很少，并未改变其味道，这可以保证顾客在点菜时的任何偏好都只反映了他们对大豆的看法。她们把这些菜品供应了一星期，但没有注明它们是豆制品。在下个星期，她们则注明这些菜品用了大豆，结果其消费量都发生了下滑（只有马芬糕是例外）。这些调查表明，这种现象应该部分归咎于亨利·福特和冶化学运动的成功，因为有些调查对象拒绝食用"涂料或方向盘"。调查还表明，那些海报最好的效果就是没有起到任何效果；实际上，那些强调了营养优点的海报似乎反而让人们不愿意去吃豆制品。[64]

这项发现可能起到了叫停作用，让人们不再去策划什么教育运动来推广健康饮食。

美国人似乎在对大豆的存在一无所知的情况下最喜欢吃大豆。事实上，因为大豆粉可以吸水，所以它能够显著地增加面包的大小，并改善其口感。芝加哥的豆制品研究委员会曾在伊利诺伊州的精神病院的食堂中供应含有多达 7% 的大豆粉的面包，为期 30 天，结果发现比起标准面包来，人们更喜欢吃这种面包。[65] 这也与加拿大一家磨坊的经验相符。那家磨坊在白面包中添加了少量大豆粉——用量在 1% 到 2% 之间——这样并没有"让消费面包的公众所习惯的特征性色泽和风味发生任何改变"，但通过这种方式，面包的销量明显增长，大豆粉消耗量也增长到原来的 6 倍。[66] 考虑到伍德沃德的发现，克莱夫的那个公开配方的策略可能适得其反。美国食品药品管理局（FDA）在 1943 年 8 月规定，任何面包只要在每 100 份面粉中用到了多于 0.5 份的去皮碎粒大豆（这是面包师把大豆作为增白剂使用时的常用剂量），就不能再作为"白面包"销售。规定一出，美国大豆协会自然拼命反对。该协会希望把这个用量上限调高到 3%。《大豆文摘》也提醒读者，"**美国豆农的主要市场岌岌可危**"，并给 FDA 的委员会成员寄去了抗议信。[67] 因为 WFA 在那时正鼓励人们把更多大豆用作蛋白质来源，FDA 的态度最终在 1944 年软化下来，同意推迟执行这一标准。[68]

在 1945 年的著作《有用的大豆》里，米尔德雷德·拉格提到，虽然一般的美国男性一点儿也没有兴趣尝试大豆，觉得"没有它们也能过得挺好"，但是如果给这样一种"叛逆的男性"戴好面罩，他们却会开心地吃起大豆，"丝毫察觉不出它们的存在"。[69] 在拉格的设想中，把大豆隐藏起来的任务就落在了家庭主妇的肩头，而她们也是珍妮特的信息目标受众。然而，这种既推广又隐藏的双重策略事实上很难实行。

正如拉格在洛杉矶观察到的，杜威的午餐"突然［为］豆芽带来的曝光足以让豆制品的先驱和一些受到轻视的营养学家惊讶得揉眼睛"；但她也非常清楚地知道，"改变饮食习惯从来都不容易"。[70] 最显眼的激烈反应，来自报刊上那些"叛逆的男性"，他们就像第一次世界大战期间调侃爱国食品展的林·拉德纳一样，对豆制品极尽嘲讽之能事。《纽约客》的拉塞尔·马洛尼就抨击了紧急食品委员会的报告，以及负责纽约地区营养教育的委员会主任罗杰·W. 斯特劳斯夫人，说她是"发型时髦的俱乐部女士"。他对"食品替代品"这个概念感到困惑，写道："［它］不是肉，不是土豆，也不是黄油；如果斯特劳斯夫人知道那是什么，那她真是该死，除非那东西是大豆。"他继续写道，他的"熟食店老板也卖大豆，但是麻烦在于，你进去要买一些大豆的时候，却免不了要走神，去关注店里大量的——嗯，请原谅我的用词——食物"。他也声称，最近曾用他"最喜欢的大豆菜式"招待客人；那是一道加盐大豆，是马天尼鸡尾酒和苏打威士忌的配菜（这是《生活》杂志那篇文章的建议），然后客人又享用了晚餐，包括冷番茄汤、溪鳟、青豌豆、炒西葫芦、蔬菜沙拉、奶酪和咖啡。[71] 后来，这本杂志的"城市话题"栏目文章有所让步，承认"光靠大豆和水就可以永远维生，这是真的"，但这只不过是为了挖苦："杜威州长也可以只靠大豆和水活着，直到他当上总统。"[72]

对大豆的信息产生怀疑的人，不只是城市里那些见多识广的人。1943 年 8 月后半月，新任的联邦战时食品管理局局长马文·琼斯建议，美国人可以用大豆代替肉食，结果招来了大量极为愤怒的来信。密苏里州的一位农场主就以一种乡下语气抱怨道："如果华盛顿的那些竭力要把大豆强加给美国人民的专家的脑子都是巴豆油做的话，那就剩不下多少能用来杀跳蚤了。"布鲁克林区的一位女士也认为，这种"认为大豆像丁字骨牛排一样有营养……的宣传，就算可能是真的，也实在可笑。你不可能把一大堆大豆放在吃惯了厚牛排的人面前，然后告诉他们，吃下这些豆子，就可以获得和吃下牛排时完全一样多的营养"。还有一位纽约的商人写道："按照下面这个顺序，我比较讨厌酵母、大豆、鱼肉、鸡肉和猪肉，但是我真的喜欢烤牛肉和里脊牛排。"这反映了鱼肉和禽肉仍然被人们视为畜肉替代品的事实。[73]到 10 月时，甚至连《纽约客》"市场与菜单"栏目的专栏作家希拉·希本斯似乎都厌倦了这个话题，评论道："只要一位妇女不盲不聋，那么她现在就应该已经学到了所有有关大豆的知识，她吃不吃大豆，都悉听尊便，用不着再问我的意见。"然后她就转换话题，讨论起了茄子。[74]

最后，战时紧急状态对美国人消费大豆的影响也是有限的。豆芽从来就没有像克莱夫希望的那样成为美国人的主要食物。珍妮特也在 1947 年的一篇文章中反思："既然整个美国已经渐渐适应了战后的状态，那么当很多家庭主妇在厨房里找到一包遗忘已久的某种豆制品时〔便〕可能会奇怪：'为什么在战时会掀起这样

　　　　　　　　　魔豆：大豆在美国的崛起

一股大豆狂热呢？'"因为杜威的委员会所预想的食品危机已经不可能发生，"人们对大豆的兴趣也慢慢衰退了"。[75] 1944 年 5 月，《纽约客》刊载了一幅漫画，一位女士推着一辆副食品车经过肉类柜台，看到卖肉老板微笑着想卖给她一大块切肉，于是带着歉意回应道："对不起，格罗夫先生，我们家现在更喜欢吃大豆。"（图 13）她这句话既可以说明大豆确实获得了相当高的公众关注

"I'm sorry, Mr. Groff, but my family has come to prefer soybeans."

图 13 "这幅漫画之所以惹人发笑，是因为这是个不可能的场景。"《纽约客》1944 年 5 月 27 日的漫画。罗伯特·J. 戴（Robert J. Day）/《纽约客》作品集/漫画库（The Cartoon Bank）。

度，但这又是人们实际上不可能说的话，因此惹人发笑。[76] 1945 年后期，《纽约客》的另一幅漫画也展示了商品展览会上有一位男子站在一个卖"豆塑：大豆塑料"的商摊前面；根据这位宣传员的说法，这种"豆塑"可以"钻孔，冲孔，盖戳，锯开，以及在紧急状态下蘸浅色酱汁食用"。[77] 从漫画中至少能看出一点，就是这时又出现了那个笑话——塑料可以用某种本是食品的东西制造，而不是像国家研究委员会的伍德沃德研究出的证据那样，食品可以用某种本是塑料的东西制造。

战士的食丸

平民的食物之所以要实行配给，主要是为了供应美国战斗在前线的男女军人之需。在军事基地，士兵们可以获得大量高质量食物。男性士兵一年可分配到大约 360 磅的肉，以牛肉为主（每天可吃到 10 盎司 *），此外还有 4 盎司猪肉，以及熏肉和鸡肉各 2 盎司。那个时候，一名美国男子一年通常消费 125 磅肉类。美军遵循的营养指导和食谱书，让全世界各基部、各兵种都吃着同质化的伙食；士兵每天可以摄入 5,000 大卡的热量，来自"全美式"的饭菜——肉，土豆，大量水果蔬菜，甜食，还有冷牛奶。这导致了一些基地的人员体重平均每个月会增加 10 至 20 磅。[78] 之所以能提供这么多给养，部分原因在于中西部大豆产量的猛增，为肉、奶和蛋

---

* 1 盎司 = 1/16 磅 ≈ 28.35 克。

的生产提供了富含蛋白质的饲料。这也意味着士兵不太可能直接把大豆作为蛋白质来源食用。不过，上述情况也有例外。海上水兵的选择虽然也很充裕，但受限较多。还有陆军的野战口粮，因为必须含有高浓度的营养，又要极便于携带，所以特别要求一些创新手段来保证它们美味可口。

美军的敌人则更广泛地用大豆来供给军粮。《纽约客》杂志就曾带着一丝战时种族主义的语气告诉读者："许多战地通信员告诉我们，豆腐是日军士兵野战口粮中的重要种类，是用大豆粉简单制作而成。它对这些矮个鼠辈也挺有用，因为其热量是牛肉的两倍，吃下后的排泄物也不容易毒害身体，导致眩晕。"[79] 而在德国人那边，他们长期以来一直继承着奥地利人弗雷德里克·哈伯兰特的做法来利用大豆。战时报告指出，纳粹认为大豆是一种战略物资。德国有家大型化工企业，叫"染料工业利益集团"，通常简称"法本公司"。该公司获得了奥地利人拉斯洛·拜尔采莱尔发明的一种方法专利，可以生产出无苦味的全脂大豆粉，名字叫"纯豆粉"。之后，法本公司与罗马尼亚等国家合作，以提高大豆供应。[80] 希特勒也下令增加中国东北大豆的进口，作为油脂和大豆粉生产的储备。[81] 碰巧的是，这些储备用光之日，也正是苏联参战、切断了从中国东北到德国的陆路之时。

《大豆文摘》发表了德国国防军 1938 年手册《包含纯豆粉的食谱配方，附烹调法》的英译文。因为纯豆粉每提供 1,000 大卡热量就可提供 89 克蛋白质，多种菜式都会用到它，作为肉类补充，节省油脂的使用，替代蛋奶，加工为涂面包的乳酪酱，为面条和甜点增添风味，并给调味汁、肉汁和汤增稠（有一种汤叫"啤酒汤"，原料是"啤酒，面粉，大豆"）。在德军厨房所批准的菜式中，总共有大约100个菜式至少用到了少量大豆粉。德军的想法与麦凯颇为相似，是把豆制品分成少量的若干部分，这样可以把它们放在许多熟悉的食品中，不会引人注意。[82] 据说在所谓"纳粹食丸"中也用到大豆粉作为蛋白质来源。纳粹食丸是一种长圆形的饼干，看上去像苏格兰燕麦饼，但更干，也不好吃，每磅可提供200克碳水化合物及脂肪和蛋白质各100克。这些饼干以及水，在军事行动中可作为营养全面的口粮，至少在短期行动中足敷应用。[83] 也正是在这个领域，美国武装力量采取了最为果断的行动来弥合它与轴心国军队在大豆应用上的差距。

美军中与纳粹食丸同类的食品是"Ⅰ型防御饼干"，是新研发的K口粮的组成部分。在战争结束时，人们已经把它简称为"K饼干"。K口粮中的干粮都包在玻璃纸中，整份口粮则打包装在纸盒里，比起沉重而备受鄙视的C口粮（C是"战斗"〔combat〕一词的首字母）来，它是较为轻快的替代品。在美国参战之前，明尼苏达大学的食品科学家安塞尔·基斯应芝加哥的军需部队生存研究实验室的要求，就已经用他在副食店里能买到的东西组装出了K口粮，其中包括香肠干、巧克力棒、硬糖和一种大豆粉饼干。随着实验室在战争期间得到更多财力和人力资助，研究更为精细，K口粮也不断演化，加入了肉罐头（作为香肠的替代品）、口香糖、香烟和厕纸。[84] 按实验室主任罗兰德·伊斯克的说法，副食店所供应的豆制品一般都只能给人平平的印象——"根据某种生产的立场

魔豆：大豆在美国的崛起

草草制造"，在色、香、味上的"感官评定都不得人心"——这迫使实验室不得不为豆制品建立严格的质量标准。大豆粉以重量计占到了饼干的13%，这比用来博得平民好感的面包的用量要高得多，于是需要仔细地去除苦味，以获得"中性、清淡"的味道，还要脱脂，以避免酸败。饼干中的脂肪基本上也由加工成起酥油的大豆提供，因为氢化油可以保存更长时间。[85] 与此类似，加拿大皇家海军也做出了一种"营养均衡的压缩食品"饼干，加入其救生筏口粮中，其中也专门用到了脱苦味的加工大豆粉。[86]

到1945年5月时，《大豆文摘》上的一篇综述列出了30多个用于去除大豆粉苦味的美国专利——大部分授予了拜尔采莱尔之类的外国人——以及其他国家的大量类似专利。用大豆粉开发营养密集的食品的工作成效，便取决于这些工艺；稍有没留意的地方，便会前功尽弃。举例来说，在1943年前期，明尼阿波利斯的粮商巨头嘉吉公司的继承人小约翰·麦克米伦邀请一位狗食制造商开发麦克米伦称之为"人食"的产品，对外宣称是要用于制作野战口粮等物资。他们尝试了麦芽粉、酵母、玉米片、各种谷粉和大豆渣的许多组合。研究表明，虽然用尽种种脱除的技术，但大豆"令人厌恶的味道"始终是个麻烦。麦克米伦猜测，如果一个人"从婴儿开始就培养对大豆味道的习惯"，那么最后他就会喜欢上大豆。与此同时，他又"担心大豆变得过时"。这个项目在1945年后果然无疾而终。[87]

在同一时期，美国海军的计划则不是高蛋白饼干这么简单。这在很大程度上要归功于克莱夫·麦凯。他于1943年7月以少校军衔加入海军，继续食品强化的研究工作。在马里兰州的贝塞斯达（Bethesda），他创立了"移动营养小组"，组员包括他本人、一位男士兵和 4 位受训后成为营养师和家政师的 WAVES（女子后备队的志愿者）。在海军医学研究所的资助下，他们访问了匡蒂科（Quantico）等海军基地，收集供应给水兵的伙食样品，用精确的方法准确估算一个人所食用的每样食品的量；此外又收集了垃圾样品，确定每样食品扔了多少。克莱夫与他的"吃食化学家"把样品冷冻起来，之后做了化学分析，由此得出结论：成年男子通常一天要摄入 3,400 千卡热量，但每位新兵的餐盘中有大约 10% 的热量都被扔掉了，主要来自从肉上切掉的脂肪。为了补偿这部分热量，水兵们会从小卖铺购买富含糖分的糖果。[88]

克莱夫建议，要把饭食做得更可口，同时保留其维生素含量；但他也开展了实验，想要让小卖铺糖果提供的那些空洞热量更充实一些："或许可以生产一种口味绝佳的糖果棒，其中也包含酿酒酵母、小麦胚、牛奶、玉米胚、大豆粉以及坚果等食品成分。"在1944 年后期写给珍妮特的信中，他提到富含脂肪的大豆粉在糖果棒中的表现不错。[89]克莱夫还用豆芽继续做实验。他开发了一种发豆芽的"简单方法"，所用到的设备很紧凑，适合在舰艇上使用。这套设备包括"一个 5 加仑的腌菜坛，坛底钻出半英寸深的洞"，可以把 4 磅干豆发成供 100 人食用的豆芽，为它们提供一种富含维生素 C 的新鲜蔬菜。[90]现在不清楚这些生产糖果棒和豆芽的计划里面是否有哪一项在试验之后进入了下一阶段。

大豆在海军中还有一种值得一提的非食品用途，是通过珀

魔豆：大豆在美国的崛起

西·拉冯·朱利安的工作实现的。虽然他的阿尔法蛋白销量在第二次世界大战前近于停滞不前，但是海军征用了格利登能够供应的几乎全部产品，作为稳定剂，用在由国家泡沫系统公司生产的"空气泡沫"牌灭火泡沫中。国家泡沫系统公司的专利认为大豆蛋白可以"为泡沫中的气泡提供显著增加的表面强度"，从而创造出"十分稠密的泡沫盖层"，如果喷到天花板和竖直的表面上，还有异乎寻常的附着力。这些特性，让这种泡沫在扑灭油轮的汽油火灾时格外有效，有时甚至可以避免油轮彻底毁坏。[91] 根据这份专利的介绍，大豆蛋白的其他优点还在于国家有充足的大豆供应，这让它们成为一种负担得起的原材料，就像其他很多案例中的情况一样。[92] 水兵们都知道这种泡沫的成分，据说会管它叫"豆子汤"。[93] 虽然泡沫本身的发明者是国家泡沫系统公司的化学家，而不是珀西·拉冯·朱利安，但全国有色人种协进会在 1947 年授予朱利安斯平加恩奖时，表彰的则是阿尔法蛋白在泡沫中起到的关键作用。[94]

在第二次世界大战期间，大豆在军队中的应用，与它在平民生活中的应用类似。它是保证肉类有相对丰富的产出的关键投入；是从汤料到肉汁的一系列五光十色的食品中通常不易察觉的成分，也是战地伙食、救生筏口粮和灭火泡沫之类应急用品中能够为人知晓（实际上人们普遍都知道）的部分。此外，当美军把一群大部分由美国公民构成的人口集中起来处置的时候，还有最后一个舞台，让大豆在其上也扮演了角色，一个同时既是军用又是民用的角色。正当美国政府竭力说服其他的平民人口吃下更多大豆，军方也在强迫士兵干同样的事的时候，日裔美国人却在为继续以他们的传统豆制品形式消费大豆而斗争。

拘留营的豆腐

1942 年春，生活在美国西海岸的日裔发现自己面临着进退维谷的无情境地。3 月 2 日，在富兰克林·罗斯福总统 9066 号政令的授意之下，军方把加利福尼亚、俄勒冈和华盛顿三州的西半部划为"一号军事区"，其中的日本人必须迁走。起初，军方鼓励他们自愿迁徙到命名为"二号军事区"的东半部，以及更深入内陆的一些地点。然而这在计划的收容地区内引发了强烈抗议，甚至暴力冲突，于是在 3 月 29 日，一道冻结令便把日本人全禁锢在一号区。这道冻结令不可避免导致了对日裔的拘留。[95] 日本人首先被驱赶到一号区中由军方运营的"集中中心"。一大批建筑物被匆匆忙忙改建，以容纳这些被驱逐的人，其中最知名的就是圣弗朗西斯科附近的坦福兰（Tanforan）赛马场。随后，11 万多男女老少——其中大部分人是美国公民，但大部分成年人不是——又被逐渐押送到 10 个"再安置营"，由一个叫战时再安置管理局（WRA）的民营机构运营。这些布局有如军营的再安置营散布在整个美国西部，大部分位于僻远而环境恶劣的荒漠地区。还有两个再安置营位于阿肯色州这样靠东的地方。每个再安置营收容了 1 万到 2 万名拘留者，虽然由民营机构运营，却在营地范围之外被武装民兵围上了带刺的铁丝网，并受到严密监控。[96]

到 3 年之后这些拘留营解散之时，所有 10 个营地里面都在自行制作豆腐。从某种意义来说，这完全是自然而然的事情：在美国，凡是有日本移民定居的地方，几乎马上都会出现豆腐。做豆腐是小本生意，启动资金很低，又有稳定的市场。不过就拘留营的情况而言，豆腐生产正好还符合华盛顿官方制定的战时议程。这有几个原因。首先，在国家最需要劳动力的时候，这些拘留营却是对劳动力的巨大浪费，但在营中，可供选择开办的产业又非常有限。拘留者曾被安排制作像伪装网或船舶模型之类的产品，它们都需要精细的手工操作，但几乎不需要资金。然而，这类工作违反了《日内瓦公约》。其次，在日语中叫作"一世"（Issei）的第一代非美国公民日本人占据了成年人口的多数；他们实际上就是战俘，因此被禁止参加军事生产。即使是"二世"（Nisei），也就是已经入籍的第二代日裔，虽然获允从事这些生产工作，但他们参与竞争这些本就稀缺的岗位，又引发了争端。[97] 于是在非军事生产中，拘留营产业便被禁止与商业公司直接竞争。最后，这些营地一开始就安排在僻远之地，考虑到战时对交通运输的巨大需求，把原材料运到营地显然不可能是优先考虑的事情。久而久之，这些因素便把拘留营中可选择的产业限制为只满足营中人口自己需求的那些产业。

食品生产有双重优点：它不仅不会与当地公司竞争，反而还能为军方减少维持拘留者生计的成本。食品产业的建立相对来说也比较简单。[98] 豆腐生产的益处就更大，因为充足的豆腐供应不太可能激发公众的敌意。传说政府会在这些营地囤积食品，由此造成了地方性的食品短缺，公众对此谴责不已。1942 年 10 月，一位加州居民写信给物价管理局，在信中就发泄了当时的一种典型情绪："我得到可靠消息，政府的货车刚刚经过内华达州和亚利桑那州拉货回来，把六吨火腿和熏肉带给战时拘押在曼扎纳的那些日本人……与此同时，我们想花多少钱也买不到。这真是让人热血沸腾，我们中的一些人真想拿一把冲锋枪把那地方的人全干掉。"[99]甚至在众议院非美活动调查委员会举办的国会听证会上，也有人公开批评囤积食品的行为；这个委员会一度考虑过把再安置营移交给战争部，但这个提案最终被否决。这些都对 WRA 的存在造成了直接威胁。[100] 出于这些原因，政府部门自然有理由鼓励豆腐生产。

不过，营地里出现豆腐的最主要原因，在于拘留者有需求，于是借助某种有限的民主满足了这种需求。豆腐首先出现在亚利桑那州的波斯顿营，这是所有拘留营里面最大的一所，而且情况特殊。波斯顿营坐落于科罗拉多河印第安人保留地内，最开始由印第安人事务局来管理。局长约翰·科利尔是一位新政进步人士。在此前十年间，他曾经推动了印第安部族对保留地的自治；如今他又有同样的想法，想让波斯顿营成为一个永久的、自治的、经济上自给自足的、从事集体农业活动的日裔美国人社区。1943 年初，WRA 改变了行动，把拘留者重新安置到拘留营外面，科利尔的安排也戛然而止。[101] 但与此同时，"殖民者"们也参与了新安置的规划过程。6 月前半月，在农业与工业部部长 H. A. 马蒂森的监督下，由哈里·M. 熊谷负责的工厂规划部首先提议建立豆腐厂。[102]在致马蒂森的内部公文中，熊谷强调："对那些没法从事他们过去

　　　　　　　　　　　　　魔豆：大豆在美国的崛起

受训从事的工作的人来说，让他们有活儿可干，可以大大鼓舞人们的士气。"豆腐厂可以让所有人都拥有"以非常具体的方式展示为国家服务的忠心和意愿的平等机会"。如果拔得再高点儿，"让人们忙碌起来是极为重要的，可以让饱受心理、精神和财务摧残的撤离者们保持昂扬斗志"，还"可以向他们灌输毅力、主动性、勤奋、集体智谋和优秀公民品质的美德"。[103]

在波斯顿，延至 1943 年 1 月，豆腐生产才开始。那里缺少豆腐坊所需的建筑材料，特别是炉灶所用的耐火砖[104]，而铜锅和电动机之类用于碾磨大豆的必需设备也很难获得。虽然一些用品可以从曾经开过豆腐坊的日本人那里取得，但是管理人员并不情愿批准拘留者前往他们当初在撤离前的混乱中匆匆忙忙贮存自己财产、从没想过要寄运它们的地方。[105]另一个麻烦是，营地的水质太硬了——而且还加了氯——这迫使他们必须采购一台硬水软化机。[106]还有"［一位不具名］'专家'声称，水质如此硬，空气中又缺乏湿气，再加上其他一些障碍，可能会让大豆糊颗粒无法恰当地凝聚"，这可能也推迟了豆腐生产。[107]不管怎样，豆腐厂终于在 1943 年 1 月 19 日启动了。前一年 6 月曾经定过一个日产 1,400 块豆腐的目标，这可以让 2 万拘留者每人每周吃到半块豆腐[108]，但这个豆腐厂的日产量从来没有超过这个目标的一半。尽管如此，这些工厂仍被视为一项成果。该营地给养部负责人山口勉就声称："我们有过貌似不可战胜［原文如此］的障碍，但我们把它们全都克服了。"[109]

这消息也通过拘留者办的营地报纸传播到了其他拘留营。

《格拉纳达先驱报》在 4 月 17 日报道了波斯顿"大规模生产了大豆糕",而《米尼多卡灌溉者报》也在 5 月 1 日报道说:"〔波斯顿的〕'豆腐'质量据说达到了顶级水平。"[110] 在犹他州的托帕兹,拘留者在 1943 年食品短缺期间普遍抱怨肉食难吃,特别是那些心、肝和肾之类的下水,日本人非常嫌恶,于是在那里建设豆腐厂的计划马上就提上了日程。该拘留营的伙食咨询团一直与管理部门合作,尽力获取"更适口的食物",而不是"白人获得的食物",此时便极力争取豆腐厂的兴建,"不仅可以作为肉奶的补充……而且有益于营养和健康"。[111] 1944 年 1 月,厂房终于动工,到 4 月,豆腐便送到了食堂。[112] 根据该营地的文件,"豆腐爱好者"和"渴望豆腐的居民"激动地吃着豆腐,这说明豆腐不仅可以提供有益的就业,而且在异国他乡是一种很受欢迎的味道。[113] 负责豆腐厂的人主要是战前有相关从业经验的男性[114];豆腐厂所提供的就业岗位,则从 8 人到 19 人不等。正如曼扎纳营《自由出版报》的 3 位"为好奇心所完全驱使"的记者所看到的,制作豆腐的过程"沉闷乏味",需要耐性;不过,豆腐厂也用到了现代技术,那些传统的日式磨盘是用电动皮带驱动的。[115]

豆腐不是拘留营里制作的唯一日本豆制品。1943 年中期,有 3 个拘留营也在生产味噌。曼扎纳营因为其位置受益于优质水源[116],其管理方出于节省开支的目标,制订了为全营人员供应酱油的计划。与豆腐不同,营里的酱油要定期向外面的供应商采购。[117] 管理方发动拘留者在一场全社区范围的竞赛中给他们的酱油产品起名。最后胜出的是"曼扎!"(Manza!),获得第二名和第三名奖励的

　　　　　　　　　　魔豆:大豆在美国的崛起

则是"曼油"（Manyo）和"MM"（"曼扎纳制造"的缩写）。[118] 然而，按照最初设想生产的酱油并没能赢得拘留者的喜爱。为了提高产率，该营生产的是"化学"酱油，不是通过传统发酵过程把大豆和小麦蛋白质降解为氨基酸，而是用了盐酸，随后再添加焦糖色和蔗糖。[119] 20 年代期间，日本是这种工艺的先驱；有人把氨基酸"勾兑"到传统酱油中，促使日本的学术期刊发表了能检出这种掺假的方法。日裔美国人普遍不喜欢化学酱油，因为它缺乏醇厚的风味[120]；"曼扎！"自然也不能幸免。首任厂长辞职之后，1944 年早期又生产了一批新酱油，这回用的是传统的"麦芽法"。[121] 在波斯顿和托帕兹，还有人提议生产豆浆（或"豆腐奶"），但到 1944 年下半年，这两个营地总共只生产了 3,000 夸脱豆浆，价值不到 100 美元；与此同时，两地则生产了 17.2 万块豆腐，价值达 9,000 多美元。[122]

虽然拘留营的豆腐确实可以主要视为拘留者自己取得的成就，但它也是管理部门出于好心批准的结果。很多管理人员原先在理想主义的新政部门工作——比如印第安人事务局，或者旨在帮助因为大萧条和沙尘暴灾难而致贫的农场主重新安顿下来的美国农业部农场安全管理局——后来才调到 WRA。尽管 WRA 中有很多人一直对拘留者怀有敌意，但也有不少人开始认为，针对日裔的撤离令和随之而来的再安置，是农业既得利益者和战时歇斯底里造成的严重不公。他们认为自己的角色应该是"保护"遭到拘留营生活中那些不自然的压力威胁的日本人社区。[123] 亚利桑那州中部的吉拉河（Gila River）营情况更为特殊，在那里是白人工作人员最先倡议要研究和生产豆腐，他们甚至还设法去了加州一趟，以采购所必需的设备。到 1944 年 1 月，吉拉河营的一家豆腐厂每周已经可以生产 3,500 多块豆腐。另一家豆腐厂也在争取运营，直到一位曾经在杰罗姆营做过豆腐的拘押者担任厂长，终于重新开张。[124] 吉拉河营的营养师格蕾丝·洛森——该营的报纸说她是"有色人种"，是埃莉诺·罗斯福的"私人朋友"[125]——虽然曾给日本妇女开班，向她们教授美式烹饪，以及政府提出的"七大基础营养计划"的基本原理，但对豆腐也比较赏识。[126] 1944 年 7 月，她在美国妇女之家协会的芝加哥大会上做了演讲（题目是"供饥饿世界食用的豆腐"〔Tofu for the Hungry World〕）；在这次出差的返回途中，她还在匹兹堡的一家医院略做停留，为"一群研究胃溃疡的知名权威"展示了豆腐治疗溃疡的用处。[127]

然而不管是不是出于好心，WRA 的措施常常让拘留者所受的不公更为恶化。为了让日本家庭离开拘留营，WRA 努力想把他们送到任何可能接纳他们的社区。这些社区主要位于中西部。到 1944 年底，WRA 成功地重新安置了 3.5 万名拘留者，超过了拘留营全部人口的三分之一。[128] 再定居者在这些新社区中建立小圈子之后，日本食品也随之出现了：1945 年 7 月，《科罗拉多时报》就报道，曾经被拘押在哈特山的（汤姆·）早野虎二夫妇正在明尼阿波利斯开办豆腐厂，为三家日式餐厅"以及其他再定居者"生产豆腐。在此之前，那些餐厅的豆腐只能从芝加哥买到，但在炎热的夏月便无法运输。[129] 帮助波斯顿营开始生产豆腐的山口勉，也与妻子定居到辛辛那提，并于 1945 年开办了"大豆食品公司"，供应绿豆芽，之后又在 1949 年开始用石磨做豆腐。[130] 然而，有人批评这种再定居措施让日本人分散到了远离原来家园的地方，彼此也分散开来，这进一步对日裔社区造成了破坏。[131]

再定居项目的另一个期望，是让日裔美国人更大程度地同化到非日裔社区里，这有助于缓解公众对他们的深重敌意。出于达成类似目标的想法，WRA 官员还催促军方建立全由日裔组成的战斗单位。功勋卓著的第 442 战斗团最终确实帮助公众扭转了成见，但是拘留营中的异议者却普遍抗议，在他们没有重新获得自由、还要忍受种族隔离的额外凌辱的情况下就要求他们为爱国做出牺牲。为了同时加快再定居和募兵工作，拘留营要求拘留者都签字宣誓忠于美国。那些常常为自己所遭受的待遇而愤怒、因而拒绝签字的日本人，最终被隔离出去，送往图利湖拘留营，其名字也重新改叫"隔离中心"。在其他拘留营中还以有限的形式存在的自治管理，在图利湖营全部剥夺。1943 年 11 月，有消息称图利湖营在与 WRA 签订合同，为该营的食堂制作豆腐；这个约定一直持续到 1945 年 11 月才终止（图 14）。[132] 到那个时候，很多拘押者已经放弃了美国国籍，在战争结束后被驱逐到已是满目疮痍的日本。

随着其他日裔美国人最终获允返回西海岸的故土——就连那些之前被释放之后已经定居到中西部的人，最后也大都回去了——豆腐匠又重操旧业。一个有足够韧性的社区传统，在熬过拘留营生活之后，可以再次发挥作用，这不是所有食品制造厂都能交上的好运。比如幸运饼干就是如此，这种食品源于日本，在战前一直由日本公司生产，但在战后这个生意就被中国和美国企业夺走了。[133] 而

图 14　在图利湖拘留营中制作豆腐，1945 年。引自国家档案和记录管理局。

对于豆腐来说，顾客却是与豆腐匠一同返乡，豆腐匠然后便可以重建工厂，或是兴办新厂。比如曼扎纳营的豆腐厂负责人巴（Tomoye）先生，可能还有 S. 奥川，作为洛杉矶的巴记豆腐坊所有人，在 1946 年把豆腐坊卖给了松田豆腐公司之后，到 1947 年又另外创办了日出豆腐。1947 年晚些时候，日产 1,500 块豆腐的日出豆腐又由山内昌安夫妇买下。[134] 山内昌安是山内鹤（她的事迹第一章已述）之子，是第二次世界大战退伍军人；因为在夏威夷出生，而免遭拘押。他是新一代豆腐匠的代表，后来终于把日出豆腐经营成了西海岸最大的豆腐生产商。这是后话，这里暂且不表。

　　同样是在战后，大豆也成了美国膳食中越来越重要的成分；只不过，它在大萧条和第二次世界大战期间所赢得的那种前台风头，后来却基本都消失不见了。

第六章 拓 界

1945 年 8 月下旬，德国投降几个月之后，一位叫沃伦·戈斯的大豆研究者和新授衔的美军上校在汉堡与康拉德·莫尔隔桌对坐。莫尔是北德意志榨油厂有限责任公司的总经理。在戈斯来采访他时，这家公司的植物油精炼厂在战争过后相对完好地幸存了下来。戈斯记录，有一家竞争对手的厂房在战争最后 9 个月中承受了 2,000 至 3,000 枚炸弹的袭击，除了氢化厂之外，其他所有厂区都成了"沙土及建筑和设备碎片完全搅在一起的乱摊子"。[1] 与此相反，莫尔的公司只有锅炉房被毁，但就连这个损失也没有影响到工厂运转——莫尔的兄弟开的人造黄油厂就在隔壁，可以继续提供蒸汽。不过，原材料不免还是发生了短缺，所以虽然亲至其地，戈斯仍然无法直接观察到德国的油料加工过程，只好改而依靠示意图和对公司管理人员的采访，来探索德国工艺的可圈可点之处。莫尔几乎没有提供什么有技术含量的信息，只是"不厌其烦"地夸耀着他兄弟工厂中用于制造人造黄油的合成脂肪酸。这些是用肥皂和其他不可食用的原料生产的可食用脂肪，莫尔声称他喜欢最后产品的味道，不过也承认他是少数派。后来，戈斯亲自尝了一些人造黄油，"发现莫尔先生的评价基本站不住脚"。[2]

不过，当话题转到大豆油的时候，莫尔又吹嘘，他拥有一个宝贵的商业机密，可以对付德国人称为"回味"（umschlag）的问题。戈斯一下子来了兴致。所谓"回味"，指的是令人不快的异味重新出现在已经精炼过的清淡无味的大豆油中，从而破坏产品品质，这是大豆工业重点关注的问题。在戈斯看来，莫尔不像是什么"懂技术的人"，一开始介绍的只是其他德国公司普遍采用的一种工艺，戈斯认为这些明显都是无用的二手信息。然而在此之后，莫尔坚持认为"他的公司开发了一种更好的解决回味问题的工艺，用这种方法制备的精炼未硬化大豆油可以存放一年，也没有一丝回味"。抛出这点儿线索之后，莫尔却拒绝再做详述。"因此，"戈斯觉得，"有必要想想其他办法，去获得详细的情报。"他所想的其他办法，可能是与该工厂的总工程师布尔先生（Herr Bull）之类掌握更多技术知识的采访对象开展后续会谈。然而细琢磨戈斯这句话，还能察觉出他在执行任务时的那种严肃态度；在这样一场毁灭性的大战之后，他所要寻找的东西，在其他人看来也许显得微不足道。

事实上，戈斯的任务是更大任务的一部分。美军和英军的联合情报调查小组委员会一开始的成立目的，是为了收集有益于盟军军事行动的工业情报，但委员会受到了商业集团的压力，很快决定也把只有纯粹科学或经济利益的场所纳入目标列表。一位官员认为："这些情报不仅可以支持我们的对日作战，而且能让美国工业在世界贸易中维持其地位，为战后复员的老兵提供就业机会。"[3]美国成立了工业技术情报委员会（TIIC），从1944年开始把工业专家组织协调起来，派到欧洲越来越扩大的解放地区。确定情报目标的是 TIIC 的 19 个小组委员会，每个委员会代表一个工业部门，如橡胶、化工、冶金采矿、机械、纺织、固体燃料、航空、通信和造船等。[4] 到 1944 年底，调查员已经增至将近 200 人。到了 1947年，近 400 人已经到过德国各地，其中很多人是美国大企业的技术员，在执行任务期间照领薪水不误。正如一份报告所说，他们简直构成了"美国工业的《名人录》"，追求的终极目标，是夺取"一个现代国家的全套技术"，"作为第二次世界大战的战果，（这是）美国唯一可能从德国那里得到的实实在在的赔偿"。[5]

TIIC 的行动之所以把戈斯也包括在内，部分原因在于战争期间食用油脂的战略重要性，但更大的原因在于大豆加工产业以及政府和学界中该产业的支持网络业已成熟。如今已经有新一代研究者，几乎把全部精力都投入到大豆上，戈斯就是其中一员。作为华盛顿大学的毕业生，他在 30 年代前期开始工作，就职于美国标准局。从 1937 年开始，他在伊利诺伊大学从事大豆研究，这是美国地区性大豆工业产品实验室研究的一部分内容。到 1944 年时，他又调到了设在皮奥里亚的美国农业部北方地区性研究实验室，担任高级化学工程师。[6] 他的工作也是大豆产业里既得利益的一种形式，颇类于加工商和农场主一同在设备和专业技术上所做的物质投资。

由于战时短缺的局面逐渐好转，对大豆的需求也在减少。面对这一形势，大豆产业在战后时期采取措施，以保护他们的既得利益，去除阻挡产业继续扩张的障碍。在有必要的时候，大豆的遗传和化学成分都为之一变；在有可能的情况下，连法律和政策也都可以变一变。在这个时期开始时，最急迫的事情是提升大豆油的品质和风味，以免因为市场需求受限而妨碍到大豆作物的总体扩张。这一努力的结果，是技术和经济上的辉煌成功——但也让美国人付出了健康的代价。

对付"回味"

在 TIIC 粮食与农业小组委员会的资助之下，戈斯的任务说大也大，说小也小。他最大的任务是发现德国人应付战时油脂短缺的方法。美国人猜测他们可能用到了先进的技术方法，可以利用一些非传统的原材料，比如莫尔所吹嘘的合成脂肪酸。在战争期间还有一些恐怖的谣言，说犹太人的尸体被拿去炼油；虽然事实上的确有少数这方面的实验[7]，但是戈斯最后却调查出了一个远没有那么怪诞的结论。德国人主要的应对之策就是没有油脂也行。黄油和人造黄油的每周配给，因此逐渐减少到每人 200 克，再减到 50 克。不仅如此，德国人造黄油作为一种可煎、可烤、可涂面包的万用油脂，还被用水和空气兑得很稀；在戈斯看来，这样的东西"在美国（不可能）得到消费者的普遍认可"。最后，德国人还有一套延长油脂供应的方法，包括"制订细致的计划，动用储备库存，补助油料作物种植（主要是油菜）"，最后一招才是"技术替代"。[8]总之，戈斯没有从中学到多少有用的东西，来应付战后世界中很多人所害怕面对的全球食用油脂短缺的可能局面。

戈斯受委托的比较具体的任务，则是考察可以直接让美国大豆工业获益的技术，这个领域很有前景。戈斯发现，油料加工长期以来一直是德国的主要产业，"全世界使用的大多数油料加工工艺都起源于德国"。[9] 格利登用的工艺当然也是如此，所获得的是德国专利的授权。然而，戈斯最终还是没有学到什么印象深刻的东西。显然，战后的条件限制了戈斯所能观察到的场面。除了轰炸对厂房造成的破坏之外，德国已经多年无法得到大豆了。德国获得的最后一批中国东北大豆，还是战争初期取道苏联运入的。鲸油、椰子和棕榈仁油的既有储备，最终也全部耗尽，只剩下栽培的油菜成为唯一可用的油料。[10] 同样，虽然戈斯无法亲眼考察大豆加工，获得一手经验，但是他最后有一定信心认为前十年中德国的技术就已经开始落后于美国技术了，这主要是因为在美国，像他这样的研究者"针对油脂做了极为大量和更高质量的科学研究"。[11]

不过，还有"回味"问题。可能这是德国人保持着先进性的领域，他热切地想发掘出其中的奥秘。虽然各家工厂的运营者在解决方法上各有千秋，但大多数人都同意，卵磷脂是罪魁祸首。他们坚持认为，从油中彻底除去这种黏稠的物质是避免异味产生的关键。大多数受访者也同意，有必要一开始就使用好品种，而美国在这一点上具备优势。有一位经营者回忆，在战争第一年，他们设法搞了一船美国大豆运来德国，用它们生产的油品质之高，让他十分惊异。然而，美国的标准加工工艺却远远达不到德国人一丝不苟的水平。"德国人认为大豆油是必须以极大的谨慎和轻柔来制备和处理的产品之一。"他们坚持使用溶剂浸出法，而这种办法在美国仍然不甚流行。螺旋压力机容易把油点着，导致卵磷脂"凝固"下来。就算是用溶剂浸出，也要采取预防措施，避免短暂的过热。他们还加强了脱胶处理，这道工艺把油与水剧烈搅拌，然后再用离心机分离掉渣滓，从而可以除去卵磷脂和其他乳化性物质。美国的加工者如果要用这种办法，也只是"洗"一遍而已，但德国人却坚持要"洗"两遍。最后，在利用蒸汽除去油中挥发性成分的脱臭机中，德国人会添加 0.01% 的柠檬酸，以中和残余的痕量卵磷脂。[12]

莫尔的工厂用了另一条路线，戈斯最终获得了其具体工艺。整粒的大豆在螺旋输送机的推动之下，通过一道封闭的金属槽，这时先要经过高压蒸汽处理。理想情况下，这可以在 90 秒之内让豆粒的含水量提升 4%。戈斯获知，如果提升含水量的时间长达 120 秒的话，这个方法便无法避免回味。过剩的水分之后再除去，然后大豆按通常方式加工即可，但这时就无须再往脱臭机里添加柠檬酸了。[13]

戈斯从德国先后发回了 40 多份情报汇报，在其中详细描述了这两种加工工艺。最终设立了工业技术情报组的商业部技术服务办公室，通过另一个书目文献组把这些报告公布了出来。虽然所有索求者都可以分开拿到每一份报告，但是大豆工业的需求——特别是对德国人处理的方法的需求——促使戈斯把它们编纂成为一本书，在 1947 年出版。[14] 在 1946 年后期写给技术服务办公室主任的信中，戈斯估计回味问题每年可导致大豆工业"按当前价格"损失 5,000 万美元，而如果经营者投资置办采用德国方法的设备，

　　　　　　　　　　魔豆：大豆在美国的崛起

那么"作为这些发现的结果，因为回味产生的巨大损失将可完全避免"。[15] 在之后写给技术服务办公室的另一封信中，戈斯声称美国无论是大豆油生产商还是加工设备制造商都"对自己拿来德国数据做了什么守口如瓶"，"问到的时候很可能会否认他们在使用德国的数据"。[16]

事实上，戈斯过高估计了他的发现为大豆油生产带来的即时影响，以及相关企业的保密程度。事实表明，回味问题需要政府和私营产业之间几十年的合作研究才能解决。1946 年 4 月，全国大豆加工商协会（NSPA）在芝加哥的俾斯麦宾馆（Bismarck Hotel）召开了第一届大豆油风味稳定性会议。NSPA 主席爱德华·J. 迪斯在开幕时发出了公开合作的呼吁，认为"在解决方案为全行业普遍知晓之前，个人或企业通过得到这个解决方案所获得的任何优势，都只具有临时而短暂的价值"。[17] 刺激大豆生产的国家紧急状态一结束，这个行业就要迫切地保证大豆产品不能失去地盘，但回味问题正威胁着大豆油当前在人造黄油生产中的用量。[18] 大豆油在精炼、漂白和脱臭之后，一开始像棉籽油一样清淡，而棉籽油是食用油的黄金标准，也是生产人造黄油的主要用油。但在室温下仅仅放置数天或数周后，大豆油就会发展出人们形容为"腥气"（或"鱼虾味"）、"涂料味"和"青草味"的口感；如果在炒锅或煎锅中加热，有时候马上就会变得这样糟糕。[19] 第二次世界大战期间，大豆油在商店中可以快速周转，时间往往不足以让异味产生，所以大豆油能够以相对较高的比例勾兑，制成人造黄油。[20] 可是现在，这个良性循环却逆转了过来。

无论是风味稳定性会议，还是之后的研究，设于伊利诺伊州皮奥里亚的美国农业部北方地区研究中心（NRRC）都是其中的关键角色。NRRC 的主要职责，除了帮助协调各方开展研究之外，就是通过"感官评定"测试来评估实验结果。在一次测试中，NRRC 把两种样品提供给品尝者，以此评估德国工艺的作用：一种样品用的是"水洗后加柠檬酸"法（洗两次后，在添加柠檬酸的情况下脱臭），另一种"未水洗"样品则作为对照。两种样品都在室温下存放数周，其间每隔一段时间就把样品提供给一组受过训练的品尝者，让他们按 1 到 10 分的量表打分。两种样品一开始的评分都是 8 或 9。到第 15 天，二者都掉到了 3 或 4 附近。不过，"水洗后加柠檬酸"样品的口感败坏过程不那么剧烈，特别是在前几天的时候——在第 3 天，它的评分仍然是 8，而未水洗样品已经跌到了 4。评估组还识别了味道中的各种成分，记录它们是否存在。"黄油味"和"清淡味"都是怡人的风味，在两种样品中都以类似的速率衰减。"豆腥味"在一天之后达到顶峰（结果表明，它对"水洗后加柠檬酸"样品来说更为强烈），之后也衰减了。在两种样品中，"酸败味"都是在第 3 天以后开始稳定攀升。关键的区别则在于"涂料味"，在未水洗样品中迅速提升，但在"水洗后加柠檬酸"样品中却被抑制了一个星期。还有些微弱的风味，比如"青草味"和"烧焦味"之类，则没有测量。德国方法的作用因此基本得到确证，但它为什么有效的根本原因仍然是个谜。[21]

　　在开展这项研究时，最为耗时的步骤之一是建立一个可靠的品尝组。[22] NRRC 的研究者在实验之后的一篇文章中解释，实验中要用到两种对立类型的品尝组，才能完成感官评定测试。一种类型的品尝者类似名声在外的皮奥里亚剧场观众，用来测量产品的消费接受度，组员是随机挑选的，"在偏好和敏感性上具有正常的多样性"。与此相反，回味口感的精确而可重复的感知和测量，则要求建立第二种类型的品尝组，"构成这一组的个人的遴选、训练、敏感性和前后恒定性"都"至关重要"。能够充任组员的人，来自 NRRC 的其他实验室。在接受敏锐度的初试时，35 个人刷掉了 14 个。之后是第二轮测试，衡量的是不那么明显的因素——比如"参加感官评定组的既往经验、对油脂问题的普遍兴趣以及参与的愿望"，最后确定了 8 个人属于常规组，还有 5 个人指定为替补。接下来的一年中，他们"品尝了多种组合的大豆油，品尝者要尽力把他们的数字评分和描述性评分标准化"。他们就这样成了清淡口感的鉴赏家。

研究者也密切关注测试环境。品尝者坐在尽可能隔离了外来气味的恒温实验室的单间里，尽量不分散注意力，并"避免把评价讲出声"。因为气味和味道在加温的油中更容易察觉，样品都盛在专门设计的加温桌上的烧杯里。每个组员仅限测试两个样品，因为他继续品尝下去会失去敏锐度。两次喝油之间，有加热到体温的水用于漱口。所喝的油绝对不允许咽下去。测试过后，组员可以一边嚼着作为"回报"、可以去除严重回味样品的余味的饼干，一边彼此交换和比较他们的想法。研究者发现，"品尝组的成功组织，常常不仅是科学问题，也是人际关系问题"。他们需要调动起组员的精神，这被称为"小组士气"。他们会把研究结果和计划分享出来，供将来的实验之用（品尝组成员本身都是 NRRC 的科学家），并把个人的品尝评分与小组平均分的差异告诉每个组员。这些平均分会用仔细的统计方法处理，偶尔要求实验者从小组中除去口感过于另类的人。

与此同时，化学家希望可以在大豆油中找到某种物理性质，能够可靠地预测回味的存在。有一个叫"过氧化物值"的测量项，是对脂质氧化速度的衡量；高过氧化物值与较低的口感评分有很大相关性，于是在一些常规实验中，它就被用来作为指标。不过研究者最后发现，尽管"这个领域的所有研究人员都希望能把常常犯错的人类感觉替换为客观的物理和化学分析方法，但是必须记住，风味的最终评定是件主观之事。只要人类还是风味的最终裁判，那么在解决风味问题时，就很可能始终需要感官评定测试"。出于这一精神，NRRC 在参加风味稳定性会议时，就把放了三天的大豆油未水洗样品和"水洗后加柠檬酸"样品带到了会场上，在那里组织起一个品尝组，最终确证了他们之前在皮奥里亚获得的结果。

此后，风味稳定性会议又开了九届，人们又花了二十年，才终于解决了回味问题。事后回溯起来，虽然对德国方法的测试是问题解决过程中的一大突破，但是事实表明，德国人的理论完全错误。脂肪酸的氧化才是罪魁祸首。到 1950 年时，实验研究已经充分表明，柠檬酸的作用是捕集油中痕量的"促氧化"金属离子。实验还证实，卵磷脂也是一种金属捕集剂：它压根儿就不会导致回味，反而可以延缓回味。这些发现促使人们去研究最佳的金属捕

　　　　　　　　　　　　　　　　魔豆：大豆在美国的崛起

集剂，又让人们从加工设备中去掉了黄铜零件，并用氮气之类的惰性气体把大豆油隔绝起来，特别是在高温加工的时候。[23]另一个研究方向，则是关注是什么物质被氧化，以及是什么物质促进了氧化。在50年代前期，研究确定亚麻酸是氧化之后最容易产生强烈回味的脂肪酸。这个成分早就引发了人们的怀疑，因为亚麻酸含量高的油脂都极易回味；与大豆油类似的亚麻籽油、菜籽油和鱼油都多少有这个问题。1951年一个实验证实了这种怀疑。当研究者往棉籽油中加入亚麻酸后，品尝组便误以为它是回味的大豆油。[24]这样一来，研究问题就变成了如何最好地减少大豆油中亚麻酸的含量。

解决这个问题的秘诀是氢化。脂肪酸分子中有由碳原子构成的长链，氢原子则像珠子一样附在碳原子上。饱和脂肪酸含有最多数量的氢原子，所以每个碳原子与相邻碳原子之间只有单键，从而形成一条直链。就像一摞纸张一样，饱和脂肪酸较为致密，因此在室温下呈固态。如果脂肪酸分子中氢原子较少，那么碳原子便有可能以双键与相邻碳原子结合，在碳链中形成弯曲。就像把起皱的纸堆成一堆一样，这样的不饱和脂肪酸也变得更富流动性，在室温下呈液态。单不饱和脂肪酸（MUFA）分子中只有一个碳碳双键。多不饱和脂肪酸（PUFA）分子中则有两个或多个双键，也更具流动性。MUFA和PUFA又各有两种构型，一种叫顺式脂肪酸，最靠近双键的两个氢原子位于碳链的同一侧；另一种叫反式脂肪酸，这两个氢原子位于碳链的相对两侧。反式构型的分子要比顺式构型更直一些。所谓氢化加工，就是人工把氢原子加到碳链上，让它"饱和"，于是可以把液态的油转化为固态的脂。其中，

"部分氢化"工艺虽然并不会得到完全饱和的脂肪，但可以让某种油脂中的脂肪酸变得更具稳定性：顺式 PUFA 变成反式 PUFA，PUFA 变成 MUFA，MUFA 变成饱和脂肪酸。通过精调，部分氢化工艺可以让油脂在室温下呈现出任意稠度。对大豆油来说，这一工艺也有助于把亚麻酸转化为风味更稳定的脂肪。

如果大豆油在部分氢化之后，在室温下刚好差一点儿没有呈现为固态，此时其中的顺式亚麻酸含量会从 8% 降到 2%。战后，这种油脂越来越多地用在数量也越来越多的连锁餐厅和食品加工企业中，供烹炸之用。它不仅可以延长食品货架期，保持风味稳定，而且还有一个优点，就是在烹炸时不像未处理的大豆油那样容易飞溅。不过，部分氢化大豆油中高含量的饱和脂肪酸，让它在室温下会出现凝絮，因此在把它作为沙拉油或烹调油直接卖给消费者之前，还需要额外的一步加工。把这种油冷却，直到出现饱和程度较高的脂肪酸的结晶，此时便可以容易地把它们滤除。这步加工叫作"冬化"，最终得到的便是"氢化冬化大豆油"（hydrogenated winterized soybean oil），英文通常缩写为HWSB，其中的亚麻酸含量少到仅占 2%。[25] HWSB 是澄清的液体，外表完全不会给人留下氢化油的形象，但也丝毫不会回味。[26]这是重大的技术成果，对大豆产业起了巨大推动作用，确保大豆油能成为优秀的食用油。1949 年，美国人每年平均要消费 8 磅大豆油，占其饮食中油脂总量（除大豆油外还有棉籽油、黄油和猪油等）的五分之一弱。到 1969 年，美国人已年均消费 30 磅大豆油，比其他油脂加在一起还要多。[27] 而且，这些油脂不管是液态还是固

魔豆：大豆在美国的崛起

态，是出现在加工食品中还是餐桌上，统统都是部分氢化油。

　　这给美国人的健康带来了巨大影响，因为这些产品还含有大量反式脂肪，在 HWSB 中可达 15%，在部分氢化烹调油中可达 18%。[28] 后来的研究揭示，反式脂肪与严重心血管健康风险相关，但迟至 1987 年时，专家们仍在声称"消费氢化油已知不会带来健康风险"。[29] 在 1949 年时，人们当然更不会知道这些风险。那一年，国会对黄油和人造黄油哪个相对更健康的问题展开了激烈辩论，其中反对人造黄油的一派所凭借的仅仅是黄油更具健康益处的模糊想法。事实表明，这场辩论对于大豆油更为普遍地进入美国人的膳食来说至关重要。如果回味问题的攻克让更多大豆油得以用于人造黄油加工的话，那么这场国会斗争便增大了美国人餐桌上的人造黄油用量。

人造黄油同盟

　　1949 年 3 月前半月的一天，路易斯·布隆菲尔德在众议院农业委员会上做证时，讲了些过于直白而激起争论的话。布隆菲尔德是俄亥俄州的农场主，自称是"某些工业和银行"的农业顾问。"如果在厨房中花两分钟给一些人造黄油上色能成为这样大的负担的话，"布隆菲尔德声称，"那我只能说，我们女士们的先锋品质真的都丢进下水道了。"他所支持的事，是联邦政府长期以来一直对黄色人造黄油的生产征税，靠着相关的法律，来确保市场上能买到的大多数人造黄油只能呈现出一种令人没胃口的白色。为了弥补这个不足，生产商通常会在产品中再加入几小包黄色食品着色剂。也有一些生产商采取了另一种办法，是把一小粒黄色色素埋在人造黄油里面，包装成"易染色包"，可以在开封前反复揉捏。但不管哪种方法，都要求消费者亲手添加黄色着色剂，这成了让美国的家庭主妇一起抱怨的事情；其中一些人在那一天便在国会山外面举着标牌抗议，说："是让消费者歇息的时候了！**撤销所有联邦反人造黄油法！**"[30]

在接下来几天的听证会上，消费者联盟的简·怀特霍尔更强烈地表达了这种情绪。"我，作为许多人中的一个，并不怎么着急地想成为什么'先锋女士'；我也只能说，丢进下水道的不是'先锋品质'，恐怕会是某些剩在碗里不要的人造黄油。"她指出，即使有所谓的"易染色包"，染色也是件令人沮丧的事。"染色包泄漏可能会有风险，这么一包东西会让消费者额外支付 2 美分，这些我都不想再啰唆什么。我只想说一个事实：不管用什么方法来给人造黄油染色，都要在使用前花费几个小时，让它先软下来，然后上色，然后再在上桌之前重新冻回去。"[31] 同样，玛丽·麦克劳德·麦库恩也代表全美黑人妇女协会递交了一封公开信，指出"养活全家人的家庭妇女"是"这项立法应该服务的人群"。[32] 最终，国会废除了这项税，报纸很自然地把这整件事讲成了消费者打败强有力的商业利益集团——乳业利益集团的故事。但事实上，这项税的废除，也是一个商业利益集团打败另一个利益集团的故事。废税之所以能成功，是因为美国的人造黄油游说团第一次能够与乳业游说团的政治实力和地理范围分庭抗礼了。

魔豆：大豆在美国的崛起

人造黄油最初叫"牛脂人造黄油"（oleomargarine），1869年在法国首次获得专利，作为黄油的替代品。起初，它是肉类加工产业的副产品。[33] 名字中的 oleo 意为"油"，指的是牛脂，而 margarine 指的则是其中所含的一种脂肪酸——具有珍珠光泽的十七烷酸（margaric acid）。生产商把牛板油磨碎，用蒸汽分离出其中的脂肪，最后再把较软的脂肪与牛奶固形物或黄油搅拌混匀，以获取其风味。这种产品用染料染成鲜黄色以后，即使是在 19 世纪 80 年代，人们也很难把它与黄油分辨开来。1886 年，美国联邦政府用征税资助了一套检验系统，用于检验所有人造黄油产品在出厂时是否贴了正确的标签；联邦政府希望这样可以避免它们假冒黄油上市。但因为怀疑这套系统的有效性，立法者在 1902 年为联邦法添加了一项修正案，对黄色人造黄油的生产按每磅 10 美分来征税，希望可以遏制其生产。肉类加工商因为主要集中在城市，没有实力与全国奶牛农场主支持的黄油游说团的影响力抗衡。但在氢化植物油取代牛脂成为人造黄油生产的起始原料之后，情况便有所变化。这些植物油中的大头是棉籽油，这有利于让人造黄油产业把南方乡村地区建设成为政治基地。

有时候，人造黄油游说团和黄油游说团也会合作，比如在 20 年代期间所谓"烹饪化学品"出现的时候就是如此。这些烹饪化学品包含来自菲律宾的椰子油；虽然它们具有食用脂肪的黄色色泽，贴的标签却是猪油替代品，于是可以绕过人造黄油法。1929年，国会不顾菲律宾椰农的徒劳抗议，把这类油脂产品也纳入人造黄油法的管辖范围。同样，当人造黄油生产商开始利用从爪哇和苏门答腊进口的棕榈油时，乳业利益集团又与棉农联起手来对抗他们。这些棕榈油可以在不使用色素的情况下让人造黄油带上黄色色调，从而规避了10美分的税，因为1902年的修正案明文写的是"人工"着色剂的使用。国会在1931年填补了这个漏洞，在1935年强迫所有外来油脂缴纳附加的关税。这对豆农来说是个利好消息，他们越来越多地与棉籽利益集团联手，去对抗人造黄油法。1940年，国家人造黄油研究所在《大豆文摘》上发布广告，努力想用科学农业的语言去动员中西部农场主："大豆在结块（bound）的土壤上生长不了。所以消费在受限制（bound）的市场上也增长不了。**你的市场受到了限制！**"这一期杂志同时还登出了一幅美国地图，其上标出了代表各式各样的州立反人造黄油法的符号，提醒农场主可以写信给他们的参议员反映问题。[34]

在第二次世界大战期间，美国也相应地经历了一场舆情巨变，要求废除反人造黄油法的声音响了起来。在联邦政府层面上，1943年和1948年在众议院和参议院都举办了听证会，每场听证会有60多位证人，笔录长达数百页。1948年前期，由于众议院为共和党人所把控，废除提案在农业委员会那里遭到否决，但支持人造黄油的力量收集到了足够的签名，得以再提出议案，要求整个众议院表决，最后以260票对106票通过。[35]之后，提案在参议院又被否决，否决者并不是支持黄油的共和党人，却大多是支持人造黄油的南方民主党人，为的是阻挠哈里·杜鲁门总统的民权议程。见识了这一奇观之后，来自印第安纳州这个大豆州的共和党众议员爱德华·A.米切尔公开发言，希望参议院最终能采取足够的措施，"通过撤销这些不公平、不美国的愚蠢的反人造黄油法，给消费者至少一次机会"。[36] 但在采取行动之前，参议院就闭会了，于是同样的事情在 1949 年又重演了一次。

事实上，那一年彼此竞争的人造黄油议案多达 30 个。其中两个主要议案，一个是 H.R.3，是废除人造黄油税议案，由得克萨斯州众议员威廉·波奇发起；另一个是 H.R.1703，是黄油集团的反议案，由明尼苏达州的奥古斯特·安德烈森发起。H.R.1703 提议废除惩罚性征税，但是要在全国范围内彻底禁止生产黄色人造黄油。安德烈森一直是黄油的激烈捍卫者。1941 年，他曾在众议院公开回应美国农业部的一则推广人造黄油的广播消息，谴责这是"政府发起的宣传鼓吹"，"简直是对付农场主的阴谋"，是"薰衣草色的律师、粉红色的经济学家和淡紫色的家庭主妇的颠覆活动"的一部分。波奇从那时起就是他的对手，见状便起身提醒众议员，还有其他农场主从人造黄油的销售中受益，比如肉畜饲养者和大豆种植者。不过在 1941 年时，与 1949 年的情况一样，波奇真正关注的事情是他那些在得州种棉花的选民[37]，特别是一些贫穷的农场主和土地租种者，常常靠卖到榨油坊的棉籽才能赚取一点儿微薄的利润。

波奇和安德烈森的辩论，围绕黄色展开。波奇和其他南方人似乎没有察觉他们的抗议与他们对种族的态度之间存在不一致性，公开谴责说，根据颜色对人造黄油加以歧视是不公正的。与此同时，安德烈森则对"有色"人造黄油冒充黄油的情况表达了愤怒之情。这甚至不只是人造黄油欺诈性地假冒黄油的问题。黄色人造黄油就算贴了正确的标签，也仍然会误导消费者，因为黄油天然的黄色象征着有益健康的性质，而这些性质是仿冒品不具备的。人造黄油生产商会在产品中添加维生素 A，来起到黄油中为它在表面上带来黄色色泽的 β- 胡萝卜素的作用。但除此之外，正如艾奥瓦州众议员塞伦纳斯·科尔在较早的一场听证会上所说，"黄油中有些东西，完全是黄油才具备的类型和本质，那些仿品中没有一样可以替代黄油"。[38]

他们对人造黄油的批评，事实上是从文明和生态的角度出发的。路易斯·布隆菲尔德认为，这是个"大企业和隐性垄断与小企业和小商人对抗的问题"。他坚持认为，商业活动的集中，在欧洲导致了社会主义和共产主义，因此让一个 65% 的产能来自 5% 的生产商的产业获得好处是不明智的；这些生产商的产品"就像福特汽车一样，大批量生产出来"。[39] 而且，用于生产人造黄油的作物会导致地力耗竭，由此破坏了农田。布隆菲尔德讲了句激怒南方众议员的话："棉花种植业对佐治亚州的破坏，比舍曼*的破坏还要大。"他当然也没有放过大豆，丝毫不顾大豆作为固氮和土壤改良作物的名声。他描述说，大豆在作为条播作物种植时，容易导致水土流失，还以伊利诺伊州的迪凯特为例，说在这个地方，"几年前他们建起了大豆加工厂，让周边所有农场主为他们供应大豆。我希望你们所有先生们今天能够飞到这个地方上空看一看。为了获取灌

---

*　威廉·特库姆塞·舍曼是美国内战期间的北方联邦军将领，其军队在征服南方的过程中对南方造成了极大破坏，曾纵火焚毁了佐治亚州首府亚特兰大等多座城市。

　　　　　　　　　　　　　　　魔豆：大豆在美国的崛起

溉用水，他们建了一座水坝。不到一代人的时间，水坝后面就基本淤满了，全是来自种大豆的农场的表土"。[40]

J. W. 卡兰德来自全国大豆作物改良委员会，在做证时花了很多时间为大豆辩护，说它是条播作物中最不会导致地力耗竭的作物，但是他的发言不可能说服那些看重牲畜放养（这是黄油生产的基础）的众议员。他们倒是很可能会赞同另一位证人——威斯康星州农业部部长。这位部长写了一封信，说如果"把我国的农业从草地畜牧业结构转换成种植可导致地力耗竭的条播作物的种植业，这将不可避免地毁灭我们无可替代的表土"，从而对"土壤肥力这个无价遗产"的保护事业带来伤害。[41]

虽然有这些担忧，但是在那一天，由棉农和豆农组成的强力同盟还是获胜了。不过，此后大量的立法争执也是免不了的。农业委员会否决了波奇的议案，赞同对安德烈森的议案做出修正，达成妥协。修正之后，该议案不再禁止黄色人造黄油，只禁止跨州运输，实际上是把决定权留给了各个州，但让黄色人造黄油无法再在都允许它上市的两个州之间运输。在给安德烈森的修正议案投票之前，委员会中的民主党人都采取了由来自犹他州的民主党众议员沃尔特·K.格兰杰提出的同一种策略。[42]虽然在全众议院表决时，州间禁令被否决了，但是议案中也添加了一项新的立法内容，要求在公共饮食场所提供的人造黄油必须切成三角形的块儿，并贴上大型标志，告知顾客他们所吃的是人造黄油。这个议案以287票对89票通过了。[43]

众议院的辩论之后在参议院又重复了一遍，这回是阿肯色州的 J. W. 富布赖特和艾奥瓦州的居伊·M. 吉莱特——二人都是民主党人——分别充当了波奇和安德烈森的角色。内布拉斯加州的共和党人休·巴特勒警告说，在人造黄油获得与黄油等同的地位之后，这个议案会继续让"牛奶和奶酪的替代品，比如希特勒开发的那些"也大行其道。[44] 参议院当时接连否决了很多修正案——比如由北达科他州的威廉·兰格提出的反对私刑和人头税的民权修正案，是针对南方棉花利益集团的"毒丸"议案；但在轮到人造黄油议案时，却以 56 票对 16 票通过了，并又附加了一个条款，就是在商店里售卖的人造黄油也要切成三角形。[45] 最后这个附加条款在联席会议中又删掉了，这样在 1950 年 2 月，人造黄油生产商便迎来了他们的胜利。[46] 联邦税的废除，也为 27 个州的人造黄油法规敲响了丧钟，其中禁止黄色人造黄油的州总共有 23 个。

人造黄油产业吹嘘它的胜利可以惠及所有人，甚至包括乳业从业人员，因为他们现在完全可以转向，生产具有更高价值的产品，比如牛奶和奶酪。支持废除令的人认为，这两个产业实际上是相互依存的，奶牛吃的饲料中豆粕越来越多——豆油的产量也同时增加——而黄油生产中过多的脱脂奶又可以加到人造黄油里。不过，随着下个十年的到来，黄油产业之前的担忧在很大程度上成真了。1949 年，黄油产量差不多是人造黄油产量的两倍，前者是 17 亿磅，后者是 9 亿磅。到 1955 年，二者已经平起平坐，分别是 15 亿磅和 14 亿磅。到 1958 年，人造黄油产量超过了黄油产量，虽然美国人消费的餐桌油脂在增长，但黄油产量却开始了缓慢的下滑。人均每年消费量也呈现为同样的曲线：1949 年时，黄油

魔豆：大豆在美国的崛起

为 10.5 磅，人造黄油为 5.8 磅；1958 年时，黄油为 8.3 磅，人造黄油为 9.0 磅。到 1969 年，人造黄油无论是产量还是消费量都差不多是黄油的两倍。[47] 早在 1953 年，盖洛普（Gallup）调查就发现，只买人造黄油的美国家庭超过了那些只买黄油的家庭，二者分别占 45% 和 41%。

黄油所受的打击，因为相关利益集团持续的政治影响力而有所缓和，但这又给华盛顿创造了难题。在价格补贴体系下，联邦政府有义务购买和储存数百万磅的乳脂[48]，因为实在供大于求，一位名叫德韦恩·安德烈亚斯的年轻商人甚至寻求把一部分产品卖给苏联；这些过剩的黄油也让其他大多数人呼吁采取一个较低的补贴价格，好让它针对人造黄油时更有竞争力。一位专栏作者，就借助《爱丽丝梦游仙境》中人物的对话概括了这个状况：

> "人人都爱这［价格补贴］项目。"疯帽匠说，"豆农的大豆销路很好［，］可以榨油［和］生产人造黄油。奶农卖出更多的奶，让奶牛活得更久。养牛人很高兴，因为屠宰的奶牛少了。当然，在所有人里面，人造黄油生产商最开心了。他们卖的人造黄油也更多了。""但是黄油呢？"睡鼠又说道！"黄油，黄油，为什么担心黄油？……几年以后，人们就会问：'黄油是什么？'史密森尼研究所会收藏它的。"[49]

与此同时，就像疯帽匠所暗示的，最大的赢家是大豆。1949 年，棉农和豆农联手让黄色人造黄油突破了立法僵局。那一年，有 2.57 亿磅大豆油加工成了人造黄油，棉籽油也用掉了4.31 亿磅。到 1958 年，因为回味问题的解决有了进展，政府也继续致力于限制棉花种植面积，有 10 亿磅大豆油加工成了人造黄油，棉籽油用掉了 1.45 亿磅（见图 15）。到 1969 年，这两个数字则分别是 13 亿磅和 7,500 万磅。威廉·波奇终究没有为他的选民带来什么好处。当他在 1975 年从农业委员会主席之职退休时，整个得克萨斯州收获的大豆只有 26.1 万英亩，与之相比，伊利诺伊州则收获了 850 万英亩。[50]

不过在更往东的地方，大豆正在逐渐成为一种南方作物，占据了棉花的土地，排挤走了给波奇这样的众议员投票的那类小农场主。在更大程度上，大豆还排挤走了土地租种者，特别是那些出于肤色原因从来不被允许参加选举的人。

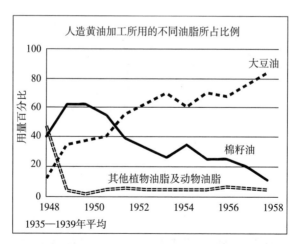

图 15 到 1958 年，加工为人造黄油的大豆油已经超过了 10 亿磅，同样用途的棉籽油则为 1.45 亿磅。原图来源：美国农业部农产品运销局。

　　　　　　　　　　　　　　　　　魔豆：大豆在美国的崛起

邦联品种的兴起

从 1948 年开始，《大豆文摘》在每年的推荐大豆品种的文章中会给出一幅有用的美国地图，把每个州适应性最好、产量最高的品种名标在该州的轮廓里。这些品种名在玉米带标得最密集，表明在种大豆最频繁的地方，品种工作也最活跃。地图上面没有得克萨斯州以西的地区。总体来说，图上列出的品种名没有什么总的命名逻辑，因为从 1907 年大豆品种名开始只能用单一的专有名词命名以来，就一直没有什么命名逻辑。在北方，品种名往往用印第安部落和美国总统的名字命名："齐佩瓦""黑鹰""奥塔瓦""沃巴什""亚当斯""麦迪逊""门罗""林肯"——还有"林达林"，是"林肯"和"中国高官"两词的拼合。不过除此之外，也有像"顶点""彗星""哈罗大豆""福特""香港""伦维尔""首都""克拉克"和"肯特"等品种名。南方大豆的品种名也各式各样："奥格登"，"多曼"，"多奇大豆"，"罗阿诺克"，"犹太人 45"（叫这个名字是因为其最早的栽培者是犹太裔），"比恩维尔"，"改良鹈鹕"，还有"克莱姆森不炸荚"。

然而从 50 年代中期开始，在历史上所谓"密苏里妥协线"（Missouri Compromise Line）以南的地方，开始出现了少量"李"和"杰克逊"品种。十年之内，又出现了"布拉格""汉普顿""希尔""胡德"和"皮克特"等品种，一眼看去便知全是以历史上南方邦联的将军命名（图 16）。不仅如此，到了这个时候，原先的所

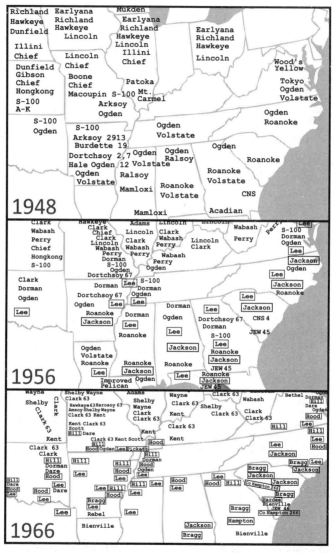

图 16　以邦联将军命名的大豆品种的扩散，据《大豆文摘》上的"适应性最好的品种"地图改绘。承蒙《玉米大豆文摘》(*Corn+Soybean Digest*)许可使用。

　　　　　　　　　　　　　　　　　　魔豆：大豆在美国的崛起

有南方品种也都从地图上消失了。邦联品种在这个地区占据了优势，意味着无论是大豆育种工作还是南方农业的发展方向都发生了巨变。土地租种体系在 20 世纪 10 年代曾经严重局限了大豆的扩张，但最终消亡了。在这个过程中，种植业变得越来越像是一种纯粹的白人事业。

用邦联将军为大豆命名的始作俑者叫埃德加·哈特威格。他是明尼苏达人，1941 年在伊利诺伊大学获得农学博士学位。之后，他到美国农业部工作，成为威廉·莫尔斯的下属；后来，他把莫尔斯归类为"农学家"，但不是"大豆育种家"。[51] 莫尔斯煞费苦心地通过自交获得整齐的遗传性状，由此为大豆分选出不同品系，育成新品种。偶尔他也会在大田中发现天然形成的遗传杂交品种。这个方法之所以卓有成效，是因为从亚洲进口的遗传材料具有令人惊叹的遗传多样性。然而在哈特威格看来，这不是真正的育种。他是新一代育种者的代表，致力于"人工"繁育大豆新优品种，使之拥有人们想要的一套性状。

30 年代前期，C. M. 伍德沃思在伊利诺伊大学绘制了大豆最早的染色体图，以便更好地理解某些性状的遗传基础和它们之间的连锁关系。美国地区性大豆工业产品实验室 1936 年在厄巴纳成立时，同样也开展了一个大豆育种项目。[52] 1949 年，厄巴纳又建立了大豆种质收藏库，致力于把当时可获得的所有还存在的引栽品系保存下来。在南方的密西西比州斯通维尔（Stoneville），也有一家同类机构，哈特威格从 1951 年开始成为其负责人。[53] 在庞大的性状表的指引下，哈特威格及其团队开发了一种把特殊基因"回交"到大豆新品种中的方法。这个方法把两个品种杂交，然后把杂交子代与其中一个品种连续杂交多代，直到其中只剩下一个来自第二个品种的性状。这个方法在原理上很简单，但是要在像大豆这样的自花传粉植物上实行，难度格外大。[54]

1948 年时，《大豆文摘》地图上的南方品种主要通过观察和选择育成。在南卡罗来纳州的滨海平原有一位叫约翰·E. 沃纳梅克的农场主和种子商，主要从事棉花育种，但对大豆也有兴趣，会把任何看上去形态独特或有潜力的植株标记出来。通过这种方法，他发现了"克莱姆森"（Clemson）品种的一个变异，命名为"克莱姆森不炸荚"（CNS），因为其豆荚不容易炸裂，在收获时可以保留更多种子。他还育成了另两个品种，便用自己的民族出身给它们命名为"犹太人 45"和"犹太人 46"。[55]但在 1948 年地图上还有"奥格登"，是 1943 年投放的品种，预示了新方法的应用。"奥格登"是在厄巴纳育成的，通过把"东京"品种与 1921 年在中国华北地区收集到的 PI 54610 品系杂交，[56]这个新品种在籽粒和油的亩产量上都超过了老品种，只是豆荚易于炸裂。[57]因为有 12 个南方州（刚好就是以前邦联的 11 个州再加上俄克拉荷马州）的农业实验站参加了一个合作性的育种项目，"奥格登"很快得到了测试，之后便在这一地区广泛种植开来，向南一直到佐治亚州和佛罗里达州。这是第一小步。

哈特威格及其同事的贡献，始于 50 年代前期。"多曼"是由哈特威格与密苏里大学的伦纳德·威廉斯育成的品种，1952 年投放市场。它能适应密西西比河三角洲黏土质的黏重土壤，其籽粒像

"奥格登"一样油分含量高，但豆荚远没有那么容易炸。哈特威格独自育种的第一个品种，是1953年投放的"杰克逊"。它的主要优势，除了高油分含量和更强的抗病性外，就是其植株高度。通常来说，一个品种的种植地点越偏南，其植株也越矮。然而，即使种到墨西哥湾沿岸这样靠南的地方，"杰克逊"的平均高度仍有32—34英寸，这是可以用联合收割机轻松收获的高度下限。[58] 哈特威格后来把"杰克逊"归入用邦联将军命名的品种之列，但是在它投放市场时，其名称来源尚有争议。[59] 十年前投放的"林肯"大豆，是伊利诺伊州的主要品种。哈特威格的大豆因为非常适合佐治亚州和墨西哥湾沿岸诸州的水土，有可能纪念的不是邦联将军"石墙"（Stonewall）杰克逊，而是著名的高个安德鲁·杰克逊，他不仅在新奥尔良作战时赢得了荣誉，而且后来担任美国总统时，把切罗基（Cherokee）人赶出了佐治亚州。至于哈特威格下一个投放市场的品种名，来源就不那么隐晦了。

"李"的两个亲本品系都是知名品种，虽然育种者很容易获得，但他们之前看好的那些商业潜力，最终都没能发挥出来。亲本之一叫S-100，是两个中国东北大豆品种的自然杂交，在密苏里州作为油用大豆投放市场，但其含油量实际上很低，所以榨油商很快就劝说农场主不要再种这个品种。另一个亲本是CNS，就是沃纳梅克所发现的"克莱姆森"品种的变异，也没有流行起来，但它除了不炸荚外，还有一个非常受欢迎的性状——对细菌性斑疹病（bacterial pustule disease）有抗病性。1948年，哈特威格从S-100和CNS杂交的子三代中分离出了把细菌性斑疹病抗病性与

"优良的农学特性"结合在一起的植株。在广泛测试之后，便把这一品系提供给与大豆实验室合作的实验站，后者从 1951 年到 1953 年在 40 个不同地点做了大田试验。1954 年，在"杰克逊"上市一年后，"李"也投放给了商业种植者。据说"李"是"到目前为止育成的最不容易炸荚的品种"，而且其籽粒和油的亩产量均高于"奥格登"。它还不容易倒伏——也就是说，其茎秆不会被豆荚的重量压倒，这个特性可用从 1（直立）到 5（平卧）的量表来衡量。"李"又比"多曼"和"杰克逊"晚熟，这让它很适应南方较长的生长季。与之前两个品种一样，"李"也又高又挺直（这是南方将军的典型形象），因此用联合收割机收获起来也更高效。[60]

在"李"投产之后的几十年中，以邦联将军命名的新品种如雨后春笋般出现："胡德"（1958），"希尔"（1959），"汉普顿"（1962），"斯图尔特"（1962），"布拉格"（1963），"哈迪"（1963），"戴尔"（1965），"皮克特"（1966），"戴维斯"（1966），"塞姆斯"（1966），"兰森"（1970），"福雷斯特"（1973），还有"特雷西"（1974）。[61] 有些品种投放了多次，这时会在品种名后加上年份后缀——比如"李 68"和"皮克特 71"——因为后来的品种加上了抗病新基因。不过，在升级"福雷斯特"这个品种时，哈特威格却按照倒序用起了这位三 K 党大巫师、皮洛堡屠杀（Fort Pillow Massacre）的元凶的名字：1978 年"贝德福德"问世，1982 年"内森"上市。

这些品种的血统彼此非常相似。很多品种都以"多曼""李"和"杰克逊"为直系祖先，还有很多品种用到了"李"的姊妹品系。到 70 年代前期，这个问题引起了人们对美国大豆遗传一致性的忧虑，因为过于单一的遗传很容易让单独一种病害一来就横扫一大片。1972 年美国国家科学院发表的一项研究就指出，在从海外引栽的大豆中，有一小部分品系在当前种植的品种的谱系中占据了不成比例的大比重。这些品系包括"李"的引栽祖先品种"克莱姆森"和 AK。从"克莱姆森"不仅选育出了 CNS，它还是 68%南方品种的祖先；同样，从 AK 不仅选育出了 S-100，它也是 63%南方品种的祖先。不仅如此，"李"和"布拉格"——后者的杂交公式为"杰克逊"×（S-100×CNS）——合起来又占到了三角洲地区所有大豆种植面积的 58%，更是加剧了这种效应。但话说回来，如此高的遗传一致性却又说明，哈特威格那种分离优良性状、然后把植株与南方已有的品种回交的育种方法是相当成功的。[62]

哈特威格的新品种推广，正好与南方大豆产量的迅猛增长同时。密西西比河三角洲地区在美国是大豆生长最快的地区。毫不意外的是，哈特威格把这种生长速度归因于他所引介的改良品种。与伊利诺伊州的纬度大致相同的中国华北和东北地区拥有产量最高的油用品种，中国南方的大豆含油量则比较低，更适合作为动物的饲草。因此，北方品种的那些具有经济价值的性状就必须通过艰辛的育种转入适应了南方长日照环境的大豆品种中。在美国南方，大豆还会罹患更多种类的病害，也需要育种者去寻找大量抗病基因。实际上，第二次世界大战期间南方种植大豆的热情之所以停滞不前，就是因为大豆对病虫害具有易感性。[63]

然而，虽然这些优良性状确实促进了南方大豆产业的扩展，但是大豆之所以在20世纪10年代没有成为经济作物，在50年代才成为经济作物，背后还有更广泛的经济变迁的因素。这些因素之一，是需求的地理分布。在50年代以前，中西部是用于涂料和人造黄油制造的大豆油以及豆粕的最强劲市场。在战后，出口则成为越来越重要的因素。新奥尔良逐渐成了美国最大的大豆港口，所有向不断增长的欧洲市场出口的大豆产品都要经过这里。虽然这未必一定给三角洲的种植者带来巨大优势（因为运输路线的第一段花费仍然最多），但确实让他们多少沾了点儿近水楼台的光。与此同时，肉类的工业生产——特别是胸肉较多的肉鸡——在南方成为重要产业，为豆粕创造了本地需求。肉鸡产业于1923年始于特拉华州，那一年，一位叫塞西尔·斯蒂尔的女农场主开始为纽约州迅速扩张的犹太人社区供应肉用鸡。[64] 在第二次世界大战后，由于约翰·泰森在阿肯色州的先驱性工作，以及全国范围内对寻找"明日之鸡"的农业研究的推动，鸡肉产量呈指数上升，鸡肉生产也集中在所谓"肉鸡带"，西起阿肯色州，经密西西比州、亚拉巴马州北部、佐治亚州到北卡罗来纳州。[65] 在泰森为自己生产的混合鸡饲料中，大豆粕是其部分成分。这一地区因为与　直向南分布到墨西哥湾沿岸的大豆产区邻近，也为当地产业带来了成本优势，而这又进一步促进了当地的大豆种植。

不过，大豆的主要价值不光在于大豆产品的新生需求，也在于人们需要为南方的传统经济作物——棉花找到替代作物。几十年来，这一地区以及联邦政府一直都在苦苦应付棉花过剩。1931年，棉花平均价格已经比南北战争结束以来几乎所有年份的价格都要低。1933年最初版本的《农业调整法》铲平了不少棉花，以提升棉价。这个版本的法令在被判违宪之后，1938年的第二版《农业调整法》又建立了种植面积分配、市场配额、棉价调整、土壤保护补偿和作物储存贷款的一套体系。农场主要在允许种棉花的土地上进行集约种植，才能充分利用他们分配到的种植面积。在战争期间，虽然劳力短缺导致了种植面积减少，但棉花产量再次猛增。[66] 此后，只要是棉花库存达到临界水平的时候，这个面积分配体系就会重新启用，1950年实施了一次，朝鲜战争之后的1954年又实施了一次。多数棉花栽培向西迁移，那里较大的农场可以利用灌溉设施和收获机械。而在密西西比河三角洲，较小的农场利用起这些新方法来效益不佳，于是棉花种植面积便从峰值时的120多万英亩减少到了1960年的不到20万英亩，与此同时，大豆的种植面积却一飞冲天。[67] 当然，大豆并非仅凭一己之力取代了棉花。它一般作为轮作体系中的一种作物，与小粒谷物、燕麦或冬小麦一起种植，而这些作物用一台联合收割机便可全部收割。[68] 不过，大豆毕竟是轮作中的主要经济作物，是它填补了棉花留下的空缺。

邦联大豆品种的扩张，带来的意义不仅是棉花的退却。它还标志着机械化农业在这一地区的应用。虽然棉花收割的生产效率也增长到原来的3倍，但大豆仍然明显能节省更多人力。[69] 1943年，路易斯安那州立大学的一份简报就指出，1英亩棉花需要183.6小时的人力，而1英亩大豆只需要9.6小时的人力。[70] 这种高效率造成了土地租种的衰落。一方面是对租种者的人力需求减少，另一方面是机械在田间运行需要干净的小道，于是租种者便被赶出了田间棚屋，先是搬到乡下村子里，在那附近，为所剩无几的农忙时期提供帮手。然后，他们又迁居到这一地区内外的城市中。[71] 有些人设法转换身份，独立从事农业生产，但是这些人中白人占据了不成比例的多数。本来就比较贫困的非裔美国人，则遭到了私人和公共出借者的歧视性对待；特别是农家管理局，会在发放政府贷款时系统性地排挤黑人申请者。与白人一样，继续从事农业生产的非白人大多都拥有自己的土地：完全由经营者所有的农场所占比例，从 15% 提高到了 60%，与由白人所有的农场的比例类似。然而，务农的非裔美国人要少得多。[72] 到 1997 年，其人数已经减少到 1.9 万人，不到美国农场经营者的 1%。[73]

大豆的新品种反映了这些变迁。哈特威格强调了"栽培习惯"——也就是栽培一种作物的方法——在认识新品种的价值时的重要性。除了最肥沃的三角洲土地外，对任何田地来说，施用石灰肥、草木灰和磷肥作为肥料都非常关键。至于抗倒伏和抗炸荚的特性，仅仅在机械收割的情况下才比较重要。正如哈特威格乐于指出的，易炸荚的大豆在传统上可以让"亚洲农民"更容易"踩出种子"。[74] 不仅如此，如果其他方面的有限投入让大豆产量只能局限在每英亩 15—20 蒲式耳的水平，那么品种改良不会有任何益处。但如果采取了资本密集型的栽培习惯，那么新品种的亩产量可以达到 45—50 蒲式耳，相比之下，未改良品种就只有 28—30 蒲式耳。[75] 总之，人们应该只把新品种视为一整套新技术中的单独一项技术。

对于用邦联将军为大豆命名这件事，哈特威格从来没有公开解释过。可能他是想用这些名字为大豆加上象征意义，在他请求这一地区的白人农场主放弃"棉花王"（King Cotton）思想、转而采取北方式的工业化农业的时候，能够让大豆显得更有吸引力。他改变了大豆，这样南方就可以改变自己。

大豆地理范围在这样扩张之后，便持久不衰。在同一时期，还有其他人在努力扩大大豆的地盘，甚至更为大胆。他们从大量加工大豆中提取出痕量的化学物质，把它们转化为人工合成的激素，用于缓解关节炎带来的痛苦——同时也有可能改变美国人与性和生殖的关系。这次的出击，从短期来看是不太成功的，因为大豆输给了墨西哥的薯蓣；但在几十年后，大豆却又胜利地卷土重来。

激素战争

对格利登公司的非裔美国人大豆化学家珀西·拉冯·朱利安来说，出于一些似乎与涂料或纸胶没什么关系的原因，1949年成了他一生中的辉煌年份。《非裔美国人》杂志上的一篇报道赞扬他通过从大豆合成睾酮，为"全国法庭上充斥的离婚案件"找到了解决方案。这种便宜而到处可以买到的激素将会治好男性的不举，而这普遍"被视为如此众多的妻子会偷情的主要原因之一"。[76]它还可以让"羸弱的娘娘腔"变得更有阳刚之气。[77]朱利安合成的是睾酮的类似物16-甲基睾酮，这一工作最先报道在较为严肃的学术期刊《美国化学会学报》上。[78]之后，他又因为一种能便宜地制备"S化合物"的方法，而再次登上头版报道。这种S化合物也叫"E化合物"，是一种在化学上类似可的松的物质。那年4月，妙佑医疗国际*发现，常年遭受类风湿关节炎之苦的患者，打上一两针可的松，症状便可以有很大的缓解，甚至"可以跳一支吉格舞"。然而，从14,600个牛胆中才能提取出供一位关节炎病人一年治疗之用的可的松。虽然还没有做过实验，但S化合物可以用大豆"酿造"，将来很有可能会大量供应。格利登承诺，会把它全部产品供应给制药公司、诊所和公共卫生服务机构，供即时实验之用。[79]全美国的报纸都报道了这个消息；《芝加哥太阳时报》的读者甚至从180位候选者中把朱利安选为1949年的"年度芝加哥人"。[80]

这些发现的源头，是十年前的事。到1939年时，朱利安已经成功地重新设计了格利登公司的蛋白质提取工艺，现在可以大量生产高品质的分离蛋白，让美国海军能够充分利用它们来制造"豆子汤"灭火泡沫了。[81]然而，虽然朱利安对这个待遇优厚的职位心怀感激，但是他热切地想要回到更有挑战性的研究上去。[82]格利登于是给了他充足的自由，去追求自己的目标。这时，一个令人眼前一亮的意外，让他重新拾起了自己早年的研究兴趣。朱利安接到一通电话，通知他有10万加仑准备运往德基公司供生产"德基名食"之用的精炼大豆油因为油罐进水而全部损毁，潜在损失高达20万美元。他发现在油罐中有大量白色浮渣，利用离心机可以从油中除去。他对这种渣滓起了疑心。5年以前还是德堡大学教授的时候，他在一盘毒扁豆油中也看到类似的物质出现，在检测之

---

*　过去常译为"梅奥诊所"。

　　　　　　　　　　　魔豆：大豆在美国的崛起

后，发现其中富含植物固醇。于是他便着手利用毒扁豆固醇中的一种叫豆甾醇的物质来合成孕酮，一种1934年发现的人类雌激素。他的兴趣有部分个人因素——他的妻子总是流产，而孕酮据信有治疗效果。因为大豆是比毒扁豆更容易获取的材料，于是他便写信给格利登公司索求大豆样品，碰巧在这时他接到了对方要聘用他的电话。现在，他发现油罐中的油状浮渣含有15%的混合固醇。[83]这个意外事件，正好让他学到了把固醇分离出来、同时还不会导致剩下的油贬值的方法。

事实上，这是从大豆油中回收任何宝贵副产品的诀窍，朱利安后来不得不把这种方法反复用了很多次，才把最终的奖赏拿到手。首先，他必须把混合固醇与白色油状渣滓的其余部分分离开来。这通常要求把浮渣皂化，然后用溶剂洗去未皂化的固醇。不巧的是，浮渣的黏性导致人们必须使用大量溶剂，结果很不经济。在另一次偶然事件中，朱利安看到一位朋友把一批石膏缓凝剂混在一起，发现在其中加入生石灰可以导致泡沫泛起。他把这个方法用到自己制备的富含固醇的皂化物中，使之膨大为一种"多孔的颗粒质团块"，然后就可以容易地用相对较少量的溶剂滤洗，把固醇提取出来。除了偶尔的灵机一动之外，朱利安及其团队做了更多繁重乏味的工作，才确定了能选择性地洗脱固醇的理想溶剂。[84]

下一步任务，是把豆甾醇分离出来，它在固醇混合物中占大约20%。其他固醇则统称为谷甾醇。这是一个巨大的技术难题。固醇类物质彼此差别很小，不足以通过物理方法分离，无论是蒸馏还是加入多种有机溶剂振荡都没什么效果。这些混合物需要经过化学方法处理，让其中的谷甾醇部分变得较不易溶。这一技术最早是德国化学家在 1906 年发明的，不仅成本很高，而且工艺复杂。而在豆甾醇分离出来之后，还得再把之前的化学转化逆转回去，这会导致豆甾醇产生近六成的损失。[85] 朱利安团队改进了这种低产率的技术，方法是增加一个氧化步骤，其中要用到一台巨大而非常昂贵的臭氧发生器，这会带来"发生危险的爆炸反应"的风险[86]，但同时也有顺带的好处，就是可以把其他固醇转化为甲基睾酮的有用前体。[87] 因此，这些前体化合物是副产物的有用副产物，朱利安正是凭借这一方法，后来赢得了《非裔美国人》的赞誉。

在最终获得了纯豆甾醇之后，朱利安通过一系列步骤合成了孕酮。这套工艺是十年前由德国有机化学家开发的，但他马上就着手改进。[88] 1940 年，朱利安把 1 磅包装好的孕酮寄给了位于密歇根州卡拉马祖（Kalamazoo）的普强公司，这是美国用植物制备的人工性激素的第一次商业运输。因为这份货物价值高达 63,500 美元，它是由武装人员押运的。有人估计，制取 1 磅孕酮，需要用掉 3,000 磅大豆油，提取自 1.5 万磅大豆；这些数字说明，如果要从大豆中回收极少量的成分，那就需要生产规模达到这个水平，才能让这个工作具有可行性。[89]

孕酮就这样成了格利登可以马上赚到大钱的产品。该公司 1940 年的年报就预测："激素和固醇的生产，可以实现销量的持续增长，这应该会让我公司来年的利润有可观的增长。"[90] 但在 1946 年，格利登遭遇了一场差点儿让它折戟的风波。有一家谢林公司，原是一家德国公司的子公司，现在由联邦政府的外侨财产监管官所控制。这家公司起诉格利登侵犯了专利权。谢林公司与另外三家欧洲人拥有的公司一起构成了一家卡特尔，在战前垄断了商业合成的性激素产品——包括用动物胆固醇合成的睾酮、雌激素和孕酮——并通过交叉授权的共享专利库设定价格，保持对市场的封锁。[91] 虽然朱利安的激素从植物原料合成，但谢林公司仍然声称，把豆甾醇转化为孕酮至少侵犯了它的一项专利。这也是阻止格利登生产睾酮的办法，在格利登的展望中，睾酮的潜在市场规模还要更大。

第二年，夹在赫斯特报业公司的报纸中的畅销星期日杂志《美国周刊》对此事做了揭露，把朱利安称为"发现用大豆制造性激素的方法的知名黑人化学家"，并把他的照片与一幅漫画并列。那幅漫画画着一位戴平顶礼帽的富豪，坐在一包包的钞票中，贪婪地望向一瓶药；有很多手从一扇门上方的窗框伸进来，绝望地想要够到那瓶药。当时，外侨财产监管官办公室已经解散，谢林公司的产权由司法部继承。相关报道因此促使美国司法部部长汤姆·克拉克允诺，把谢林公司的产权归还私人，条件是新的所有人要把专利分享给所有需要专利的人，后者则要付出极少量的专利费作为回报。在这个过程中，谢林和格利登达成了和解。[92] 朱利安则连续奋战了6个月，每天工作十四五个小时，周六周日也不休息，最后在1949年开发出了从豆甾醇合成S化合物的工艺。[93] 看上去，大豆和格利登似乎就要成为神奇新药的领头供应商了。

不过仅仅过了4年，这个局面就发生了彻底改观。朱利安的S

化合物在临床上不幸地失败了。在给关节炎患者用药之后，它非但没能缓解症状，实际上反而加剧了症状。[94] 朱利安虽然注意到肾上腺中富含天然存在的 S 化合物，但是他错误地认为，人类可以很容易地把他合成的产品转化为可的松的活性形式。能够把 S 化合物转化为 E 化合物（以及 F 化合物，也就是氢化可的松，一种效果更强的药物）的酶确实存在，只不过，正如克利夫兰诊所的研究者所发现的，这些酶存在于牛体内，但不存在于人体内。不过，这对于 S 化合物来说实际上是个好消息。正如一家报纸所说的，S 化合物能够"以任何所需要的量"从大豆制备，现在可以用从数以百万计屠宰的牛体内提取的丰富的酶把它转化为大量可的松了。[95] 这才是最终获得成功的方法——但在实现这一方法时，无论是大豆还是牛体内的酶，都换成了更节省成本的替代品。

1952 年，普强的科学家取得了革命性突破，想办法用微生物把 S 化合物发酵成了氢化可的松，而这些微生物比牛体内的酶还容易获得。[96] 这种发酵工艺，让化学方法合成可的松的技术立即过时。其中也包括朱利安本人在 1956 年获得的专利，其专利书上的示意图用箭头表示了某些具有四个环的固醇分子转化成其他固醇分子的步骤，烦琐得就像 27 辆汽车连环相撞在一起。另一方面，8 年前由原宾州大学教授拉塞尔·马克建立的墨西哥激素产业，也造成了重大影响。30 年代后期，马克成功地用名为"皂苷元"的植物化学物质合成了性激素。其中之一的薯蓣皂苷元，在墨西哥的一种野生薯蓣类植物——复序薯蓣（barbasco）中含量很高。薯蓣皂苷元可以转化为多种产物，其中之一就是 S 化合物。从 1944 年

　　　　　　　　　　　　　　魔豆：大豆在美国的崛起

到 1952 年退休为止，马克协助在墨西哥建立了两家大型激素制造厂"辛特克斯"和"迪奥辛思"。在这两家工厂的冲击下，孕酮的价格从 1940 年的每克 200 美元——正是在这一年，朱利安把他制备的第一磅孕酮卖给了普强——跌到了 1955 年的每克 30 美分。[97]

大豆的豆甾醇无法与之竞争。1952 年，格利登只得关闭固醇生产线，改而从迪奥辛思生产的薯蓣皂苷元制造 S 化合物，这个工艺也在朱利安的专利涵盖范围之内。[98] 然而，格利登因为被迫卷入了这场被《华尔街日报》称为"可的松战争"的以产品价格暴跌为特征的竞争，又被逼像竞争对手那样采取了同样的生产原料，最后在 1953 年决定完全退出这个商业领域。"做这个生意赚的钱没有我们的份。"公司董事长德怀特·P. 乔伊斯向《华尔街日报》解释道。[99] 虽然朱利安也曾向格利登呼吁，要在墨西哥建立自己的薯蓣皂苷元工厂，但是格利登没有听从，看上去急切地想把关注重点转移到它的核心业务上来——涂料，清漆，以及加工食品。格利登把朱利安的 S 化合物专利授权给了辉瑞公司，辉瑞又与辛特克斯公司签订合同，让后者生产这种产品，作为氢化可的松的起始原料。朱利安无法再从事固醇研究，却被委以新的任务，去开发像不飞溅起酥油或是可以避免飞机螺旋桨结霜的涂料之类的新产品，于是在 1954 年决定与聘用了他将近 18 年的雇主分道扬镳。他留下了 109 项专利，包括合成 S 化合物的专利。[100] 他组建了自己的公司——朱利安实验室，由此建立了生产薯蓣皂苷元的供应链，最终成了百万富翁。而与此同时，格利登在 1958 年也完全抛弃了大豆产品部。当时这个已经改名为"冶化学部"的部门，被大豆压榨的先驱企业之一、印第安纳州的中央大豆公司所收购。

这样一来，是野生的复序薯蓣，而不是大豆，成了激素工业及其最高成就——避孕药的原料基础。[101] 不过，故事到这里还没有完。朱利安的大豆固醇研究，在普强的研究者手里进一步发扬光大。他们已经发现了从孕酮合成氢化可的松的办法。因为担心过于依赖墨西哥激素，普强开展了一个计划，要改进孕酮的合成方法，使之可以用豆甾醇制备。[102] 最终，一位化学家克服了限制大豆固醇应用的主要难题——豆甾醇与谷甾醇的分离问题——从而让这个新工艺的成本效益有了大幅提升。他的方法不仅可以提取出高比例的非常纯的豆甾醇，而且事先不需要对固醇进行化学转化，从而可以节省一大笔开销。大豆于是卷土重来，开启新的竞争。很大程度上正是因为这场新竞争，墨西哥以薯蓣皂苷元为原料生产的孕酮价格继续下跌，从每克48美分跌到了60年代前期的每克15美分。[103]

不过，普强的工艺也有一个缺点。如果未经化学修饰，谷甾醇也不再是有用的睾酮前体，而只能积累在金属桶里，存放在公司厂区的荒地上。但在70年代，普强开展了谷甾醇的利用研究；十年之后，其研究者成功地发明了一种微生物方法，可以把谷甾醇转化为另一种物质，就像豆甾醇一样可以有效地作为固醇类化合物生产的起始原料。遵照冶化学的伟大传统，所有那些存放废料的金属桶现在一下子价值连城。在此之前，因为野生植物资源日渐稀少，采集复序薯蓣的成本不断攀升，已经让墨西哥的薯蓣产业举步维艰；普强的新技术一出，更是加快了这一产业的衰落。[104] 这样到了 21 世纪，丰富的大豆又成了合成孕酮和可的松类激素的主要来源，但也是鲜为人知的来源；与此同时，新鲜提取的大豆谷甾醇碰巧又成了一种可以对抗胆固醇的保健品，而大受青睐。[105]

激素的提取，在很多方面都实现了冶化学家对大豆的梦想，也就是通过精巧的化学手段制造出特别的副产品，从中获取价值。正是 1949 年《财富》杂志上那幅插图（见本书序章）所展示的这种梦想，让大豆这个复杂产物就像河流的三角洲，反复分解为更小的产品汊流。60 年代既是梦想实现的年代，又是梦想终结的年代。大豆确实被分解开来，处理成了一系列供工业使用的专门产品。但是如果冶化学家以为这些用途里面大部分都与农业上的传统食品领域无关的话，那么他们就错了。恰恰相反，食品生产本身的工业化程度也越来越高，需求的投入也越来越特殊化、越来越神秘难懂。不仅如此，把大豆精巧地转化为工业原料所产生的价值相对越来越少，而大豆不断增长的规模经济所产生的价值却越来越多，这是因为大豆的两项主要产品——豆油和豆粕的生产越来越集中于少数公司之手。冶化学家曾经把大豆视为他们发起的运动的吉祥物，让大豆受到人们的关注。然而在战后时期，大豆的实际影响力虽然在继续增长，但它反而越来越淡出了人们的视野。在不断延长的食物链中，大豆成了一种隐匿不彰的原料。

第七章　暗　兴

　　1963 年下半年一个星期一的夜晚，华尔街的经纪公司伊拉·豪普特公司的管理合伙人莫顿·卡默曼带着平平常常的烦恼正要下班回家，却不料在商品交易室遇到了一群焦急的公司经纪人。他们正在讨论由新泽西州贝永（Bayonne）的联合粗植物油精炼公司招致的商品期货市场损失。他决定留下来，然后在这个晚上看到，他本来以为只是公司业务一小部分的东西，虽然此前几乎没有留意过，连他每天收到的财经报告里都会忽略，现在却威胁到了公司生存。在这一年早些时候接手联合公司的业务之前，豪普特只是出于礼貌，才会为它的证券市场客户中那些想涉足期货交易的人办理商品交易。而现在，卡默曼发现豪普特要承担 1,400 万美元的债务。"这件事对我是极为可怕的打击，"他后来讲述道，"我非常确信，所有其他合伙人，或者说几乎所有其他合伙人，都对这件事同样茫然无知。"就在豪普特的审计师整理紧急资产负债表，以确定该公司是否有偿付能力时，卡默曼焦虑地走来走去，时不时就要问一下："发生了什么事？我是管理合伙人，应该有人告诉我。"最终完成的审计报告显示了一个好消息：1,400 万美元的债务几乎完全被所储存的大豆和棉籽油的仓单价值所抵销，这些仓单是联合公司提供给豪普特公司的抵押品。[1]

星期二，联合公司申请破产。星期三，纽约证券交易所以资不抵债为由中止了豪普特公司的交易资格，这种事在交易所171年的历史上还是第二次发生。星期四，豪普特发现，从联合公司那里收到的仓单有很多都属伪造。到了星期五，也就是1963年11月22日，纽约证券交易所官员不得不开会商讨能够承担豪普特公司向其近2.1万名客户欠下的债务的方案，根本顾不上关注新闻中闪出的报道——约翰·F.肯尼迪总统在达拉斯遇刺。那个周末，纽约证券交易所清算了豪普特的资产，建立了赔偿其客户的基金。与此同时，有调查者发现，联合公司建在贝永的厂区里的油罐都是空的，于是连那些真正的仓单都变得一钱不值。最后，有几乎20亿吨植物油——大部分是豆油——不见了，其宣称价值达1.75亿美元。[2]

如此惊天丑闻背后的人，叫安东尼·"蒂诺"·德安吉利斯，本是纽约布朗克斯的屠夫，后来成为自称的"沙拉油大王"。当时的新兴金融体系虽然把大豆推向了市场，但复杂难懂，监管不力，他就是利用这一点实施了金融诈术。一开始，联合公司还能通过它巨量的合法业务把骗术隐藏起来。在豆油生意还由中西部那些把加工厂和精炼厂设在大豆主产区内的企业主导时，德安吉利斯就介入了这一行。豆油的出口路线，主要是沿密西西比河向下到新奥尔良，而不是通过花费更高的铁路线运到东海岸港口。但是这样一来，总部设在纽约的粮食出口巨头邦吉公司和大陆粮食公司就被排挤在这个获利颇丰的新贸易之外。德安吉利斯从这两家公司那里借款，买下了贝永的石油库，改造之后用于储存食用油。他耍了一手花招，在没有引起债权人丝毫怀疑的情况下，比他的竞争对手叫出更高的价格，向中西部的小榨油厂购买粗植物油；然后又丝毫不考虑这些粗油运价的高昂，以较低的价格收取精炼费用。[3] 最后，连两家更大的公司——嘉吉和斯特利——都委托联合公司办理豆油业务。

到 20 世纪 50 年代后期，运到海外的食用油中，有 75% 是联合公司生产的。这家公司的很多生意还得到了联邦政府的支持，其中包括一笔在 1958 年与西班牙达成的 4,200 万美元的合同，得到了"粮食换和平（Food for Peace）计划"的补贴。[4] 但就在这时，诈骗的证据开始浮出水面，比如在西班牙这笔交易中就有伪造的航运票据。联合公司还使用了劣质油罐，装载由美国农业部付款的油料，运给海外的私人救助机构，结果导致 4 亿磅油料变质。美国农业部对德安吉利斯越来越不信任，这可能迫使他同时又开始伪造仓单，以寻求更多利润。[5]

仓储公司通过证明所储存的商品的存在，并出具仓单作为短期抵押品，可以帮助大型贸易商将其大量库存转化为周转资本。对这些仓单可信度的怀疑，会影响到仓单是否能得到接受，这些怀疑往往都有充分理由。仓储公司经常雇用其客户自己的雇员——雇员因此会被客户解雇——去监督客户的存货，这就造成了双方潜在的利益冲突。德安吉利斯要么通过好运，要么通过以大欺小的本领，与美国运通仓储公司签订了服务合同。美国运通这个子公司正在亏损中苦苦挣扎，对联合公司的这笔生意极为渴盼，以致在对方的欺骗和可能公然直接进行的贿赂之下，很容易就被劝动，要对那些狡诈的操作睁一只眼闭一只眼。美国运通的监督员因此对联合公司所报的贝永油罐里的存油量的表面数字信以为真。为了应对更严格的检查，联合公司还用一个复杂的管道系统把同样的油料从一个油罐转移到另一个油罐。此外，它还会在油罐中注入大量水，只在水面浮上一层薄薄的油。然而，由于母公司美国运通的信誉很好，其仓储子公司开具的仓单也便被广泛接受——比如豪普特就没有提出任何疑问。

商品交易所通过降低大豆生产者和加工商的风险，可以促进商业发展，有助于提高作物的整体交易量。德安吉利斯最后一次疯狂使出的诡计，用在了芝加哥期货交易所和纽约农产品交易所，它们分别是豆油和棉籽油的重点期货市场。德安吉利斯在两个交易所上都购买了巨大数额的期货合约，一开始似乎是在期待一场大规模海外出售（但后来从未发生）。然后，他发现自己掉进了一个陷阱，因为他成功哄抬起来的期货价格只要发生任何大幅下跌，都会给他的诡计致命一击。尽管他以保证金购买了期货——其中10%的定金由豪普特以现金支付，然后换回了那些伪造的仓单——但是按交易所要求，在价格下跌时，他必须完全补上自己的损失。他一天接一天在临近收盘时购买合约，旨在维持期货价格，因为按照交易所规则，在一天的交易中，期货价格的下跌不得超过一定数量。虽然他的行为让人们怀疑他企图在豆油交易中逼仓，但是他其实从来没有掌控过足够的现货供应，不具实施成功逼仓的能力。尽管这期间出现了很多危险信号，而且他以前还与芝加哥期货交易所发生过争执，但无论是交易所还是它的联邦监督机构——商品交易所管理局都没有人采取任何行动。当德安吉利斯再也没有能力让期货价格每天维持在高位时，他就掉进了金融的死亡旋涡，把豪普特也吸了进去给他陪葬。

1963年这场最大的商业事件最终尘埃落定，所牵涉的主要机构或多或少保全了它们的声誉，在结束了与一些损失较小的受害者之间旷日持久的法律纠纷之后，又恢复了往常的业务。对于公众来说，那扇打开之后把一个领域展露在他们面前的窗户，现在又一次关上了。虽然这个领域的范围在扩大，重要性在增长，但莫顿·卡默曼绝不是唯一一忽略它的人。当然，美国农场主越来越了解大豆，但农业人口在美国人口中的比例却越来越低，1960年时仅占8%，十年之后更是一路降至5%。（在1900年时，农业人口则几乎占到四成。）在农作物离开农场后，大豆在抵达消费者那里之前，它们作为大豆的身份便已经荡然无存了。它们变成了吃豆粕的牛的肉，加工食品中的小宗原料，或是数目渐增的快餐店在油炸时所用的部分氢化油。到1960年，美国人消费的油脂中有三分之一以上来自大豆油，这个数字到1970年更是增长到六成 [6]，但它们基本都呈现为普通沙拉油、人造黄油和起酥油等形式。即使是主要涉及大豆油的德安吉利斯丑闻，后来也被称为"沙拉油大骗局"（Great Salad Oil Swindle）。虽然在亨利·福特名望最盛的时候，大豆也曾享有相当多的宣传报道，但是它的能见度早就落后于它在美国生活中实际存在的广泛程度。

不过，虽然德安吉利斯的丑闻把这种吊诡的现象呈现了出来，让它呈现得更明显的，却是在大豆产业发展之时另一个作为商人崭露头角的人物。虽然他悄悄地影响了美国的政治，但更多的公众却基本上始终不知道有这么号人存在。

一个产业的成长

1955年，德韦恩·安德烈亚斯向来自贸易职校和农学院的一群教授发表演讲（"大宗商品市场和加工商"）时，评论说："生意人想要让自己身边围起一群专家是非常困难的。"而他现在得来的这个机会，是芝加哥期货交易所的商品市场研讨会，每年9月在联合俱乐部举办，目标是给教育者讲授市场的运行方式，以及它对公众的普遍益处；生意人常常觉得这个制度遭到了广泛误解，通过这样的讲授，他们希望能避免这种误解。[7]安德烈亚斯的困难之处并不在于他会被专家意见吓倒，情况恰恰相反：他总觉得自己有一种"冲动，要把个人经济理论阐述"给可能会赏识它们的听众。目前，他暂时承诺不会使用理论，而是讲授实践知识，但他讲授的东西却是"对现代大豆压榨厂的销售操作在工作层面上的管理方式的描述"。

从实践上来说，不管大豆最终要变成多少东西（在此前的一次演讲中，安德烈亚斯就对冶化学家的思想有所调侃，说他们是要把大豆变成"从房屋到尿布"的所有东西），压榨商仅仅关注两样东西：豆油和豆粕。安德烈亚斯认为，"在经济意义上"，只有豆油真正离开了农场。至于豆粕，虽然从字面意义上说，它也没有留在农场，但最终仍是以牲畜饲料的形式返回了农场。压榨商的职责，因此是"让大豆完成从农场到农场的自然旅程的通道"。[8]从本质上说，压榨商是农场主和农场主之间的中间商。而在农场主已经变得格外依赖中间人提供生产原料、技术和市场营销的时代，安德烈亚斯觉得，再没有其他人比他更适合担任完美中间商的角色了。

安德烈亚斯简直是为农业而生。他的父母是严格的门诺派教徒，这个家族在19世纪70年代与其他很多家族一起从普鲁士移民到了美国中西部。[9]这对夫妇自己又在1922年从明尼苏达州搬到了艾奥瓦州里斯本（Lisbon），经营起一个60英亩的农场。这个家庭生活俭朴，自己做蔬菜罐头，自己种饲喂牲畜的燕麦、干草和玉米。但是安德烈亚斯的父亲鲁本·安德烈亚斯在自给自足之外还有更大的雄心。1927年，他接手了里斯本的一家破产的经营粮食、煤炭和种子的企业；很快，"R. P. 安德烈亚斯父子"们就扩大了规模，开始运营镇上的粮仓。鲁本于是成了农场主的全能中间商。[10]他再次扩大公司规模，供应一种迅速流行起来的生产原料——混合饲料，也即配方饲料。这个行业在30年前还几乎不存在，但到1929年已经发展成为一个拥有750家公司的4亿美元的产业。到1956年，一方面是肉类产量的增加，另一方面是克莱夫·麦凯及其同事在配方改良上取得的进展的刺激，这个产业已经发展到20亿美元的规模，拥有6,000家饲料生产商和不计其数的饲料店，年产饲料达3,300万吨。[11]

　　　　　　　　　　　　　　　魔豆：大豆在美国的崛起

像大多数这类企业一样，安迪饲料公司在起步时规模也很小。鲁本的儿子们把玉米、燕麦、糖蜜、苜蓿和豆粕等原料铲进箱里，鲁本则用双手把饲料搅和在一起。但是他的生意越做越大，促使他在 1934 年购置了一台饲料混合机，每小时可以处理 10 吨原料。[12] 也是在这一年，德韦恩与他的哥哥奥斯本和格伦一起参加了他们父亲和长兄阿尔伯特的生意，于是公司也因此更名为 R. P. 安德烈亚斯父子公司。1936 年，公司把生产搬到了锡达拉皮兹，又改名为"蜜酒"（Honeymead），是这家人在餐桌边想出来的名字。[13] 公司在一个旧仓库中安装了三台机器，以三种不同的规格制造由斯特利首创的硬颗粒饲料。与容易被风吹散的粉末饲料相比，客户更喜欢这种饲料。1937 年 8 月，公司的净资产经评估达 2.42 万美元，艾奥瓦证券委员会因此批准它公开发行股票。

　　1938 年时，德韦恩是蜜酒公司最具进取心的销售员，热切地希望开拓新业务。那一年，他前往伊利诺伊州的迪凯特，为饲料厂购买 8,000 吨碎豆粕。完成这场生意时，古斯·斯特利本人——也就是斯特利公司的传奇创始人的儿子——不让他马上离开。在共进午餐时，斯特利向他预言，艾奥瓦州的农场主会在未来几年中种植越来越多的大豆；因为他自己的公司没有拓展到伊利诺伊州外的计划，于是他建议蜜酒公司开展压榨业务，充分利用这个有利可图的机会。至于融资，斯特利推荐了一家叫阿利斯-查尔默斯的公司；这是一家位于密尔沃基的设备制造商，那时正在开发一种油料的溶剂浸出新系统。在咨询了父亲和哥哥之后，安德烈亚斯戴上一顶礼帽，看上去比他二十岁的年纪更成熟，然后就火速赶往威斯康星州，拿到了贷款。[14] 到了年底，蜜酒公司已经开始了大豆生意，在原来的一座粮仓里建起一台新式榨油机，每天用它加工 100 吨大豆。[15]

1945 年，安德烈亚斯预计自己可能很快会应征入伍，于是把锡达拉皮兹的工厂与蜜酒公司的控股权卖给了明尼阿波利斯的粮食出口商嘉吉公司。这笔交易对他来说非常划算，他个人获得的收益份额是 150 万美元[16]，嘉吉甚至还安排他晚三个月入伍。不到三个月后战争结束时，他便以副总裁的身份加入了这家明尼阿波利斯公司，负责植物油部门。他任职七年，汲取了嘉吉首屈一指的商品交易员朱利乌斯·亨德尔的智慧。[17] 亨德尔教导安德烈亚斯从事复杂微妙的对冲业务。[18] 学院派的经济学家常常只是把对冲作为防备短期价格风险的方式。举例来说，如果大豆价格在某家仓库的管理员出售大豆之前突然下跌，那么如果能在期货市场上获得相等的反向收益，就可以把损失抵消掉。然而，像亨德尔这样的生意人早就知道，对冲还可以用来做更多的事——在交易或加工粮食时，它是赚取利润的关键，或者像 1899 年的一篇文章的作者所说，是"让交易者获取他作为中间商的回报"的关键。[19] 这是象牙塔里的那些人时而忘记、时而重新发现的深刻洞见。

在接受了亨德尔的十年教诲之后，安德烈亚斯在 1955 年那场演讲上，对着聚集在期货交易所研讨会上的经济学家听众们解释了其中的要点。他开门见山地讲道："现代大豆企业的销售部门具有四个基本职能，通常由四个人分别代表。"第一个人是大豆采购员，"在国家有意出售时日复一日"购买大豆，随时关注现货价格与芝加哥期货价格的差别，但首先要保证"能为工厂预先供应足够的大豆，以保持工厂能够一直正常运转"，并确保公司的仓储能力得到最优利用，赚取最大的利润。第二个人是豆油销售员，要竭力"准备好每天报出有竞争力的价格，不必考虑压榨利率"——也就是把大豆籽粒转化为豆油和豆粕的溢价——以便"让工厂的全部产品能够定期运走"。接下来的第三个人是豆粕销售员，同样要致力于"随时报出有竞争力的价格，哪怕压榨利率不够理想"。他还有一件要特别关注的事，就是节省运费，因为豆粕的分量比豆油大得多。正如安德烈亚斯所强调的，这三个人各自面对着不同的竞争压力，迫使他们只能忽视压榨利率。的确，以现金来计算的话，工厂通常压榨越多，亏损越多。[20]

然而，最后还有第四个人，是销售主管，这是安德烈亚斯自己常常担任的职务。销售主管的工作，除了监督另外三个人之外，还要"在他认为最合适的时候，把大豆和产品之间的利率给企业固定下来"。固定这个利率是通过期货市场完成的工作。对仓库管理员来说，这是一个相对简单的过程。他只要在收获季节现货充足的时候购买大豆，然后把它储存到供应越来越少、稳定的需求推高了价格的时候，便可以赚取利润。每当他们购买现货的时候，只要以较高的价格卖出相同数量的"未来"大豆——这代表了市场对所储存的大豆在交割那天的价值的最好估计——便可以把差价收入囊中。而每当他们后来卖出现货的时候，又可以购买同样数目的期货合约来"解除对冲"。考虑到此时的期货价格可能仍然高于现货价格，他们又会把差价再回吐出来。如果现货价格和期货价格彼此之间是精确的相互跟随关系，那么它们之间的差价——也就是所谓"基差"——将始终不变，对冲者最后不会赚取到任何利润。然而，现货价格和期货价格通常会以一种可预测的方式向彼此靠近，按照定义，基差会在交割日期那天收敛为零；因此，对冲者只要能等到那天，就可以保住全部利润。这样一来，这套机制便允许对冲者锁定一个可预测的利润，而投机者则可以另外对期货价格那些不太容易预测的涨跌下注。

对于加工厂的销售主管来说，事情要复杂得多。他们有 3 个期货市场要追踪。1955 年时，芝加哥期货交易所不仅为整大豆提供了期货合约，还为豆油和豆粕提供了单独的期货合约，这二者分别于 1950 年和 1951 年推出。在此之前，加工商习惯用纽约农产品交易所的棉籽油期货和孟菲斯（Memphis）市场上的棉籽粕期货来对冲，但它们只是大豆相应产品的不精确的替代物。[21] 销售主管必须能确定 3 个市场一致锁定压榨利率的精确时刻。通过这种方式，期货市场便让加工商能够把利润的赚取与真实大豆在工厂中的流进流入彼此脱钩。为了避免这种操作"听起来太简单"，安德烈亚斯强调，充足的压榨利率"在一年中只在某个时候存在几天。因此可以想到，虽然大豆现货的采购以及豆粕和豆油的销售分散在全年各个时候，但是一个警觉的销售主管可能在非常短的时间内就能完成他一年业务量的很大一部分"。[22] 有些人会抱怨，获利的机会正在变得愈加稀少，这可能是期货市场本身的问题，比如像"蒂诺"·德安吉利斯这样的投机者会把大豆推高到真实价格之上，然后再用粗暴的手段逼仓；然而，安德烈亚斯对此有不同看

　　　　　　　　　魔豆：大豆在美国的崛起

法。虽然把风险转嫁给投机者意味着利率也更小，但是更可预测的回报让压榨厂可以安全地投入资本，最终通过更大的产量赚取更多收益。[23]

不过，安德烈亚斯确实也注意到，有些加工商的操作已经不只是对冲，在形式上已经堪称投机。按一种被安德烈亚斯形容为"奇怪的现象"的做法，加工商会通过虚拟压榨的形式，赚取"很大的收入份额，甚至可能是全部收入"。当期货市场上大豆及其产品的价格差小于将真正的大豆转化为豆油和豆粕的成本时，加工商就会卖出大豆期货，买进豆粕和豆油的期货。这实际上是押注于未来差价的增大，届时加工商又会采取反向交易，买进大豆期货，卖出豆油和豆粕的期货，并从中获利。这种做法"实际上给了他们额外的压榨能力，其成本比拥有工厂并运营这种能力的成本要低"。安德烈亚斯期望纯粹的投机者也加入进来，因为他们和加工商一样有能力运营这种纯金融性的"压榨能力"。[24] 然而，虽然成功的投机可以提供额外的收入，理论上可以让加工商降低价格，从而再一次提高产量，但是它也可能让人对实业心不在焉。安德烈亚斯的导师就在原则上反对对冲者参与这种操作。后来亨德尔在一本指导手册中写道："如果一个交易员在投机，那么他的心思就不会放在生意上。"[25]

但就安德烈亚斯而言，他一直把心思放在生意上。事实上，他对新市场的追求太过积极，让他在嘉吉公司拘谨的企业文化氛围中与其他管理人员产生了冲突。1952 年，正当麦卡锡主义盛行的时候，他决定参加在莫斯科举行的一场交易会，打算陪一个法国团队前去。在华盛顿，他答应保持低调，然后拿到了签证。即使这样，嘉吉的管理层仍然担心消息走漏之后，银行会切断公司的信贷；亨德尔本人也禁止他前往。然而，安德烈亚斯执意认为这是个市场机会，任何意识形态或地缘政治的考量都无法让他回头。从苏联回来后，他便被迫从嘉吉辞职；作为补偿，他得到了很多普通股，价值40万美元。[26]

接管他家族剩下的蜜酒公司的资产之后，安德烈亚斯仍然决心向苏联人卖东西。对他来说，豆油本来可能是一种合乎逻辑的交易商品，但他却关注起美国日益增长的过剩黄油库存来。这个选择在很大程度上是策略性的：正如当时的副总统理查德·尼克松所指出的，反共斗士乔·麦卡锡自己就是威斯康星州人，不会反对这笔交易。然而，商务部部长拒绝签发出口许可证[27]，与此同时，安德烈亚斯对冷战期间行为规范的无视，也让他臭名昭著。他曾收到一封信，收信人写的是"想把黄油卖给俄国人的那个狗娘养的"。安德烈亚斯对仇恨信置之不理，指示他在鹿特丹的交易员务必履行与苏联人达成的棉籽和亚麻籽油交易，不管他们用什么办法获得这些商品。[28]

现在，安德烈亚斯已经把他的商业活动扩展到了政治领域。他的第一个政界朋友是民主党人休伯特·汉弗莱，在1948年的明尼阿波利斯市长连任竞选中主动为对方捐献了一千美元。与此同时，他在1953年又认识了竞选失败的共和党总统提名人托马斯·杜威，二人成为密友。由于杜威在担任纽约州州长期间曾经大力推广大豆，安德烈亚斯安排他成为全国大豆加工商协会的特别顾问。他们两人成了一起旅游、钓鱼和打高尔夫球的伙伴，已经成为美国参议员的汉弗莱也常常加入其中。尽管杜威和汉弗莱所属党派不同，但是安德烈亚斯坚持认为，他们讨论起政策来，实际上"有很多相同观点"。[29]安德烈亚斯本人则是政治光谱上的骑墙派，一方面支持自由市场，另一方面——特别是在新右翼崛起之前的年代——又是一个实用主义者，意识到无论好坏，政府的政策都会决定农业市场的结构。多年以后，他在给一群投资银行家提供提议时，曾这样说道："不管你是不是喜欢，都要和政府相处，[否则]你会被它压死。就好比你是饲料槽里的一头猪，跟母猪待在一起。母猪翻身的时候，要么你的嘴里能叼上奶头，要么你会被它压扁。"[30]

从这个角度来看，安德烈亚斯最引人注目的政治成功，就是汉弗莱在1954年发起并通过的《农业贸易发展和援助法案》，也叫《480号公法》（简称PL 480），以及后来因此诞生的"粮食换和平计划"。后来，安德烈亚斯曾宣称是他向汉弗莱提出了这个想法，企图把这个计划的荣誉部分归为己有。[31]PL 480虽然也提供小规模的直接粮食援助，但其核心计划是向外国政府提供贷款，后者再拿着贷款购买美国的某些大宗商品。受援国与私人出口商——比如安德烈亚斯这样的中间商——达成约定，美国政府再用美元向这些出口商付款。受援国政府则用本国货币偿还贷款，为美国的海外项目提供可在当地使用的资金。这一体系的主要受益者是小麦出口商，但大豆产业也同样从中获益。随着对豆粕的需求推动了大豆种植的增长，即使取消了人造黄油税，大豆油的产量仍然超过了国内需求。美国政府对大豆油的主要竞争商品棉籽油的价格补贴，也间接地推高了大豆油的价值。（当汉弗莱阻止了美国农业部企图削减补贴的计划时，安德烈亚斯写信给他，说自己别提多高兴了。[32]）然而，PL 480 产生的影响是最大的。1959 年，小麦出口额中每 5 美元就有 4 美元由这一项目资助，大豆油出口额则是每10 美元中就有 9 美元由该项目资助。[33]恰恰就是 PL 480 带来的生意机会，为"蒂诺"·德安吉利斯的史诗级诈骗提供了种子资金。

　　就在过剩的大豆油被挪走之时，美国政府账户也在海外积累了大量盈余的软通货。其中部分资金被指定用于推销美国农产品的项目。PL 480 的资金资助了日美大豆研究所，它负责协调用来制作亚洲豆制品的大豆出口；此外还资助了美国大豆委员会，在有资格获得大豆援助的 60 个国家中的几十个国家里推广了大豆的应用。该委员会的一项工作，是致力向伊朗推广肉鸡饲养，这样就可以用高蛋白质的饲料集约地养鸡。[34]他们的工作重点，则是推动地中海国家接纳大豆油，替代在国内应用的橄榄油，至少是与橄榄油调和。委员会认为，像西班牙这样的国家由此可以把价值更高的橄榄油向外出口，换取硬通货。[35]美国政府批准了这一建议，于是把 PL 480 贷款范围扩大到把西班牙的弗朗西斯科·佛朗哥政权也包括在内。1957 年底，蜜酒公司成为第一家向西班牙运输大豆油的明尼苏达公司；一列由 80 节油罐车厢组成的货车驶离公司设在明尼苏达州曼卡托（Mankato）的工厂，为 8,000 吨大豆油的订单发出了第一批货。在一篇新闻报道中，安德烈亚斯指出了当地农场主可以如何从这笔订单中获益："我们卖出这种加工产品，然

魔豆：大豆在美国的崛起

后我们就可以为他们的豆子支付更多钱；反过来，又能以尽可能低的价格让他们再把豆粕买回去。"[36]

当肯尼迪政府将 PL 480 重新调整为"粮食换和平计划"时，在汉弗莱和安德烈亚斯的促成下，乔治·麦戈文被任命为该计划的主管。在汉弗莱的帮助下，安德烈亚斯本人后来也加入了"粮食换和平"委员会，为麦戈文提供建议。[37]不过，安德烈亚斯仍然继续批评国内农业政策。在一次演讲中，他抨击了美国农业部企图继续削减农业生产的"可鄙的目标"和"对过剩的歇斯底里"，说这是一场"削减作物的狂欢"，实施者是"用铅笔计算代替农场主的判断和人类需求的统计学家"。[38]农业部部长奥维尔·弗里曼对此非常愤怒，在一份呈给时任总统林登·约翰逊的报告中指名道姓地谴责了安德烈亚斯，说他本是"本届政府行动的受益者"，之后却突然对政府展开了"恶毒攻击"。汉弗莱则写信给弗里曼，提醒他安德烈亚斯曾经"大大地帮助了"（可能是在经济意义上）麦戈文、盖洛德·纳尔逊、比尔·普罗克斯米尔、盖尔·麦基、李·梅特卡夫和特德·莫斯等参议员，"他们都是政府的好选票"。[39]安德烈亚斯与政府的冲突，表明了他对政府始终抱有一致的态度：如果政府致力于提振对农产品的需求，他就为其鼓掌；但如果政府企图限制供给，他就会大加挞伐。他把自己塑造成农场主的盟友，但他反对的农场配额却可能满足农场主的最低要求；只有生产的扩张，才能满足他自己的底线。

离开嘉吉之后，安德烈亚斯留在明尼阿波利斯，与他的弟弟洛厄尔一起监管蜜酒公司未出售而遗留下来的资产。其核心产业是曼卡托的一家一千吨规模的大豆加工厂，通过与芝加哥和西北铁路公司协商的特别运费来实现盈利。在汉弗莱的帮助下，安德烈亚斯又会晤了迈伦·W. "比尔"·撒切尔。撒切尔是农场主联合终点粮仓协会（GTA）的秘书长，也是民主党在明尼苏达州最有力的支持者之一。安德烈亚斯普遍赞扬像 GTA 这样的农场合作社，认为农场主应该"组织起来，保护自己免受变幻莫测的市场影响"。1960年，GTA 以 1,000 万美元收购了安德烈亚斯家族剩余的蜜酒公司的产业，德韦恩和洛厄尔则分别接手了合作社的副总裁和执行副总裁之职。[40] GTA 为其农场主会员的产品找到了一个稳定的出路，而安德烈亚斯家族在他们控股的洋际公司成立明尼阿波利斯国家城市银行之时，也进入了银行业。与此同时，德韦恩和洛厄尔也在谋划再次控制一家大型大豆加工企业。

1966 年，洛厄尔被选为 ADM 公司的董事。这是一家相对较小的粮食进口公司，当时也设在明尼阿波利斯。ADM 是大豆加工的先驱之一，在 1934 年经营着全美国第一家溶剂浸出工厂。到 60年代中期，它的发展已经像格利登一样多元化，经营了范围很广的一系列业务，其中也包括工业化学品。但随着利润下滑，ADM 开始抛弃这些副业，专注于核心业务，因此招徕了安德烈亚斯兄弟来帮助改善其前景。1967 年，洛厄尔成为执行副总裁，实际上等于从公司名义总裁约翰·H. 丹尼尔斯那里获取了公司的控制权。德韦恩则成为一名董事。1968 年，洛厄尔又成为 ADM 的董事会主席。1969 年，ADM 通过公司股份的交换，一方面收购了洋际公司，从而把之前 ADM 从该公司租赁的位于伊利诺伊州迪凯特的大豆加工厂纳入麾下，另一方面也让安德烈亚斯兄弟控制了ADM公司14%的股份。1970年，德韦恩成为公司首席执行官。

为了表明公司重又开始重点关注大豆，德韦恩·安德烈亚斯把ADM的总部从明尼阿波利斯迁到了迪凯特。[41]公司搬迁之时，美国的大豆加工产业正在进一步整合。工厂数量多年以来一直在下降，从1951年的193家下降至1959年的最低点123家，其间有很多机械压榨厂关停。到70年代前期，这个数字又回升到131家。与此同时，这一产业的总产能却翻了一番还多，从1951年的3.5亿蒲式耳增加到1970年的约7.7亿蒲式耳。[42]压榨工艺向资本密集型的溶剂浸出法的转变，刺激了规模经济的增长（见图17）。某些地理位置因为铁路公司的一项名为"过境特权"的长期政策而更受青睐，迪凯特就是一个典型例子。所谓"过境特权"，是指大豆从终点粮仓至加工厂以及豆粕从加工厂至市场这两段分离的运输里程可以合并为单独一段里程，由此可以获得运费折扣。这样一来，把工厂设在离大豆来源地更远的地方的成本就可以降低，因此鼓励了企业的兼并。[43]然而这一举措也让安德烈亚斯能够更为随心所欲地经营公司，因为迪凯特越来越成为一座以ADM公司为核心的城镇。1989年，他的儿子迈克尔（Michael）在加入这个行业之后，称之为"一种兄弟会"。"保守秘密是很重要的。……我们所有交易都通过电话进行，你说的话就是你的正式协定。如果有人第一次来到这里，希望得到指点，那么我只会告诉他，要坐好，放松，睁大眼睛，张开耳朵，了解一下印第安人走的小道。"[44]

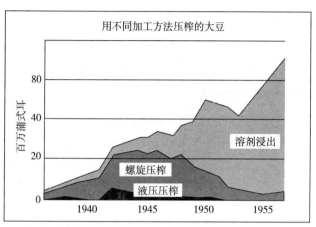

图 17　资本密集型的溶剂浸出工艺刺激了规模经济的增长。

来源：美国农业部农产品运销局。

ADM 公司最终通过努力，在大豆供应链的广大中间环节占据了优势地位，把原豆转化为名目不断增多的一系列特种蛋白质产品、特种油脂产品以及它们的衍生产品，还有混合饲料。一般来说，这些都是包含在其他食品中的商业原料，而不是摆在超市过道两侧引人注目的零售商品。然而，安德烈亚斯也在一个领域中做了很大努力，希望可以提升大豆的知名度——说服美国人直接食用大豆蛋白，作为肉类的替代品，而不是通过吃这些肉来间接食用大豆；换句话说，就是把大豆从饲料转化为食品。然而，这一努力的结果似乎只是强化了既有的事实，就是大豆注定仍要寂寂无闻。

"合成" 肉类

到 PL 480 成为"粮食换和平计划"的时候，其主要执行目的已经不再是处理美国过剩的商品，而是解决世界饥饿问题。休伯特·汉弗莱和德韦恩·安德烈亚斯都认为，提高美国的农业产量是解决这个问题的必由之道。然而，虽然 PL 480 重点关注大豆油，但是世界饥饿问题越来越不是个热量缺乏的问题（大豆油可以很好地解决这个问题），而主要是蛋白质缺乏的问题。事实上，在联合国粮农组织（FAO）看来，20 世纪 60 年代将是"蛋白质年代"。[45] 要对付的一大目标是夸休可尔症，这是在非洲和拉丁美洲的贫困地区流行的一种致命的儿童疾病，人们认为它是由断奶太早所引发（"夸休可尔症"这个词来自西非，本义是"被丢在一旁的孩子"）。[46] 医学研究者已经确定，夸休可尔症可以用脱脂奶成功治愈，但是在这种疾病最为肆虐的很多地区，脱脂奶供应不足，这让 FAO 的营养委员会在 1955 年呼吁，要付出更大的努力，在当地找到"如今仅用于饲养牲畜的富含蛋白质的食物"，把它们转化为可用的儿童食品。[47] 这一呼吁反映了营养学家从世纪之交的时候就已经形成的共识，就是动物蛋白质的供应赶不上人口的无限增长；正如 1962 年的一篇论文所说，因为"肉与植物只有一步之遥"，所以"在这个科学时代，应该有可能从植物生产可同化、高浓度形式的蛋白质，而无需动物介入"。[48]

　　1955 年到 1975 年间，FAO 和联合国儿童基金会联合组建的蛋白质顾问组在一些地方考察了"鱼粉"或"鱼肉浓缩蛋白"之类选项。智利是考察地点之一，其鱼粉出口供应了全世界大部分的牲畜饲料。还有人做实验，想要利用酵母、细菌和真菌生产"单细胞蛋白质"。[49] 然而，蛋白质顾问组的大多数努力关注的是来自花生、棉籽和大豆之类油料的植物蛋白。印度政府与尼日利亚的商业公司就利用花生粉生产了断奶食品，但如果花生在干燥时方法不当，其上生长的真菌会分泌致癌的黄曲霉毒素，这是始终难以克服的问题。中美洲和巴拿马营养研究所开发了一种用棉籽制作的营养粉，叫 Incaparina（这个名字来自该机构的英文名称缩写 INCAP），在很多拉丁美洲国家的市场上销售多年。与此同时，大豆渣和大豆粉也是南非为低收入班图家庭的儿童开发的产品 Pronutro 的原料，但据说白人也开始购买它作为狗粮，这便让这种食品在价格上涨的同时，在班图人中的名声却不断下跌。巴西也开发了名叫 Fortifex 的产品，但遭到消费者拒斥，认为它豆腥味太重。[50]

在美国国内市场上也有类似的推手。一方面，来自安息日会运营的企业几十年来一直为素食者试制肉类仿食；另一方面，大型食品加工公司也预测，上涨的肉价可能会为低价替代品创造需求。开发这些替代品还有一个额外的好处，就是能为油粕提供一个高价值的用途，就像生产人造黄油是植物油的一个便宜但有利可图的用途一样。就大豆油而言，为了除去其异味，人们做了很多努力。特别是有两种产品，似乎真的能提供一种清淡纯净的蛋白质，在调味和做过结构性处理后酷似肉类，它们是食用拉丝大豆分离蛋白和挤压大豆粉。

这两种创新产品最开始都来自亨利·福特以前所聘用的研究者。曾用大豆"羊毛"为福特做过正装的年轻奇才罗伯特·A. 博耶，早在 1942 年就认识到，如果对这种拉丝工艺做一些改进，让

　　　　　　　　　　　魔豆：大豆在美国的崛起

拉出的丝保持柔软，那么这种"羊毛"会更像肌纤维。福特去世后，博耶离开了先卖给德拉克特公司、后又由 ADM 收购的大豆部门。他在 1949 年获得了拉丝大豆蛋白的专利，又在 1954 年获得了另一个内容更广泛的专利，把其他植物蛋白质也包括在内。斯威夫特公司雇用了博耶一段时间，但对外保密，以免引起畜牧者的警觉。在另一家公司，他用玉米麸质开发了无肉猪排，但玉米浓烈的风味最终让这个项目没有进行下去。他还与联合利华一起把花生分离蛋白填充到香肠中。1956 年，安息日会在俄亥俄州创办的沃辛顿食品公司聘用了他。这家公司购得了麦迪逊食品厂、凯洛格的巴特尔克里克食品公司和米勒耳的非豆浆产业的资产和专利，把它们整合为一体，实际上与加利福尼亚州的洛马琳达食品公司成了安息日会食品产业的双雄。[51] 沃辛顿把博耶的专利授权给一些大型加工商，如罗尔斯顿·普里纳、通用磨坊和纳比斯科等，让它们能够为沃辛顿的产品制造拉丝蛋白。1962 年，博耶加入普里纳公司，制造了结构化可食蛋白，沃辛顿便把它加入"大豆肉"系列罐装产品之中，包括炸鸡、鸡肉片、牛肉丁和"索尔兹伯里牛肉饼"（Salisbury Steak）等。[52] 1965 年，通用磨坊尝试向市场投放了"培科斯"，是用拉丝大豆分离蛋白制作的熏肉（培根）丁的仿食，到 1969 年时成了第一款获得较大商业成功的大豆仿肉。[53]

"培科斯"最终把原料中的拉丝蛋白换成了与之竞争的另一种产品，其最初的开发者是博耶在福特公司工作时的同事。威廉·阿特金森一直留在大豆部门，随之转入 ADM。他发明的"热塑性"蛋白质有点儿像福特那辆著名的大豆汽车所用的塑料，其原料为大豆粉，在高压高温下与水兑和，形成一种"有塑性的糊浆"；之后，按照 ADM 的专利的描述，"让它经过限流孔，进入低压低温介质"，这样水便挥发为蒸汽而除去。与博耶的拉丝产品不同，阿特金森的发明不是一种真正的分离蛋白，但在碾碎之后，它可以重新吸水，呈现出绞肉般的模样。[54]

到德韦恩·安德烈亚斯兄弟掌握 ADM 之时，他们便把这种"结构化植物蛋白"（textured vegetable protein）推向市场，后来即以 TVP 的商标名销售。[55] 1967 年秋，在一次向芝加哥期货交易所新任主席致敬的晚宴上，客人们惊讶地发现，他们"边吃边赞赏"的酸奶油"牛肉"汤实际上是用 TVP 做的。几周后，在科隆食品展上，ADM 的豆制品经理詹姆斯·塞尔纳预言，TVP 在两年内会成为像人造黄油一样成功的产品。[56] 然而两年之后，《华尔街日报》的一篇报道却指出，大豆素肉可能需要更长时间才能流行起来。芝加哥的一位家庭主妇就抱怨说，炸鸡仿食的味道吃起来"像是刷了涂料"，"底下还是大豆味"。同样，印第安纳州韦恩堡（Fort Wayne）的一位"太太"也说，在吃了几口无肉培根之后，"我和我丈夫相互对视，都皱起了鼻子。然后我起身，把剩下的那盒东西扔掉了"。[57]

虽然有这些挫折，但对假肉的探索还在继续。1973 年，恰好在电影《绿色食品》上映之时，路透社的一则电讯反映了食品工艺师那种夸张的热情："试管式牛排，实验室式鸡肉——科幻小说中的菜单，离我们更近了。"路透社提到，美国有 25 家企业在生产人造肉，"大多以大豆粉为原料"，而在英国，"一家大型纺织集团已经开始营销一种用大豆蛋白制作的合成肉——其纤维状的质地让它比美国产品更逼真，也更可口"。这里说的是科托尔兹有限公司，模仿博耶的方法，生产了"凯斯普"（Kesp，这个词与"科托尔兹食用拉丝蛋白"〔Courtaulds's Edible Spun Protein〕的首字母缩写词谐音），但用的是蚕豆，而不是大豆。在形形色色的仿肉开发中，还有更奇特的尝试；有一家未报道其名称的"英国联合企业"建立了试验性工厂，每周可生产两吨"黄金菌"A3-5，是一种"黄褐色的物质，其优质蛋白含量是上等牛排的两倍"。仿佛是与《绿色食品》这部电影相呼应，这篇电讯声称，A3-5菌"也可以轻松呈现出**绿色**"！当然，这些研究和营销之所以越来越多，"到处的肉价都在上涨"是推手。[58]拉丝蛋白和挤压复合蛋白之类结构化大豆蛋白的产量，从1967年的接近于零，增长到1970年的3,000万磅，之后又在1973年达到1亿多磅，以至于有篇分析报告预测，这个数字到1975年会增至1.88亿磅，到1980年更会达到大约20亿磅。[59]

然而，大豆肉市场并没有实现预期的扩大。在英国，"凯斯普"成了非常失败的产品，虽然它根本就没用到大豆，但到1977年的时候，有人谴责它那坏名声把TVP也连累了。[60]在美国，迈尔斯实验室（是"阿尔卡塞尔策"的制造商）收购了沃辛顿食品公司，在1972年尝试营销了一系列新的肉类仿食，并在1974年启用了"晨星农场"商标，在全国进行广告推广。除了"培科斯"之外，这家公司的"早餐小香肠"（Breakfast Links）、"早餐素肉饼"（Breakfast Patties）和"早餐素肉片"（Breakfast Slices）

是最早铺货到全美国超市中的仿肉；后来推出的还有"素瘦肉"（Leanies）、"素烤肉"（Grillers）和"午宴素肉片"（Luncheon Slices）等。虽然据估计，有1,000万个美国家庭在最初的一年半时间里尝试过这些早餐食品，但是销量却令人失望。迈尔斯的这些肉类替代品给它带来了3,300万美元的税前损失。[61] 罗伯特·博耶在1980年接受采访时，把这些失败部分归咎于其低下的质量，因为制造商为了降低成本，在设备和加工上只能做出妥协。比起研究人员在实验室中靠手工操作所能达到的水平来，上市的产品在味道和口感上都较差。[62] 另一个问题则在于这些替代品比起它们所模仿的产品来基本没有便宜多少，特别是在肉价重又下跌之后。因为这些失败，结构化大豆蛋白的生产在1982年仍然只有大约1亿磅[63]，而且大部分都加工成了宠物食品。[64]

TVP的应用也有亮点，就是在大豆－牛肉混合食品中作为填充料；1973年牛肉价格涨到顶点时，这种混合肉占据了绞牛肉和汉堡包市场30%的份额。然而到1974年3月，其份额就跌到了20%。[65] 总体来说，结构化大豆的这种用途，仍为联邦政府的学校午餐计划所沿用；该计划在1970年修改了指导意见，允许肉类中至多填充30%的TVP。[66] 由于这个项目服务的市场由供货者垄断，又由于预算比较紧张，它一年要用掉4,000万磅结构化蛋白。[67] 尽管大豆在其中基本只是一种隐而不见的原料，但马萨诸塞大学合作推广局等机构还是做了一些努力，向孩子们科普大豆知识。该局发放了一种小册子，《介绍你认识大豆萨米》，其中画了一个卡通大豆形象（戴牛仔帽、拿手杖的"大豆萨米"），解释了大豆的多种

　　　　　　　　　　　　　魔豆：大豆在美国的崛起

用途，并特别强调结构化大豆蛋白是"你所吃的食物中的重要成分"，因为"据估计，到1980年时，填充料……会取代我们膳食中相当一部分的肉类"（图18）。小册子中没有提到豆腐和其他亚洲豆制品，只有一幅漫画画了萨米的一位祖先，戴着一顶东亚式的斗笠。虽然有种种试图取悦西方人的努力——"我这个名字萨米，让我觉得我更像你的朋友，而不只是一粒豆"——大豆萨米始终没能作为大豆蛋白的吉祥物流行起来。[68]

萨米的超级汉堡

在食品加工厂，大豆萨米变成了一种蛋白质，有结构和形状。他现在叫"结构化大豆蛋白"。

大豆 → 豆粕 →

提取，精制

大豆蛋白拉丝

继续拉丝

蛋白质纤维 →

混合+烹饪

调味和上色

学校菜单

大造黄油

蛋黄酱　沙拉酱

在这些产品中可以找到大豆油

冷切片　　培根块　　　热狗　　汉堡包

图18　1975年为小学生绘制的小册子《介绍你认识大豆萨米》中有关肉类合成的漫画。

大豆禁运

　　1973 年前期，食品价格的上涨成了肉类填充料发展的一大推力。1972 年的时候，食品价格就已经缓慢而明显地上涨。根据劳工统计局所计算的消费者价格指数，1972 年食品价格总共上涨了 5%，其中肉类价格上涨了 14%。而到 1973 年 1 月，食品价格猛涨 2.3%，为 22 年来最大的单月涨幅。之后的 2 月，又上涨了 2.4%，3 月则上涨了 3.1%。《琥珀色的禾浪》（1973）的作者詹姆斯·特拉格在该书中记述，在 1973 年的林肯诞辰日，纽约长岛的帕斯马克超市出现了典型一幕。每磅畜肉和禽肉的价格，在整个 1972 年中每周只涨几美分，但这时却骤然跳涨了 10 到 20 美分。肉类区挤满了家庭主妇。"她们愤愤不平，"特拉格写道，"她们在尖叫。"接到帕斯马克总部的指示，一位分店经理赶到现场，安抚人群。"这都是俄国人造成的。"他解释道。[69]

　　经理所暗示的事，后来被称为"美国粮食大抢劫"——1972 年 7 月，美国以政府补贴价格把 7.5 亿美元的小麦、玉米和其他粮食卖给了苏联，这对嘉吉、邦吉公司、大陆粮食公司、加纳克粮食公司和库克工业来说，也是一笔巨大的意外之财。[70] 这些公司惯于保守秘密，其中一些公司在十年前也曾卷入沙拉油大骗局，骗局的发生也是因为类似的不透明性；如今因为它们的保密，那一年直到美国收获的小麦的差不多四分之一以货轮运离美国海岸之后，人们才把苏联采购的全部详情弄清楚。[71]

这件事也牵涉大豆。苏联人如此狂买的目的之一，是为了给国内消费者提供更多肉类，以平息民众的不满。[72] 这就需要饲料作物。总部设在孟菲斯的库克工业公司的内德·库克在 1972 年 8 月设法把 100 万吨大豆卖给了苏联人。按照库克所否认的一些报道，据说他还答应为苏联人提供把大豆加工成饲料的技术援助。[73] 不过，消失的大豆去了苏联，并不是后来其价格上涨的主要原因。事实上，1971—1972 年大豆的总出口量，较之前一年略有下降。[74]但是从更一般的角度来说，不断增长的国际需求确实是最大原因。欧洲和日本的消费者购买的肉类越来越多，提升了美国饲料作物的销量，这正是日美大豆研究所所希望的。与此同时，一次厄尔尼诺天气又导致秘鲁凤尾鱼的渔获量发生短缺，而凤尾鱼是用于喂牛的鱼粉的主要国际原料。[75] 在 1972—1973 作物年，大豆出口从1,130 万吨增长到 1,300 万吨 [76]，豆粕价格也同时上涨。到 1973 年春，大豆豆粕价格已经超过了前一年价格的两倍。产出 1 磅牛肉所需的饲料价格，也从 20 美分上涨到 28 美分之多。[77]

虽然不能把责任都推到苏联的采购上，但是这个事却是最显而易见的原因，后来在美国国内激起了灾难性的过度反应。当时的美国总统是理查德·M. 尼克松，1971 年 8 月，他宣布了"新经济政策"，把对抗通货膨胀放在首要位置。他声称要对物价和工资实行 90 天的冻结。与此同时，美元也开始贬值，后来这成了战后固定国际汇率的布雷顿森林体系走向终结的开端。虽然这些措施成功地稳定了物价，但是到 1972 年，食品价格又快速上涨——美元的贬值降低了美国农产品在国际市场上的成本，可能实际上加剧了这种局面。尼克松政府为了回应消费者的抗议，以及国际上的抵制威胁，便在1973年3月底为牛肉、羊羔肉和猪肉规定了价格上限，之后又在6月对所有物价实施60天的冻结，寄希望于在此期间可以找到应对美国通货膨胀的新策略。

尼克松政府的物价冻结没有把基本农业原料包括在内，饲用粮食和大豆也在其中。于是物价上升带来的麻烦，就从消费者转嫁到了牧场主和肉畜饲养者身上，他们又扬言要通过大规模淘汰种畜来尽可量减少饲养成本，这个决定只会加剧之后的肉类短缺。正是在这种局面下，政府建立了一个新的汇报系统，追踪国外粮食销售情况，并要求美国交易员每周发布交易公告。人们把这视为实施更严格的出口管制的第一步。虽然白宫现在对国际大豆贸易这个阴暗领域看得更清楚了，但是它每周接收到的简报后来被证明具有高度误导性。大豆的销售量，似乎比可销售的供应量还多；特别是从7月15日至8月30日，承诺出口的大豆为180万吨，是排除国内需求之后可供销售的90万吨大豆的两倍。白宫没有留意到的是，很多交易是投机性的，其中有大量取消和延迟的操作；除去这些操作，实际交易量可能会大幅下降。[78] 然而政府在6月27日那天并未意识到这一点，结果便发布了大豆的出口禁运令——在和平年代对一种美国农产品实施如此限制，这还是历史上头一遭。[79]

对大豆出口的这个禁令也涵盖了棉籽及其制品，为期共一周时间。之后，一系列逐渐放松的出口管制陆续实施，最终在10月1日解除了所有管制。而在此期间，麻烦又一次沿着商业链向上转嫁，这一回是从牧场主和肉畜饲养者转嫁给了经纪人和交易商。现

魔豆：大豆在美国的崛起

货大豆价格在开年的时候还是每蒲式耳约 5 美元，到 6 月前半月达到每蒲式耳超过 12 美元的顶点，现在又暴跌到每蒲式耳约 6 美元。[80] 芝加哥期货交易所上的交易近乎停滞。[81] 禁令也激起了那些被切断了预期大豆供应的国家的愤怒。日本植物油协会（JOPA）的秘书长就说：“尼克松先生让我们非常气愤。”[82] 除了美国大豆协会已经与 JOPA 合作了十年，让日本人消费了更多油脂和用大豆育出来的牛肉之外，这样的局面可能并没能让尼克松付出多大的政治代价。美国豆农则理所当然地会担心禁运可能引发的长期损害。确实，后来这次禁运就被视为国际大豆贸易的转折点，因为采购大豆的国家自此发现，美国并不是可以信赖的贸易伙伴，于是它们转而依靠巴西等其他来源国。而在当时，报纸社论当然对禁运没有什么好话，比如《华盛顿邮报》就说这是“对无能的坦白，令人震惊”[83]，并指出禁运可能损害到美国与欧洲共同市场之间有关农产品价格的谈判。[84]

美国大豆出口的禁令是否让尼克松最后付出了什么政治代价，是件不确定的事。他还面对着一系列更大的麻烦，特别是《华盛顿邮报》坚持不懈地追踪着把他牵涉到民主党全国委员会总部非法闯入案之中的线索。水门丑闻中的一项关键证据，就是一张开给尼克松竞选班子的 2.5 万美元的银行本票。这张银行本票是在伯纳德·贝克的银行账单上发现的，而贝克是策划那场非法入室行动的 7 位“水管工”之一。银行本票的签发人就是德韦恩·安德烈亚斯，他在政治上灵活多变，虽然是休伯特·汉弗莱的好友，但至少在总统初选期间，却给最后打败了汉弗莱的对头捐了款。[85] 在职业生涯的最后时光中，安德烈亚斯对两党都有慷慨的捐赠，但捐给共和党人的钱越来越多。他与共和党人可以说有着天然的亲和力，但只是在后来 1981 年罗纳德·里根就任总统时，这种亲和力才会增强。同样给尼克松带来麻烦的，还有美国的大豆禁运解除之时，其他国家发起的针对美国的禁运。1973 年 10 月，石油输出国组织宣布了石油禁运，以报复美国在赎罪日战争期间向以色列供应武器。如果食品涨价还不足以成功唤起人们对反乌托邦式稀缺的感觉的话，那么加油站前面排着的长长车队就真的在美国消费者心中激起了危机感。

正是这种时代背景，加上要求人们生活在大自然极限之内的反主流文化思想越来越受欢迎，美国大豆开始以一种全新的方式崭露头角。这一回，它不再是深陷于骗局和丑闻之中的农产品，也不是生活标准降级的标志，而是一种健康的手段，能帮助人们过上更简单、更自然的生活。

第八章　亮　相

1973 年 4 月上映的电影《绿色食品》[*] 实际上和大豆无关。片名中的"殊伦"（soylent）一词来自影片的改编来源、哈里·哈里森 1966 年的长篇科幻小说《让地方！让地方！》。小说幻想了一个在马上就要进入 2000 年时拥挤不堪的纽约城。作者对一个拥有更多人口和更稀缺资源的世界中人类社会苟延残喘的方式做了广泛的背景研究，然后在书中一幕里描述了一种大豆和兵豆（soybean-lentil）混合制成的"肉排"，作为这种世界里合理而美味的人造肉食品，至少对于从小一直吃海藻饼干和燕麦片的年轻人来说，这东西确实"美味"。在电影改编版中，"殊伦"则成了一家邪恶的垄断公司所供应的一系列用颜色区分类型的充饥威化饼干的合理名字。其中一种"快能量黄色殊伦"，出现在影片中一个户外集市的场景里，其中有一个一闪而过的镜头，揭示了它的原料是"真正大豆"。至于"殊伦绿"产品，据说是用压制的海洋浮游生物做的。然而，故事的主人公、一位叫索恩（Thorn,

---

[*] *Soylent Green*，直译是"殊伦绿"。

查尔顿·赫斯顿饰）的警探最终却发现，"殊伦绿"的真正原料，在食物链中的地位多少要高一些。他在垂死之时，向看上去无动于衷的人群喊出了真相："'殊伦绿'是……人肉！"不过，虽然这种原料与真正大豆相差甚远，但是《绿色食品》多少提供了线索，透露了那个时代人们对德韦恩·安德烈亚斯热切想推广的人造食物的态度——美国人似乎很不情愿让它们走进自己的日常生活。

《绿色食品》上映的时间，是在第一个世界地球日这个相对来说较为乐观主义的活动三年后。其中所描述的人口危机，预示着自然的终结，以及可以想象最为恶劣的人类去人性化，所有这些都是通过影片中那些令人毛骨悚然的人造食物来传达的。在电影的一幕中，索恩的年迈室友索尔（Sol，爱德华·G. 鲁宾逊饰）在看到真正的牛肉时大喊了一声"牛肉！"，随即崩溃，不住抽泣："噢我的天哪！我们居然成功了！"然后索恩和索尔花了一个晚上时间慢慢享用真正的食物，伴随这些镜头的是一曲轻音乐。电影中还有与此类似的另一幕，是索尔在一家安乐死中心去世；所有自愿在此结束生命的人，在临死前都能欣赏到森林、野鹿和日落的场景，背景音乐则是贝多芬的《第六（"田园"）交响曲》。这回，轮到从旁边的观察区看到这些画面的索恩在抽泣："我怎会想到还有这样的世界？我连想象都想象不出来啊！"然后，他追踪索尔的尸体，潜入"殊伦绿"工厂，那里没有一丝大自然的样子。相反，厂里只有一大堆管道、大罐和传送带——看上去非常像把大豆碾压、脱臭和加工为分离蛋白的设备系统——把索尔转化为新一批绿色威化饼

　　　　　　　　　　　　　魔豆：大豆在美国的崛起

干。影片会让人想到针对犹太人的大屠杀，部分原因在于索尔这个角色被设定为犹太人，但它同时也暗示，这样的恐怖事件现在已经不是种族仇恨的产物，却是现代化效率的结晶。尽管在真正的肉类不可避免变得稀缺的时候，德韦恩·安德烈亚斯可能会为能完美无瑕地提供肉类替代品的美国技术创新喝彩，但是《绿色食品》表明，人们也可能非常容易就把这种技术前景与生活标准的堕落、自然的陌生化和人性的普遍丧失联系在一起。

如果这些果真是美国人——至少是那些非常清楚大豆的存在的美国人——一听到以大豆为原料的食品就会产生的联想，那么大豆的前途看上去会十分黯淡。然而也就是在这个时候，人们对大豆的另一种看法开始流行起来；大豆不再是现代性弊病的症状，反而是它的解药。就像大豆对于冶化学运动来说是另一种工业化的象征一样，60年代的反文化运动热情接受亚洲传统豆制品，用于表达他们与受害的越南农民团结一心，拒绝战争和肉类生产共有的内在而相互关联的暴力，还在大规模生产的时代再次体验了手工业的感觉。豆制品运动源于反文化运动中的小团体，特别是一个名字就叫"农场"（The Farm）的田纳西公社，但到70年代中期时，素食运动的复兴让它有了强劲的势头，《豆腐之书》之类著作更是让它赢得了公众知名度。到这十年结束时，豆制品运动不得不想办法应对自己的成功，因为它开始向资本主义的现实妥协了——而就在这时，事实表明，芝加哥期货交易所的交易大厅，作为大豆资本主义最纯粹的形式，也达到了历史巅峰。

嬉皮士

1974 年，"农场"的 600 名居民分发了一本招募杂志《嘿，垮掉的一代! 这是你的农场手册》，描述了田纳西州萨默敦（Summertown）附近一片 1,700 英亩土地上的生活，他们已经在这里开展了乌托邦试验。杂志上有一个栏目叫"饮食"（Foodage），致力于推广素食营养。其中大部分信息来自世界卫生组织，包括一个表格，列出了几十种食物以及每一种食物中 12 种必需氨基酸的含量，还引用了《第六届国际营养学大会公报》中的原文："今天已经知道，氨基酸——特别是其中的必需氨基酸之间的相对含量，是决定蛋白质的生物学价值的最重要因素。"大豆以及大豆粉和豆浆在这个表格上处于最顶端位置。另一个题为"耶，大豆!"的栏目则解释，既然"大豆所含的蛋白质有如此高的品质，供应又如此充足，它应该成为你的主食。请一周吃三次大豆，还有豆浆、豆腐乳和大豆酸奶"。

大豆倡导者几十年来一直在宣传它所含的高品质蛋白，论证它是越来越稀缺的肉食的廉价替代品，但是这本小册子还提到，一旦人们接受了豆制品，那么进一步当一名"完全素食者"——也就是纯素食者（vegan）——还会有额外的益处。"既然我们可以从素食中获取我们所需的所有营养，既然吃掉那些跟我们如此亲近的生物会让人心灵感应不起来，也嗨不起来"——这里说的是动物，在伟大的造物链条上与人类接近——"那么事情似乎很明显，成为完全素食者就是成功的途径和神圣方式。"[1]复临主义以前在开展有关豆制品的论述时，就一直把宗教和营养混在一起，但是现在这段话却是他们没说过的新理论。嬉皮士也发现了大豆。

"农场"的故事，在十年前始于圣弗朗西斯科。这座城市所在的湾区（The Bay Area）不是嬉皮士运动的唯一起源地。"垮掉派运动"（Beat movement）起源于纽约，而蒂莫西·利里的LSD试验在马萨诸塞州剑桥开展。还有佛教禅宗，在50年代后期成为一时风尚，源源不绝地引来美国信徒，此时在东西海岸也同样都有基础；除了圣弗朗西斯科外，纽约、剑桥和洛杉矶都是禅学兴盛之地。至于民权运动、反战运动以及为这些运动注入能量的"婴儿潮"一代，更是在全美国范围内到处可见。然而在这些地方中，湾区——特别是圣弗朗西斯科附近满是廉价的维多利亚时代住宅的海特－阿什伯里街区——仍然独具特色，汇合了佛教、毒品和抗议，以及因为媒体不断曝光而在1967年的"爱之夏天"（Summer of Love）火遍全国的迷幻摇滚。正是在这样的氛围中，"农场"创始人斯蒂芬·加斯金脱颖而出，成为一名运动领袖。

与60年代很多反文化领袖一样，加斯金比很多追随者都年长。他生于1935年，朝鲜战争时期在海军陆战队服役。1962年时，他是圣弗朗西斯科州立学院的英语讲师。他留意到学生们一个个都离经叛道，于是跟随他们到了海特－阿什伯里。[2]在抽过一个叫"阿卡普尔科金"（Acapulco Gold）的大麻品种之后，他发现他能与其他人相互心灵感应，让一群人都"嗨翻"。他用自己的方式探索着LSD——肯·凯西1959年作为志愿者参加心理学实验时体会到了这种药物的致幻感觉，随后它就被普及到了更大的湾区。[3]此外，他还尝试过致幻仙人掌、致幻裸盖菇和其他许多药物。虽然毒品只是导致反文化运动产生的一系列复杂因素之一，但它们却是加斯金的催化剂。他如饥似渴地阅读各种图书，有科幻小说，有"古怪的心智训练书"，有禅学作品，有《西藏亡灵书》，还有《圣经》，那个时候圣弗朗西斯科州立学院仍在讲授。他也受到了铃木俊隆的影响，此人是一位"老师"（roshi，即禅宗导师），欢迎非日裔的美国人到圣弗朗西斯科来参加他的曹洞宗禅学布道，很多人于是从海特街前来，看看能不能为他们嗑药后的体验打一个基础。[4]铃木教导说，禅学的精髓在于实践，实践也很简单，就是以传统的双腿交叉的跏趺姿势"坐禅"，以"初心"接触世界。按照加斯金的诠释，觉悟"就是每时每刻从头活起"。[5]

加斯金逐渐发展了一套独特的黑话，用"晕"（stoned）和"嗨"（high）表示他们所达到的那种精神状态，不管是不是嗑过药。[6]要真正"嗨"起来，就要超越"迷幻感"（trips），那只是心中未破除的下意识障碍的体现，会让整群人情绪低落。1966年，在经讨抗议之后，学院的学生和部分教工得以成立"实验学院"——一个至今仍在继续的公众讲座；加斯金也签了字，同意在星期一的空闲时段教一门课。他致力于探索美国文化的灵性觉醒，一开始给课程起名"统一场理论中的群体实验"，后来改名为"魔法、爱因斯坦和上帝"，再改名为"北美洲白人巫术"，最后则只是简单地称为"周一晚课"。第一期课程只有6名学生参加，但是加斯金的追随者此后逐渐增多，最后每周可以吸引2,000名灵性追寻者前来。原来的课也变成了内容广泛的一系列课程，但全都致力于让听课的人"嗨翻"——"我们所有人在这里真的可以一起晕起来"——从而在这一刻创造出积极的氛围。随着新加入者和更猛烈的毒品涌入，在邻近地区泛滥成灾，海特－阿什伯里的场面也越来越不对味，于是加斯金决定启程，开始一场全国巡回演讲。超过 200 名的追随者伴他左右，开着 30 辆老旧的学校巴士，完成了一场为期 4 个月的艰苦旅行，他们称为"跋涉"（caravan）。一路上的各种艰难险阻，让他们紧紧团结成了一个共同的群体；后来他们在 1971 年 1 月返回圣弗朗西斯科时，无不为跋涉的结束感到沮丧。那时在"周一晚课"之外，星期日又在苏特罗公园（Sutro Park）增加了"周日礼拜"课。于是在一个星期日上午，加斯金宣布，他打算再跋涉到田纳西州，在那里找一个农场。

　　早在 12 月，加斯金等人就公开讨论过"农场的事情"。事实上，在之前的 4 年中，反文化公社就已经兴起了，这部分是因为人们对城市产生了幻灭，而城市又让持有类似想法的人聚集到一起。"不管什么东西，你只要注意它，就会越来越拥有它。"加斯金在那个星期日上午告诉他的追随者，"我不会再注意城市里的事情。因为这颗行星上最糟糕的东西就是城市。战争、贫穷、极权警察国家什么的，它们出现的主要原因大概就是城市。所有这些东西，都是人们在城市里挤作一团的结果。"他因此声称："这些活动结束后，我们要跋涉前往田纳西，搞一个农场。因为你只要注意什么，就会越来越拥有什么，所以我需要更多的树、更多的草、更多的小麦、更多的大豆、更多健康的婴儿、更多漂亮聪明的人，可以工作的人。这些东西,我真心想要看到它们更多更多地出现,我准备注意它们。"[7]

现在不十分清楚,大豆是什么时候成为加斯金如此重点关注的食品的。他的一个叫杰里·西伦德的挚友,在海特街上开有一家天然食品店"离奇食品",后来回忆说,早在1964年,加斯金就"对大豆产生了一种强有力的迷幻觉,把它看成了全人类的伟大供养者"。[8]在跋涉兴起的时代,加斯金作为一位纯素食者,曾在普林斯顿大学向听众解释:"有一个地方,你在那里搞嗨了,会说,'好吧,我们团结如一'。但如果你吃肉,你在那里就算完了。你和你吃的东西之间的关系大概有多直接呢?……就因果报应来说,我曾经杀过动物,我也曾经煮过大米饭,我觉得煮大米饭的氛围更好。"他又补充说:"我不弄乳制品,因为我觉得那也是肉类系统的一部分,是另一个层次。我也不弄鸡或鱼,因为它们跟牛太像,只是活在不同的地方。"他指出,作为这些荤食的替代品,"我们已经有了很多大豆,大豆蛋白质很多"。[9]"农场"的一位成员后来回忆,1971年夏,那时他们还没有买下自己的地产,重新恢复的跋涉大军作为客人,在一个荒废的农场上扎营,并花了"荒谬的一大笔钱"在健康食品店里购物,其中也包括加斯金在加利福尼亚州时爱喝的"大豆健"豆浆。[10]"大豆健"是依据米勒耳的配方制作的安息日会产品,由洛马琳达食品公司生产。

在他们真的动手要种大豆的时候,附近的田纳西农场主便为他们提供了必不可少的基本技能。这群人对农业生产的最初想法,是从当地的阿米什人那里买来比利时马耕地,但是他们很快就有

魔豆:大豆在美国的崛起

了一台联合收割机和一台拖拉机。[11] 农耕队的迈克尔（Michael）在《嘿，垮掉的一代！》中写道："学习机械知识，知道拖拉机怎么开，怎么种出笔直成条的庄稼，怎么让圆盘耙犁过十英亩的田地，都拓展了我的心识，因为这要求我们比平常习惯投入更多真正的注意力。"他们也同样坦然接受了化肥的应用，尽管他们仍然努力想要在土壤中积累有机质。"农场"中的大多数菜园和农田，不管种的是番薯、秋葵、豌豆还是菜豆，"简直就和邻居种的一模一样。我们已经发现，如果什么东西邻居不种，那它们就很可能长得没这么好"。幸运的是，大豆"到处都有种植。你离开城市之后所去的大部分地方，都会有半打的邻居在种大豆，能够手把手教你怎么种"。[12] 当然，大豆的普及也只是近些年来的事，特别是在田纳西州和其他南方州。这件事情又一次说明，反文化运动对大豆的接纳，在很大程度上取决于美国农业部、农业实验站和私人种植者先前的努力。

对加斯金和"农场"来说，大豆是成为"志愿农民"的关键所在。[13] 他们的目标与亨利·福特的"村庄企业"遥相呼应，是要改造现代技术，缩小其规模，从而可以提升乡村生活的级别。"农场"的嬉皮士通过民用波段广播通信，也用到了一台老式电话交换机；他们在家居中使用被动式太阳能加热设备，最后也采用了光伏装置。与此类似，他们还组装了多种设备，以开办他们称为"大豆乳品厂"（soy dairy）的工厂。他们在军队的拍卖会上花了15美元买来一个适合餐厅使用的大咖啡壶，改造成以丙烷为燃料的双层蒸锅；把大豆碾磨成渣之后，便放在这蒸锅里烹煮，然后用离心机将豆浆从豆渣中分离出来。离心机也是用一台前开式旧洗衣机的甩干篮和洗衣桶将就改成的，用二乘四的方木做的支架把它立起来。除了会加一些维生素和一点盐之外，他们就没再花什么工夫去改善豆浆的味道或品质。豆浆在分装到铁罐和牛奶瓶里之后，便分发到全社区，每加仑的成本据估计是 30 美分；它也可用来制作"酸奶""奶酪"和冰激凌。到 1974 年时，他们这家工厂每天已可生产 60 加仑豆浆。[14]

因为有很多孩子在"农场"出生，豆浆的需求变得更为迫切。加斯金教唆追随者不流产、不进行化学避孕，他认为这样会"让人类生活贬值"。[15]《嘿，垮掉的一代！》就公开号召："嘿，女士们！请不要流产，来'农场'吧，我们会给你接生，照顾你的宝宝；如果你决定还是把孩子要回去，可以再来接他。"事实上，在"农场"出生的婴儿里面有一半都是外来者的孩子。加斯金的妻子伊娜·梅·加斯金领导了一群拥有执照的助产士，在不麻醉的情况下为人接生。[16] 作为《灵性助产术》（1977）的作者，她被人们普遍视为现代助产运动之母。"农场"鼓励母乳喂养，但因为婴儿数目锐增，也创造了对断奶食品的需求。幸运的是，助产士们发现"宝宝们喜欢豆浆"；不过她们建议，因为太小的婴儿还没有发育出"健壮的胃"，所以要把豆浆多煮 30 分钟，给它灭菌。这也可能会让豆浆更美味、更易于消化。

正是为了尽可能学习如何把豆浆作为断奶食品来应用，公社成员、生物化学博士亚历山大·莱昂来到了纽约州北部的图书馆，在查阅资料的过程中不经意地发现了一种后来成为"农场"豆制

魔豆：大豆在美国的崛起

品生产重点关注对象的食品。[17] 他发现在 60 年代，康奈尔大学以及位于皮奥里亚的美国农业部北方地区研究中心的微生物学家已经对印度尼西亚的豆制品天贝做过研究。天贝用去皮大豆制作，在略微烹煮后使之发酵，成为固态的糕状。发酵所用的白色霉菌是少孢根霉（*Rhizopus oligosporus*），为天贝赋予了肉一般的味道和口感。1972 年，莱昂从康奈尔大学订购了发酵起子，是编号为 NRRL 2710 的特别株系，由该大学研究团队的一位印尼成员带回来的天贝的粉末样品培育而成。[18] 利用这个株系，莱昂用分离掉豆浆之后剩下的豆渣来制作天贝。1974 年，加斯金访问了曾经作为宗主国统治印尼殖民地的荷兰，品尝了全豆天贝，然后敦促大豆乳品厂生产这种产品。莱昂那时已经调到了"农场"的车场，但是之前与他一起制作天贝的搭档辛西娅·贝茨建立了一家实验室，生产粉末状的天贝起子纯培养物。之后，天贝在公社中成了受欢迎的食品，起子也通过邮寄广泛流传到了其他各地。事实上，美国第一批商业天贝店就是由那些在"农场"里学会制作天贝的人所创办的。后来到 1984 年时，全美国所用的天贝起子有半数以上仍然来自天贝实验室的供应。[19]

在大豆乳品厂搬入公社的罐装和冷冻厂房时，贝茨负责了它的扩建工作。她参与编撰了《耶，大豆》，一本 14 页的菜谱小册子，其中的配方有豆渣"大豆肠"（soysage）、豆腐乳（发酵豆腐）、豆腐乳酪蛋糕、大豆冰激凌（"冰豆"）、大豆蛋黄酱和豆渣即食麦片。其中很多配方，连同天贝的菜谱配方一起后来又写进了《农场素食谱》，这本由"图书出版公司"在 1975 年出版的著作，连同《塔萨哈拉面包手册》(1970)和《渺小行星的饮食》(1971)一起，成为素食者和天然食品爱好者书架上的基本读物。到1978年时，大豆乳品厂已经扩大为商业公司"农场食品"，不仅供应制作天贝的工具，还售卖袋装的整粒大豆和大豆粉、苦卤和"冰豆"。该公司也供应"对你好结构化植物蛋白"，但因为TVP已经被ADM公司注册成了商标，所以不能以TVP的名义销售。[20]虽然这两家机构有种种不同，但是"农场"却像ADM公司一样，对豆制品终将流行抱有信心，因为肉食消费的增长不可避免会有个限制。正如《嘿，垮掉的一代！》所说："成为素食者有个灵性上的理由：比起养牛来，种大豆可以让你获得十倍之多的蛋白质。如果人人都是素食者，那么蛋白质足够全人类来分享，不会再有人挨饿。"[21] 很快，"农场"就以一种传奇的方式，把这个理论变成了现实。

1974年，"农场"成立了非营利公司"普伦蒂"，其章程规定公司的任务是"帮助人们平均分配全世界的食物、资源、材料和知识，让所有人平等地从中受益"。[22]普伦蒂一开始在美国境内开展工作，在龙卷风和飓风过后提供食品和其他援助。1976年，危地马拉发生大地震，2.3万人遇难，几十万人无家可归，这让普伦蒂又开始介入国际救灾。公司有两位志愿者因此飞抵危地马拉城，其中一位会讲西班牙语，曾在"农场"诊所工作。在那里，他们把运来的几大批药物和医疗设备发放出去，这些物资是通过姐妹公社和城市联系人构成的人际网络一点点收集到的。危地马拉军队把普伦蒂来的这两位志愿者当成了外国要人，用军用卡车拉着他们在高原上到处发放食品和援助物资。但是当军方坚持要把一批

　　　　　　　　　　　　魔豆：大豆在美国的崛起

货物送至一所军事医院而不是民用医院时，普伦蒂的两位特使提出了抗议。他们回到"农场"时"带着被完全震撼的心情"，这既是因为亲眼目击了当地的地震破坏和贫穷，又因为亲自感受到了当地人的优美风度。这些玛雅人穿着彩虹般五颜六色的绚丽服饰，让他们觉得好像"迷幻中长期失散的堂表亲"。[23]

看到地震之后当地对住房的迫切需求，"农场"派出了三名最好的木匠。他们很快就由加拿大大使馆聘用，利用起 700 吨的建筑材料来。后来的 4 年中，有大约 200 名普伦蒂的志愿者轮番前来，用加拿大政府的慷慨援助，在两个危地马拉村庄中建起了 1,200 栋住宅、12 所学校、大量诊所、供水系统以及民用波段广播基站，还有一座两层楼高的"原住民市镇"（municipalidad indigenes）社区中心，其中有一个调频广播电台，用卡克奇克尔玛雅语广播。[24] 很快，大豆乳品厂的开办也提上了日程。

达里尔·乔丹是普伦蒂的一位志愿者，觉得"高贵的豆子"对被迫耕种瘠薄的边际土地的村民来说有很大益处（图 19）。那里还有很多营养不良的婴儿，志愿者给其中一些婴儿哺育了"农场"开发的大豆婴儿配方食品，让他们得以恢复健康。[25] 不过，乔丹面对的困难是，他要找到一个能在热带高原上生长良好的品种，这里的自然条件兼有短日照和凉爽的特征。他从位于伊利诺伊州国家大豆研究实验室的机构 INTSOY 那里获得了 20 多个品种的大豆种子。自 1973 年起，INTSOY 就在热带地区进行大豆种植试验，因此对乔丹的试验也做了亩产量计算。一个叫"改良鹈鹕"的品种，虽然在危地马拉沿海地区展示了推广前景，但在较高海拔处产量不高。乔丹种植的很多大豆是由哈特威格及其同事为美国南方育成的，其中有不少以邦联将军命名的品种，比如"戴维斯""福雷斯特""兰森"和"布拉格"等。以亩产量论，"戴维斯"和"福雷斯特"都数一数二。嬉皮士的代表们，就这样有意无意地向玛雅人推荐种植了一个以三 K 党大巫师的名字命名的大豆品种。[26]

图19　70 年代后期，普伦蒂的农业技术员达里尔·乔丹站在玛雅农民的大豆田中与他们交谈。戴维·弗罗曼（David Frohman）摄，承蒙普伦蒂国际许可翻印。

　　　　　　　　　　　　　　　　　　　魔豆：大豆在美国的崛起

大豆价值的体现，最终要取决于原住民是否愿意食用它们。于是普伦蒂把大豆推广作为后来称为"整合大豆计划"的项目的一部分。苏茜·詹金斯是一位"大豆应用技术员"，在她的玛雅徒弟贝茜利亚的伊察帕故乡指导妇女种植大豆，一次同时教 4 个人；贝茜利亚负责把西班牙语译为卡克奇克尔语。这些学生学会了用现成的工具制作豆浆和豆腐的简易技术。把大豆浸泡一夜，在篝火上煮熟，然后碾成糊。如果手边没有磨盘或搅拌器，也可以把碾磨玉米供制墨西哥玉米饼的石磨（metate）拿来用。之后，再把豆糊煮开，将汁液滤入碗里，就可以当豆浆来喝了。在示范如何做豆腐时，詹金斯等人用醋作为凝固剂，仅用一块奶酪布，就可以把凝结的豆腐过滤出来。最后制得的是一堆软嫩的豆腐，而不呈紧致的方块形。在切成片后，它们看上去像是当地农民做的奶酪，味道则不同。这种豆腐可以与洋葱、番茄和盐在锅里同炒，或在加上一点点盐之后夹在玉米卷或面包里直接食用。豆渣也可以与洋葱和绿叶菜一起煎炸。学生们在完成培训之后，便会带着奶酪布和一小包大豆回家，这些大豆最开始是取自联合国儿童基金会所供应的 1,500 磅捐助品。苏茜和贝茜利亚用这种方法教导了数百名妇女，然后又培训了 18 个玛雅人来做指导教师。到 1980 年时，已经有 74 个村庄的 1,000 多位男性和女性学会了制作豆浆和豆腐。其中 200 人耕种了小片的大豆田。[27]

　　这个项目最辉煌的成就，是在 1979 年夏秋之时为圣巴尔托洛（San Bartolo）村建设的大豆乳品厂。在加拿大国际发展署的帮助之下，普伦蒂征集了当地的石匠，用炉渣砖盖起了一栋宽 22 英尺、长 44 英尺的厂房，内部设计为错层结构，这样可以让过滤后的豆浆通过重力流到靠下的楼层，在那里做成豆腐。"农场"提供了不锈钢蒸锅、工业搅拌机和软冰激凌制造机之类设备，研磨机则由当地供应。煮豆浆的大锅以当地锯木厂制造的废锯末为燃料。这家"乳品厂"（La Lecheria）的开业仪式有几百人参加，之后每天可以生产 200 磅豆腐和 35 加仑"冰豆"，这种冰激凌有一部分免费用于学校午餐计划。[28] "乳品厂"最终由当地人接手继续运营。20 年后，一位参与工厂建设的志愿者评论说，这家工厂还在继续"大量生产高蛋白质食品"，人们可以看到"村庄周边的孩子们有不一样的体格。他们更高，更壮，精力更足，眼睛炯炯有神"。[29]

"乳品厂"就这样成了普伦蒂的一项遗产，在该公司从危地马拉撤退之后依然存续下来。1980 年美国大选让罗纳德·里根上台之后，危地马拉政府与游击队之间的战争也愈演愈烈。街道上出现了更多士兵，前往城镇的通道上出现了更多路障，普伦蒂的营地上空飞过了更多搜索在山中活动的游击队员的直升机，死于政府暗杀的人也越来越多。与普伦蒂共事的当地人开始受到威胁。普伦蒂帮助其中一些人迁居危地马拉其他地方，甚至让他们拿着学生签证前往田纳西，但又担心引起暗杀队的更多注意。1981 年，普伦蒂撤离了危地马拉。[30] 而在接下来的十年中，连作为实验性公社的"农场"也走向了终点。虽然土地继续由人托管，但其中的成员却要自负盈亏，居民人数也从巅峰时的 1,500 人跌到了大约 250人。虽然不断增长的公社债务在很大程度上是源于普伦蒂之类经营项目的利他主义行动——与 70 年代的一些灵性导师不同，加斯金一直过着与他的追随者一模一样的生活——但是"农场"居民开始怀疑，他们的领袖是否还能在精神和物质上为公社起到引领作用。

更主要的原因是，他们对于这种第三世界般的生活条件已经心生厌倦，觉得这不是之前所许诺的那种升级的传统乡村生活。一位成员后来就反思道："我觉得，如果那时候我们能盖起镇子，生活能够达到我们所梦想的那种'志愿农民'式的体面水平，那么我们中很多人本来是不会离开的。我们本来差一点儿就成功了。" [31]

普及者

"农场"是个小型社会实验，其中参与者对大豆的运用是建立在大学研究者、农业推广代理和美国农场主此前几十年许多工作的基础之上。"农场"能通过一些豆制品为更广泛的公众所知的事实，也证明了它曾参与一场更广泛的普及大豆食品的运动。这场运动也有其起因：在此之前，先有环保运动的兴起，在其影响下，又有很多美国人开展了素食尝试。整个过程包括了恐惧和希望两个阶段。1968 年，保罗·埃尔利希的《人口炸弹》成了畅销书，警告了全球人口不可阻挡的增长将带来饥荒和环境退化。这本书面世太晚，没来得及推动哈里·哈里森《让地方！让地方！》初版的销量；但在 1973 年《绿色食品》上映时，哈里森的小说随之再版，埃尔利希也为这个版本增撰了一篇导言。与哈里森的小说一样，埃尔利希特别关注了城市人口的可能增长，以及由此造成的生活水平的退步，并过于直白地称之为"亚洲式"情景："东京湾被疯狂地填上了垃圾，为的是给这座城市的扩张提供土地。城里的人口已经拥挤到人们等上两年才能申请到中产阶级公寓的地步。加尔各答在今天有几十万人口无家可归，只能住在街上。……到2023年时，所有人都会住在城市地区；到2044年时，所有人都会住在有一百万人口以上的城市中。"[32]哈里森在小说中描述了一个夸休可尔症肆虐的未来世界，这就是那种由严重缺乏蛋白质导致的高致死性儿童疾病。

恐惧之后的希望，则来自弗朗西丝·穆尔·拉佩在《渺小行星的饮食》一书中描述的方案。这本书初版于1971年，因为影响力非常大，后来又由巴兰坦（Ballantine）出版社在1975年出了平装版。拉佩论述说，世界上有大量蛋白质可供分配，即使以当前的农业生产水平来说也是如此，但前提是人们停止通过肉食来消费如此大量的二手蛋白质。她指出，一头奶牛每产出1磅用作人类食物的蛋白质，要消耗21磅蛋白质，堪称"反向的蛋白质工厂"。[33]如果人类只是无法在一天内吃下足够多的植物性食物来满足蛋白质需求，那么这种论述也没什么意义，但拉佩强调，获取足够的蛋白质实际上很容易，特别是采取"蛋白质搭配"的形式，比如在一顿饭里同时食用谷物和豆类，这样可以让必需氨基酸获得完全的补足。不过，书中并没有突出强调豆制品。拉佩称赞了豆腐所含的高品质蛋白质，比起其他大多数豆类及其制品来更为符合人体需求，她也在书中给出了许多原料中包括豆腐的菜谱配方。但是她还提到，虽然在"这个国家很多地方"都能买到豆腐，但它不是一种能够普遍获得的食材，她自己做豆腐的"简单尝试"则以失败告终。[34] 总之，书中论述的总体思想在于，只要把常见食物搭配起来，就可以获取足够的蛋白质，而不必诉诸异域的什么神奇食品。

素食主义还有其他普及者，特别是在非裔美国人社区中做宣传的喜剧演员和社会活动家迪克·格雷戈里。他在 1973 年出版了《迪克·格雷戈里写给吃东西的人们的天然饮食指南：与自然母亲一起做饭》一书。指导他的人是阿尔维尼亚·富尔顿，1966 年她在芝加哥南区开办了富尔顿尼亚健康中心。她受过自然疗法（naturopathy）的训练，这种替代医学有很多饮食传统与安息日会相通；早在 1969 年，就有人拍过照片，显示她在帮助格雷戈里重新进食，结束一场长时间的绝食抗议。在格雷戈里所吃的东西中有一种"大豆鸡肉"，做成了鸡腿的样子。[35] 但除了可能是来自《回到伊甸园》的一个豆浆配方外，格雷戈里对大豆也没有太大兴趣。不过在这个时候，美国人对异域食物的兴趣已经萌生，其中就包括全球的各种民族食品；而在尼克松向中国开放之后，真正的中国食品尤其受人关注。这是出版一本拉佩风格的讲传统豆制品的图书的有利时机；把握住这个时机的，是威廉·舒特莱夫和青柳昭子在 1975 年出版的《豆腐之书》。

威廉·舒特莱夫在最终因为普及豆腐而知名之前，曾经历过复杂的人生。他来自加州一个上流家庭，其美国祖先可以追溯到新英格兰的清教徒。他的祖父罗伊（Roy）1912 年毕业于加利福尼亚大学，与后来成为美国首席大法官的厄尔·沃伦是同班同学。罗伊参与开办了经纪公司布莱思和威特公司，他和舒特莱夫的父亲都成了百万富翁。[36] 这个家族在内华达山脉的埃科湖（Echo Lake）畔拥有一座度夏小屋，舒特莱夫在那里热爱上了荒野。他上了斯坦福大学，在 1963 年获得了工业管理学位和人文荣誉学位，又在斯坦福大学设在德国斯图加特的海外分校待了六个月。[37] 作为美国派到尼日利亚的和平工作团志愿者，他在加蓬花了六周时间，拜访了阿尔伯特·施韦泽工作生活的院落。他一直喜爱施韦泽的著作；施韦泽对动物的关爱也影响了他，让他在亲眼所见之后有了成为素食者的打算（与此同时，施韦泽对非洲人那种明显的冷漠，他也清楚地看在眼里）。[38] 在和平工作团服务的第二年，舒特莱夫回到斯坦福，攻读教育学的硕士学位。他的理想主义逐渐变得更为极端，因此加入了帕洛阿尔托（Palo Alto）的和平与解放公社。后来有公社成员回忆，公社里有一群人是"有抱负的佛教教徒，吃的是糙米，日课是冥想，为了精准改变他们的业力，还做了其他各种尝试"，舒特莱夫也是其中一员。[39]

　　舒特莱夫在 1967 年春选修了一门日本艺术的课程，在夏天去了日本旅行，之后又担任了埃萨伦研究所斯坦福分所所长，这是一家致力于沟通东西方意识、发挥人类潜力的机构。在招待过日本的"大生机饮食"大师久司道夫之后，他正式承诺成为素食者。[40] 1968 年，他进入塔萨哈拉禅修山中心，成为铃木俊隆的弟子。铃木俊隆在圣弗朗西斯科也办有禅修中心，把日本佛教哲学介绍给了很多美国人，其中也包括斯蒂芬·加斯金。爱德华·埃斯佩·布朗在 1970 年曾出版《塔萨哈拉面包手册》一书，让这所禅院的粗茶淡饭广为人知。因为对食物和大生机饮食感兴趣，舒特莱夫也在

　　　　　　　　　　　　　　　　　魔豆：大豆在美国的崛起

禅院的厨房干过活儿。1969年，他撰写了一本叫《塔萨哈拉饮食之旅》的书，在圣诞节以影印本的形式送给朋友，其中有4个菜谱配方用到了豆腐，还有别的配方用到了味噌和整粒大豆。[41] 不过，豆腐并不是塔萨哈拉烹饪的重点。在美籍日裔哲学家、自修的营养学家乔治·大泽所发展的大生机思想体系看来，饮食应该做到阴性和阳性食品的均衡；豆腐因为是从大豆中除去豆渣后才制成的，只是一种大阴性食物，而不是真正做到阴阳平衡的"和合食物"。[42]

最终，不是佛教和大生机饮食，而是他在日本当穷学生的短暂时光，成功地把他的兴趣引向了豆腐。1971年，他进入东京基督教大学学习日语，终极目标是协助铃木在日本创办一所类似塔萨哈拉禅院的清修场所。便宜、有营养又容易买到的豆腐，便成为他每天最常吃的东西。不料在此期间，铃木突然去世，舒特莱夫只能再去找点儿别的任务。比他年轻9岁的青柳昭子，这时也同样无所事事。她本是东京时尚界的插画师和服装设计师，但对自己的职业很不满意。后来她向《大地母亲新闻》解释："我一直想找到人生的更大意义。我想找到为人类同胞服务的方法。"她认真想过去非洲当一名国际救援人员，因此当她的一位在基督教大学上学的姐妹介绍她和舒特莱夫认识时，舒特莱夫参加和平工作团的经历让她非常感兴趣。[43] 一天晚上，他们在一家知名的高级餐厅共进晚餐，其中的十二道做工精美的小菜全都用豆腐做成，却各具不同形态。结账时，账单总金额仅相当于每人2.75美元。后来舒特莱夫说，就是那个夜晚，写一本《豆腐之书》的想法诞生了。[44]

舒特莱夫既是佛教教徒，又是工程师，豆腐对他这两种身份都有吸引力。在东京，豆腐常常作为寺庙的食材：它如丝状柔滑，呈现出纯白的色泽，是最为纯净的蛋白质，是对带血的肉食的谴责。豆腐能够展现的众多形式也给舒特莱夫留下了同样深刻的印象，这不是在餐厅里才能获得的体会，而是在小商店里也能够目睹的景象——这里有柔软的豆腐脑，煎过的豆腐排，光是炸豆腐也有三种不种类型。[45] 它是一种便宜而营养丰富的原材料，可以创造出无穷无尽的食品，完全合于工程师的趣味。舒特莱夫不只是有意把吃豆腐作为他的修行，或是把豆腐作为有益人类的食品来推广；他还想深入钻研与豆腐相关的种种技术细节——无论是它的制作方法，还是把它加工成多种多样最终产品的精妙工艺。

在餐厅吃过那顿饭之后，舒特莱夫和青柳在老板的邀请下拜访了住处附近的豆腐店。给二人留下深刻印象的，不仅是豆腐店的产品，更是它们的制作手艺。那些精确优雅的动作，在至多只有 12 乘 15 英尺大的紧凑空间中，"如舞蹈一般行云流水"。所用的工具是"简单的"，"消耗的能源也不多"。上门拜访多次之后，舒特莱夫提出请求，希望追随老板，成为他的学徒，然后他便花了一年多的时间学习这些传统技艺。他的师傅敦促他"把全套方法记录下来，如果可能的话，也把技艺的精神记录下来。他这些技艺既可以让西方人寻求到有意义的工作，又可以留给下几代日裔，也许将来有朝一日，他们会希望能重新发现当下这些被现代工业价值和'经济奇迹'遮蔽的精湛技艺所能带给他们的回报吧"。[46] 舒特莱夫也拜访了其他豆腐生产者，包括一些现代工厂，以尽可能搜集更多信息；在温暖的季节，他和青柳还会搭便车，纵贯全日本旅行。那时

　　　　　　　　魔豆：大豆在美国的崛起

日本仍然有3.8万家小型豆腐坊，用传统工具制作豆腐，他们很感谢豆腐匠人们允许他们看到那些传统上秘不示人的制作方法。

1973年春，他们再次出发，去探索豆腐的源头——农家豆腐，也就是19、20世纪之交时还是少女的山内鹤在冲绳制作的那种类型的豆腐。到20世纪70年代时，它在豆腐匠中间已经成了一种怀旧传说。它是如此坚硬，可以用稻草绳捆成一束，据说味道好得不得了。即使在偏远的村庄里，想找到这种豆腐也是几乎不可能的事。舒特莱夫和青柳背上背包，徒步来到风景如画的山村白川乡，在寺庙顶楼的乡土馆里见到了他们所能获知的与农家豆腐最为接近的东西。一位精神矍铄的老太太为他们展示了做豆腐的传统工具，解释了用法。已经没有七十岁以下的人再用它们做豆腐了；年过七十的妇女们也已经越来越难以推动沉重的磨盘，加上原料也越来越难获得，如今只能从邻村开设的店铺买豆腐回来。

最终，这对夫妇恰好在最合适的时机抵达一个村庄，见到两位妇女正在制作一批豆腐，以纪念一位死去的朋友。她们把豆子碾成豆糊，在烹煮的时候撒上米糠，让泡沫消退，然后把豆糊倒到放置在用树枝做的支架上的压榨袋里。榨出的豆浆用从店里买到的苦卤点成豆腐，放到用一块大石头重重压在上面的沉淀盒里。然后，做豆腐的人没有把它浸在水里，就切成小块供人品尝。这种豆腐"夹杂着极淡的柴烟余味"，具有"坚实和微糙的口感，与城市里常见的又软又滑的豆腐非常不同"，呈现出米黄的色泽，还保留着"一丝花香"。作为真正的手艺品，"它诞生之时周边的总体氛围完全"得到了体现和分享。"醇香的清晨空气，从农舍深井中汲取的水，以及乡间淳朴的集体手艺，共同体现在它的本质之中。"[47]

《豆腐之书》的写作历时三年。除了要记录作为原料的豆腐如何生产之外，这对夫妇还站在日式餐厅大厨的肘边，观察他们的厨艺，然后通过一次次的试错，在家里重新复原那些菜式的做法。他们最终记录了 1,200 道不同的菜式，其中有 500 个配方"合于西方人口味"。[48] 具有烹饪天赋的青柳最终还开发出了西式风格的菜肴，包括蘸酱、沙拉酱、炖菜、烧烤豆腐和炸豆腐汉堡等。他们的配方不仅用到了豆腐本身的诸多类型，比如日本豆腐、煎豆腐、冻豆腐等，而且用到了豆腐制作过程中的所有半成品，从大豆（"大豆玉米卷"）开始，豆糊（"豆糊洋葱浓汤"）、豆渣（"豆渣可乐饼"）、豆浆（"豆浆蛋黄沙拉酱"）和豆腐脑（"温豆腐脑"）悉数出场。[49] 除了菜谱，青柳还配上了插图，能够巧妙地让人想到日式的木刻版画——那些店铺、工具和手艺人的黑白线条画，虽然细节丰富，却简洁干净，与舒特莱夫一丝不苟的文风相得益彰。

《豆腐之书》于 1975 年底由秋天出版社出版，这是一家专门出版禅学和大生机饮食法书籍的小型出版商。它上市后成了畅销书，出版后第一年就卖了 4 万册，第二年又卖了几乎同样多册。巴兰坦后来再版此书时，也把它印成了投放大众市场的平装书。[50] 舒特莱夫和青柳很快又出了第二本书，叫《味噌之书》。为了推广这两本书，1976 年 9 月，二人出发上路，开始了一场为期 4 个月横越全美国的巡回演讲，介绍方兴未艾的素食和天然食品。他们开了一辆白色的道奇面包车，在侧面喷上了"豆腐和味噌的美国之旅 1976—77"字样（图 20）。[51] 他们设想自己的使命是"像苹果籽约翰尼对苹果所做的事一样，尽力对大豆食品做同样的事"。他们一共在 32 个州向 3,500 人做了 70 场讲座和烹饪演示，最多一次吸引了 300 人，是在明尼苏达州的韦奇食品合作社。讲座还有购物环节，除了所写的书之外，他们还提供了按照《豆腐之书》中的设计制作的全套家用做豆腐工具，包含一个桃花心木的成形盒、一个细平布压榨袋、其他用布、一包天然苦卤和一本指导小册子，一共卖 11.95 美元。[52] 舒特莱夫在"农场"逗留了两星期。他在那里做的讲座非常糟糕，让他在日志里不禁以批评的语气写道，他们"与'农场'那些人发生了激烈争吵，他们非常讨厌我们的做法"。不过，他还是与辛西娅·贝茨合作，出了一本 4 页的小册子，标题是"天贝是什么？"，后来他们把这个小册子扩充成了另一本书——《天贝之书》（1979）。

图 20 1976 年，威廉·舒特莱夫和青柳昭子踏上了"豆腐和味噌之旅"。承蒙大豆信息中心许可使用。

在接受《大地母亲新闻》杂志的采访时，舒特莱夫把他们的工作与世界饥饿问题联系起来。他讲述了自己在中国台湾旅行时的见闻，那里的居民仍然没有采纳西式的那种由肉、蛋、奶、麦当劳和肯德基炸鸡构成的饮食。"所有台湾人都把他或她的饮食基础建立在豆腐和豆浆之上。"舒特莱夫讲道，"而且如果把总人口数除以耕地面积的话，台湾的数字会是孟加拉国的两倍，但台湾所有人都吃得很好。"在那之前，舒特莱夫"想得更多的事，是把做豆腐的禅心带到美国"，但是现在，他"突然意识到——嘿! 这事跟所有人都有关系"。受此启发，《豆腐之书》最开头的一节标题就是"豆腐：人类的食物"，他在其中论述，世上本没有人口危机或食物危机。他谴责世界饥饿并不是因短缺而起，却是因过剩而起。美国的农业经济之所以要推广肉类这样的资源密集型食物，完全是为了吸收过剩的谷物和大豆，这种模式又通过绿色革命推广到全世界。与"农场"一样，他把大豆视为一种不需要求助于工业式农业及其"对地球的强暴"就能实现人人富足的方式。[53]

　　在这种宽广的视野下，虽然日本的传统豆腐坊正逐渐被用着自动化的不锈钢机器大规模生产豆腐的大型工厂所替代，但舒特莱夫对于这种令人唏嘘的现实还是愿意抱有谅解的态度。工厂的产品虽然"不如小店里每天早晨新鲜出锅的豆腐那么好"，但他不想责备日本人竟然会如此骄傲地采纳新技术。"我怎么可以批评日本人现在用工厂生产出这么多的豆腐供他们消费呢? 最起码，他们吃的主要还是豆腐，而不是肉……这意味着他们摄取几乎全部蛋白质的效率都是我们的 8 到 10 倍。对于这个至今仍然能够教给我们不少东西的民族，我能有什么批评资格呢？"[54]

在全国旅行期间，舒特莱夫和青柳又写成了《豆腐之书》的一本不那么知名的续作《豆腐和豆浆生产》（1979）的初稿。这本书表明，这对夫妇对豆腐生产的看法又有发展。他们仍然高度赞扬传统日本豆腐店是"最美味的豆腐"的产地，是"最美妙的工匠精神"的典范，但也提到，只有在店铺附近有大量顾客经常食用豆腐时，这种生产模式才有可行性，因为这保证了豆腐店可以直接零售豆腐。[55]虽然书中为各种规模的生产都提供了详细的指导和流程图，其中也包括主要适合公社的"村庄"豆腐店，但是这本书还是认为，中等规模的商业豆腐厂的最佳模式，是所谓"高压锅工厂"，日本本土的豆腐生产商就有差不多一半采取了这种模式。[56]高压锅工厂每天能生产出多达 3,700 磅的豆腐，其中所用的不锈钢设备可以从日本进口，但更常见的情况是从美国购置主要用于其他用途的设备，并加以改造。[57]比如里茨公司的不锈钢粉碎机，虽然通常是用来把水果和蔬菜打成糊，却也很适合碾磨大豆。还有布朗公司的 2203 号榨汁机，从豆渣分离豆浆的效率与从水果糊分离果汁的效率一样高。[58]青柳特别注重用精美的黑白线条图来呈现复杂的现代设备，比如"旋转式凝固机"。在规模更大的两个级别的工厂——"大豆乳品厂"和"现代工厂"中，还用到了更大型的机器。

《豆腐和豆浆生产》一书的观点适应了美国资本主义的现实。该书第一章内容看上去像是商业实操，有的地方教人如何选择"好地点和好地区，并估算市场潜力"，有的地方介绍如何应对"卫生检查员、卫生系统、安全和各项标准"，还有的地方对"挑选企业名称或标志"提出了建议（好名称的例子有"中国奶牛""大豆工厂"和"大豆之乐"等）。有一节内容，在"开始创业和正确地生活"的标题之下虽然警告读者，10家新企业里面有6家会在5年之内倒闭，可能会"赔上一个人所有的储蓄、家庭以至个人财产"，但是对人们追逐利润的动机表示了认可。"我们把金钱看成一种能量形式，与其他形式的能量一样，它应该受到应有的尊重，并应该得到创造性利用，以实现有价值的目标。利润常常是衡量一家企业在实现目标时有多成功的最精确指标。"这样的文字，可能代表了舒特莱夫这一方与他那资本家父亲和祖父达成的和解。运营大型企业的生意人，还有小规模店铺的手艺人，都能过上"正确生活"。无论读者是哪一种人，这本书都强调："只要老板拥有无私之心，豆腐会自己做出来。" [59]

在旅行期间，舒特莱夫和青柳拜访了马萨诸塞州南迪尔菲尔德（South Deerfield）的玉米溪面包房，给这家店的经营者理查德·莱维顿和凯茜·莱维顿夫妇很大启发。莱维顿夫妇与另外两位合作伙伴在附近的米勒斯克里克（Millers Creek）租下了一间1,000平方英尺的店铺，用来制作豆腐。虽然在必要的时候，他们也利用不锈钢设备，但是他们会把大豆浸泡在通常用于浸泡龙虾的香柏木桶中，然后用一台实心橡木做的苹果汁压榨机把豆浆榨出来，这让豆腐厂颇有一种新英格兰乡村气息。这家起初叫"笑蚱蜢豆腐坊"的豆腐厂，从1977年1月启动以来，一开始每周生产的豆腐可达1,000磅。木制设备易于变形，并渗进一些豆腐在里面腐烂，这让操作者要花费超人般的巨大心力才能把压榨袋吊进

　　　　　　　　　　　　魔豆：大豆在美国的崛起

苹果汁压榨机中。镇图书馆也在同一栋楼里，对这股气味就有颇多抱怨。"只有意志力和奉献精神才能让我们勇往直前。"一位经理后来评论道。[60] 不过因为需求强劲，这家公司到1978年初时每周已可生产7,000磅豆腐。那时，他们也已经把豆腐厂注册成了"新英格兰大豆乳品厂"公司，并搬到了一个新厂址，在其中安装了从日本购入的高压锅系统。在80年代初，他们再次升级了设备，到1982年每周已能生产将近4万磅豆腐。尽管他们一开始信誓旦旦地说，要严格遵循"用小而美的技术，以日本传统方法［生产］优质天然苦卤豆腐"的目标[61]，而后来的扩张有违这一初衷，但它却标志了一种新的豆制品产业的成熟。

不管是称为"大豆手艺人"也好，或者以"农场"为榜样称为"大豆乳品厂"也罢，到1978年中期，这些由白人经营的新工厂，在数量上已经超过了亚裔豆腐生产商；不过如果以产量计，后者生产的豆腐仍然占据大头。作为对比，1975年时全美国只有55家豆腐生产商，全部由亚裔经营。[62] 1978年，舒特莱夫和青柳夫妇以及莱维顿夫妇与其他人一起成立了北美洲大豆手艺人协会，拥护一套独特的价值观。[63] 与大多数用石膏作为凝固剂的亚裔豆腐生产商不同，大豆手艺人用的是传统的苦卤，他们认为这样可以在豆腐中保留更多蛋白质。[64] 大豆手艺人还批评了现代肉类仿食。他们反对用溶剂浸出法从豆粕中分离出豆油，不相信这一技术能保证把有毒的己烷彻底从豆粕中除去。最重要的是，他们很反感让大豆隐藏起来，只是"用在其他产品里的功能性成分或填充料"。大豆手艺人想让大豆"出柜"，展现它的"骄傲"。他们认为没有必要假装，"虽然大豆食品味道要好得多，但你却说自己在吃鸡鸭鱼肉"。[65] 最后，尽管他们的企业可能会采用更大型的机器，但是他们仍然承诺会使用较低能耗、更以人为本的"恰当的技术"，这是改善第三世界生存环境的关键。[66] 不过，对这些原则的承诺，会在这个产业寻求成长的时候带来种种矛盾——有整体主义和商业主义的矛盾，也有传统手艺和工业生产的矛盾。

1977 年前期，在即将结束豆腐和味噌的巡回之旅、踏上回家的行程之时，舒特莱夫和青柳第一次了解了美国当前由日裔美国人经营的豆腐产业的规模。有一天晚上，舒特莱夫在洛杉矶与山内鹤的儿子山内昌安共进晚餐。1940 年，山内鹤夫妇在火奴鲁鲁接手了一家叫"阿拉豆腐"的小型豆腐和面条店，让他们在肉类和其他食品短缺的第二次世界大战期间过上了还不错的生活——这也多亏了夏威夷的日裔美国人免受了本土日裔美国人那种被拘押的噩运。战后，山内鹤基本上是在儿子们的帮助下亲自经营店铺，其中也包括退役回乡的山内昌安。[67] 不过接手店铺在夏威夷的生意的，主要是昌安的哥哥昌仁；昌安夫妇则在 1946 年迁居加州。他们买下了洛杉矶的日出豆腐公司，推出了那时在夏威夷很常见但在美国本土还鲜为人知的产品——中式豆腐、日本豆腐和油炸豆腐皮。[68]

1958 年，山内昌安做了进一步创新，把每块豆腐单独包装在灌满水的塑料盒中，用热封机密封，然后放在带有金属丝提手的白色纸盒中。在第二次世界大战期间，这种纸盒广泛用于盛装中餐馆的外卖。[69] 促成这步创新的，是洛杉矶的一项新规定，要求豆腐必须盛在单独的容器中售卖。这个发明也让日出豆腐得以在"男孩市场"销售其产品，这是第一家供应豆腐的连锁超市。山内又与好密封公司洽谈，让对方为此设计一种装豆腐的防水塑料盒，深到可以盛下 28 盎司豆腐，并能由机器高速制造，以此来解决注水热封容器的实用性难题。最后的成品在 1966 年问世，结果成了一种长久使用的包装。它当然也有缺点，就是产品图文可能只能印刷在包装的顶端封盖上，后来又有与之竞争的包装形式竭力想把它排挤出市场，但都没有妨碍它最后成了豆腐的标志性包装。[70] 1963年，日出豆腐买下了一家竞争厂商的全部股权，重组为松田-日出公司，成为美国本土最大的豆腐制造商。

部分是因为山内昌安的积极营销和包装创新，在《豆腐之书》面世的几年前，豆腐在非亚裔美国人中就已经赢得了回头客。1968 年的一篇报纸文章就报道，"虽然'豆腐'还远没有成为美国家庭主妇的常用词，但是吃过这种食品的美国人似乎越来越多了，至少在洛杉矶地区是这样"。在这篇报道中，山内做证说："大约 10 年前，我们九成五的客户是日裔，所有产品都是在社区小商店卖掉的。如今，所有豆腐顾客里面只有大约五成是东亚人，大多数连锁商店的熟食区都在销售我们的产品。"这种变化导致的结果，就是当年的豆腐销量达到 100 万盒以上，比前一年增长了15%。有人认为低价是日出豆腐具有跨人群吸引力的原因之一；另一个原因则是其"高蛋白质含量和易消化性"，这让两家地区医院把它用作给心脏病病人吃的肉食替代品。[71] 洛杉矶也是安息日会食品生产的另一个中心，其中也有类似豆腐的产品。虽然山内早早就在主流市场占据了优势，但也敏锐地意识到，尽管他的日裔美国人同行大多对大豆乳品运动无动于衷，或是抱有敌意，但是70年代中期在白人中间掀起的豆腐新热潮，终将让他的生意发生革命性剧变。

山内昌安对舒特莱夫的使命非常感兴趣。一天晚上他们共进晚餐之后，在一座停车场，山内把一个装满了现金的信封交给了舒特莱夫，其中大概有几百美元。这是山内向他和青柳"为了豆腐一直所做的工作而道谢的方式"。[72] 就这样，一位日本照片新娘的儿子，成了17世纪新英格兰清教徒后代的赞助人。这样一笔小小的交易，标志了豆腐和其他亚洲豆制品远渡重洋进入美国文化的时刻；同样的食品，在它们基本上还只局限在种族亚文化之中时并未能推广出去，而现在虽然用的还是同样的推广方式，却取得了成功。山内昌安没有看错。最终，美国的日裔豆腐生产商确实成了这种食品的良好形象的主要受益者。

市场推手

虽然大豆乳品运动势头正猛，但是它所使用的大豆终归只占全美国产量的一小部分。正如舒特莱夫和其他人所敏锐意识到的，绝大部分的大豆蛋白的消费，仍然是通过把它低效转化为动物蛋白的方式来进行。与其说大豆是一种新乌托邦的基础，不如说它是资本家在商品交易中翻云覆雨的基本手段。就在反文化运动如火如荼的时候，像芝加哥期货交易所这样的交易机构，也对大豆推广者觉得既令人不安又充满希望的那种全球趋势做出了反应。由于人口增长，以及某些地方变得更为富足，全球的蛋白质需求也不断增长，因此在未来可能会出现蛋白质短缺的局面。面对这一趋势，虽然豆制品运动会建议人们直接消费大豆蛋白，认为这样可以缓解这种局面，但是与此不同，市场的反应却是要增加饲用粮食的产量。这样一来，虽然大豆在食物链中继续保持了不可见的状态，但是它在金融界的知名度却更大了。

在所有美国农作物中，大豆是最受自由市场的波动支配的一种；因为政府补贴价较低，这就让芝加哥期货交易所和其他交易所可以确定其国际价格，它也因此对世界各地的情况变化最为敏感。又因为尼克松政府1973年的禁运促使日本不仅增大巴西大豆的采购量，而且还在巴西直接投资，以扩大其大豆压榨能力，巴西大豆产业由此兴起，使情况变得更加复杂。巴西的竞争——特别是在豆粕上的竞争——足以削弱美国作为近乎垄断的供应商的地位。70年代后期各种因素的合力，不仅造成了大豆贸易的扩张，而且也让其价格波动显著增大，因为这时候，巴西的天气——其次还有阿根廷的天气——已经变得与伊利诺伊州的天气一样重要了。正如一篇报道在描述芝加哥期货交易所时所说的："交易所里出其不意的情绪爆发与神经质般的上涨和下跌，让大豆市场备受折磨。"[73] 在芝加哥期货交易所，八角形的大豆交易厅因此从70年代到80年代前期成为巨亏的风险和巨赚的兴奋的竞技场；与之相比，玉米交易则被人这样形容："拎着棕色提包的踏实可靠的交易员，每天准时来上班，做着没有情绪波动的工作。"在那个期货交易所还没有把业务扩大到更为古怪的金融衍生品（比如货币期货）的时代，大豆交易就是招摇的过剩资本的重点舞台，吸引了被一位作家称为"新盖茨比"的群体投身其中。尽管大豆本身缺乏魅力，却是商品市场的魅力作物。

虽然如此，那个时代最成功的交易者，虽然大部分时间都待在大豆交易厅里，却非常低调，而且土气得要命。理查德·丹尼斯虽然被人称为"交易厅王子"，实际上却与大豆反文化运动中的成员共有相当多的个性特征，比如他在面对市场波动时，会试图表现出禅宗般的超然。丹尼斯是秃顶，戴着厚厚的眼镜；与典型的交易者不同，他有意避免炫耀财富。就像一篇报道所说的，他选择住在"一种金钱的炼狱里，更喜欢过苦行僧式的生活"。[74] 虽然他积累了数以百万美元计的财富，以至于《纽约时报》在描写他时，说"他的钱往往堆积如山，分文未用"，但是他却与父母一起住在芝加哥南区，开"一辆廉价的旧汽车"，穿"便宜的针织衣服"。[75]

在大豆交易厅里面，这种超然感成了他的交易伦理。正如他所说，他"在边缘处"进行交易，在期货价格发生下一次零点几美分的变动前不久就能预料到变动，然后在场内其他人追随他的交易时收割回报。在成功的日子里，这种交易法能让他在合约价格最低时买入，然后在价格上涨时卖出。他相信，了解乌合之众的心理很重要，一个人一定要克制自己的冲动，万勿"被乌合之众挟持去往任何地方。在这个行业中，你必须把自己和他们分开"。不仅如此，他认为理解人们自毁的倾向也至关重要："我认为，了解弗洛伊德对求死愿望的看法，比了解米尔顿·弗里德曼对赤字支出的看法要重得多。"他从不按基本面的情况交易，不会去关注自然和经济因素，而是根据对市场的集体心理的下一步走向的客观感觉出牌。他更喜欢带着"久久不愈的感冒或轻微的抑郁情绪"进入交易厅，偶尔甚至会带着宿醉，为的是抑制自己的情绪反应。波动不休的大豆交易厅理所当然是实施这一策略的地方，随着他在交易所的声望越来越大，大豆也越来越成为他的交易重点。原因也很简单：如果他意外现身于别处——比如小麦交易厅的话，那么这件事本身就会影响市场行情。[76]

他越来越多地在家里进行交易，这样可以通过电话来操作小麦和白银，而不会惊动其他交易员，虽然这也限制了他对场内行动的观察。到 80 年代前期他的身家估计已有 5,000 万美元时，他又改到交易大厅上方 19 楼的一间办公室工作。一台价值 15 万美元的大型计算机彻夜处理大批数据，帮助他制定"技术性"定价公式，所依据的理论是"某些周期和模式会重复出现"。他仍然对艾奥瓦州降雨量之类的基本面不屑一顾，视之为"肤浅琐碎的玩意儿"；他也仍然开着一辆"破旧的 1977 年奔驰"，把"聚酯裤子提到粗大的腰上方"。[77]他用自己的钱资助了一些副业；比如他资助了华盛顿的一个研究政策问题的自由派智库，又在离家更近的地方开设课程，向新手学生（他管他们叫"海龟"）传授他的趋势跟踪系统，主要是为了证明这个系统是可以传授的。[78]据说他的"海龟"们在这场五年的实验结束时总共赚了 1.75 亿美元。然而，丹尼斯本人却在 1987 年华尔街股灾中损失惨重，随后便退出了交易。

拿大豆赌博可以带来的高回报前景，也吸引了更多典型风格的人物前来招摇过市。内德·库克是位于孟菲斯的棉花交易公司库克工业公司创始人的儿子，一位盛气凌人的富家公子。[79]他接手公司时，正是美国南方从棉花逐渐过渡到玉米和大豆的时期——促成这种转变的，是由埃德加·哈特威格以及他在美国农业部农业研究局的同事所开发的邦联品种。正是库克，在苏联1972年疯狂抢购粮食之时，设法向他们出售了一百万吨大豆，同时又因为他有充分的理由认为大豆价格会上涨，对此充满信心，于是毅然投入双重赌注"做多"大豆——也就是在购买大豆的同时也购买大豆期货——结果大发横财。与丹尼斯不同，库克炫耀起自己的财富来毫无顾忌，公然乘着洛克希德公司的"喷气星"（JetStar）飞机周游世界。就在此时，他也从范围狭隘的、本质上具有绅士风度的棉花交易世界抽身，转入了国际粮食交易的隐秘领域。1976年，库克工业公司遭人起诉，因为它参与了一个全行业性的欠载丑闻——在新奥尔良装载的粮食和大豆货物，尤其是那些准备运往发展中国家港口的货物，会被蓄意少装一小部分——尽管在1970年安排这种行径的商品顾问菲尔·麦考尔在1972年就已从公司离职。也是在1976年，库克雇来顶替麦考尔的那位被他称为"神童"的员工决定，在第二年"做空"大豆，把赌注押在大豆供应过剩将导致的价格下跌之上。

负责每日交易的高级副总裁威拉德·斯帕克斯与丹尼斯有些共同之处；他的决定也是由数据所决定的，而且常常在侦测市场短期走势与长期趋势不一致的基础上反其道而行之。但与丹尼斯不同的是，他并不想在市场发生上下波动之前先行预测到它们；相反，他在 1977 年春天顽强地坚持自己的感觉，认为大豆价格过高。然而，斯帕克斯的预测被证明是错误的，巴西对此起了一定作用，因为巴西农民出乎意料地把他们大丰收的大豆拦住不让上市。在前几年，他们都是在北半球的春季——差不多是南半球的收获季节——就放出大豆，结果却发现在美国的新收成上市前，一直到 7 月，大豆价格都在上涨。1977 年，巴西农民改变了策略，决定在对库克和斯帕克斯不利的时候先保持观望，结果最后伤害到了他们自己：1977 年的大豆价格在春季达到顶点，然后在整个夏季都在下跌。[80]库克的"神童"们怀疑巴西政府在期货市场上持有多头的头寸，想要人为支撑起国际大豆价格，但库克后来才意识到，威胁来自离他更近的地方，这时已经太晚了。邦克·亨特是得克萨斯州一家石油公司财产的继承人，是比内德·库克更盛气凌人、更招摇过市的赌徒。他一边买入大豆期货，一边还在积累大豆现货，显然是想逼仓。亨特把他那大家族里的其他成员也叫来参与交易，从而避开了芝加哥期货交易所对投机者所做的最多只能买入 30 亿蒲式耳大豆现货的限制，一共积聚了 210 亿蒲式耳大豆。

有人把亨特的活动私下告知库克，库克又向美国商品期货交易委员会（CFTC）——它是基本没起到作用的商品交易管理局的后继机构——报告了这一活动；随后，CFTC 在一次新闻发布会上宣布，亨特家族无视投机限制，持有超过 200 亿蒲式耳的大豆。但就算这样，市场上仍然没有出现抛售大豆期货的狂潮。亨特家族拒绝在未做法庭抗争的时候就出售合约，而市场上的其他人则把赌注押在他们的成功之上。大豆期货价格仍然在高位坚挺。与此同时，库克却被要求在价格越来越不利于他的情况下，将账面损失全额存入期货交易所——1963年时，正是同样的要求击垮了"蒂诺"·德安吉利斯。到1977年5月时，库克用尽了50家银行提供的价值数亿美元的信贷；6月，他中止了库克工业公司股票的交易。公司用了一年时间解散，到1978年6月最后完成；这时，日本的三井物产公司乘机花5,300万美元买下了该公司的8座粮仓，于是让这家日本公司在谷物和大豆的上游供应中站稳了脚跟，实现了它一直追求的目标。[81]的确，尽管舒特莱夫和青柳昭子一心想要在豆腐消费上模仿日本人，但是日本人却在追逐大豆，部分原因是为了饲养越来越多的牛。[82]

80年代伊始，由于美国的一次禁运而崛起的巴西大豆产业，又削弱了另一次禁运的影响。这一次范围更大的粮食禁运，是吉米·卡特总统在1980年针对苏联发起的，是对苏联入侵阿富汗的反制（图21）。与尼克松的禁运不同，卡特的禁运完全是政治性的。同样与尼克松不同，卡特在一开始赢得了全国的政治支持，甚至连农业州都不例外——他在那年的艾奥瓦州党团会议上轻松获胜。这是因为美国公众在国家紧急状态下习惯于服从国家的最高统帅，而那时候的这种紧急状态与其说是源于苏联的入侵，不如说是源于伊朗人质危机。然而，没有迹象表明禁运达到了预期效果，因为其他国家仍然会向苏联出售粮食，这样就削弱了禁运的影响。就大豆而言，巴西就把它的大部分收成转交给了苏联，而那些通常会从巴西购买大豆的海外客户，则转而向美国购买大豆。最终，禁运不过成了一场精巧的音乐椅游戏，其中有足够的椅子供大家

图 21　芝加哥期货交易所的价格显示屏，显示了 1980 年美国对
苏禁运期间大豆价格的下跌。Bettman/Contributor/Getty Images.

抢坐。与此同时，民众对卡特的政治善意，连一年都不到就消退了。[83]
虽然禁运最终没有损害到美国的出口，但是它所开启的 80 年代，
对美国大豆来说却是艰难的十年。国内的经济衰退，加上海外的
债务危机，以及政府对其他作物的扶持，都让大豆种植相对来说
不再那么有利可图。[84] 这便导致了用于大豆种植的农田面积的长期
下降，在战后时代还是头一遭。但与此同时，就在商品大豆进入
低迷期的时候，乌托邦式的大豆运动却显现出向着大生意发展的
迹象。

第九章　登　顶

　　1981 年，里根当了差不多 8 个月总统的时候，新政府那种削减预算的嗜好以一种想象不到的方式激起了愤怒。它竟然提议要把番茄酱视为蔬菜，以这种名义用在公共学校午餐中。这是奥威尔式语言的展示。这是狠了心要盗走孩子们的健康食品。这让人想到了奥利弗·特维斯特和玛丽·安托瓦内特。而且，就像很多激起公众愤怒的事情一样，真实情况并不是这么回事。美国农业部食品与营养局在面对全国学校午餐计划需要削减 10 亿美元预算的局面时，召集了一个工作组，考虑让学校午餐标准拥有更大的灵活性，允许学校要么缩减饭菜分量，要么用更为多样的食物来满足营养需求。用作午餐食材的番茄酱，虽然一度被认为有资格作为午餐的蔬菜部分，但是没有通过最后一关，正式写在 1981 年 9 月前半月发布的公告中。然而却有一位律师，在规定中不明智地加入了一些解释用语，声称学校"可以将腌菜酱等调味品视为蔬菜"。[1]之后又有一个叫食品研究与行动中心的宣传组，提供了一个可怕的配方——按照新标准，可以用半条小面包做成小汉堡包，再加上 9 粒葡萄、1 杯牛奶和 6 根蘸满番茄酱的炸薯条，就是一顿午饭。

这样的饭菜不仅有食材的替换问题，而且还有同样值得关注的分量削减问题，但是番茄酱的生动形象太引人注目了，于是给人留下了印象，觉得里根总统无法理解或关心一个新鲜番茄和一袋亨氏番茄酱之间的营养差异。[2]

虽然在接下来的几十年时间里，人们时不时就会提一下番茄酱丑闻，但是当时豆腐引发的相同争议，却基本被人遗忘了。在工作组从学校午餐负责人那里接收到的信息中，据说有一个亚裔人数比较多的区提出了请求，让豆腐获得肉类的资格。于是它真的被加进了高蛋白质含量食品的清单，与花生酱、白奶酪、酸奶、坚果等食品一起作为午餐中部分肉类份额的等价食品。然而这种安排引发了一些嘲讽，把豆腐看成了和番茄酱一样的东西。《华盛顿邮报》就在一篇文章的大字标题中自问自答：**《番茄酱在什么时候是蔬菜？在豆腐是肉的时候》**。随后的社论批评了里根政府"给孩子们吃的新式饭菜"竟然让豆腐有了肉类的资格，要读者"拿你家的二年级学生试一下"，看看会有什么后果。[3] 不料，该报很多读者却为政府的提议辩护，在给编辑的信中争辩说，"把豆腐、花生和酸奶之类切实可行而不乏营养的蛋白质来源加进去，并不像这篇文章所暗示的那样，会导致饮食不健康"；这些食品"不应该被当成'肉类替代品'，它们本身就是蛋白质提供者"。弗吉尼亚州的一对夫妇也坦承，他们是"激进的健康食品加素食派的嬉皮士"，却赞同里根政府的政策，为此颇有些困惑。[4] 《华盛顿邮报》在后来另一篇社论中只得承认，"豆腐含有大量蛋白质"，但它主要的缺陷在于，"大多数人听到这个词的发音，会觉得滑稽"。[5] 当然，这里还有一件讽刺的事情，就是学校午餐中可以被豆腐所替代的那些肉类，本来就含有不少分量的大豆，只是加工成了结构化植物蛋白的形式——这事不妨问一下大豆萨米。

最终，新标准被废弃了。这件可耻的事情，是对未来官僚的警告。但对豆腐来说，夏威夷州作为例外，却保留了相关的规定；据说那里的豆腐"就像花生酱一样常见"。还有纽约市一个试验计划所包括的40所学校，也继续供应着"无肉的肉食"。[6] 美国农业部官员不再敢提议放松相关要求，直到1999年，出于提供更健康的选择的目的，而不是为了节省成本，豆腐才再次被列入清单。[7] 采纳了新方案的学校，由此获得的经验好坏参半。在所有地方中，加利福尼亚州伯克利一所高中的学生始终对有机豆腐和翻炒豆腐不感兴趣，但纽约州布里奇汉普顿（Bridgehampton）的一位学生却"发现自己原来经常吃豆腐"。[8] 亚利桑那州梅萨（Mesa）一所学校的食堂经理也表达了类似的共识观点，她说："直接把豆腐放到学生的餐盘上，我想学生不会接受它。但如果往学生很熟悉的一种食品中添加大量大豆来强化它的营养，我想这就可以接受了。"[9] 20年后，当人们站在新千年的门槛上时，才发现这件事似乎转了一圈又回到原地。

然而在其间的年代中，大豆已经发生了很大改变。尽管有《华盛顿邮报》那种不假思索便表达的蔑视之情，从20世纪70年代开始，豆腐已经带着宝贵健康食品的名声出现在人们面前。80年代，豆腐爱好者对它形态的多样化寄予厚望，期盼它能成为一系列食品，成功吸引到更多公众。虽然豆腐是不是真的能成为与酸

　　　　　　　　　　　　　　　魔豆：大豆在美国的崛起

奶一样成功的健康食品曾引发争论，但是它的名气确实为大豆提供了能够更常出现在市场上的机会。到90年代，大豆可能具有额外健康益处的新闻时见报端，"大豆"也开始出现在食品标签的正面，而不只是隐藏在背面的成分列表里。然而，尽管大豆赢得了公众的赞许，在20世纪末，却也出现了一些激烈反对它的声音，最开始是源自人们对基因修饰作物的恐惧。也许1999年就是大豆的登顶之时？

下一个酸奶

随着豆浆制品在70年代的勃兴，就像美国大豆历史上几次发生的情况一样，这个产业也需要一个全行业的组织。这样的组织，在1920年是美国大豆协会，在1930年是全国大豆加工商协会。在战后时代，来自政府和产业的科学家又特地召开会议，着手解决大豆油中的回味问题。而对于初出茅庐的"大豆食品"（soyfoods，这个词由俄勒冈州尤金〔Eugene〕的须啰多大豆食品公司在1976年所创造，最终也被其他的豆腐、味噌和天贝制造商所采用）产业来说，这一刻是1978年夏天在密歇根州的安阿伯（Ann Arbor）到来的。应大豆工厂公司之邀，75位嘉宾参加了北美洲大豆手艺人协会第一届会议。与会者中有20位豆腐坊经营者，其中只有两位是亚裔。会议的报告和讨论部分基本都是即兴的，会议期间的素餐是非正式的，所确立的协会目标也非常基础：为了方便交流，编纂统计数据和资源目录，以及为公众和媒体提供信息。第二年夏天，一场规模更大、更具雄心的后续会议（"大豆食品生产和经销"）在马萨诸塞州的阿默斯特（Amherst）召开，200多位与会者的强烈共识是，大豆食品将在下个十年从它目前的市场定位突破而出。[10] 特别是豆腐，在这个时候以及后来的整个80年代，人们反复说它蓄势待发，将要成为"下一个酸奶"，而酸奶是前些年突然走红、迅速跻身主流的健康食品。看上去，大豆手艺人们已经准备好从嬉皮士转变为雅皮士了。

在会议致辞中，威廉·舒特莱夫敦促这个新生的产业要组织起来，有效地面对挑战和市场营销机遇。在他看来，这个产业的状况有如霍比特人，身处黑暗势力肆虐的世界中，可以把他们完全击垮——FDA可能会限制苦卤的使用或豆腐的生产；媒体报道会把大豆食品吹上天，然后又突然把它们忘得一干二净；还有一些大公司，随时可能偷走他们那些有利可图的想法。他向人们呼吁，解决这种困境的办法，是大家要强有力地团结起来，能够扮演类似乳业委员会那样的角色——用几十年时间塑造产品形象，在公共学校宣传产品的优点，还要影响立法。他举了日本豆腐协会作为反面例子。这个协会的会员是"3.8万家个体豆腐生产商，从来就没有聚在一起商量过事"，除了"一份畏畏缩缩的内部通讯"外，也从来没有传播过更多信息。他指出，后来国际水域对渔捞的新限制导致日本国内鱼类的供应骤减时，日本的电视上压根儿就没有什么广告，宣传说"既然你没有更多鱼吃了，那么请重新吃豆腐吧，这是真正优良的蛋白质来源"——因为根本就没有一个能做事的贸易组织，可以乘势利用这样的机遇。[11]

　　　　　　　　　　　　　魔豆：大豆在美国的崛起

尽管豆腐产业本就是因为一种信奉合作和精神团结的反文化运动而兴起，此时又有这样的呼吁，但是听众多少还是不太情愿联合起来，追逐共同的利益。在一场以竞争和合作为主题的圆桌讨论会上，来自科罗拉多州博尔德（Boulder）附近的白浪食品公司（现名达能浪）的斯蒂夫·德莫斯虽然称赞了"交换精神"，但一听说要坐在"与你竞争的人旁边，把你知道的能帮助他把生意做大的东西真正告诉他"，就皱起了眉头，坚持认为"你必须守住你自己生意里的某些东西，它们是你的财产利益所在"。德莫斯没有说他感到不悦的原因，在于他意识到，虽然日本那种 3.8 万家豆腐坊各自为政的局面被另一位圆桌会议参与者赞许为"每个街角都有加油站和豆腐店"的理想模式，但是美国的豆腐市场完全不是这种格局。[12] 恰恰相反，德莫斯预测，未来的增长应该是在超市中；除此之外，则是在学校、医院和"老年人之家"之类机构中。在这些地方争夺市场份额，会让最为高效的生产商从中获益。后来，德莫斯在接受《大豆食品》杂志采访时又指出，"即使你只赢得了超市中 1% 的顾客"，这个客户群比起"天然食品爱好团体中 15%的市场渗透率"来也还是要大得多。在白浪公司每周生产的 7,500磅豆腐中，光是丹佛地区的一家超市就会运走 2,000 磅。通过更为积极的营销，德莫斯希望可以把产量提升至每周 2 万磅。[13]

　　除了德莫斯和其他豆腐推广者，还有人也看好豆腐成为超市主食的前景。1981 年 5 月，纽约的市场营销公司 FIND/SVP 发布了一份 139 页的报告，题目叫"豆腐市场：一个高潜力产业的概览"，在其中把豆腐与酸奶的历史做了明确比较。报告提到，酸奶虽然在美国已经卖了几十年，但其产量在 70 年代前期才开始腾飞，从 1955 年的 5,000 万磅增长到 1978 年的大约 5.8 亿磅。同样，报告预测，豆腐市场可能会从 1981 年的 5,000 万美元增长到 1986 年的 2 亿美元。[14] 与酸奶一样，豆腐也吸引了越来越多的关心自己健康的消费者。[15] 豆腐还有另一大优势，就是价格低廉，每磅仅售 1.10 美元；相比之下，汉堡包每磅是 1.50 美元，鱼肉是 3 美元，鸡肉（连骨）是 71 美分——正如一个新闻来源所指出的，这正是豆腐能吸引美国农业部的学校午餐工作组注意的理由之一。[16] 有一个迹象，可以表明美国人可能已经开始把豆腐视为超市主食，与鸡蛋、绞牛肉、鸡肉或牛奶相提并论，就是新的豆腐菜谱大量出现。其中有两本书，一本叫《豆腐菜谱》，写给希望把豆腐用在具有 "国际风味" 的菜式中的美食家厨师；另一本叫《美国豆腐菜谱大全》，致力于把豆腐 "美国化"，用在常见菜式中，就像之前的几代人竭力想让大豆本身美国化一样。这两本书有个明显区别：《豆腐菜谱》里面还有制作豆腐的方法指导，但《美国豆腐菜谱大全》就没有这种内容，只是假定读者在附近的副食品店中就能买到它。[17]

　　然而 FIND/SVP 报告也指出，酸奶兴起的关键时间节点是 1968 年，那一年推出了添加香甜水果风味的产品。在 1981 年时，虽然因为人们对健康食品和天然食品有了更大兴趣，推动了酸奶销售额大增，但人们还是 "主要出于风味" 而喝酸奶。[18] 与此相反，豆腐作为食品成分的卖点之一，在于它极为清淡的口味。酸奶的销量还受益于 "节奏越来越快" 的美式生活方式。这个时代双亲都在外工作的家庭更多，工作者投入工作的时间也更长，为此挤占了在家做饭和悠闲地吃饭的时间。酸奶食用方便，又易于携带，是有益健康的零食，必要的时候甚至可以当成一顿饭。豆腐就不太可能具备这些特征，除非把它改造成大豆食品产业所说的"第二代产品"，也就是以豆腐为主要原料的即食包装食品。加州博德加（Bodega）的豆子机器公司的拉里·尼达姆在1981年的会议上也说过，大豆手艺人应该"把豆腐视为原材料"，在经销的时候不应该把它主要当成最终产品。"豆腐只是起点。"[19]豆腐是一种可替代的商品，但第二代产品却像是德莫斯在讲到他的"财产利益"时心中所想的东西。任何人只要能靠一种热卖的新蘸酱、涂酱或冰冻饭后甜点占据先发优势，那他就能在之后数年间赢得市场份额。

第二代产品的试验场是大豆熟食店（图22）。很多这样的熟食店、咖啡馆和餐厅都由70年代后期的大豆乳品厂发展而来，或是与之共同演进。有些店换了名字，反映了它们新的营销策略。[20]比如科罗拉多州特柳赖德（Telluride）的"豆腐坊"，就改名为"远亭"。纽约州罗切斯特（Rochester）的另一家"豆腐坊"，也改名为"莲花咖啡馆"。斯蒂夫·德莫斯把"中国奶牛"改成了"好肚子熟食店"，想要用"真正的进食、真正的禁食"来取代快餐。店中供应的都是用大豆做的常见饮食：无奶豆腐比萨，豆腐枪鱼（金枪鱼仿食），豆腐"肉丸"三明治，豆腐酥皮饼，大豆椰子奶油馅饼，豆腐水果馅饼，豆腐肉桂卷，还有天贝肉酱三明治。[21]与此类似，莲花咖啡馆到1981年时已经发展成了一间有40个座位的餐厅，每天可以招待200位食客。其招牌菜有茄盒、乳酪馅通心粉、辣肉玉米卷和酸奶油牛肉汤,全都用豆腐或天贝制作;此外还有豆腐泥蘸酱、豆腐汉堡、天贝乳酪三明治、豆腐菠菜馅饼、豆腐长角豆薄荷馅饼、豆渣花生酱饼干,等等。到1981年底时,北美洲已经有了19家大豆熟食店、咖啡馆和餐厅,其中3家在加拿大;它们的年营业额加起来约有150万美元。[22]自那时起到80年代中期,又陆续有新店开张;其中包括芝加哥南区的"素食东方灵魂菜",经营者是来自耶路撒冷的非洲希伯来裔以色列人中的纯素食宗教团体,供应的是改造得更健康的传统灵魂菜,用一系列大豆原料制作。[23]不过总的来说,这些经营者的希望并非只是经营一家成功的熟食店,他们还想创造新产品,希望能取得突破,摆上超市货架。

图22　北方大豆熟食店,1979年。在柜台上摆着供售卖的
多本《豆腐之书》。承蒙大豆信息中心许可使用。

　　　　　　　　　　　　　　　魔豆:大豆在美国的崛起

碰巧，第二代产品在这十年中的突破，就来自一家合乎犹太教礼法的熟食店。70年代前期，纽约市的明茨自助餐的经营者戴维·明茨钻研了如何在酸奶油牛肉汤中不加酸奶油，以避免违犯犹太教法中不得把肉和奶混在一起的戒律。后来他愉快地回忆说，在他从一本健康杂志上看到豆腐的介绍之前，"我试做的所有东西都特别难吃"。与他之前的所有大豆食品先驱一样，他去了趟唐人街，"买了一桶豆腐，开始做试验"。通过这些试验，他做出了一种美味的豆腐酸奶油——至少加在酸奶油牛肉汤之类香料味很浓的菜式中是如此——之后又开发出了豆腐千层面、豆腐烙饼、豆腐麸皮马芬糕、豆腐凯撒沙拉、豆腐乳酪蘸酱和豆腐蛋奶馅饼。"发现豆腐就像发现美洲；它开启了一个全新的世界。"熟食店的一些较为虔诚的客人曾怀疑他是否犯了饮食戒律，所以他在墙上钉了一张布告"豆腐是什么？"。他还在参加慧优体*的集会时向人介绍"豆腐"这个词，四处推广一种无奶制品而以豆腐为基础的饮食方式。这种饮食不含胆固醇，脂肪和热量都比较低，本身就足够优秀了。[24]

　　明茨面对的最大挑战，是要创造一种类似乳制品的饭后甜点，能成功地去除豆腐的豆腥味，软化它的坚硬质地。像之前的米勒耳一样，明茨也成了一位沉迷于小发明而不能自拔的人，会在深更半夜突然从床上跃起，去试验突然想到的点子。同样像米勒耳一样，明茨还喜欢强调他做出的最终产品的空前特性，到处宣

---

* 　美国一家专注于减肥服务和产品的公司。

称说，有一位大学里的食品技术专家告诉他，自己也曾尝试做过大豆甜点，但从来没成功。事实上，豆腐冰激凌在美国的谱系可以一直追溯到 1922 年的一项专利，是一位美籍华人申请的"一种冷冻甜食及其制作工艺"。从 30 年代起，米勒耳等安息日会信徒也一直在尝试制作大豆冰激凌，而在这十年中，亨利·福特也在 1934 年的世界博览会上供应了大豆冰激凌。"农场"在 70 年代后期生产了"冰豆"；甚至连与明茨一样的犹太宴席承办商，自打 20 年代开始供应不含奶的冰水之后，也早在 50 年代就用大豆蛋白开发出了不含奶的冰激凌。纽约州还在 1969 年建立了一项标准，规范一类叫"帕雷文"（parevine）的食品。这个英文词由 pareve 和 margarine（人造黄油）混拼而成，pareve 指的是那些因为不含奶或肉而合乎犹太礼法的食品。[25]

然而，明茨决心让自家产品的口味和全面愉悦人心的吸引力超越其他合礼的冷冻甜点。他发现往产品中加入苹果汁，既可以加强草莓的味道，又可以掩盖豆腐的味道。靠着这些秘诀，他最终获得了成功。很快，他就在自己的熟食店里用专门的一台冰柜售卖包装好的豆腐"冰淇淋"（Ice Kreme）。1981 年，他为这种产品想出了一个更高档的名字——"豆馥滴"，希望可以吸引那些酷爱哈根达斯冰激凌的雅皮士的兴趣。之后，明茨在五十周岁时决定卖掉熟食店，把全部时间投入"豆馥滴"的生产，一开始先供应给健康食品店和西奈山医院。在接到布卢明代尔百货商场的订单后，他的生意迎来了重大突破。到 1986 年时，连哈根达斯都在全美国的 2.8 万家室内店里售卖"豆馥滴"，而明茨也把工厂从布鲁克林搬到了新泽西州的罗韦（Rahway），年收入达到了1,700万美元。[26]"豆馥滴"在总体上拔高了豆腐的形象，明茨也经常出现在报纸和杂志上报道大豆食品的文章中，这种产品跨人群的成功似乎也消除了1981年大豆手艺人大会的一些出席者的担忧。当时，这些人盯着来自卡夫、兰多湖、达能和比阿特丽斯等乳业巨头的与会代表，心中十分紧张。那么，这种跻身主流的成功是否会像80年代经常出现的情况那样，让一些公司规模更大，另一些公司却因此破产？这样的成功会牺牲掉经营者的正直和商品的货真价实吗？

　　为《全生时代》杂志撰写文章的马克·梅多夫很快就揭露，"豆馥滴"里面实际上基本没有或根本没有豆腐。[27]明茨在扩大生产的时候发现，用那个时代已经更普遍地用在加工食品之中的大豆分离蛋白替代豆腐，可以让生产变得更容易。分离蛋白没有豆腐的那种豆腥味，也较不易变质。因为FDA没有出台任何豆腐标准，用分离蛋白代替豆腐的不只是"豆馥滴"这一种产品，还有一些仿制品也是如此——比如加州就有一个叫"乐豆腐"的品牌；还有格洛里亚·范德比尔特推出的"格拉塞"（Glacé），是这位著名的牛仔裤设计师与新泽西州的冰冻快乐公司合作的产品。美国大豆协会主席加里·巴拉特曾抱怨说，这些公司都想"宣称他们用了豆腐，哪怕他们并没有用，这是因为豆腐实在是个绝好的营销角度"。豆腐生产商发现，他们现在的处境和40年代与黄色人造黄油斗争的黄油产业差不多；对于那些打着豆腐的健康形象的幌子售卖的仿品，他们非常反感。不过，因为害怕严苛的管制会妨碍到所有企图为豆腐进行更广泛营销的人，美国大豆食品协会希望这个行业能自我监督。明茨最终同意再往他的产品里加回少量真正的豆腐，但是他否认这个决定是对外界压力的回应。根据口味不同，豆腐在成分表里居于第四或第五的位置，排在水、高果糖玉米糖浆和玉米油之后，但列在分离蛋白之前。[28]

尽管存在争议，"豆馥滴"还是火了很长时间。但对于 80 年代另一种企图最直接地复制酸奶的成功的产品来说，运气就没这么好了。达能的传奇总经理胡安·梅茨格尔在酸奶本身的兴起中居功至伟，他在 1982 年又加入了已经改名为汤姆桑食品的新英格兰大豆乳品公司的董事会，以开展他的新计划，生产一种叫"悠富"的革命性新产品。"悠富"是加有水果的奶冻状豆腐，用单份装的酸奶杯盛装。1986 年，汤姆桑在新英格兰试销"悠富"，通过公开发行股票来筹集现金，并准备把"悠富"投放到纽约都市区的市场。在后续密集的轰炸式营销中，它紧随"豆馥滴"的步伐。除了通过名字把产品与豆腐联系在一起之外——在这方面，那时它的主要竞争对手是"大豆酸奶"——其广告还极力强调"悠富"全方位的悦人体验，用上了"柔美，细腻，果粒满满"这样的宣传词。与此配合的，则是所谓"负营养"信息，强调它不是什么样的食品。它"热量低"，"绝对不含胆固醇"；它的钠和饱和脂肪酸含量也低，但钙和蛋白质含量较高；总之，能做到"你不想摄入的更少，你想摄入的更多"的，就是这款"**超越酸奶**"的新品（图 23）。但要说它真的取得了什么成功的话，那就是这场营销效果实在太好了，来自商店的更多订单蜂拥而至，超出了汤姆桑满足需求的能力。1987 年，这家公司的销售额虽然攀升至 360 万美元，却亏损

魔豆：大豆在美国的崛起

图 23 《纽约时报》上的"悠富"广告，1987 年。*

了 200 万美元。为了专注于这种爆款的第二代产品的产销，它还把原来在新英格兰售卖豆腐的重要业务基本让给了竞争对手纳索亚。1988 年，汤姆桑食品宣告破产。[29]

与此同时，为超市供应基本款式豆腐的竞争却逐渐激烈，其中效率最高的公司占据了优势。在这些公司——特别是西海岸的公司里面，最大的几家是日裔美国人的豆腐公司，还有一些日本的本土公司。到 1984 年时，洛杉矶的日出豆腐每天可加工 180 蒲式耳大豆，这个生产规模让这家公司能够投资添设巴氏灭菌设备，避免产品发酸。[30] 最近，日出豆腐已经并入了日本的好侍食品有限公司。[31] 日出豆腐的经营者山内昌安在 1977 年付给舒特莱夫感谢金的做法，似乎越来越显得理所应当了。为了满足越来越多的非亚裔顾客群，日出豆腐设法把豆腐美国化，在广告宣传中加入了"无羊羔肉豆腐炖菜"之类菜谱配方。[32] 洛杉矶的森永营养食品公司是日本的森永乳业有限公司的子公司，在 1986 年靠推出"森不漏"牌超级巴氏灭菌豆腐，一举打败了日出豆腐的巴氏灭菌产品。"森不漏"豆腐装在无菌的利乐砖纸盒里，型号与帕玛拉特公司的牛奶和很多牌子的豆浆相同，在"不加防腐剂、不辐照和不冷藏"的情况下有 10 个月的保质期。[33] 森永的营销活动在 1989 年变得更为凶猛，甚至在健康食品类和商品贸易类的杂志上打出广告，把当时已经成为传统的注水盒斥责为"水害"，把它自己的包装称为"救生衣"。阿特·三尾是森永的全国销售经理，更是写信给卫生稽查员和 FDA，怂恿他们对货架上的变质豆腐加以严厉打击，大概是希望能迫使超市把注水盒豆腐转移到冷藏条件更好的乳品柜中，让顾客想不到它们会出现在那种地方。[34]

这场竞争之所以如此激烈，部分原因在于豆腐市场已经有了饱和的迹象。1984年，一份叫《连锁经销和管理》的杂志曾预言，豆腐销售额将从1982年的5,000万美元增长到1988年的2亿美元——"可以与多年以前酸奶所经历的增长媲美"——但是到1988年的时候，豆腐的实际销售额仅仅达到7,100万美元而已。[35]到90年代前期，业内人士在描述豆腐消费从1985年的6,000万磅到1992年的8,400万磅（价值1亿美元）的提升时，说它"并非流星一般转瞬即逝的增长"，而是每年"5%到10%的稳定提升"。[36]1983年到1988年间，豆腐生产商的数量从191家减到150家，其中只有4家每周可以生产10万磅以上，它们都由日本人或日裔美国人运营。第二梯队的生产商包括白波和小岛之泉等，最高周产量是3万磅。[37]因此，豆腐的增长不如预期，企业的兼并也不如预想的激烈。尽管曾经有人展望，无菌包装会让市面上出现更多种类的加香料的调味豆腐，从而为豆腐市场注入活力，但是这样包装的豆腐在超市过道两旁从来就没能成功地彻底取注水豆腐盒而代之。1987年时，一些报纸文章仍然预测，豆腐会成为下一个酸奶，只是预测的时间已经退让到十年之久了。虽然开发第二代产品仍然是保证大豆食品销量增长的最有前景的方法，但是也有迹象表明，一些人希望沿着完全不同的路线实现产品多样化。

1987年8月，《纽约时报》专文介绍了伊丽莎白·阿普尔，她经营的神食大豆公司生产一种叫"甜大豆"的饮料，"既有原味，又有蜂蜜香草、长角豆和恰恰樱桃味"。她曾经是一家大型咨询公司的高级会计师，服务的大都是制造业的客户，但后来决定告别金融产业。她觉得做大豆食品生意的时机已经成熟，因为"美国人现在都非常注重健康"，但是她想在豆腐之外开发"另一个生态位"。"豆腐市场现在已经停滞不前了。"她评价道。她对待资本的态度不如1981年的大豆手艺人那么暧昧，马上就采取了类似的商业策略。虽然她推出了一系列不同口味的豆浆，但是她还有扩大经营范围、开发第二代产品的计划，包括大豆布丁和素食前菜，还有在小型零售店售卖的大豆冰激凌。虽然那时"甜大豆"已经在健康食品店有售，但是她的目标是让它能在新英格兰和纽约地区的大型超市中售卖。"我马上就会看到这样的地方容不下我。"她说。[38] 不幸的是，神食大豆公司没有活到下个十年。不过，它还是预示了一些即将到来的事情。豆浆在90年代确实将成为销量高速增长的豆制品，"大豆"这个词本身也将足以成为营销卖点，而不必再隐藏在豆腐的神秘气息后面。

最后，产品的营销用语也将不再只是"大豆的胆固醇和饱和脂肪酸含量很低"之类与负营养有关的信息。相反，一些新出现的正面信息，将把大豆归入有着"功能食品"或"保健品"等种种名目的那类食品之列。有一件事就让阿普尔一度感到困惑：尽管她原以为能吸引"雅皮士的市场"，但是对她家产品热情最高的人却是四五十岁的中年女性，有人想"了解这种产品"，有人则"已经具备了许多有关大豆产品的知识"。她在无意之中把握到了一波新热潮的开端，而这波热潮将在十年之后达到顶点。

魔豆：大豆在美国的崛起

激素的魅力

1990 年夏，美国国立卫生研究院举办了一场为期两天的会议，主题为"豆制品在癌症预防中的作用"。这场会议的组织者是马克·梅西纳，是国家癌症研究所膳食与癌症部的营养学家，负责为政府越来越多的资助鉴定出有前景的研究领域。梅西纳请来了一位素食厨师，操办了一场大豆午宴——这延续了从当年美国大豆协会的成立宴席开始的悠久传统——因为与会的很多研究大豆的科学家从来没有专门尝过大豆的滋味。[39] 这个时候，梅西纳还没有完全成为大豆的倡导者。他自己的博士论文研究的是十字花科蔬菜（比如花椰菜和西蓝花）对结肠癌的作用，但是他知道从 80年代开始，对大豆植物化学成分的调查越来越多。植物化学成分（phytochemicals）是植物中的化合物（这个词来自古希腊语单词phyton，意即"植物"），不仅对植物自己有多种多样的功能，而且在动物和人类摄入之后仍然具有生物活性。大豆植物化学成分是混杂的一大堆物质，有些会妨碍消化过程，但也有些可能对人类健康有一定益处。

就负面作用来说，有一类叫蛋白酶抑制剂的植物化学成分，人们早就知道会通过干扰蛋白质的消化而阻碍牲畜的生长。不管是"烘烤"大豆粉还是煮沸豆浆，这种热处理可以明显地消除这种作用。同样，植酸（也叫肌醇六磷酸）作为一种含磷化合物，已知会与钙和铁结合，让这两种矿物质更难被肠道吸收。因为植酸在大豆中含量相对较丰富，它成了食品工程师需要解决的一个较为困难的问题：煮沸或烘烤脱脂大豆粉虽然可以减少植酸与矿物质结合的能力，但不能完全消除，而其他方法又会带来麻烦的副作用。[40] 不过，即使是这些不受欢迎的植物化学成分，也可能会有某种用处：在这场会议上就有研究者报告说，极低含量的蛋白酶抑制剂不仅不会影响动物生长，反而可以抑制在实验室小鼠身上诱导出来的结肠癌、肺癌和其他肿瘤的发育。同样，植酸也可以抑制结肠癌，这可能是因为它限制了铁的某些有害作用。在加工过程中，有些具有潜在益处的植物化学成分则在无意中被除去了。比如曾经被珀西·拉冯·朱利安拿来作为合成激素的原材料的那类叫植物固醇的物质，它们在大豆油中的含量会在精炼和氢化的过程中显著下降。植物固醇和另一类叫皂素的植物化学成分据信可以与胆固醇结合，因此能降低血胆固醇水平。会议上的另一位研究者就报道，补充含谷甾醇的膳食可以抑制小鼠的结肠癌，而皂素对某些类型的癌细胞也有毒害作用。

就像在之后十年间出现的更多类似情况一样，在1990年会议上让人们极为兴奋的那类植物化学成分，在动物身上却呈现出一些在表面上看来相当令人不安的作用。异黄酮是一类植物雌激素，是植物合成的模仿动物雌激素的化学物质。会议出席者中有一位研究这类物质的一流专家，叫肯尼思·塞切尔，是在辛辛那提儿童医院工作的英国生物化学家。他在80年代前期的博士研究中用质谱分析追踪了固醇类激素在月经周期中的起伏变化；在这个过程中，他和同事在所分析的尿样中发现了痕量的植物雌激素。出

魔豆：大豆在美国的崛起

于好奇，他给猕猴和大鼠饲喂了各种食物，最后确定植物雌激素的来源是大豆。他和实验室同事甚至还亲自吃下了大量大豆蛋白，然后把自己的尿样拿来分析。果然，其中的植物雌激素水平上升到 5,000 倍。就这样，异黄酮研究成了塞切尔的副业，因为他想知道，某些激素依赖性疾病——主要是乳腺癌——在亚洲患病率较低，是否可以归因于那里较多的大豆消费。[41]

在会议上，塞切尔提到，已知有 300 种植物可以产生雌激素样效应，有时强到足以诱导动物进入发情期，或是反过来，影响到动物的生殖能力。比如在 1946 年澳大利亚的一例报告中，三叶草中的异黄酮就被确定为导致绵羊不育的罪魁祸首。1986 年，塞切尔本人也参与了辛辛那提动物园的一项调查，那里豢养的猎豹的肝病和不育症的发病率都异乎寻常地高。调查结果最终找到了这些疾病与其食物的关联。作为猎豹食物的商业饲料虽然大部分成分是马肉，但也包括相当分量的豆粕。[42] 不过，由此也可以推测摄入异黄酮会有好的一面，就是它有可能像干扰猎豹的生育一样干扰激素依赖型癌症的发展，二者原理是一样的：作为弱雌激素，它们可以与组织中的雌激素受体组合，但不会像机体本身的作用更强的雌激素那样发出信号。[43] 塞切尔与合作者确实发现，多种形式的大豆蛋白似乎都对小鼠身上诱发的乳腺癌具有抗雌激素作用。与此同时，亚洲女性的大豆消费量并没有给她们的生育带来任何像猎豹那样的明显问题。[44]

与植酸和蛋白酶抑制剂的情况一样，对异黄酮益处和害处的评估，也依赖大量背景细节。大豆含有多种异黄酮，其中以大豆苷元（daidzein）和染料木素（genistein）含量最丰；不同的异黄酮，其效力也不同。不同来源的大豆蛋白，在异黄酮含量上也有差异，这是由于它们制备和加工方法的不同，或是提取时所用的大豆品种的不同。机体内不同组织对异黄酮也有不同反应，人类又不同于实验动物。导致实验鼠类易患癌症的一些机理，并不会让人类也对癌症易感。肠道细菌把其他异黄酮转化为雌马酚（equol）这种效力相对较强的雌激素的能力，也因细菌物种而异，甚至因人而异，这让摄入豆制品产生的影响变得更为复杂。所有这些微妙差异，让研究者一直忙到了下一个世纪，因此1990年时的所有结果在公布时，都提醒人们要注意还有很多疑问未解决。不过到最后，因为线索足够充足，国家癌症研究所还是决定，为大豆与癌症关系的研究项目投入300万美元资助。[45]

1990年会议之后的几年中，梅西纳有点儿过于相信大豆具有预防癌症的潜在作用，变得明显不那么谨慎了。他本来正在国家癌症研究所负责一个名为"名牌食品计划"的新项目，想要开发用于研究的抗肿瘤食品，却在1992年从研究所离职，把更多时间用于推广大豆。[46] 他在《大豆通讯》杂志上开了固定专栏，又在1994年与他的妻子、注册营养师弗吉尼娅（Virginia）以及塞切尔合著出版了《有益你健康的平凡大豆》一书。这本书的读者定位是普通公众，一部分内容是科学研究的概述，这些研究往往会淡化90年代开始出现的那些不确定的、警告性的结果；另一部分内容是建议性的菜谱，提供了富含大豆的"最佳饮食"菜单样本，可以连做14天。在这本书的卷首，梅西纳伉俪放上了一位大豆爱好者在 1956 年写的诗,其中有这么几句:"我在食物中堪称优秀 / 我是奶酪、鲜奶和肉 / 我是洗盘子的皂液 / 我是煎鱼的油。"他们在后面又添了两句:"但是如果这些都没有引起你注意 / 那么现在就请你看看我预防癌症的能力!"[47] 到 90 年代后期,梅西纳夫妇已经开始吃纯素食,并受聘为安息日会的洛马琳达大学的教授。他们二人虽然并非安息日会信徒,却给安息日会的出版物撰写了同样虔诚的大豆推介文章。其中有一篇《神奇之豆》(The Miracle Bean),甚至把大豆列为上帝的礼物之一,"为我们"展示了"神之大爱的奇迹"。[48] 但与此同时,马克·梅西纳仍然继续把很多精力用于严肃的科学研究,并从 1994 年开始组织每四年一次的系列会议("大豆在预防和治疗慢性病上的作用国际研讨会")。[49]

那时,大众媒体也开始对大豆中的植物雌激素发生了兴趣。最终,媒体报道的焦点集中在 1990 年会议期间只是简略提及的一个主题。一位叫唐娜·贝尔德的研究者介绍了她的实验,是测定异黄酮的雌激素样作用(而不是反雌激素样作用)。她的受试者全是绝经女性,连续 4 个星期每天都会食用豆制品。实验结束时,比起对照组来,她们都长出了"阴道上皮组织的表层细胞",这意味着她们的身体发生了雌激素样反应。[50] 1992 年,《柳叶刀》也报道说,绝经的日本女性体内有高水平的"异黄酮类植物雌激素",比摄入西方饮食的女性高出 2—3 个数量级;论文作者把这一现象与该人群中潮热之类更年期综合征症状的低发作率关联在一起。[51]

这项研究公布之日,正是"婴儿潮"一代的女性进入更年期之时,因此在媒体上激起了有关更年期综合征的更多讨论,政府也参与其中；内科医生也越来越经常为病人开出激素替代疗法（HRT）作为治疗方案。[52] 到 90 年代后期，有些女性开始怀疑用与乳腺癌风险增大相关的雌激素药物治疗更年期是否明智，于是改而采取其他看上去较为温和和自然的替代品。[53] 对一些人来说，这意味着要把亚洲食品加入日常饮食；另一些人则去寻求市场上越来越多的草药补充剂。不过，有一种产品似乎格外有益。《纽约时报》在 1997 年的评论版发表批评 HRT 的文章后，有一位读者就对此做出了积极回应，评论道："这里唯一没提到的东西，是通过饮食就可以保持激素水平的一些食谱配方。"她最后说："豆浆，有人有不同意见吗？"[54]

在 80 年代豆腐最为辉煌的时期，豆浆市场也因为许多原因而同时兴旺起来。从 40 年代起，因为对奶制品（特别是乳脂）不再抱有好感，牛奶的消费开始走下坡路。不过，由此腾出来的空缺，一大部分为软饮料所填补。从 60 年代后期开始，又有越来越多的人意识到，所谓"乳糖不耐症"，也就是婴儿期过后消化乳糖的能力剧烈衰退的现象，在全世界人口中是常态，而不是例外。据估计，1984 年时有多达 3,000 万美国人具有某种程度的乳糖不耐。[55] 除了亚洲移民，这一人口还包括很大部分的非裔美国人，这让《纽约阿姆斯特丹新闻》在 1977 年干脆把牛奶形容为"年轻黑人的白色毒药"。[56] 同样在 1984 年，豆浆的总销量则达到了 270 万加仑。[57] 根据威廉·舒特莱夫在 1984 年发表的统计数字，当时存在的美国豆浆市场的主导者是安息日会的公司，生产有"大豆健"和"大豆美"之类产品，出售给安息日会信徒、素食者和健康食品消费者。

　　　　　　　　　　　　　　魔豆：大豆在美国的崛起

大约四分之一的美国豆浆从亚洲进口。亚洲本地有些品牌是流行的瓶装软饮料，比如中国香港的"维他奶"就是其一。不过，从那里出口到西方的产品则采用无菌利乐砖纸盒包装，可以摆在副食店货架上售卖。尽管豆浆是制作豆腐的原料，似乎是大豆乳品店或犹太大豆熟食店理所当然要供应的产品，然而由豆腐生产商所生产的豆浆，在美国豆浆中的占比还不到一成。[58]

十年之后，豆浆销售额已经增加到 1.08 亿美元，大致相当于 1,350 万加仑，每年稳定保持着 15%—20% 的增长。这样的市场规模，让 80 年代开始从日本进口豆浆的天然食品公司决定自行建厂。伊甸食品公司早在 1986 年就在密歇根州萨林（Saline）建立了一家工厂，巧的是，亨利·福特的一家大豆加工厂就在那附近。[59]从 1997 年到 2000 年，随着饮用"香草伊甸豆浆"成为进入更年期的女性必须参与的著名仪式，豆浆的销量又翻了两番。[60]这也应部分归因于一些公司的精明营销，特别是白浪，也就是博尔德那家由大豆熟食店发展而来的公司，在 1996 年推出了"丝绸"牌豆浆，故意用屋顶形牛奶盒包装，并摆在超市的奶制品区货架上。到 1999 年迪恩食品这家主要的乳品生产商购得白浪 25% 的股份时，"丝绸"豆浆在全美国的 6,000 多家超市和连锁店都有销售。[61]作为一个独立的市场生态位，以大豆为原料的婴儿配方食品也越来越流行。还是在 1984 年时，就有 3,200 万加仑的豆浆是作为婴儿配方食品售出的。这类产品瞄准的是对奶类过敏的婴儿——这是与乳糖不耐症不同的另一种健康问题——它们大部分是由美赞臣以及其他生产含奶婴儿配方食品的公司开发的。一个例外是"大豆乳"，以米勒耳的专利为基础，由安息日会的洛马琳达食品公司制造。到1999年时，以大豆为原料的配方食品在一些地区占到了销售额的25%，其消费对象远不只是因为对牛奶过敏而需要这些食品的婴儿。[62]

大豆蛋白不断增长的名声，也催生了能量棒的全新市场。这类食品在1997年跃入主流，2000年的销量已与豆浆相埒。[63] 让1997年进一步成为豆制品的转折年的事情是，亚美利菲特公司在这一年推出了"埃斯特罗文"，一种含有大豆异黄酮和其他植物雌激素的膳食补充剂。该公司在健康杂志和《雷吉斯和凯茜·李脱口秀》之类电视节目上投放了大量广告，把"埃斯特罗文"宣传为激素替代疗法药品的替代品，对更年性女性的帮助"就像你正在经历的过程一样天然"。[64] 虽然膳食补充剂的成功按说本来可能会动摇大豆食品本身的市场，但在这十年将终的时候，大豆食品反而迎来了一波强有力的推动。

1999年10月，FDA批准食品标签可以写明大豆蛋白有助于降低心脏病风险。这一举动背后的研究证据表明，大豆食品不仅常常是低脂、无胆固醇食品，而且还含有可以降低血胆固醇的化合物。这一声明可以印在豆腐、天贝、"恩舒尔"和"萨斯塔卡尔"之类用大豆酿造的酒饮以及仿肉食品的包装上。[65] 5天以后，在华盛顿召开的"第三届大豆在预防和治疗慢性病上的作用国际研讨会"上，FDA的声明得到了一些进一步表明大豆蛋白具有"降低血胆固醇作用"的论文的呼应。不过，到底是什么化合物能产生这种作用，至今仍是个争论热点。而且正如马克·梅西纳所报告

魔豆：大豆在美国的崛起

的，与此同时也有人对越来越多的健康声明抱有警惕，还有人对服用太多异黄酮补充剂存有疑虑，他们的声音应该兼听。不过总的来说，豆制品给人留下的还是正面印象。"大豆食品的形象，从70年代开始经历了漫长的历程。当年，美国人要么不熟悉这些食品，要么认为它们是勾不起食欲的东西，只有素食者才会吃。"而如今，随着大型食品和制药公司加入大豆市场，有调查表明，美国人已经更愿意"把豆制品加入他们的一日三餐中"。[66]的确，大豆用了几十年时间，终于走出阴影，在千年之交的时候站到了明处。星巴克在供应"大豆拿铁"；连青豆——它长期以来一直是威廉·莫尔斯想要重点推广的东西——都成了超市农产品区的时兴食品。[67]

然而，这时又有一系列连续不断的新闻报道，在损坏大豆的名声。它们让公众不再只是关注食用大豆的益处，而更关注于它们育种和栽培的方法。就在美国农业部从亚洲进口成千上万的品种、为大豆在美国的成功之路拉开序幕的整整一个世纪后，遗传操纵的最新进展，却带来了持续不休的争论。

美丽新作物

就像调查记者丹尼尔·查尔斯在他那本生动地讲述了生物技术产业兴起的著作《收获之主》中所说的，直到1996年，总部设于圣路易斯的孟山都公司才突然想到利用"抗农达大豆"来谋利的商业策略。[68]导致这家公司对大豆基因组做了革命性重塑的研究，可以追溯到 70 年代前期，那时孟山都还是一家化工企业，碰巧正在经销农用除草剂。那时候，这类产品成功的要诀在于"选择性"——也就是说，除草剂要有能够伤害到目标杂草、但对农场主的作物秋毫无犯的性质。孟山都的一位叫恩斯特·雅沃尔斯基的研究者却想知道，反过来的策略是否有效——也就是在施用广谱除草剂的同时，通过育种让作物对它具有选择性的抵抗力。他的同事大都着眼于化学品开发，对他这个想法嗤之以鼻，这简直就是后人讲述的很多突破性技术在起源时一定会发生的场景。然而他从管理人员那里获得了足够的支持，建立了一间实验室来开展植物基因工程研究。有好几年时间，实验室的工作没有获得任何能看得见的回报。雅沃尔斯基雇用的很多来自学界的研究者更感兴趣的是基础研究，或是基因工程可能带来的诸多好处。于是农业部门的老人们敦促雅沃尔斯基的团队回到他最初的研究目标，加快速度研发可以耐受草甘膦的大豆品种。草甘膦是孟山都开发的广谱除草剂，售卖时所用的商品名是"农达"。对于这个要求，雅沃尔斯基手下的一位研究者反驳道，如果生物科技所能带来的全部好处是"卖掉更多该死的除草剂，那么我们本不应该干这行"。[69]

　　1985 年时，孟山都突然不再容忍自由探索的研究了，因为公司正面临财务危机，新领导决定把生物技术资源集中起来，开发能大卖的产品。在具体要做事的时候，这意味着公司要重点关注玉米和大豆。有位孟山都研究者曾经把这两种作物形容为"作物界的大象"，并指出，如果"你要收集粪肥，那么你应该跟在大象

　　　　　　　　　　　　　　　　　　魔豆：大豆在美国的崛起

身后，而不是麻雀身后"。[70] 对玉米来说，所要达成的目标是把能产生 Bt 毒素的一个基因插入其中。Bt 毒素是由名为苏云金杆菌（*Bacillus thuringiensis*）的细菌所分泌的天然物质，广泛用作代替合成杀虫剂的天然农药。对大豆来说，任务是让它拥有草甘膦抗性。为了实现这一点，光是技术上的困难就令人望而却步。首先，是要发现一个基因，可以让植物暴露于草甘膦之后仍能活下来。80 年代时，人们已经知道，这种除草剂的原理是让植物的一种酶失去活性，而这种酶在植物制造必需氨基酸时不可或缺。第一种策略，是以逆向工程的方法找出一个基因，它要么可以制造足够多量的那种必需酶——因此可以盖过草甘膦的作用——要么可以制造一种在分子形态上略有差别的酶，在能够抵抗草甘膦的同时，仍然能在植物细胞中发挥相同的功能。虽然研究结果令人失望，但是后来的事实表明，自然选择其实已经解决了这个问题。孟山都的废料清理部门会定期在新奥尔良附近一家工厂旁边的废水池中采集淤泥样品。其中一些样品所含的细菌已经演化出了一种全新的酶，可以免受"农达"影响。[71] 这样一来，基因工程师就可以利用细菌这种快速演化的先天优势，来加快他们改造植物界中那些演化相对缓慢的物种的工作速度。

不过，在把基因插入大豆时，一种通常比较可靠的细菌方法却失败了。利用一种部分由孟山都所开发的技术，根癌农杆菌（*Agrobacterium tumefaciens*）可以把目标基因和另一个耐抗生素基因同时转入植物细胞培养物。把培养物浸在抗生素中，可以把转化不成功的细胞杀死，剩下的细胞则可在诱导下长成完整植株。然而对于大豆来说，用抗生素杀死的细胞会释放出一种毒素，把基因转化过的细胞也毒死。这种"坏死反应"后来终于被克服，所以在 2000 年后，[72] 根癌农杆菌成了改变大豆基因的常用工具。但在 80 年代后期，这个难题却促使人们去研究一种全新的技术。这种技术采取了"微弹轰击"的形式，用到了一种俗称为"基因枪"的工具。这一技术最早是 1983 年由康奈尔大学的植物育种家约翰·桑福德发明的，他一开始确实是用一把装满了钨粉的枪——钨粉上可以沾满 DNA——向洋葱射击。这种做法招来了很多人的开怀大笑，但桑福德后来与先锋良种公司的研究者合作，成功地用改进后的技术培育出了转基因玉米。与此同时，桑福德的观念也启发了威斯康星州麦迪逊一家小型生物技术公司的一位研究者。他把表面涂有 DNA 的微粒覆盖在一条聚酯薄膜上，用一种由电产生的冲击波把聚酯薄膜射向一块金属屏，然后微粒可以穿过金属屏，击中作为目标的植物细胞（图 24）。[73] 正是这种方法，最终用于把抗"农达"基因轰进了大豆的体细胞胚；这些细胞小团继续发育，就成为完整植株。[74]

在 1989 年要把所有这些技术凑到一起，需要获得三家公司的许可。一家叫阿格拉塞特斯，开发了基因枪；一家叫阿斯格罗，是大豆种子的主要生产商；第三家就是孟山都，自己拥有抗"农达"基因。[75] 生物技术的精确性，以及它把像细菌这样没有亲缘关系的生物中的新基因引入目标植物的能力，加快了遗传上的创新。不过，有些步骤还是又慢又费力。要把抗草甘膦的性状从直接转化的大豆品种转入其他品种，需要采取几十年前埃德加·哈特

魔豆：大豆在美国的崛起

威格曾经实施过的那种回交技术。而要把种子扩繁出足够的数量
供应市场，也仍然要花数年时间。直到1995年，阿斯格罗才得以
在中西部地区启动示范项目，邀请农场主在农田中喷洒"农达"，
之后他们会见到大豆苗在田中长出。到1996年前期，阿斯格罗卖
出的"抗农达大豆"种子已经可以种满100万英亩了。[76]

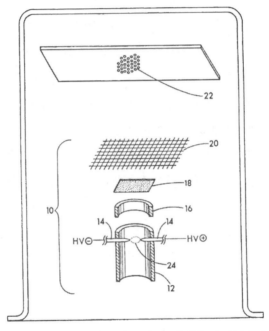

图24 一种"基因枪"变体的示意图。其中有一片薄膜（18），其上覆有微粒，微粒
表面涂有DNA。电荷可以把薄膜轰向一片金属屏（20），驱动微粒射入作为目标的
植物细胞（22）。引自阿格拉塞特斯公司在1988年5月申请的第5015580号美国
专利。

对阿斯格罗来说，这是一笔好生意，但是孟山都仍然要面对

投资如何回本的问题。它本来可以继续致力于"卖掉更多该死的除草剂",而把转基因大豆作为一种亏本搭售的商品。孟山都的除草剂部门里一些人支持这个策略,他们甚至在1992年推动孟山都以50万美元的低价把在大豆中永久使用抗"农达"基因的权利卖给了先锋良种。[77] 但是孟山都的生物技术部门持有相反的观点。他们想让"农达"降价,以比竞争产品低得多的价格来吸引农场主付高价购买具有抗性的种子。如果每英亩施用的"农达"比其他除草剂便宜15美元,那么按照他们的推断,农场主会愿意以每英亩贵15美元以上的价格购买种子——至少只要获得"农达"基因授权的种子公司愿意也有能力相应地提高价格,这事就能成。[78]

这是种子企业多年以来的老问题了:它们的产品,就其本质而言,是可以自行扩繁的。曾有人估计,在80年代中期,每年的"回种"率——也就是农场主从收成中取出一部分,供来年播种之用的比率——对燕麦来说是七成,小麦是六成,棉花是五成,大豆是四成。[79] 回种率之所以没有更高,很大程度上是因为成本;特别是棉花和大豆,需要一直维持其种子质量,才能保证较高的萌发率。这就意味着大多数种子公司的业务更像农业服务站,而不像育种企业。在70年代以前,育种工作大部分由美国农业部以及哈特威格这样的育种者所承担。除了杂交玉米这个例外——它无法真正留种,迫使农场主每个生长季都要购买新种子——农场主都是通过缴税来为作物的品种创新付费,而不是通过买种子的花销。但在《植物品种保护法》(PVPA)于1971年通过之后,情况就开始改变。这部法律把专利保护的范围扩大到新育成的植物,

魔豆:大豆在美国的崛起

为的是鼓励更多的商业种子公司参与品种培育。[80]确实，到80年代的时候，商业育种者所做的育种工作有了很大程度的增加，而美国农业部农业研究局则基本放弃了已育成品种的进一步开发。[81]这种变化从一件事也可见一斑：2000年时，以人名为大豆品种命名、用来纪念邦联将军或其他人的时代已经结束。与此不同，新品种大多都有类似AG2702和5344STS这样的名字。[82]

PVPA并没有禁止农场主留种，甚至也没有禁止他们把少量种子卖给邻居，但这些行为也确实成了法律争论的主题，有一场官司一路打到了美国最高法院。在这个案子中，原告方是阿斯格罗，在70年代投放了极为高产的大豆品种A3127，被告方则是艾奥瓦州的一对农场主夫妇，他们把种子卖给了他们以为也是农场主的一个男人，却没想到此人暗中为阿斯格罗的母公司普强公司工作。被告坚称这只是一次邻居之间的"棕色提包"买卖，但是阿斯格罗在起诉书中却认定他们实际上在从事竞争性的种子生意。[83]1995年的判决倾向于阿斯格罗一方，其依据是PVPA禁止"经销"受专利保护的种子；然而，"经销"这个词在大多数人看来，指的是农场主在超出他自己留种需求范围之外出售一定数量种子的行为。有一种反对意见就区分了"经销"（marketing）和一般性的"出售"（selling），认为农民有权出售的种子可达他收成的一半，超过这个范围之后才应考虑他从事了种子生意，而不是粮食生意。[84]

当然，不管采取什么标准，都正中孟山都的下怀。根据1980年的一项法规，一种活生物如果是"人类才智的产物"，那就可以受专利权保护，而"抗农达大豆"在任何情况下都符合法规的这个定义。[85]孟山都面临的问题并非法律问题，而是意愿问题——种子公司是否愿意打破长久以来的传统，给种子定下比过去高得多的价格，并为此直面农场主的愤怒。事实表明，这种忧虑才是孟山都在1996年匆匆忙忙制定的商业策略成败的关键所在。

密西西比州的三角洲和松林公司对是否要提高其基因工程棉花的价格犹豫不决。这种棉花含有孟山都的Bt基因，每包价格从30美元到120美元不等。这家公司后来改而考虑，把杀虫基因单独分出来，收取每英亩32美元的费用，这样它对种子本身仍然可以只收取过去一贯的价钱。孟山都的经理们长期以来一直致力于把自家公司定位成农业领域的微软，在种子这个硬件中设计软件，他们马上就接受了这种做法。这样一来，他们可以把使用基因的许可直接授权给农场主，而不是种子公司，从而向个体农场主收取"技术费"，并要他们签订合同，许诺不会把部分收成留到来年播种。在玉米那里通过生物学的残酷力量实现的事情，在大豆这里通过法律合约就完成了。唯一剩下的问题，就是农场主是否真的会在合同的点划线上签名，同意不会给"抗农达大豆"留种，还是说他们会宁可面对"违约赔偿金的索赔，数额将是相应的技术费的120倍"。[86]答案很快就揭晓了：农场主嘟嘟囔囔地签了字。按照一些人的估计，"抗农达大豆"是"史上采用速度最快的农业技术"。到2000年，全部大豆种植面积中有一半多种的都是"抗农达大豆"，预计很快会增加到四分之三。[87]种子公司也急于通过回交把抗"农达"性状转到许多品种里，于是在1998年，威斯康星大学推广部报告说，在该机构当年测试过的256个新品种中，有

125 个具有草甘膦抗性。[88]

事实证明，孟山都把握住了这个绝佳时机，在大豆种植迅速复兴的中途捉住了大象。80 年代期间，经济衰退和农场危机已经严重影响到大豆种植。与此同时，巴西和阿根廷却扩大了大豆种植面积，供应日本和其他世界市场，这部分是 1973 年大豆禁运的后果，1980 年针对苏联的粮食禁运对此也有一定影响。[89] 如果这是美国大豆全球化进程中的下坡段，那么在 90 年代前期，它又迎来了上坡段，因为这时中国开始蓬勃发展成为工业大国和大豆净进口国。1990 年，美国实施了全国性的大豆检验项目，可以自动评估每位农场主所售大豆的一小部分，将资金用于研究和推广；受此影响，大豆出口势头更猛。不仅如此，1996 年又有新的刺激手段，让美国农场主能迎合大豆出口需求。这一年出台了《联邦农业改进和改革法》，也叫《农场自由法》，允许农场主在自家全部田地上只种一种作物，然后很多人选择种大豆，因为它有强劲的出口市场。这样一来，大豆又变得供大于求了。从 1998 年开始，一直到 21 世纪，大豆价格都在下跌，引发了在 1996 年立法中也已规定好的托市行动。[90] 种大豆从政府那里获得的总补贴，在 1997 年是 1.43 亿美元，在 2001 年已经上升到 45 亿多美元。[91] 虽然这成了引发人们争论《农场自由法》的原因之一，但还远不是一个会触犯孟山都底线的问题。

对作为大豆买家的美国公众来说，除了自 80 年代前期以来一直在抗议基因修饰技术的反生物技术组织外，他们并未对转基因大豆产生太多关注。公众很难对"抗农达大豆"的环境影响或公共卫生影响产生警惕，这有部分原因在于，它其实可以带来环境益处。几十年来，人们对大豆的主要忧虑之一，是它们会加剧土壤侵蚀；这导致一些农场主采取了无耕种植法，不是靠翻耕，而是用除草剂来除草。尽管有些人认为这只是两害相权取其轻罢了，但甚至在抗草甘膦大豆问世之前，"农达"就已经广泛用于这个目的，因为它能在土壤中迅速降解，这个特性让农场主可以在播种之前用它来处理田地。[92] 有了"抗农达大豆"之后，这种处理又可以延续到大豆生长的较晚阶段。事实上，"农达"的低环境影响性反而引发了另一种忧虑：即使不考虑抗性基因转移到野生植物中的风险，这种除草剂过于广泛的应用，也会导致抗草甘膦的杂草出现得越来越频繁，从而迫使人们转而去用那些不够温和的除草剂。但即便如此，实实在在的环境益处仍然非常显著：有一位研究者在 2000 年预测，"农达"带来的无耕农业的推广，到 2020 年时可以保护 3,700 万吨的土壤免遭侵蚀，同时通过燃料的节省，可以减少大气中 4 万吨的二氧化碳排放。[93]

转基因大豆对人类健康的影响，同样也不是特别需要担忧的因素。抗"农达"性状会造成大豆蛋白质的变化，但大多数大豆蛋白生产出来并不是为了人类直接消费。动物在喂给由"抗农达大豆"制成的饲料时，似乎并没有表现出不同。[94] 在 FDA 那边，它在 1994 年就宣称这些大豆对人类安全。不过也有批评者指出，这一宣称的根据只是一份相当仓促的数据综述，其中的数据还是由孟山都自愿提供的；它并不是那种全面彻底的安全综述，就像 FDA 之前对"弗莱沃·塞沃"番茄所做的评估那样。[95] 正如大豆食品的流行因为人们对大豆异黄酮的热情而达到巅峰一样，1999年的一项研究也提供了具有潜在危险性的数据，暗示"抗农达大豆"中有两种植物雌激素的水平要低于传统大豆。[96] 然而转基因大豆的支持者指出，这项研究所用的品种不是"真正的近等基因系"——也就是说，它们并不是通过回交之后所创造出的与传统品种仅在抗"农达"基因的有无上存在唯一差异的品种——因为这样的供研究之用的品系还不存在。美国大豆协会则进一步指出，研究所显示的植物雌激素水平上的差异仍然落在传统大豆品种之间的变异范围之内。[97]

与此同时，有些基因工程师也在探索，是否有可能运用这类技术来提升大豆的健康品质。这些研究中，有一项工作不幸遇到了困难。甲硫氨酸是大豆中的限制性氨基酸。先锋良种想要创造一种高甲硫氨酸的大豆，使用来自巴西栗（鲍鱼果）的一个基因，来提升大豆的甲硫氨酸含量。然而研究发现，巴西栗蛋白质的那些高度致敏的特性也随之转入了大豆。这个实验性品种因此从未投放市场。[98] 具有更大潜在影响力的研究，则是开发高油酸含量的大豆的尝试；这样的大豆同时具有较低的饱和脂肪含量，并可以减少让大豆油保持稳定的氢化技术的应用，从而减少美国人膳食中反式脂肪酸的含量。[99]

不管怎样，对转基因作物的反对态度，在美国发展很缓慢。而在环境政党掌握更大权力的欧洲，消费者的反应则明显更剧烈、更迅速。早在 1996 年，德国据说就已经对基因修饰生物（GMO）"大发雷霆"。[100] 欧洲人对生物技术的普遍愤怒，导致欧盟委员会在 1999 年决定，允许各成员国自行决定对待 GMO 的态度，结果 15 国政府中有 12 个宣称会停止进口任何含有基因修饰成分的食品，除非这些成分可以追溯其来源，并在标签上恰当地标注出来。对于 ADM 公司之类出口商来说，这成了巨大的麻烦事，因为他们现在不得不下功夫把转基因大豆和普通大豆彼此分开。在短期内，ADM 公司采取的解决办法是把美国那些还不太流行种植"抗农达大豆"的地区作为向欧洲出口的大豆的产地。它还与杜邦合作，销售可以耐受杜邦开发的"同步"（Synchrony）除草剂的大豆品种，但它们这种抗性是通过化学诱变获得的，而不是基因工程的产物。化学诱变是把大豆组织浸在化学药剂中，诱导基因突变，产生可供选择的大量变异，这种技术并没有被欧洲的反 GMO 法规所禁用。[101] 欧洲的种种事件，最终在美国也催生了反 GMO 运动，到 1999 年底时，这一议题已经升级成为西雅图的反世界贸易组织运动的主要方面。这场运动还让 6 位农场主发起了针对孟山都的集体诉讼，他们指控孟山都没有采取足够的措施保证基因修饰作物的安全性和适销性。[102] 与此同时，欧洲对成分标注的要求，也为美国公司追溯原料来源、把产品标注为"不含 GMO"的做法奠定了基础。[103]

在 20 世纪结尾的时候，很难说反生物技术运动对大豆的名声造成了很大伤害。它仍然维持着健康食品的地位。很多销售大豆食品的品牌——比如"豆腐尔基"——已经采用有机农场的大豆作为原料；有机作物种植者也基本都避开了转基因作物，担心它们会让"基因污染"扩散开来。但在很多方面，1999 年确实是人们对大豆的热情达到顶点、由盛转衰的年份。有关生物技术的争论一直延续到新千年，而且力度越来越大，这是人们不再喜欢这种作物的早期迹象，其中有部分原因在于这些争论让人们注意到，大豆在美国的食品供应中居然无处不在。孟山都之所以要优先开发大豆，完全是因为它现在已经是美国农作物中的大象，但这似乎也是一种迂回战术，绕过了公众对生物技术的审慎考量，也绕过了这一技术的诸多不确定性——后者正是那场针对孟山都的集体诉讼所强调的问题。人们本来还以为，基因修饰食品会遵循那种运气不佳的"弗莱沃·塞沃"番茄的上市模式，一种接一种地慢慢进入市场，这样可以让人们就每一种食品自身的特点为它做出评判——支持还是反对，如何权衡成本和效益——但是"抗农达大豆"的出现却让人猛然发现，生物技术居然一下子就变得处处皆有。就像大豆本身一样，在长达一个世纪的历程之后，突然就从美国生活的边边角角涌出，变得无所不在。

尾声　到此为止？

在 20 世纪的一百年历程中，美国改变了大豆。在世纪初，美国把大豆的基因遗产分选出来，育出标准的品种；在世纪末，美国往大豆里面转入了全新的基因。美国把大豆成条播种，用联合收割机来收获。美国以空前的规模把大豆分离为豆油和豆粕，又进一步把豆油和豆粕再分离为形形色色的新产品。美国既用豆粕来促进肉奶生产，又把大豆蛋白拉丝、挤压，成为肉类仿食，还用工艺处理豆浆，为之调味，使它成为牛奶的高仿品。美国把豆腐包装在塑料盒中，还把大豆做成各种产品经销，从能量棒到异黄酮补充剂，可谓琳琅满目。虽然大豆长久以来一直以豆油或酱油的形式成为商品，但是美国让它成了世界上最大宗的农产品之一。对于美国如何着手改造物质世界的研究来说，大豆因此提供了宝贵的案例。不过，在对这一切事情的历史意义做出评价时，还应该把问题反过来问：大豆又是如何改变美国的？某些历史进展之所以成为可能，是否仅仅因为人们正好在那时把大豆付诸应用？总的来看，大豆对美国人生活的影响，是有害还是有益？这些问题都为我们提供了历史反思的机会。正好，大豆还让人有理由把相关的历史

　魔豆：大豆在美国的崛起

叙事一直延续到 21 世纪。在新的千年，已经意识到自己与大豆之间关系紧密的美国人，越来越想知道它到底是不是一个好东西。

这种思考带来的一个不约而同的结果，就是把"好大豆"和"坏大豆"分别开来，但越来越常见的倾向，是因为某些大豆的坏名声，而把所有大豆都否定掉。造成这一局面的，是"抗农达大豆"之类基因修饰生物（GMO）引发的持续不断的争议。从某些方面来看，这场争论似乎更多是国际性争端，而不是美国国内争端。欧洲公众通过绿党和其他环保政党对转基因食品表达了强烈反对，成功地让整个欧洲下达了针对 GMO 大豆的禁令；直到2004 年，因为世界贸易组织的规定，欧洲才被迫结束了这一暂停令。然而，这只是一场惨胜，因为新规定要求 GMO 成分具有可追溯性，并要做出标注，这反而提醒怀有敌意的欧洲消费者注意到GMO 成分的存在。与此同时，由联合国支持的《卡塔赫纳生物安全议定书》也在 2003 年生效；按其规定，只要出口商品可能含有GMO，出口商就有责任提醒相关国家。[1] 迄今为止，美国国内要求给含有 GMO 的食品做出强制性标注的呼吁还没有成功，大多数大型食品公司反对这一做法，但是国际压力已经改变了大豆营销渠道：如今，非 GMO 大豆有了"身份保护"需求，这让它们成为独立的商品，可以供应给那些希望用"不含 GMO"的卖点推广自家产品的国内公司。

20 世纪 80 年代以来，美国政府一直坚持认为基因工程不需要一套独立的安全标准，每种 GMO 食品应该根据它的具体特征来评估，就像其他所有食品或产品一样。这个政策框架有助于推动生物技术产业在美国发展，也与美国政府总体上属于商业友好型的政策一致。现在不完全清楚，联邦政策是不是反映了美国公众更能接受 GMO，而与欧洲人的那种敌意形成鲜明对比。2003年发表的一项调查显示，26% 的受调查者不知道他们是否曾吃过基因修饰食品，50% 的人不清楚超市货架上是否已经有这类食品。[2] 而在 2006 年皮尤的一项调查中，60% 的受调查者却确定，他们没有吃过 GMO 食品。[3] 尽管因为转基因问题，大豆的栽培和品种培育获得了人们空前的关注，但是对很多消费者来说，就在他们眼皮子底下的 GMO 大豆成分似乎仍然没有引起他们注意。不管人们是否意识到自己消费的食品中用到了 GMO 原料，仅就人们对这种食品的看法而言，2006 年有 45% 的受调查者觉得 GMO 食品是安全的，另有 29% 的人觉得不安全。[4] 在 2015 年皮尤的一项调查中，觉得 GMO 食品安全的人减少到了 37%，同时有 57% 的人觉得不安全。[5] 但在 2016 年时，另一项调查使用了不同的提问措辞，结果 39% 的受调查者觉得 GMO 食品比非 GMO 食品"更有害健康"，而 48% 的人觉得它们"对健康既无益处又无害处"。[6]

人们对于基因修饰食品的不信任，不管是公众中大多数人的意见，还是只是一群数目可观的少数派的意见，都在社会中广泛存在，而且在环保运动内部越来越成为根深蒂固的基本观点。[7] 孟山都作为掌控了食品供应的公司的象征，一直是众矢之的，光是靠法律上的胜利并不足以帮助它解决这个形象问题。2012 年，有机种子种植者和贸易协会提出集体诉讼，企图让孟山都的专利作废，因为他们担心，如果作为其会员的农场主自家的田中碰巧出现了孟山都的品系，他们会被孟山都起诉。然而，联邦法官驳回了起诉。听证会吸引了数以百计的农场主和环保人士展开大规模抗议，但是法官否认他们有起诉资格，认为他们制造了"一场根本不存在的争论"。[8] 在 2013 年另一件更受瞩目的案子中，美国最高法院做出裁决，判一位从粮仓购买大豆种植的印第安纳州农场主败诉；此前他争辩说，孟山都的许可协议并不涵盖作为粮食售卖的大豆。[9]到 2010 年，美国种植的大豆有 93% 是基因修饰品系，上涨的种子价格激起了农场主对孟山都的怒火，也让司法部因此开展了反托拉斯调查——但这调查在 2012 年无果而终。[10]

虽然公众的反对并没有导致孟山都在法律上遭遇挫折，但是这种舆论确实加强了种植者和加工商把 GMO 大豆与非 GMO 大豆分别开来的需求。这种需求最初源于欧洲对 GMO 的暂停令。有几个州也提出要对 GMO 成分做强制性标注，但还不是国家层面的法律。虽然大多数食品公司坚决反对给食品标出 GMO 成分的请求——金宝汤公司最近表态支持这一做法，是个显著的例外[11]——但是很多公司还是会在自家产品的包装上得意洋洋地标出"不含 GMO"或"非 GMO"字样。大多数以大豆为原料制作的产品——比如"豆腐尔基"和"丝绸"豆浆——都是这样，按照传统做法，在任何时候都只从有机豆农那里采购原料。甚至在经济学家那里也掀起了一场争论：非 GMO 大豆的"身份保护"是为这一产业强加了净成本，还是通过市场细分提供了有利可图的机遇。[12] 由于人们会假定有机种植者所栽培的作物不是 GMO，他们似乎真的已经从中获益——从 1995 年到 2001 年，有机大豆的栽培面积增长到原来的 3 倍，从 5 万英亩扩大到 17.5 万英亩，这在很大程度上是得益于有机大豆所享受到的偏高价格。[13] 不过，人们对大豆与基因修饰的联想，可能会让所有大豆都受到影响。比如波斯特（Post）公司在最近改变了他们旗下历史悠久的健康谷物"葡萄坚果"的配方，加入了大豆分离蛋白。很多消费者看到成分表之后，会不假思索以为其中有 GMO，于是不愿意再购买。面对这种抵制，波斯特只得恢复原来的配方，有一段时间还在"葡萄坚果"包装盒的正面显眼地写上了**"不含大豆"**的字样——即使后来去掉了这个字样，包装盒上仍然保留了一个图形标志，声明其中的谷物已经通过"非转基因工程"组织的认证。[14]

在不信任 GMO 的美国人中很明显缺少一个群体——科学家。至少在美国科学促进会的会员中，根据皮尤研究中心的调查，有 88% 的人回复说"食用基因修饰食物是安全的"，与一般公众中仅有 37% 的人如此回复形成鲜明对比。[15] 事实上，很多科学研究发现，GMO 大豆与其他那些非 GMO 品种一样安全，一样有营养。让草甘膦不起作用的那种特殊蛋白质未发现什么致敏性，GMO 大豆与非 GMO 大豆的致敏率是一样的。动物饲喂研究也发现，无论是转基因 DNA 还是转基因蛋白质都会在消化道中被破坏，不会进入猪肉、牛奶和鸡蛋之中。人体实验也同样表明，无论是转基因蛋白质还是其 DNA 都不会穿过消化道。大鼠饲喂实验发现，GMO 大豆的营养品质与非 GMO 大豆相同。北美洲和欧洲的政府综合评估都得出了类似的结论，只不过不是所有数据都已

　　　　　　　　　　　　　　魔豆：大豆在美国的崛起

公开。然而，也有一项引发头版头条报道的研究，报告了GMO大豆在大鼠身上产生了不良反应，引发了肝的老化，但是其他研究者并没能重复出实验结果。最后，世界卫生组织在2015年也把草甘膦评定为一种潜在致癌物，但是这个评定遭到了一群欧洲研究者的反驳。不管怎样，草甘膦的致癌性问题更多是农场主关心的问题，而与消费者关系不大。虽然在GMO大豆的样品中曾检出过"农达"的残余，但残余量极少。[16]

然而，人们还早早就明确地担心起了草甘膦的环境影响。抗草甘膦基因来自从一家"农达"工厂附近采到的被草甘膦污染的淤泥中的细菌，而细菌是通过自然选择来演化的速度冠军。但孟山都的研究者们如此卖力地工作，把草甘膦的抗性转入大豆中，却从未想过，因为农场主越来越多地把整块田地都浸在"农达"里，大田杂草在演化速度上竟然能够与细菌媲美。[17]大自然没用多长时间就证明他们是错误的。2000年，特拉华州出现了抗"农达"的小蓬草；2003年，糙果苋也呈现出抗性；到2010年，至少已有10种抗草甘膦杂草，在22个州的几百万英亩豆田中为害。"农达"的应用本来让低耕和无耕农业成为可能；由于除草剂杀灭了杂草，田地不用翻耕，这便减轻了土壤侵蚀，也降低了注入附近水域的农场地表径流量。然而在抗草甘膦的杂草出现后，有些农场主又恢复了翻耕，或是被迫在"农达"之外再联用其他更强力的除草剂。[18]2017年，其中一种叫"麦草畏"的除草剂，也开始与孟山都开发的抗麦草畏大豆联合销售，这对邻近豆田中不具备这种抗性的大豆以及其他植物都造成了严重危害。[19]与此同时，人们对于"农达"大量施用的后果也产生了忧虑。就像被草甘膦污染过的淤泥中出现了抗草甘膦的细菌一样,"农达"可以改变田地微生物的组成结构(所谓"土壤微生物组"),正如抗生素会改变人类肠道微生物组一样。人们还害怕,"农达"的降解产物会束缚住土壤中的重要营养物质,比如钙和锰。[20]

不管在健康和环境方面到底真的有哪些益处和害处,事实表明,这些问题都是"抗农达大豆"所特有的问题,而不是 GMO 所普遍引发的问题。毕竟,草甘膦抗性在研发的时候想要影响的是农田,而不是人体。不过,随着具有特别营养益处的大豆也研发出来,它们对健康的影响也开始受人关注。迄今为止,这类研发工作中最引人注目的就是高油酸大豆的培育。这一品系的潜在价值,与另一个有关大豆的公众争议密切相关:氢化和部分氢化大豆油中反式脂肪酸的存在。

过去几十年来,植物油——哪怕是氢化植物油——一直被人们认为比饱和动物脂肪更健康,甚至也比棕榈油和椰子油之类高度饱和的天然植物油更健康。特别是在 20 世纪 70 年代到 90 年代的"厌恶脂肪时代",这样的观点越来越时兴。到 90 年代时,因为麦当劳之类的快餐厅都把用于油炸的动物脂肪换成了部分氢化大豆油,曾有估计认为,发达国家平均每人消费的反式脂肪酸的量达到了每天 7—8 克,占到每日摄入的总脂肪酸的 6%。但就在这时,1993 年《柳叶刀》上的一篇论文却让人们大为震惊。该论文所报告的研究揭示,在调查过 8.5 万多名护士之后,研究者发现,每天摄入 4 茶匙或更多量的人造黄油会导致更高的心脏病风险。研究表明，人体能够很好地适应顺式脂肪酸，但反式脂肪酸却会导致体内出现高水平的低密度脂蛋白（所谓"坏胆固醇"）和低水平的高密度脂蛋白（所谓"好胆固醇"），这让反式脂肪酸的害处比人们曾经认为的饱和脂肪酸的害处还大得多。[21] 大豆油是反式脂肪酸的主要来源：在 2005 年时，发达国家大豆油的消费达到了 155 亿磅，每年每人大约是 12 千克，是 20 世纪 60 年代的 6 倍，而其中有一半都是部分氢化油。[22]

随着公众对反式脂肪酸危害的了解越来越多，食品工业开始采取措施消除它们。人造黄油生产商重新采用了较老的工艺，把固态的完全氢化油与液态的未氢化油混合，以获得所需要的稠度。有时候，他们也用之前被认为有害的棕榈油来代替氢化大豆油。与此同时，FDA 在 2006 年强制要求加工食品在营养标签上给出反式脂肪酸含量，这让很多食品厂商忙不迭地寻找可用的替代品。对于餐馆中反式脂肪酸的使用，采取的措施就更为严苛；在公众舆论中，部分氢化大豆油得到了特别关注，被视为健康杀手。麦当劳在 2003 年郑重宣告已经清除了反式脂肪酸，但在 2005 年仍然遭到起诉，因为它还在继续使用部分氢化大豆油。同样，考虑到大豆油来源充足，其他快餐店也不太情愿放弃使用这样一种低成本的原料。[23] 2006 年，纽约市制定了针对反式脂肪酸的全面禁令，强制性要求餐馆在 2008 年完全实施。这个举动赢得了公众的普遍赞扬（但后来纽约市长迈克尔·布卢姆伯格在对付含糖饮料时，就没有这种好运了）。同年，加利福尼亚州也通过了自己的反式脂肪酸禁令。星巴克等全国性连锁店很快与政策保持一致。[24] 就这样，每人每日摄入的饱和脂肪酸从 2003 年的 4.6 克下降到了 2013 年的 1 克；在此期间，FDA 也采取措施从加工食品中去除所有人造反式脂肪酸，并估计这可以让将来每年的心脏病发病人数减少 2 万人——这个估计表明，20 世纪后半叶期间，每年遭到便宜大豆油以及认为它对心脏有好处的错误信念伤害的人可能差不多就是这个数字。[25]

另一种消除反式脂肪酸的策略，是采取生物工程路线。从 20 世纪 90 年代开始，孟山都和已经收购了先锋良种的杜邦就各自独立开始研究，致力于培育高油酸大豆。油酸是单不饱和脂肪酸（MUFA），一向具有有益健康的名声，特别是在所谓"地中海式饮食"的宣传风头最健的时候。地中海式饮食会消费大量橄榄油，油酸正是橄榄油的主要成分。然而从食品工程师的观点看来，MUFA 的主要优点在于它们具有氧化稳定性，只需要很少的氢化加工或其他工艺，就能避免酸败，去除异味，因此可以减少加工成本。特别是在 1993 年《柳叶刀》发表那篇报告之后，业界又有了更迫切的需求要消除反式脂肪酸。在 FDA 要求标签标注、纽约之类城市也开始执行禁令之后，这种需求更是越来越迫切。到 2005 年时，家乐士公司之类的商业巨头都在保证，要使用新的大豆油，以减少反式脂肪酸含量。但因为需求增长的速度比大豆栽培和供应增长的速度还快，它们都面临了大豆油短缺问题。[26] 后来，2013 年 FDA 准备实施全面禁令的时候，又出现了类似的局面：按照杜邦预期，它研发的"丰满"大豆至多只能种 30 万英亩，只占全部大豆面积的很少一部分，不过联合大豆委员会却制定了

　　　　　　　　　　　　　　魔豆：大豆在美国的崛起

到 2023 年要种植 1,800 万英亩的目标。[27] GMO 的支持者指出，高油酸大豆可以为消费者提供直接益处，而不只是为农场主节约成本，这可以改善生物技术的形象——不过，对大豆营养成分的操纵，又引发了 GMO 反对者的新担忧，害怕会引发其他在无意中发生的变化。

事情到这里还没完。到 2013 年时，人们把 MUFA 视为最健康脂肪的热情又减退了，取而代之的是对多不饱和脂肪酸（PUFA）的偏爱，特别是对其中一小类的偏爱。根据这个新理论，不饱和脂肪酸分两类，即 ω-3（奥米伽-3）脂肪酸和 ω-6（奥米伽-6）脂肪酸。二者的关键区别，在于分子中最尾部的双键位置：ω-3 脂肪酸的最末双键在从分子末端数起的第三个碳原子处，而 ω-6 脂肪酸的最末双键在从分子末端数起的第六个碳原子处。[28] 从 20 世纪 80 年代起，学界发现一种主要见于鱼油中的分子特别长的 ω-3 脂肪酸——二十二碳六烯酸（DHA）是神经细胞膜的成分，因此是重要的有益脂肪酸。于是它就成了食品添加剂，比如可以添加到婴儿配方食品中，促进眼睛和脑部发育。[29] 在食用油中则含有分子短得多的 ω-3 脂肪酸，主要是 α-亚麻酸。α-亚麻酸主要见于植物的叶中，对光合作用有辅助作用，但在一些种子里也有丰富含量。在 DHA 和二十碳五烯酸（EPA）之类长链 ω-3 脂肪酸的直接摄入量很低时，α-亚麻酸又可以作为原料，组装成这些长链脂肪酸。与它们不同，短链 ω-6 脂肪酸（比如亚油酸）只能组装成不太有益处的脂肪酸。从 20 世纪开始，人类膳食中短链 ω-6 脂肪酸和 ω-3 脂肪酸的比例发生了巨大变化；近期有一项估计，认为这个比例从 1909 年的 6.4∶1 升高到了 1999 年的 10∶1。这在很大程度上要归因于精炼大豆油用量的大幅增长。[30]

　　具有讽刺意味的是，大豆油的 ω-3 脂肪酸含量实际上非常丰富，占其油脂总量的大约 8%。其 ω-6 和 ω-3 脂肪酸之比大约是 7∶1，高于 ω-3 脂肪酸含量最高的亚麻籽油（1∶5）和菜籽油（2∶1），但远远低于棉籽油（266∶1）、向日葵籽油（131∶1）和花生油（76∶1）。[31]然而在精炼大豆油的时候，ω-3 脂肪酸会因为加工而损失，原因在于 ω-3 脂肪酸的活性远比 ω-6 脂肪酸大，因此更容易氧化。这也是为什么它们会在神经细胞膜和进行光合作用的叶中起到重要作用。它们在大豆之类种子中之所以含量丰富，完全是因为这些种子做好了萌发准备，如果含有 ω-3 脂肪酸，一旦开始光合作用，便马上可以拿来用。需要长期休眠的种子则偏爱更稳定的 ω-6 脂肪酸，可以在漫长的休眠期中贮存能量。快速的氧化反应也可以解释 ω-3 脂肪酸含量极丰的亚麻籽油为什么是干性油，适宜制作涂料；大豆油为什么这么容易产生被人们形容为“鱼腥味”或“涂料味”的异味；研究者为什么要花几十年时间研究如何除去易挥发的 ω-3 脂肪酸，或者加强其稳定性，从而能把大豆油精炼为沙拉油。最后，ω-3 脂肪酸也是部分氢化可以高效地解决大豆油风味稳定性问题的原因——它们是油中最先与氢化合的成分。不管怎样，ω-3 脂肪酸的减少，导致了 ω-6 脂肪酸含量过多；按照一些人的理论，这个变化是引发心脏病、高血压和炎症的重要风险因素。

　　不过，这些理论里面没有一条是科学定论。愈加悬殊的 ω-6

　　　　　　　　　　　　　　　　　魔豆：大豆在美国的崛起

和 ω-3 脂肪酸比例据说会带来害处，因为机体更偏好把 ω-3 脂肪酸摄入组织，让它们起到特殊作用，但品质较差的 ω-6 脂肪酸如果含量过多，就会把 ω-3 脂肪酸排挤走。然而，这个假说仍然存在争议。[32] 即使是 DHA 之类的来自海洋生物的长链 ω-3 脂肪酸，也有一项随机临床试验的荟萃分析发现，它们与总死亡率、心源性死亡、猝死、心肌梗死或中风的风险变化压根儿就没有相关性——至少在那些积极给膳食补充 ω-3 PUFA 的面临风险的病人中是这样。[33] 不仅如此，另一项研究还在属于 ω-6 脂肪酸的亚油酸的较高摄入与冠心病的较低风险之间建立了联系。[34] 这些研究，都是人们想要发现能把好脂肪与坏脂肪截然分开的明显界限的不懈努力的一部分；只有人造的反式脂肪酸，作为膳食有害成分的地位始终没有动摇。然而，这些争论还是对大豆起到了两方面的负面作用，一是导致大豆油消费减少，在 2013 年跌到了 123 亿磅，二是加强了大豆是食物有害成分而不是有益成分的公众印象。尽管如此，对反式脂肪酸或 ω-6 脂肪酸害处的揭露，并不必然会把责任推给大豆。实际上，真正存在过错的，是工业食品体系对大豆的运用方式，因为这一体系为了满足自己的目的，把一种本来很健康的油加工成了那样的东西。即使没有供应充足的大豆，它肯定也会把别的油拿来满足这些目的。大豆油的罪过并不大，承受的报应却太重。

不管怎样，偏爱大豆食品的主要理由，长期以来都在于大豆蛋白的高品质。然而到 20 世纪初，连大豆蛋白，都成了一场公开宣扬的反大豆运动瞄准的靶子。这一运动的代表著作之一，是卡伊拉·丹尼尔2005年出版的《大豆的完整真相：美国最受喜爱的健康食品的阴暗一面》。丹尼尔与韦斯顿·A.普赖斯基金会有关联；这个基金会以一位牙医的名字命名，他在20世纪20至30年代曾周游世界，记录各地的传统饮食，以及继续如此饮食的人群的健康活力。普赖斯基金会不仅否认加工食品的健康益处，甚至还否认素食的健康益处，提倡人们消费大量肉食（包括牛肉和猪肉）、生奶、蛋和乳脂。在他们看来，大豆蛋白——特别是用溶剂浸出大豆油之后经过挤压和结构化加工的植物蛋白或拉丝大豆分离蛋白，在素汉堡和能量棒中用量很大——是动物蛋白的有毒替代品，非常像是最终证明比饱和的黄油脂肪更有害健康的氢化植物油。事实上，丹尼尔在《大豆的完整真相》中赞扬了她称为"好的老大豆"的食品（豆腐、味噌和天贝等），因为它们所深深扎根的饮食传统已经发现了可以减轻大豆蛋白更为有害的特性的方法，其中以发酵最为有效。但在多数时候，普赖斯基金会与反对它的素食者——比如纯素食的美食作家约翰·罗宾斯之间一直在论战不休。这场论战的根源至少可以上溯到一个世纪之前，现在则在数不胜数的网站和博客上展开。[35]

　　大豆蛋白引发的主要忧虑，恰恰也是它在90年代最大的卖点——异黄酮。在一定程度上，这些雌激素样化合物给人的印象，与雌激素本身给人的印象是同步变化的。它们在2002年都遭到了重大打击；那一年，有一项由联邦政府资助的激素替代疗法的大型临床试验因为安全原因被叫停。妇女健康倡议协会（WHI）的研究揭示，在接受激素替代疗法的女性中，乳腺癌发病率上升，血栓、心脏病发作和中风的风险也增加了。[36] 早在 2000 年时，科学家就对大豆异黄酮补充剂药丸越来越广泛的应用表达了忧虑之情。这些药丸所提供的每日异黄酮剂量，是日本人通过传统大豆食品摄入的剂量的 10 倍左右。1998 年的一项研究就确认，在服用大豆补充剂的女性中，较多的人出现乳腺增生，而这是最终可能发展为乳腺癌的风险因素。[37] 不过，随着 WHI 报告的发表，人们的态度突然发生了 180 度翻转，以前可能会赞成把服用大豆作为激素替代疗法的温和替代方案的女性，现在会带着警惕的眼光打量大豆，视之为乳腺癌的可能诱因。考虑到人们有这样大的担忧，美国卫生与公众服务部下属的医疗保健研究与质量管理署在 2005 年发表了大豆研究的荟萃分析，就像荟萃分析一贯的风格一样，为大豆的炒作和恐慌都泼了冷水。[38] 它最主要的观点，就是强调了相关领域的不确定性：分析表明，大豆对胆固醇和更年期综合征有一定的正面作用，但在质量参差不齐的不同研究中存在很大变化。同样，这篇分析也引用证据表明，大豆异黄酮可以促进实验室鼠类的雌激素依赖性乳腺肿瘤的生长，但也指出，人类研究关注的是可能与乳腺癌相关的中间生物标志物，但并没有确定出什么风险因素——而且就连这些研究，也是正面和负面的结果混杂在一起。[39]

人们对于大豆异黄酮在男性身上产生的雌激素样作用也越来越关注，这与当时人们的另一种越来越大的担心是一致的，就是男性身体暴露于环境中那些模拟雌激素作用的人工化学品中会出问题。有些研究把大豆与睾酮水平的降低联系在一起，对于前列腺癌的发病风险来说，这是一种推测性的正面效应[40]；卡伊拉·丹尼尔（以及其他人）也把低睾酮水平与豆腐在亚洲寺庙中的广泛食用联系在一起，认为豆腐有助于"修行和禁欲"。[41]网络上的一些人走得更远，比如福音派作家吉姆·鲁茨就在一篇网文的题目中声称，"大豆正在把孩子'掰弯'"，因为很多儿童会受到以大豆为原料的婴儿配方食品的女性化作用，这"通常会导致阴茎尺寸变小、性别错乱和同性恋"，因此要"为当今同性恋的兴起"承担最大的"医学（而非社会精神方面的）责任"。[42]有一项可以信赖的研究，也把大豆与"雌性样乳腺发育"——男性乳房组织的膨大——以及较低的睾酮水平关联在一起。不过，马克·梅西纳在2010年的一篇综述中得出结论说，引发忧虑的雌性化问题的"全部证据"都是不合理的。[43]批评者还把大豆当成了另一种性质类似的威胁，认为它导致了工业化世界中男性精子计数似乎真实存在的减少现象。然而，那些消费了绝大多数大豆蛋白的农场动物的精子计数却没有出现对应的减少现象。[44]不过，因为科学不断在进步，过去那些研究虽然未能发觉大豆配方存在明显的长期效应，但并不是这些效应一定不存在的决定性证据。[45]

到2017年时，大豆导致了整整一代性别错乱的男性——不管是男同性恋者、变性者还是仅仅因为缺乏睾酮而显得懦弱驯良的人——的观点，已经转移到了迅速发展的另类右翼运动的博客和优兔（YouTube）视频上。他们通常会引用鲁茨在十年前引用的同一批研究，同时以误导的方式，认为大豆在超市产品的广泛存在，就意味着男性已暴露在高浓度的大豆异黄酮中。[46]"大豆男"（soy

　　　　　　　　　　　　　　　魔豆：大豆在美国的崛起

boy）这个贬损性称呼，形容的是"因为过度沉溺于毫无阳刚之气的产品和／或意识形态……而全面彻底地丧失了一切不可或缺的男性特征的男性"，已经加入了极右分子加诸他人的绰号之列。[47]与这些现象一致的是，亚历克斯·琼斯之类的著名人物对阳刚之气及其堕落普遍抱有焦虑之情，这非常像一个世纪之前，约翰·哈维·凯洛格之类优生学运动中的著名人物对那些损害性健康的行为带来的"种族自杀"也抱有忧虑之心。

　　从医学的角度来看，2000 年的一项研究才真正会让人感到更大的忧虑。该论文报道，在参加"火奴鲁鲁－亚洲衰老研究"项目的男性中，中年阶段吃过豆腐，与几十年后认知障碍的加大和脑萎缩的加快存在关联，这可能是因为大豆中的弱雌激素阻断了更强的雌激素在脑组织修复中的作用。[48]不过，这项研究所依赖的是参与调查者的自我报告，质量参差不齐，其中所回忆的膳食摄入经历，与研究者对他们认知功能的评估隔了几十年时间，这都引发了学界对其方法论的疑虑。与此类似，印度尼西亚的一项研究也发现了豆腐对记忆力造成的负面影响，但天贝就没有这个问题；这可能是印度尼西亚的村舍豆腐产业所用的甲醛导致的后果。与此同时，其他一些实验研究却发现，高大豆膳食对大学生的认知能力有正面作用，对 60 岁以上的女性却完全没有影响。还有的研究让人们有理由对异黄酮改善认知的作用持有乐观态度，尽管这样的结果通常出现在针对绝经女性的研究之中。[49]就像其他大量有关异黄酮的研究一样，这些研究也都是初步的，无法视为定论。

　　与大豆蛋白相关的另一大担忧，是它们引发的过敏反应。从

20世纪90年代起，联合国粮农组织把大豆列入了八大食物过敏原之一，另外七大是奶、蛋、鱼、带壳水产、小麦、花生和木本坚果。已经鉴定出来的大豆蛋白潜在过敏原至少有16种，但是由大豆导致的过敏反应的实际患病率以及这些过敏反应的严重程度都很难确定。大豆提倡者认为，这二者相对都很低。一个得到较为广泛认同的数据是，0.4%的儿童对大豆过敏，其中大部分人的过敏反应最迟到10岁即可消失；相比之下，对花生过敏的儿童占0.6%，其中只有20%到10岁时能脱敏。[50] 做出这些估计采用的方法是皮肤点刺试验或大豆特异性抗体的血清筛查，它们都有可能高估了临床过敏反应的实际患病率。在一些研究中，那些具有抗体的人中只有10%在食用大豆后真的出现了不良反应。[51] 同样，还有一项研究表明，虽然在表现出过敏症状的儿童中有13%在皮肤点刺试验中也产生反应，但在"采取双盲和安慰剂对照的食物激发实验中"，只有1.8%对大豆产生阳性反应。[52] 2007年又有一项调查，在成年人中汇总了食物过敏的自我报告案例，结果发现其中1%的过敏者报告的是大豆过敏原，只占到接受调查总人数的0.05%。[53] 然而，虽然过敏反应并不常见，大豆却过于常见。从2005年起，FDA要求食品标签上清楚地突出注明八大过敏原是否存在，或者是否有可能被它们沾染，这给消费者留下的印象，就是过敏反应在人群中普遍流行。有些人会倾向于把一些人的过敏反应视为可能会在所有人身上都出现的慢性长期健康损害的迹象，对这些人来说，大豆如今已经成为他们高度怀疑的对象。

就严重性而言，至少有一项研究发现，90%的大豆过敏者可以摄入的安全剂量是 400 毫克，这是花生的安全剂量（0.1 毫克）的几千倍。[54] 然而，卡伊拉·丹尼尔和其他大豆反对者也引用了一项 90 年代的瑞典研究，该研究在不知道自己对大豆过敏的年轻人（但他们都有严重的花生过敏症）中确定了 4 例大豆相关的过敏致死病例，作者的结论是，人们低估了大豆引发致死性过敏反应的程度。[55] 丹尼尔认为，大豆不声不响就成了一种可以引发致死性过敏反应的食品成分，这导致人们严重低估了它真正的害处。确实，媒体上三五不时就会有一篇有关快餐肉类真实成分的报道出来，反复提醒人们大豆在他们的眼皮底下隐藏得有多深。以近期的一篇报道为例：对赛百味提供的鸡肉所做的 DNA 分析发现，其中只有五成是真正的鸡肉，另一半都是大豆。[56] 不过，以同样的事实为基础，大豆提倡者却指出，用大豆制作的婴儿配方食品已经用了这么长的时间，很多食品中添加大豆蛋白的做法也有悠久历史，这些都是大豆不会带来普遍问题的证据。不管真实的危害有多大，这个食品安全问题似乎都为生物技术提供了又一次机会，可以展示其解决问题的能力。2002 年，一种低致敏性的大豆被开发出来；但因为婴儿配方食品公司回避使用 GMO 原料，这方面的努力终于还是半途而废。[57]

不管怎样，到 2010 年时，大豆的名声已经遭受了很多打击，虽然还达不到大豆反对者所乐见的那种程度。就连它最积极的提倡者，在发表声明时也更加斟酌、更为谨慎了。2009 年 9 月，差不多是马克·梅西纳召开第一届有关大豆的健康益处的大型研讨会（这个研讨会至少办了十届）的二十周年之际，他向哥伦比亚大学的大豆峰会提交了一篇论文，其中反思了他那时所获得的经验教训。他承认，"大豆食品在全面健康膳食中的作用，已经成了一个令人困惑而颇具争议的问题"，围绕这一问题已经做了成百上千的研究，发表了成百上千的论文。他强调，应该深入探索具体的食品对具体的人群的作用。比如在这一年早些时候，有一场专门的会议探讨了雌马酚的作用，认为它是大豆很多益处的真正根源。雌马酚是大豆异黄酮在肠道细菌作用下的代谢产物，但有些人肠道具有这类细菌，有些人却没有。在大量尚不明确或彼此冲突的结果中，梅西纳发现有一些令人鼓舞的迹象表明，大豆可以减少更年期女性的潮热症状，增加绝经女性的骨密度，可以降低胆固醇和血压，还可以减少乳腺癌和前列腺癌的发病风险。他警告说，"任何食物都不应该在膳食中扮演太大的角色"，因此，出于实现膳食多样性和适度性的目的，人们应该限制饮食中的异黄酮，每天的摄入量不应该超过两份传统大豆食品中的含量（这相当于15—20克蛋白质和50—75毫克异黄酮）。[58]

的确，这些异议最终似乎并没有损害到大豆食品的销量。根据北美洲大豆食品协会的统计，所有类别大豆食品的年度销售额，从1996年的刚过10亿美元，增加到2000年的接近30亿美元，然后在2007年达到40亿美元，2008年突破50亿美元大关，到2013年时则略跌回45亿美元。除了豆浆和蛋白质棒销量的强劲增长外，"其他产品"类别也在增长，这与消费者对毛豆、大豆麦片、调味品和多种零食的购买热情有关。与此同时，每周至少消费一次大豆食品或大豆饮品的美国人所占比例，也从2010年的24%

上升到 2014 年的 31%，据说有超过 75% 的消费者认为大豆食品是健康食品。[59] 不过，如果从更广泛的范围来思考的话，即使纯素食主义者设想的未来能够实现，在当前导向肉类和奶类生产的大豆作物中，也只要一小部分便足以满足供直接食用的大豆蛋白的需求。虽然大豆在制作肉类和奶类仿食上具有先发优势，但是与此同时，超市里那些最初由大豆所占据的空间，也开始挤进了大豆的替代品——比如大米和扁桃仁植物奶，或是用真菌蛋白做的"阔恩"牌素汉堡——这便带来一种可能性，就是连大豆在这方面的应用都可能会衰落。事实上，近年来很多未来食品的研究方向一边借鉴了大豆的经验，一边却又基本避开使用大豆作为原料。

有一种叫"殊伦"的代餐，以后现代的方式继承了从福特的大豆饼干和嘉吉的"人食"一路延续下来的有关全营养食物的现代主义梦想。这款代餐的开发目的，是为了给忙得没法正常吃饭的程序员提供一种生活窍门。它把在网上购得的粉状原料和食油掺和起来，成为一种被人形容为非常致密的馅饼糊的东西——或者换另一种说法，"比做结肠镜检查前喝的东西好一点儿"。[60] 作为终极形式的代餐，它的开发本意是让人只在特殊场合保留进餐的乐趣，而不是让日常饮食成为乐趣。至于代餐的名字，毫无疑问是以一种讽刺的方式取自《绿色食品》这部电影。它不仅与小说原著中那种大豆和兵豆混制的肉排仿食相去更远，而且展示了黑客们敢于把世界还原为各种基本元素、再重新组合起来满足个人需求的无畏精神。这种自己动手的敏锐意识遮蔽了 20 世纪 70 年代时人们的那种恐惧，就是担心这样一种能力会让强大的寡头强迫人们真的吃下所有东西。不过在这种代餐的成分表中，除了大豆卵磷脂外，就不再含有什么大豆成分。其中的蛋白质主要来自燕麦粉，而脂肪来自葡萄籽油。[61]

在食品科学家称为"感官评定吸引力"的量表另一端，是"不可能汉堡"，它是真正能让人垂涎三尺的美味，对汉堡肉的模仿到了几乎乱真的程度。如果说"殊伦"是黑客们对"人食"的升级，那么"不可能汉堡"就是硅谷对"晨星农场"牌素烤肉的升级。它尽力去呈现真肉的味道和嚼劲，甚至做出了那种带血的感觉，从而用一种新颖的方式再次利用了大豆。血液中富含铁质的血红蛋白，负责把氧气输送至全身各处。它在豆类植物的根瘤中有个近亲。这种"豆血红蛋白"的作用是拦截氧气，然后慢慢把它释放给位于根瘤中央的细菌；如果氧气过多，根瘤菌从空气中固氮的能力就会遭到破坏。[62] 因此，豆血红蛋白是豆类肥田能力的关键所在，而来自大豆根的血红素分子也是"不可能汉堡"乱真性的关键所在。不过，为了避免人们想象这种带血感是来自根瘤的捣浆和过滤加工，不可能食品公司改而用基因工程改造的酵母菌来大量生产血红素。或者用该公司自己的描述来说："我们发现了如何从植物中获取血红素的办法，通过发酵来生产它——这种工艺就像差不多一千年前人们酿造比利时啤酒时所用的方法。"这样的表述狡猾地避开了那些反 GMO 人士的攻击。至于汉堡中的蛋白质，其实主要来自小麦，另外也添加了一些大豆分离蛋白；脂肪则来自椰子油，溶化起来像是动物脂肪。[63] 它的主要竞争对手是"超越汉堡"，用到了一种改进的技术，把豌豆蛋白挤压成类似肌肉的样子。因为其中的带血感来自甜菜汁，所以与"不可能汉堡"不同，它可以骄傲地宣称自己不含 GMO、小麦麸质和大豆。这个卖点恰恰表明，可能引发过敏的警告和对基因工程的忧虑确实已经损害到了大豆的名声和长远的前景。[64]

　　尽管大豆已经被排挤出了未来食品的行列，但是它仍然可以满足 20 世纪 30 年代的冶化学梦想，因为在绿色制造的时代，它在工业上的应用又复苏了。大豆油墨卷土重来。这一产品创始人当年供职的福特公司如今也在宣传，其汽车座椅中的泡沫海绵的部分原料是大豆——因此每辆汽车会用到 31,251 粒豆子，一个精确得古怪的数字。[65] 冶化学运动还曾预言大豆可以用作燃料；1935 年迪尔伯恩大会上就有人报告说，有位农场主自行榨取出大豆油，用来驱动柴油拖拉机，"在这个领域是全面领先之举"。[66] 几十年后，预言成真。1991 年，中西部生物燃料公司推出了"大豆柴油"，作为由石油提炼的柴油的一种清洁而不含硫的替代品。大豆因为是极易随时获得的原料，于是又一次处在了技术新发展的前沿。在这之后，才有了用菜籽油和棕榈油制造的生物柴油。到2016 年时，随着生物柴油的倡导者不断宣传它能减少温室气体排放，美国的生物柴油产量超过了 18 亿加仑。[67] 不过，生物燃料目前仍有争议，批评者怀疑，如果对制造这类燃油所需的投入进行全面核算，那么所宣称的环境益处可能并不成立。毕竟，如果要把传统柴油中较为可观的一部分替换为生物柴油，那就需要非常广阔的田地来种植相关作物。有人估计，如果全世界的海上船队都用来自温带油料作物的生物柴油驱动，那么为了满足需求所需的农田面积将超过当前地球上所有耕地面积的总和。[68]

对大豆来说，这可以算是一个好消息，保证了它在美国还有光明的未来。然而，这又会再次带来那个反复出现的问题——作为从大豆提取豆油后剩下的另一种联合产品，豆粕又会变得太多，不仅拉低了大豆的商品价格，而且也损害了它作为高能效燃油来源的名声。考虑到生物柴油作为燃油的重要替代品可以说缺乏可行性，人们可能最终会完全另想办法。[69]不过至少在目前，基本可以肯定的是，美国人还会继续为大豆寻找新用途。无可否认，大豆当前的巨大产量使之成了一种便宜资源，但这不是大豆还有发展前景的唯一原因。美国大豆代表了一个世纪的投入，所投入的不仅有种植和加工的物质资本，而且还有关于大豆生物性质的深入知识，以及操纵其遗传和化学成分的陡峭学习曲线。不管大豆的内在美德是什么，正是人类介入其命运后留下的这些遗产，至今还是让它持续显出魔力的关键。无论是好是坏，大豆都成了一种彻头彻尾的美国农作物，把它的根深深扎在我们的土壤里。

注释

序章　注定成功？

1. W. J. Morse and J. L. Cartter, "Improvement in Soybeans," in *U.S. Dept. of Agriculture Yearbook 1937* (Washington, DC: US Government Printing Office, 1937), 1156.

2. US Bureau of the Census, "Chapter XII: Individual Crops," in *Fourteenth Census of the United States Taken in the Year 1920, vol. 5, Agriculture* (Washington, DC: US Government Printing Office, 1922), 777. 还有其他证据表明，在加利福尼亚州和美国其他西部州，可能还有亚裔美国人种植的大豆，但被普查所遗漏。但这个情况尚不确定。

3. National Agricultural Statistics Service (NASS), Agricultural Statistics Board, US Department of Agriculture, "Acreage," released 30 June 2000, 14, usda.mannlib.cornell.edu/usda/nass/Acre//2000s/2000/Acre-06-30-2000.pdf.

4. Steven T. Sonka, Karen L. Bender, and Donna K. Fisher, "Economics and Marketing," in *Soybeans: Improvement, Production, and Uses*, 3rd ed., ed. H. Rogers Boerma and James E. Specht (Madison, WI: American Society of Agronomy, 2004), 922–924.

5. Arturo Warman, *Corn and Capitalism: How a Botanical Bastard Grew to Global Dominance*, trans. Nancy L. Westrate (Chapel Hill: University of North Carolina Press, 2003), 100, 105, 111.

6. Judith A. Carney, *Black Rice: The African Origins of Rice Cultivation in the Americas* (Cambridge: Harvard University Press, 2001).

7. H. H. Hadley and T. Hymowitz, "Speciation and Cytogenetics," in

Soybeans: Improvement, Production, and Uses, ed. B. E. Caldwell (Madison, WI: American Society of Agronomy, 1973), 102.

8. Ping-Ti Ho, "The Loess and the Origin of Chinese Agriculture," *American Historical Review* 75 (October 1969): 29.

9. US Department of Agriculture, *Human Food from an Acre of Staple Farm Products*, by Morton O. Cooper and W. J. Spillman (Washington, DC: US Government Printing Office, 1917).

10. M. S. Kaldy, "Protein Yields of Various Crops as Related to Protein Value," *Economic Botany* 26 (April–June 1972): 143.

11. William Shurtleff and Akiko Aoyagi, *The Book of Tofu: Protein Source of the Future ... Now!* (Berkeley: Ten Speed Press, 1983), 15.

12. Theodore Hymowitz and J. R. Harlan, "Introduction of the Soybean to North America by Samuel Bowen in 1765," *Economic Botany* 37 (December 1983): 373–374, 377.

13. 同上, 375。

14. Theodore Hymowitz, "Introduction of the Soybean to Illinois," *Economic Botany* 41:1 (1987): 30–31. Hymowitz cites "The Japan Pea," *Moore's Rural New Yorker* 4:7 (12 February 1853): 54.

15. 同上, 30–31。

16. William Shurtleff and Akiko Aoyagi, *Friedrich Haberlandt—History of His Work with Soybeans and Soyfoods (1876–2008): Extensively Annotated Bibliography and Sourcebook* (Lafayette, CA: Soyinfo Center, 2008), 35–36.

17. 同上, 82, Soyinfo Center, "History of Soybeans in North Carolina, A Special Exhibit—The History of Soy Pioneers around the World—Unpublished Manuscript by William Shurtleff and Akiko Aoyagi," last modified 2004, www.soyinfocenter.com/HSS/north_carolina.php.

18. Morse and Cartter, "Improvement in Soybeans," 1155.

19. US Department of Agriculture, *The Soy Bean as a Forage Crop*, by Thomas A. Williams, with appendix, "Soy Beans as Food for Man," by C. F. Langworthy, Farmers' Bulletin No. 58 (Washington, DC: U.S. Government Printing Office, 1899), 23.

20. W. O. Atwater, "American and European Dietaries and Dietary Standards," *Fourth Annual Report of the Storrs School Agricultural Experiment Station, Storrs, Conn.* (Middletown, CN: Pelton & King, 1892), 160.

21. US Department of Agriculture, *Use Soy-Bean Flour to Save Wheat, Meat and Fat*, contributions from the States Relations Service, A. C. True, Director, Circular No. 113 (Washington, DC: U.S. Government Printing Office, 1918), 3.

22. Marcel Mazoyer and Laurence Boudart, *A History of World Agriculture: From the Neolithic Age to the Current Crisis*, trans. James H. Membrez (New York: Monthly Review Press, 2006), 300–302.

23. 参见Steven Stoll, *Larding the Lean Earth: Soil and Society in Nineteenth-Century America* (New York: Hill and Wang, 2002)。

24. 参见Benjamin Cohen, *Notes from the Ground: Science, Soil, and Society in the American Countryside* (New Haven: Yale University Press, 2009); 及 Peter McClelland, *Sowing Modernity: America's First Agricultural Revolution* (Ithaca: Cornell University Press, 1997)。

25. Shurtleff and Aoyagi, *Book of Tofu*, 16.

第一章 渡 海

1. Tsuru Yamauchi, interview by Michiko Kodama, in *Uchinanchu: A History of Okinawans in Hawaii*, ed. Marie Hara, trans. Sandra Iha and Robin Fukijawa (Honolulu: Ethnic Studies Oral History Project, Ethnic Studies Program, University of Hawaii, 1981), 488–489. Hereafter Yamauchi Oral History.

2. 同上, 494。

3. 同上, 493。

4. Naomiche Ishige, *The History and Culture of Japanese Food* (London: Kegan Paul, 2001), 138–139.

5. Yamauchi Oral History, 492.

6. 这至少是日本传统。山内鹤后来回忆，冲绳人在把豆渣榨出来之前并不会先把豆糊煮沸。Yamauchi Oral History, 504.

7. William Shurtleff and Akiko Aoyagi, *The Book of Tofu: Protein Source of*

the Future ... Now! Volume I (Berkeley: Ten Speed Press, 1983), 284.

8. 同上, 71, 286。

9. Shurtleff and Aoyagi, *Book of Tofu*, 271.

10. US Department of Agriculture, Office of Experiment Stations, *A Description of Some Chinese Vegetable Food Materials*, by Walter C. Blasdale (Washington, DC: US Government Printing Office, 1899), 33, 35; Joseph Burtt-Davy, "Lily-Bulbs and Other Chinese Foods," *The Gardeners' Chronicle: A Weekly Illustrated Journal 22*, Third Series (25 September 1897): 213; "Vegetable Cheese," *The Dietetic and Hygienic Gazette*, June 1900, 340–341; M. L. Holbrook, "The Science of Health: Vegetable Cheese," *Phrenological Journal and Science of Health*, September 1900, 88–89.

11. Alice A. Harrison, "Chinese Food and Restaurants," *Overland Monthly*, June 1917, 532.

12. William Shurtleff and Akiko Aoyagi, *How Japanese and Japanese-Americans Brought Soyfoods to the United States and the Hawaiian Islands—A History (1851–2011): Extensively Annotated Bibliography and Sourcebook* (Lafayette, CA: Soyinfo Center, 2011), 48.

13. 同上, 7。这些名录在2001年由东京的日本图书中心 (Nihon Tosho Senta) 重印, 作为 "日系移民资料集" 第一期 (Collected Documents on Japanese Emigration. No. 1) 中的一册, 后由以下译者编译为英文版: 威廉·舒特莱夫 (在青柳昭子协助下); 美国国会图书馆亚洲部的Eiichi Ito、Dr. Ming Sun Poon、Dr. Jeffrey Wang、Kiyoyo Pipher和Hiromi Shimamoto。同上, 21, 6。

14. Shurtleff and Aoyagi, *How Japanese ... Brought Soyfoods*, 7. 在纽约市, 20世纪90年代有一家仍在营业的豆腐坊, 可能早在1903年就开张了。纽约是那一时期可以见到较多日本移民的少数东海岸城市之一。同上, 18。

15. Alan Takeo Moriyama, *Imingaisha: Japanese Emigration Companies and Hawaii, 1894–1908* (Honolulu: University of Hawaii Press, 1985), 29.

16. 同上, 51。

17. 同上, 134。

18. Yukiko Kimura, "Social-Historical Background of the Okinawans in Hawaii," in *Uchinanchu: A History of Okinawans in Hawaii* (Honolulu: Ethnic

Studies Oral History Project, Ethnic Studies Program, University of Hawaii, 1981), 57.

19. Shurtleff and Aoyagi, *How Japanese Brought Soyfoods*, 44.

20. Kimura, "Social-Historical Background," 58.

21. Shurtleff and Aoyagi, *How Japanese Brought Soyfoods*, 51.

22. Chester H. Rowell, "Editorial Comment from Fresno *Republican*: A Calamity" (Fresno, CA) *Republican*, 30 May 1910; 转引自Eliot Mears, *Resident Orientals on the American Pacific Coast* (Chicago: University of Chicago, 1928; reprint New York: Arno Press, 1978), 446–448; James Augustin Brown, *The Japanese Crisis* (New York: Frederick A. Stokes, ca. 1916)。

23. Shurtleff and Aoyagi, *How Japanese Brought Soyfoods*, 78.

24. 同上, 74。

25. 同上, 67。

26. 同上, 48, 77, 117。

27. 根据这一粗略的计算, 该地区平均每2,300名日裔拥有一家豆腐坊。相比之下, 1965年在豆腐生产还没有彻底现代化之前, 日本平均每2,000人拥有一家豆腐坊。Soyinfo Center, "History of Tofu: A Chapter from the Unpublished Manuscript, History of Soybeans and Soyfoods: 1100 b.c. to the 1980s by William Shurtleff and Akiko Aoyagi," last modified 2007, 3.

28. Kimura, "Social-Historical Background," 66.

29. Shurtleff and Aoyagi, *How Japanese Brought Soyfoods*, 9; Yamauchi Oral History, 494.

30. Shurtleff and Aoyagi, *How Japanese Brought Soyfoods*, 39.

31. Hawaii Agricultural Experiment Station, *Leguminous Crops for Hawaii*, by F. G. Krauss, Bulletin No. 23 (Washington, DC: US Government Printing Office, 1911), 23–24. 派珀和莫尔斯还提到, 1911年, 从夏威夷引栽了一个叫 "奥图坦"（Otootan）的大豆品种; 虽然这个品种最终可以追溯到台湾, 但现在不清楚它在夏威夷已经种了多长时间。Charles V. Piper and William J. Morse, *The Soybean* (New York: McGraw-Hill, 1923; reprint, New York: Peter Smith, 1943), 168.

32. Burtt-Davy, "Lily-Bulbs," 213.

33. Harry W. Miller, typewritten memoir transcribed from voice recordings, ca. 1958, Department of Archives and Special Collections, Del E. Webb Memorial Library, Loma Linda University, Loma Linda, CA, 52–53.

34. 同上, 250。

35. 同上, 54。

36. Harry W. Miller, *The Story of Soya Milk* (Mt. Vernon, OH: International Nutrition Laboratory, 1941), 6–7.

37. Ronald L. Numbers, *Prophetess of Health: Ellen G. White and the Origins of Seventh-day Adventist Health Reform* (Knoxville: University of Tennessee Press, 1992), 81.

38. Gerald Carson, *Cornflake Crusade* (New York: Rinehart & Company, 1957), 142; J. H. Kellogg, *The Living Temple* (Battle Creek, MI: Good Health Publishing Company, 1903), 23.

39. Carson, *Cornflake Crusade*, 136.

40. 同上, 136。

41. Harry W. Miller, "A Legacy of Long Life," unpublished manuscript, n.d., Archives of the E. G. White Estate Branch Office, Loma Linda University, Loma Linda, CA, 1.

42. Numbers, *Prophetess of Health*, 171–172, 174.

43. Karen Iacobbo and Michael Iacobbo, *Vegetarian America: A History* (Westport, CT: Praeger, 2004), 128.

44. John H. Kellogg, "Vegetable-Food Compound," US Patent 670283, 19 March 1901 (filed 3 June 1899), 1.

45. Soyinfo Center, "Dr. John Harvey Kellogg and Battle Creek Foods: Work with Soy, a Special Exhibit—The History of Soy Pioneers around the World—Unpublished Manuscript by William Shurtleff and Akiko Aoyagi," last modified 2004, www.soyinfocenter.com/HSS/john_kellogg_and_battle_creek_foods.php.

46. Kellogg, "Vegetable-Food Compound," 120.

47. 同上, 158–159。

48. US Department of Agriculture, *The Soy Bean as a Forage Crop*, by

Thomas A. Williams, with an appendix, "Soy Beans as Food for Man," by C. F. Langworthy, Farmers' Bulletin No. 58 (Washington, DC: U.S. Government Printing Office, 1899), 21.

49. 同上, 21–22。

50. 同上, 23。

51. US Department of Agriculture, Office of Experiment Stations, *A Digest of Metabolism Experiments in Which the Balance of Income and Outgo Was Determined*, by W. O. Atwater and C. F. Langworthy, Bulletin No. 45 (Washington, DC: US Government Printing Office, 1898), 79–80.

52. M. L. Holbrook, "The Science of Health: Vegetable Cheese," *Phrenological Journal and Science of Health*, September 1900, 88–89; "Vegetable Cheese," *Dietetic and Hygienic Gazette*, June 1900, 340–341; Langworthy, "Soy Beans as Food for Man," 21–23.

53. Daniel Carpenter, *The Forging of Bureaucratic Autonomy: Reputations, Networks, and Policy Innovation in Executive Agencies, 1862–1928* (Princeton: Princeton University Press, 2001), 183.

54. David Fairchild, assisted by Elizabeth and Alfred Kay, *The World Was My Garden: Travels of a Plant Explorer* (New York: Charles Scribner's Sons, 1938), 106–107.

55. 同上, 105。

56. US Department of Agriculture, Division of Forestry, *Systematic Plant Introduction: Its Purposes and Methods*, by David Fairchild (Washington, DC: US Government Printing Office, 1898), 17.

57. 同上, 15。

58. 同上, 13。

59. Fairchild, *World*, 202.

60. USDA, *Systematic Plant Introduction*, 13.

61. Isabel Shipley Cunningham, *Frank N. Meyer: Plant Hunter in Asia* (Ames: Iowa State University Press, 1984), 6. 也参见F. H. King, *Farmers of Forty Centuries or Permanent Agriculture in China, Korea and Japan* (New York: Harcourt, Brace & Company, 1911)。

62. USDA, *Systematic Plant Introduction*, 19.

63. Cunningham, *Frank N. Meyer*, 18–20.

64. Fairchild, *World*, 315.

65. Cunningham, *Frank N. Meyer*, 35.

66. 同上, 41, 45。

67. 同上, 76, 68。

68. 同上, 45。

69. 同上, 72。

70. "The People Who Stand for Plus: Frank N. Meyer, Scientific Explorer for the United States Government in China and Russia," *The Outing Magazine* 53:1 (October 1908): 73–74.

71. Jerry Israel, *Progressivism and the Open Door: America and China, 1905–1921* (Pittsburgh: University of Pittsburgh Press, 1971), xi.

72. 威廉·J.莫尔斯估计最多只有8个品种, 这个数字后来广为引用。参见US Department of Agriculture, Office of Forage Crops, Bureau of Plant Industry, *Soy Beans: Culture and Varieties*, by W. J. Morse, Farmers' Bulletin 1520 (Washington, DC: US Government Printing Office, 1927), 2。

73. US Department of Agriculture, Division of Botany, *Inventory No. 1: Foreign Seeds and Plants Imported by the Section of Seed and Plant Introduction. Numbers 1–1000* (Washington, DC: US Government Printing Office, 1898), 53.

74. Fairchild, *World*, 196, 259.

75. 这个数字的计算依据是美国农业部的名录《进口种子和植物》（*Seeds and Plants Imported*）第1—11号, 包括从1898年2月到1905年12月的时段中编号为1—16796的引种记录。

76. 这个数字的计算依据是美国农业部的名录《进口种子和植物》第12—15号, 包括从1906年1月到1908年6月的时段中编号为16797—23322的引种记录。这一时期, 迈耶引入的植物（及一些昆虫）的总记录数是1,108宗。

77. 同上。

78. Letter from Meyer to Fairchild, 8 January 1908, 转引自William Shurtleff

魔豆：大豆在美国的崛起

and Akiko Aoyagi, *William J. Morse—History of His Work with Soybeans and Soyfoods (1884–1959): Extensively Annotated Bibliography and Sourcebook* (Lafayette, CA: Soyinfo Center, 2011), 25。

79. US Department of Agriculture, Bureau of Plant Industry, *Seeds and Plants Imported during the Period from December, 1905, to July, 1906: Inventory No. 12; Nos. 16797 to 19057* (Washington, DC: US Government Printing Office, 1907), 56, 72.

80. Cunningham, *Frank N. Meyer*, 42. 碰巧, 在那个时代, 用荸荠和豆芽等原料制作的 "杂碎" 在美国一度成为时兴美食。

81. US Department of Agriculture, Bureau of Plant Industry, *Seeds and Plants Imported during the Period from July, 1906, to December 31, 1907: Inventory No. 13; Nos. 19058 to 21730* (Washington, DC: US Government Printing Office, 1908), 7; Cunningham, *Frank N. Meyer*, 41.

82. USDA, *Seeds and Plants Imported ... No. 13*, 16.

83. 同上, 92–93。

84. Shurtleff and Aoyagi, *Morse*, 25.

85. 同上, 22。

86. Letter from Meyer to Fairchild, 18 December 1907, 转引自Shurtleff and Aoyagi, *Morse*, 25。

87. Letter from Meyer to Fairchild, 8 January 1908, 转引出处同上, 25。

88. Cunningham, *Frank N. Meyer*, 67.

89. 同上, 81。

90. US Department of Agriculture, Bureau of Plant Industry, *Seeds and Plants Imported during the Period from December, 1905, to July, 1906: Inventory No. 12; Nos. 16797 to 19057* (Washington, DC: US Government Printing Office, 1907), 54–55. 在那个时代的英语中, "熟食" (delicatessen) 这个单词常用作复数, 指称特产食品。

91. Cunningham, *Frank N. Meyer*, 33.

92. Alan L. Olmstead and Paul W. Rhode, *Creating Abundance: Biological Innovation and American Agricultural Development* (New York: Cambridge University Press, 2008), 271–272.

93. L. W. Kephart, "Charles Vancouver Piper," typed manuscript prepared for *Wallace's Farmer*, 1926, Folder: MorsPipe, Record: Keph-1926, Soyinfo Center, Lafayette, CA, 5.

94. 同上, 3–4。

95. US Department of Agriculture, Bureau of Plant Industry, "The Search for New Leguminous Forage Crops," by C. V. Piper, in *Yearbook of the U.S. Department of Agriculture: 1908* (Washington, DC: US Government Printing Office, 1909), 489.

96. US Department of Agriculture, Bureau of Plant Industry, *Soybean Varieties*, by Carleton R. Ball, Bulletin No. 98 (Washington, DC: US Government Printing Office, 1907), 3.

97. 同上, 8。

98. Langworthy, "Soy Beans as Food for Man," 6.

99. USDA, *Soybean Varieties*, 14.

100. 同上, 3。

101. 同上, 8。

102. 同上, 20。

103. US Department of Agriculture, Bureau of Plant Industry, *The Soy Bean: History, Varieties, and Field Studies*, by C. V. Piper and W. J. Morse, Bulletin No. 197 (Washington, DC: US Government Printing Office, 1910), 37, 39–74.

104. 这些都是"大田品系"。第二年春天, 他们甚至在种植之前, 就开始把新引进的种子分类为所谓"种子品系"。同上, 25。

105. 莫尔斯和其他育种者也确实注意到了天然杂交植株的出现, 并把它们分离出来。但即使在阿灵顿农场, 有那么多不同的品种成排相邻种植, 每200棵植株中也只有1棵是天然杂交植株。同上, 23。

106. 所有品种都有专门的SPI号相互区分。同上, 39–74。

107. 在派珀和莫尔斯的1910年简报中没有列出从17852 B到17852 R的类型; 17852 A是迈耶引入的品种。同上, 48–49。

108. 同上, 48–49。

109. US Department of Agriculture, Bureau of Plant Industry, *The Arlington Experiment Farm: A Handbook of Information for Visitors*, compiled by

Edwina V. A. Avery (Washington, DC: US Government Printing Office, 1928), 3. 在此之前，国会曾从哥伦比亚特区拨给农业部75英亩土地，但仅一年就被阿灵顿农场取代，这是从世界各地运来的植物材料激增的标志。

110. US Department of Agriculture, *Soy Beans*, by C. V. Piper and H. T. Nielsen, Farmers' Bulletin No. 372 (Washington, DC: U.S. Government Printing Office, 1909); US Department of Agriculture, Bureau of Plant Industry, *Seeds and Plants Imported during the Period from January 1 to March 31, 1909: Inventory No. 18; Nos. 24430 to 25191* (Washington, DC: US Government Printing Office, 1909), 36.

111. Edward Jerome Dies, *Soybeans: Gold from the Soil* (New York: Macmillan Company, 1942), 2.

第二章　抢　跑

1. US Department of Agriculture, Bureau of Plant Industry, *The Soy Bean: Its Uses and Culture*, by W. J. Morse, Farmers' Bulletin No. 973 (Washington, DC: US Government Printing Office, 1918), 5.

2. W. J. Morse, Biloxi, MS, to C. V. Piper, Washington, DC, 22 October 1920, Division of Forage Crops and Diseases, Series: General Correspondence, 1905–1929, Boxes 92–93: Morgan-Morse to Morse-Napier, National Archives II, College Park, MD (以下简称Morse Correspondence).

3. Charles S. Plumb, "A Substitute for Coffee," in *Purdue University: Seventh Annual Report of the Agricultural Experiment Station, Lafayette, Indiana, 1894* (Indianapolis: Wm. B. Buford, 1895), 45–47.

4. *Report of the Secretary of Agriculture, Executive Documents of the House of Representatives for the Second Session of the Fifty-Third Congress, 1893–1894* (Washington, DC: US Government Printing Office, 1895), 378.

5. G. H. Alford, *Southern I.H.C. Demonstration Farms* (Chicago: International Harvester Company of New Jersey, ca. 1914), 20.

6. N. E. Winters, "Soil and Crop Improvement under Boll Weevil Conditions," *Atlanta Constitution*, 4 January 1920, 2F.

7. Fabian Lange, Alan L. Olmstead, and Paul W. Rhode, "The Impact of the

Boll Weevil, 1892–1932,"*Journal of Economic History* 69 (September 2009): 687.

8. US Department of Agriculture, Bureau of Plant Industry, *The Soy Bean, with Special Reference to Its Utilization for Oil, Cake, and Other Products*, Bulletin No. 439, by C. V. Piper and W. J. Morse (Washington, DC: US Government Printing Office, 1916), 18.

9. G. H. Alford, *How to Prosper in Boll Weevil Territory* (Chicago: International Harvester Company of New Jersey, ca. 1914), 26.

10. USDA, "Search for New Leguminous Forage Crops," 245, 249–250. 关于棉铃象甲如何影响美国南方农业、它在多大程度上带来了"重大转变"的最新概述, 参见James C. Giesen, *Boll Weevil Blues: Cotton, Myth, and Power in the American South* (Chicago: University of Chicago Press, 2011)。

11. USDA, *Soy Beans* [1909], 5.

12. Department of Commerce and Labor, Bureau of Manufactures, *Soya Beans and Products*, Special Consular Reports, vol. 40 (Washington, DC: US Government Printing Office, 1909), 29.

13. USDA, *Soy Beans* [1909], 2.

14. USDA, *Soy Bean* [Bull. 439], 7.

15. 同上, 8。"不太确定能通过生产获利"的地区则延伸到伊利诺伊州南部, 正好在下个十年中大豆油产业实际上出现的地方的南边不远处。简报第一页上的一条注释解释说:"本简报旨在向南方各州普遍发行, 那里的农场主和棉籽油油坊主料将对本简报产生特别兴趣。"

16. W. J. Morse, Washington, DC, to C. V. Piper, Washington, DC, 4 December 1914, Morse Correspondence. 虽然早在1911年, 西雅图的一家榨油坊就已经在压榨进口大豆, 但这是美国大豆用于榨油的最早记录。Soyinfo Center, "History of Soybeans in North Carolina, a Special Exhibit—The History of Soy Pioneers around the World—Unpublished Manuscript by William Shurtleff and Akiko Aoyagi," last modified 2004, www.soyinfocenter. com/HSS/north_carolina.php.

17. 也可能早在1870年就开始种植了。传说那一年有一位海船老船长, 从东方得到大豆之后, 把它们带到了该州。Soyinfo Center, "History of Soybeans in

North Carolina."

18. E. E. Hartwig and W. L. Nelson. "Soybeans in North Carolina," *Soybean Digest*, November 1947, 11.

19. W. J. Morse, Beaumont, TX, to C. V. Piper, Washington, DC, 19 August 1917, Morse Correspondence.

20. Soyinfo Center, "North Carolina."

21. Woody Upchurch, "Soybean Industry Builds on Foundation Laid by Tar Heel Farmers, Businessmen," [Lumberton, NC] *Robesonian*, 23 December 1967, 5.

22. Soyinfo Center, "North Carolina."

23. W. J. Morse, "The Soy-Bean Industry in the United States," *Yearbook of the Department of Agriculture 1917* (Washington, DC: US Government Printing Office, 1918), 104; Charles V. Piper and William J. Morse, *The Soybean* (New York: McGraw-Hill, 1923; reprint New York: Peter Smith, 1943), 22, table 13.

24. R. A. Oakley, Washington, DC, to W. J. Morse, Arlington Farm, Virginia, 10 September 1910, 及Morse Correspondence. 他在其他至少15个州有联系人。

25. Walter O. Scott, "Cooperative Extension Efforts in Soybeans," in *50 Years with Soybeans*, ed. R. W. Judd (Urbana, IL: National Soybean Crop Improvement Council, 1979), 64.

26. Soyinfo Center, "North Carolina."

27. Morse, "Soy-Bean Industry," 104.

28. Soyinfo Center, "North Carolina"; W. J. Morse, "Soy-Bean Output Increasing in United States," *Yearbook of the Department of Agriculture 1926* (Washington, DC: US Government Printing Office, 1927), 671.

29. 约78平方英里, 略大于美国两个镇区的面积。

30. 同上, 671。

31. W. J. Morse and J. L. Cartter, "Improvement in Soybeans," in *U.S. Dept. of Agriculture Yearbook 1937* (Washington, DC: US Government Printing Office, 1937), 1155; Morse, "Soy-Bean Output," 671; Bruce L. Gardner,

American Agriculture in the Twentieth Century: How It Flourished and What It Cost (Cambridge, MA: Harvard University Press, 2002), 19.

32. Maximilian Toch, *The Chemistry and Technology of Paints* (New York: D. Van Nostrand Company, 1916), 195.

33. R. A. Oakley, Washington, DC, to W. J. Morse, Arlington Farm, VA, 23 May 1911, Morse Correspondence.

34. Linda O. McMurry, *George Washington Carver: Scientist and Symbol* (New York: Oxford University Press paperback, 1982), 91.

35. North Carolina Agricultural Extension Service, *The Commercial Use of the Soybean*, extracts of letters to C. B. Williams, Extension Circular No. 29 (Raleigh, NC: Agricultural Extension Service, 1916).

36. Theodore F. Bradley, "Nonedible Soybean Oil Products," in *Soybeans and Soybean Products*, vol. 2, ed. Klare S. Markley, Fats and Oils: A Series of Monographs (New York: Interscience 1951), 854.

37. Giesen, *Boll Weevil Blues*, 127–141.

38. Lange, Olmsted, and Rhode, "Impact," 715.

39. 同上, 704, 709。

40. 同上, 688。

41. J. B. Killebrew and William H. Glasson, "Tobacco—Discussion," *Publications of the American Economic Association*, 3rd Series 5 (February 1904): 138.

42. Soyinfo Center, "North Carolina."

43. Parnell W. Picklesimer, "The New Bright Tobacco Belt of North Carolina," *Economic Geography* 20 (January 1944): 14.

44. John Fraser Hart and Ennis L. Chestang, "Turmoil in Tobaccoland," *Geographical Review* 86 (October 1996): 554.

45. David Manber, *Wizard of Tuskegee: The Life of George Washington Carver* (New York: Crowell-Collier Press, 1967), 117.

46. Andrew F. Smith, *Peanuts: The Illustrious History of the Goober Pea* (Urbana: University of Illinois Press, 2002): 烤花生, 22–27; 盐水花生, 48–54; 花生酱, 30–39; "好家伙玉米花", 74。

47. 他这一工作的最大成果是"胜利者豇豆"（Victor Cowpea），之所以叫这个名字，是因为派珀一直对语言相关的事情非常重视，认为在战争期间，把东西用"胜利"（Victory）一词命名的做法过滥了。C. V. Piper, Washington, DC, to W. J. Morse, 7 April 1919, Morse Correspondence.

48. M. J. Rosenau, *The Milk Question* (Boston: Houghton Mifflin Company, 1912), 6.

49. 同上, 2。

50. William J. Melhuish, "Process for the Manufacture of Artificial Milk, and Treatment of Its Residues," US Patent 1210667, 2 January 1917 (filed 22 October 1915).

51. Yu Ying Li, "Method of Manufacturing Products from Soja," US Patent 1064841, 17 June 1913 (filed 10 October 1911).

52. Louis J. Monahan and Charles J. Pope, "Process of Making Soy-Milk," US Patent 1165199, 21 December 1915 (filed 10 April 1913).

53. "To Make Synthetic Milk," *Washington Post*, 24 November 1912, M4.

54. Yu Ling Li, "Products from Soja."

55. Monahan and Pope, "Process of Making Soy-Milk."

56. Gaston D. Thévenot, "Process of Manufacturing Milk and Cream Substitutes," US Patent 1359633, 23 November 1920 (filed 24 January 1919); Gaston D. Thévenot, "Process of Making Vegetable Milk," US Patent 1541006, 9 June 1925 (filed 11 June 1923); Gaston D. Thévenot, "Process of Making Vegetable Milk," US Patent 1556977, 23 October 1925 (filed 8 December 1923).

57. William J. Melhuish, "Manufacture of Vegetable Milk and Its Derivatives," US Patent 1175467, 14 March 1916 (filed 1 June 1914); Melhuish, "Manufacture of Artificial Milk."

58. Margery Currey, "World's First Patriotic Food Show Starts," *Chicago Daily Tribune*, 6 January 1918, 5; Mrs. Lynden Evans, "A Call for Kitchen Patriotism," *Chicago Daily Tribune*, 12 January 1918, 5; "Learning How to Win the War," *Chicago Daily Tribune*, 6 January 1918, 5.

59. Evans, "A Call for Kitchen Patriotism," 5.

60. Mary Swain Routzahn, *The Chicago Patriotic Food Show: A Brief*

Review of Its Main Features (New York: Russell Sage Foundation, 1918), 3–4.

61. Ring Lardner, "In the Wake of the News: War Eats," *Chicago Daily Tribune*, 9 January 1918, 11.

62. Evans, "A Call for Kitchen Patriotism," 5.

63. *Official Recipe Book: Containing All Demonstrations Given During Patriotic Food Show, Chicago, January 5–13, 1918* (Chicago: Illinois State Council of Defense: 1918), 25.

64. *Official Recipe Book*, 59–72. 不过，"大豆香料蛋糕"一点儿小麦粉都没用到。

65. Lardner, "War Eats," 11. 奥尼·弗雷德·斯威特是《芝加哥论坛报》的著名专栏作家。在拉德纳的"午宴"中，他还调侃了今天的读者同样觉得陌生的文艺作品角色："甜食：萝西·奥格雷迪和安妮·鲁尼，加大豆。油脂：鲍勃·李的去骨肉片，加大豆。"

66. "Learning How to Win the War," 5. 在文中的一张照片上，哈蒂·董·桑站在桌子前面，桌子上有个牌子写着"大豆面包"（bean bread）；但埃丁顿没有用这个名字来称呼这种食品。她也没有提到在这个商摊工作的这位年轻女子的名字；参见Currey, "World's First Patriotic Food Show Starts," 5。

67. Jane Eddington, "Tribune Cook Book: Soy Bean Products, Etc.," *Chicago Daily Tribune*, 8 January 1918, 14.

68. Jane Eddington, "Tribune Cook Book: Soy Beans as Human Food," *Chicago Daily Tribune*, 12 January 1919, B4.

69. Piper and Morse, *The Soybean*, 273. 芝加哥豆粉面包公司在食品展举办不久后才注册成立，工厂设在芝加哥唐人街。虽然没有决定性的证据表明这家公司与开设商摊的公司是同一家，但这是很有可能的。"Trade Items," *The National Baker*, 15 May 1918, 70.

70. USDA, *Soy Bean as a Forage Crop*, 21.

71. "Wonderful Soya Bean," *Los Angeles Times*, 16 July 1911, II 11.

72. Jane Eddington, "Economical Housekeeping: Soy Beans," *Chicago Daily Tribune*, 11 February 1914, 11; Jane Eddington, "Economical Housekeeping: More About Soy Beans," *Chicago Daily Tribune*, 4 February 1914, 16.

73. Jane Eddington, "Tribune Cook Book: Baked Soy Beans," *Chicago Daily*

Tribune, 13 December 1917, 18.

74. William Shurtleff and Akiko Aoyagi, *History of Edamame, Green Vegetable Soybeans, and Vegetable-Type Soybeans (1275–2009): Extensively Annotated Bibliography and Sourcebook* (Lafayette, CA: Soyinfo Center, 2009), 117; US Department of Agriculture, Bureau of Plant Industry, *Inventory of Seeds and Plants Imported by the Office of Foreign Seed and Plant Introduction during the Period from January 1 to March 31, 1915: Inventory No. 30; Nos. 39682 to 40388* (Washington, DC: US Government Printing Office, 1918), 69. "哈托"一名来自日语Hato-koroshi-daizu, 其中daizu即 "大豆", 是用作蔬菜的大粒型大豆的通用名称后缀; Hato-koroshi意为 "鸽子杀手", 可能也是形容籽粒很大。

75. Shurtleff and Aoyagi, *Edamame*, 121.

76. 同上, 117。

77. Eddington, "Economical Housekeeping: Soy Beans," 11.

78. Morse, "Soy Bean Industry," 107.

79. Jane Eddington, "Tribune Cook Book: Pinto Beans," *Chicago Daily Tribune*, 29 December 1917, 10; R. A. Oakley, Washington, DC, to Carl L. Alsberg, Washington, DC, 25 May 1917, Record Group 88, Records of the Food and Drug Administration, Subgroup: Records of the Bureau of Chemistry 1877–1943, Series: World War I Project File 1917–1919, National Archives II, College Park, MD (以下简称Records of the Bureau of Chemistry).

80. Jane Eddington, "Tribune Cook Book: Baked Pinto Beans," *Chicago Daily Tribune*, 2 April 1918, 14.

81. Soyinfo Center, "History of Soy Flour, Grits, Flakes, and Cereal-Soy Blends—A Special Report on the History of Soy Oil, Soybean Meal, and Modern Soy Protein Products: A Chapter from the Unpublished Manuscript, History of Soybeans and Soyfoods: 1100 b.c. to the 1980s by William Shurtleff and Akiko Aoyagi," last modified 2007, www.soyinfocenter.com/HSS/flour3.php, 1.

82. 同上, 3; 及Soy Bean [Bull. 439], 1。

83. US Department of Agriculture, *Use Soy-Bean Flour to Save Wheat,*

Meat and Fat, contributions from the States Relations Service, A. C. True, director, No. 113 (Washington, DC: US Government Printing Office, 1918), 3.

84. 同上, 4。

85. Helen B. Wolcott, Lexington, KY, to Hannah L. Wessling, Washington, DC, 9 May 1917; H. L. Wessling, Washington, DC, to Helen B. Wolcott, Lexington, KY, 23 May 1917, Records of the Bureau of Chemistry.

86. Jane Eddington, "Tribune Cook Book: Soy Bean Flour," *Chicago Daily Tribune*, 21 March 1917, 12; Eddington, "Soy Beans as Human Food," B4.

87. Robert E. Speer, "The Man and His Work: From an Occidental Viewpoint," in *A Missionary Pioneer in the Far East: A Memorial of Divie Bethune McCartee*, ed. Robert E. Speer (New York: Fleming R. Revell Company, 1922), 9; James Kay MacGregor, "Yamei Kin and Her Mission to the Chinese People," *The Craftsman*, 1 November 1905, 244.

88. "Among the Recent Graduates," *Iowa State Reporter* [Waterloo], 13 October 1887, 1; "Miss May King," *Sumner* [Iowa] *Gazette*, 11 June 1885, 1; All-China Women's Federation, "Women in History: First Woman Overseas Student of Modern China and Legend in Her Own Time," last modified July 4, 2010, www.womenofchina.cn/html/report/106099–1.htm.

89. 亚历山大是美国公民, 在第一次世界大战期间牺牲于欧洲。Gerald Jacobson, comp., *History of the 107th Infantry U.S.A.* (New York: Seventh Regiment Armory, 1920), 208.

90. All-China Women's Federation, "A Chinese Woman Physician, Dr. Yamei Kin," *Outlook*, 16 May 1917, 108; "Their Day of Rest," *Los Angeles Times*, 14 July 1897, 6; "Brevities," *Los Angeles Times*, 10 January 1903, 1.

91. "Woman's World: Around the World with Women," [Winnipeg] *Free Press*, 15 April 1911; All-China Women's Federation.

92. "China's Foremost Woman Physician," [Frederick, MD] *Evening-Post*, 25 January 1911, 1.

93. "Woman off to China as Government Agent to Study Soy Bean," *New York Times*, 10 June 1917, 65.

94. "Emperor Forgot China," *Peace River* [Alberta, Canada] Record, June

1917.

95. "Bandits of Shantung," *North-China Herald*, 25 August 1917, 428; American Legation, Peking, to Secretary of State, Washington, DC, 15 September 1917, Record Group 59, Textual Records from the Department of State, M329, Roll 183, 893.61321/6a and 893.61321/7, National Archives II, College Park, MD.

96. "Makes New Kind of Meat," [Monticello, Iowa] *Express*, 25 July 1918, 3.

97. "Testing Food Stuffs at Appraiser's Stores," *New York Times*, 18 September 1904, SM7.

98. 后来金韵梅告诉麦克杜格尔，这道甜点是用"一种红色小豆"做的，这可能指的是赤豆，而不是大豆。

99. B. R. Hart, San Francisco, CA, to Chief, Bureau of Chemistry, Washington, DC, 22 May 1917, Records of the Bureau of Chemistry.

100. "A New Meat Substitute," *New York Times*, 21 July 1918, 18.

101. Walter T. Swingle, "Our Agricultural Debt to Asia," in *The Asian Legacy and American Life*, ed. Arthur E. Christy (New York: Asia Press, 1945), 91.

102. "Use of Soy Beans as Fat Substitute Urged by Chinese Expert," *Oil, Paint and Drug Reporter*, 17 December 1917, 25.

103. Daniel J. Sweeney, comp., *History of Buffalo and Erie County, 1914–1919* (Buffalo, NY: Committee of One Hundred, 1919), 434. 这可能是对她原话的误传，因为她和其他人一样，应该也是用大豆粉来做面包，而不是用豆腐。

104. "Food Value of Soy Bean: Chinese Expert Rates It High," *Evening Capital and Maryland Gazette*, 2 October 1918.

105. *Official Recipe Book*, 14.

106. US Department of Agriculture, *Program of Work of the United States Department of Agriculture for the Fiscal Year 1919* (Washington, DC: US Government Printing Office, 1918), 300.

107. Piper and Morse, *The Soybean*, 273.

108. William Henry Adolph, "How China Uses the Soy Bean as Food,"

Journal of Home Economics 14 (February 1922): 69.

109. W. J. Morse, Washington, DC, to R. A. Oakley, Washington, DC, 18 November 1918, Morse Correspondence.

110. Soyinfo Center, "Madison College and Madison Foods, a Special Exhibit—The History of Soy Pioneers around the World—Unpublished Manuscript by William Shurtleff and Akiko Aoyagi," last modified 2004, www.soyinfocenter.com/HSS/madison_college_and_foods.php.

111. William Shurtleff and Akiko Aoyagi, "Harry W. Miller," in *History of Soybeans and Soyfoods, Past, Present, and Future*, unpublished manuscript (Lafayette, CA: Soyfoods Center, ca. 1999).

112. William Shurtleff and Akiko Aoyagi, *History of Seventh-Day Adventist Work with Soyfoods, Vegetarianism, Meat Alternatives, Wheat Gluten, Dietary Fiber, and Peanut Butter (1863–2013): Extensively Annotated Bibliography and Sourcebook* (Lafayette, CA: Soyinfo Center, 2014), 151, 162, 463.

113. J. H. Kellogg, *The New Method in Diabetes* (Battle Creek, MI: Good Health Publishing Company, 1917), 64.

114. Carson, *Cornflake Crusade*, 223.

115. John Leonard Kellogg, "Manufacture of a Food Product," US Patent 1189128, 27 June 1916 (filed 19 November 1915).

116. John Harvey Kellogg, *The New Dietetics: What to Eat and How* (Battle Creek, MI: Modern Medicine Publishing Company, 1921), 299.

117. 同上, 302。

第三章 扎 根

1. W. A. Ostrander, "It's Fun to Remember," *Soybean Digest* 4 (September 1944), 16–17; Record Group 54, Subgroup: Division of Forage Crops and Diseases, Series: Correspondence with State Agricultural Experiment Stations, 1899–1928, Box 12: Illinois-Indiana, National Archives II, College Park, MD (以下简称Indiana Correspondence).

2. *Proceedings of the American Soybean Association*, vol. 1: *1925,1926,1927* (n.p.: American Soybean Association, 1928), 39–40.

3. Taylor Fouts, "Putting Soybeans on the Hoof," in *Proceedings of the American Soybean Association*, vol. 1: *1925, 1926, 1927* (n.p.: American Soybean Association, 1928), 125.

4. *Proceedings of the ASA*, vol. 1, 42.

5. W. J. Morse, Champaign, IL, to C. V. Piper, Washington, DC, 31 August 1930, Record Group 54, Subgroup: Division of Forage Crops and Diseases, Series: General Correspondence, 1905–1929, Boxes 92–93: Morgan-Morse to Morse-Napier, National Archives II, College Park, MD.

6. Ostrander, "It's Fun to Remember"; Indiana Correspondence.

7. The Hacklemans, "Memorial to Prof. J. C. Hackleman" (presented to the Urbana-Champaign Faculty Senate on 14 December 1970 by a committee of the University of Illinois Department of Agriculture, W. O. Scott, Chairman), thehacklemans.com/id121.htm.

8. Samuel O. Rice, "Missouri's War Rations: The 'Show-Me' State Is Showing the Nation How to Grow More Food," *The Country Gentleman*, 10 August 1918, 13.

9. 虽然他没有博士学位, 但在1923年成为正教授, 作为系里的农作物推广专家, 直到1956年退休。"Memorial to Hackleman."

10. Robert W. Stark, Urbana, IL, to C. V. Piper, 11 March 1918, Illinois Correspondence.

11. Deborah Fitzgerald, *The Business of Breeding: Hybrid Corn in Illinois, 1890–1940* (Ithaca: Cornell University Press, 1990), 117–123.

12. Gladys Baker, *The County Agent*, Studies in Public Administration, vol. 11 (Chicago: University of Chicago Press, 1939), 25–32.

13. 同上, 33。

14. 同上, 37–41; 及M. C. Burritt, *The County Agent and the Farm Bureau* (New York: Harcourt, Brace, 1922), 208–209。

15. Baker, *The County Agent*, xiv.

16. 同上, 46–47。

17. Hackleman to Morse, 25 November 1919, Illinois Correspondence.

18. F. B. Mumford, *Work and Progress of the Agricultural Experiment*

Station for the Year Ended June 30, 1915, University of Missouri Agricultural Experiment Station Bulletin No. 141 (Columbia: University of Missouri, 1916), 30, 53.

19. Hackleman to Morse, 9 January 1920; Morse to Hackleman, 13 January 1920, Illinois Correspondence.

20. Hackleman to Morse, 14 February 1920; Morse to Hackleman, 10 March 1920; Hackleman to Morse, 18 March 1920, Illinois Correspondence.

21. Hackleman to Piper, 12 June 1920; Piper to Hackleman, 16 June 1920; Morse to Hackleman, 30 June 1920; Hackleman to Morse, 6 July 1920, Illinois Correspondence.

22. Hackleman to Morse, 22 April 1921; Hackleman to Morse, 3 March 1922; Hackleman to Morse, 25 April 1922; Hackleman to Morse, 9 July 1923; University of Illinois Department of Agronomy, "Project: Soybean Varieties," typewritten report, enclosed with Hackleman to Piper, 17 July 1923, Illinois Correspondence. 伊利诺伊州有102个县。

23. Hackleman to Morse, 25 April 1922, Illinois Correspondence.

24. *Proceedings of the ASA*, vol. 1, 3–4. 在其他年份, 美国大豆协会为了显示该组织的全国性, 曾把活动地点安排在密西西比州的克拉克斯戴尔（Clarksdale）、华盛顿州、北卡罗来纳州和密苏里州的哥伦比亚（Columbia）。

25. Hackleman to Morse, 16 April 1920; Morse to Hackleman, 26 April 1920, Illinois Correspondence.

26. Frank Sumner Bash, ed., *History of Huntington County, Indiana*, vol. 2 (Chicago: Lewis Publishing Company, 1914), 650–651.

27. 转引自William Shurtleff and Akiko Aoyagi, *Early History of Soybeans and Soyfoods Worldwide (1900–1923): Extensively Annotated Bibliography and Sourcebook* (Lafayette, CA: Soyinfo Center, 2012), 1134。

28. Hopkins to Morse, 9 December 1916, Illinois Correspondence.

29. W. L. Burlison, Urbana, IL, to W. J. "Moore," 27 February 1917, Illinois Correspondence.

30. J. C. Hackleman, "The Future of the Soybean as a Forage Crop,"

魔豆：大豆在美国的崛起

typewritten manuscript enclosed with Hacklelman to Piper, 7 December 1923, Illinois Correspondence, 3. 玉米价格在1920年后从每蒲式耳60美分升到了1923年的81美分，但仍然远低于战时的高价。

31. 同上，2–3。

32. W. J. Spillman, "Changes in Type of Farming," *Yearbook of the Department of Agriculture 1926* (Washington, DC: US Government Printing Office, 1927), 206; John C. Hudson, *Making the Corn Belt: A Geographical History of Middle-Western Agriculture* (Bloomington: Indiana University Press, 1994), 158; Historical Statistics of the United States: Millennial Edition Online, "Table Da693–706—Corn, Barley, and Flaxseed—Acreage, Production, Price, and Corn Stocks: 1866–1999," last updated 2006, hsus. cambridge.org.

33. W. L. Burlison, "Soybeans Gain Popularity: They Make Good in Illinois," *Orange Judd Farmer* 66 (1 March 1919): 349. 伯利森直到1920年才正式任职；此时在信纸抬头上仍继续把系主任写成霍普金斯，但名字旁没有表明他已去世的星号。Hackleman to Morse, 25 November 1919, Illinois Correspondence; Hackleman to Forage Crops Investigation Office (in Morse's absence), 21 August 1920, Illinois Correspondence.

34. "Dr. William Leonidas Burlison: Your Friends Say," Transcript of the Burlison Banquet, Illini Union Ballroom, University of Illinois, Urbana, 26 June 1951. William L. Burlison Papers, 1888–1968, Series 8/6/22, University of Illinois Archives, Urbana, IL, no page.

35. Hudson, *Making the Corn Belt*, 69–70, 156.

36. Frank Ridgway, "Corn and Soy Beans," *Chicago Tribune*, 10 August 1920, 14.

37. 同上。

38. Hackleman, "The Future of the Soybean," 3. 在1925年给美国大豆协会做报告时，哈克尔曼提供了另一套对比更强烈的数字：在5个玉米带州，从1919年的2.5万英亩增加到1924年的118.9万英亩。*Proceedings of the ASA*, vol. 1, 83.

39. Hackleman, "The Future of the Soybean," 3.

40. *Proceedings of the ASA*, vol. 1, 94; Andrew F. Smith, *Peanuts: The Illustrious History of the Goober Pea* (Urbana: University of Illinois Press, 2002), 66; Alonzo E. Taylor, *Corn and Hog Surplus of the Corn Belt* (Stanford University: Food Research Institute, 1932), 562; George H. Primmer, "United States Soybean Industry," *Economic Geography* 15 (April 1939): 210.

41. 大豆之所以能在红三叶草长不了的地方生长，是因为红三叶草比大豆生长得密集，所以每英亩大豆需要的石灰肥料少于红三叶草。Hackleman, "The Future of the Soybean," 5.

42. 同上, 3–5。

43. 同上, 8。

44. "Soybean Special to Carry Experts," *The Decatur* [Illinois] *Review*, 11 March 1927, 30.

45. Dan J. Forrestal, *The Kernel and the Bean: The 75-Year Story of the Staley Company* (New York: Simon and Schuster, 1982), 65.

46. Baker, *The County Agent*, 7.

47. US Department of Agriculture, *Motion Pictures of the United States Department of Agriculture*, Misc. Circular 86 (Washington, DC: US Government Printing Office, 1926), 10.

48. Forrestal, *The Kernel*, 9; Soyinfo Center, "A. E. Staley Manufacturing Company (1922–1980s): Work with Soy, a Special Exhibit—The History of Soy Pioneers around the World—Unpublished Manuscript by William Shurtleff and Akiko Aoyagi," last modified 2004, www. soyinfocenter.com/HSS/ae_staley_ manufacturing.php. 不过, 他成长的地方后来并没有成为北卡罗来纳州的大豆县。位于沿海地区的伊丽莎白离格林斯博罗（Greensboro）相当远。

49. US Department of Agriculture, Division of Plant Industry, *The Production and Utilization of Corn Oil in the United States*, by A. F. Sievers (Washington, DC: US Government Printing Office, 1920), 4.

50. William Shurtleff and Akiko Aoyagi, *History of Cooperative Soybean Processing in the United States (1923–2008): Extensively Annotated Bibliography and Sourcebook* (Lafayette, CA: Soyinfo Center, 2008), 18.

51. Edward Jerome Dies, *Soybeans: Gold from the Soil* (New York:

Macmillan, 1942), 16; Helen M. Cavanaugh, *Seed, Soil and Science: The Story of Eugene D. Funk* (Chicago: Lakeside Press, 1959), 348; Shurtleff and Aoyagi, *Cooperative Soybean Processing*, 19.

52. Dies, *Gold from the Soil*, 16–17.

53. 在Forrestal的*Kernel*一书中详细记述了斯特利的生平和从事商业的艰辛历程。

54. Forrestal, *Kernel*, 60–61.

55. Hackleman to Morse, 7 December 1920, Illinois Correspondence.

56. Forrestal, *Kernel*, 60–61, 56; F. A. Wand, "Relation between the Soybean Grower and the Oil Mill," in *Proceedings of the American Soybean Association*, vol. 1: *1925, 1926, 1927* (n.p.: American Soybean Association, 1928), 105. 1蒲式耳玉米是56磅, 1蒲式耳大豆是60磅。

57. "Monticello Is to Have Soybean Mill," *Decatur* [Illinois] *Review*, 11 March 1922, 2.

58. Hackleman to Morse, 18 November 1922, Illinois Correspondence.

59. Morse to Hackleman, 6 January 1922, Illinois Correspondence.

60. Fitzgerald, *Business of Breeding*, 117.

61. Hackleman to Morse, 23 February 1923, Illinois Correspondence.

62. Shurtleff and Aoyagi, *Cooperative Soybean Processing*, 14, 20.

63. Klare S. Markley and Warren H. Goss, *Soybean Chemistry and Technology* (Brooklyn, NY: Chemical Publishing Company, Inc., 1944), 138–139.

64. Forrestal, *Kernel*, 63; Hackleman to Morse, 23 April 1923, Illinois Correspondence.

65. Wand, "Relation between Grower and Mills," 105; Dies, *Gold from the Soil*, 26; Forrestal, *Kernel*, 63.

66. Wand, "Relation between Grower and Mills," 104–105.

67. 同上, 105; 及Forrestal, *Kernel*, 63。

68. Frederick A. Wand, "Commercial Outlet for Soybeans," in *Proceedings of the American Soybean Association*, vol. 2: *1928, 1929* (n.p.: American Soybean Association, 1930), 35.

69. University of Illinois Agricultural Experiment Station, *Soybean Production in Illinois*, by J. C. Hackleman, O. H. Sears, and W. L. Burlison, Bulletin No. 310 (Urbana: University of Illinois, 1928), 492–493.

70. E. C. Young, "The Proper Place for Soybeans in the System of Farming," in *Proceedings of the American Soybean Association*, vol. 2: *1928, 1929* (n.p.: American Soybean Association, 1930), 20.

71. Wand, "Commercial Prospects of Soybeans," 28.

72. Dies, *Gold from the Soil*, 26.

73. Wand, "Commercial Prospects of Soybeans," 30–31.

74. W. E. Reigel, "Protecting the American Soybean Market," in *Proceedings of the Sixteenth Annual Meeting of the American Soybean Association* (n.p.: American Soybean Association, 1936), 49.

75. Wand, "Commercial Outlet for Soybeans," 35; L. B. Breedlove, "Soybean— The Magic Plant, Article XIX: Trading in Futures Next Development in Perfecting Market Facilities," *Chicago Journal of Commerce and La Salle Street Journal*, 16 July 1936, 12; Cavanaugh, *Seed, Soil and Science*, 353.

76. Forrestal, *Kernel*, 66–67.

77. R. C. Ross, "Cost of Growing and Harvesting Soybeans in Illinois," in *Proceedings of the American Soybean Association*, vol. 3: *1930* (n.p.: American Soybean Association, 1931), 50; University of Illinois Agricultural Experiment Station, *Supply and Marketing of Soybeans and Soybean Products*, by C. L. Stewart, W. L. Burlison, L. J. Norton, and O. L. Whalin, Bulletin No. 386 (Urbana: University of Illinois, 1932), 440.

78. 同上, 445。

79. I. D. Mayer, "Harvesting Soybeans with the Combine," in *Proceedings of the American Soybean Association*, vol. 2: *1928, 1929* (n.p.: American Soybean Association, 1930), 21; *Supply and Marketing of Soybeans*, 451.

80. *Proceedings of the American Soybean Association*, vol. 2: *1928, 1929* (n.p.: American Soybean Association, 1930), 110.

81. David Wesson, "Contributions of the Chemist to the Cottonseed Oil Industry," *Journal of Industrial and Engineering Chemistry* 7 (April 1915):

魔豆：大豆在美国的崛起

277.

82. M. M. Durkee, "Soybean Oil in the Food Industry," *Industrial and Engineering Chemistry* 28 (August 1936): 899.

83. 同上。

84. University of Illinois College of Agriculture, Agricultural Experiment Station and Extension Service in Agriculture and Home Economics, *Recent Developments in the Utilization of Soybean Oil in Paint*, by W. L. Burlison, Circular 438 (Urbana: University of Illinois, 1935).

85. J. E. Barr, "The Development of Quality Standards for Soybeans," in *Proceedings of the American Soybean Association*, vol. 1: *1925, 1926, 1927* (n.p.: American Soybean Association, 1928), 78–79; L. B. Breedlove, "Soybean—The Magic Plant, Article XVIII: Crop Movements, Grade Requirements and Federal Inspection," *Chicago Journal of Commerce and La Salle Street Journal*, 14 July 1936, 12.

86. US Department of Agriculture, *Plant Material Introduced by the Office of Foreign Plant Introduction, Bureau of Plant Industry, during the Period from Oct. 1 to Dec. 31, 1925: Inventory No. 85; S.P.I. Nos. 65048 to 65707* (Washington, DC: US Government Printing Office, 1928), 15; "Explorers Send Plants Home for Trial," *Los Angeles Times*, 3 April 1927, J20; Morse to Hackleman, 16 April 1926, Illinois Correspondence.

87. Morse to Hackleman, 28 February 1927, Illinois Correspondence.

88. Theodore Hymowitz, "Dorsett-Morse Soybean Collection Trip to East Asia: 50 Year Retrospective," *Economic Botany* 38 (October–December 1984): 385.

89. 同上, 382; Morse and P. H. Dorsett, Tokyo, to Knowles A. Ryerson, Washington, DC, 5 March 1930, Morse Correspondence.

90. Cavanaugh, *Seed, Soil and Science*, 365.

第四章　探　路

1. David L. Lewis, *The Public Image of Henry Ford: An American Folk Hero and His Company* (Detroit: Wayne State University, 1976), 297; Cheryl

R. Ganz, *The 1933 Chicago World's Fair: A Century of Progress* (Urbana: University of Illinois Press, 2008), 79–80.

2. Lewis, *Public Image*, 298–299; Lisa D. Schrenk, *Building a Century of Progress: The Architecture of Chicago's 1933–34 World's Fair* (Minneapolis: University of Minnesota Press, 2007), 112; Roland Marchand, "The Designers Go to the Fair: Walter Dorwin Teague and the Professionalization of Corporate Industrial Exhibits, 1933–1940," *Design Issues* 8 (Autumn 1991): 4; *Official Guide Book of the World's Fair of 1934* (Chicago: A Century of Progress International Exposition, 1934), 137–138.

3. James Sweinhart, *The Industrialized American Barn: A Glimpse of the Farm of the Future* (Dearborn, MI: Ford Motor Company, 1934), 15–16.

4. 同上, 5。

5. Earl Mullin, "Ford Will Push His Farm Ideas in Fair Exhibit," *Chicago Daily Tribune*, 4 April 1934, 14.

6. Sweinhart, *Industrialized American Barn*, 15.

7. "Ford Barn at Fair Burned," *New York Times*, 10 August 1934, 15.

8. Lewis, *Public Image*, 286.

9. "Declaration of Dependence upon the Soil and the Right to Self-Maintenance," 30–35, in *Proceedings of the Dearborn Conference of Agriculture, Industry and Science, Dearborn, Michigan, May 7 and 8, 1935* (New York: Chemical Foundation, 1935), 30.

10. "Industry, Farm Chiefs Lay Own Revival Plans," *Chicago Daily Tribune*, 8 May 1935, 31.

11. William J. Hale, "Farming Must Become a Chemical Industry," *Dearborn Independent*, 2 October 1926, 4–5, 24–26.

12. Anne B. W. Effland, "'New Riches from the Soil': The Chemurgic Ideas of Wheeler McMillen," *Agricultural History* 69 (Spring 1995): 292.

13. Schrenk, *Building*, 151.

14. Hale, "Farming," 25.

15. Soyinfo Center, "Henry Ford and His Employees: Work with Soy—A Special Exhibit—The History of Soy Pioneers around the World—Unpublished

Manuscript by William Shurtleff and Akiko Aoyagi," last modified 2004, www.soyinfocenter.com/HSS/henry_ford_and_employees.php; Steven Watts, *The People's Tycoon: Henry Ford and the American Century* (New York: Alfred A. Knopf, 2005), 483.

16. Soyinfo Center, "Ford and His Employees."

17. 一些大豆油也用在合成树脂本身的生产中。R. H. McCarroll, "Increasing the Use of Agricultural Products in the Automobile Industry," in *Proceedings of the Dearborn Conference*, 60; William Shurtleff and Akiko Aoyagi, *Henry Ford and His Researchers—History of Their Work with Soybeans, Soyfoods and Chemurgy (1928–2011): Extensively Annotated Bibliography and Sourcebook* (Lafayette, CA: Soyinfo Center, 2011), 31.

18. "Golden Grain," *Los Angeles Times*, 12 December 1932, A4.

19. McCarroll, "Increasing," 60; L. B. Breedlove, "Soybean—The Magic Plant, Article XIV: Industrial Uses Already Manifold with More in Prospect," *Chicago Journal of Commerce and La Salle Street Journal*, 2 July 1936, 12.

20. Brian Ralston, "Soy Protein Plastics: Material Formulation, Processing and Properties" (PhD diss., University of Wisconsin–Madison, 2008), 16.

21. 同上, 17; R. S. Burnett, "Soybean Protein Industrial Products," in *Soybeans and Soybean Products*, ed. Klare S. Markley, vol. 2, Fats and Oils: A Series of Monographs (New York: Interscience Publishers Ltd., 1951), 1035.

22. McCarroll, "Increasing," 61.

23. Shurtleff and Aoyagi, *Ford and His Researchers*, 58; Burnett, "Soybean Protein," 17.

24. University of Illinois College of Agriculture, Agricultural Experiment Station and Extension Service in Agriculture and Home Economics, *Recent Developments in the Utlization of Soybean Oil in Paint*, by W. L. Burlison, Circular 438 (Urbana: University of Illinois, 1935), 4; E. E. Ware, "Role of Soy Bean Oil in Paint Formulation," in *Proceedings: Second Dearborn Conference, May 12, 13, 14* (Dearborn, MI: Farm Chemurgic Council, 1936), 250.

25. Rudolf A. Clemen, *By-Products in the Packing Industry* (Chicago:

University of Chicago Press, 1927), 6.

26. 同上, 311; "The House That Joyce Built," *Fortune*, May 1949, 95.

27. "The House," 96.

28. 同上, 99。

29. 同上, 95。

30. 同上, 99。

31. Christy Borth, *Pioneers of Plenty: Modern Chemists and Their Work*, new enlarged ed. (New York: The New Home Library, 1943), 259–261.

32. Hugh Farrell, *What Price Progress? The Stake of the Investor in the Discoveries of Science* (New York: G. P. Putnam's Sons, 1926), 197; Charles N. Cone and Earl D. Brown, "Protein Product and Process of Making," US Patent 1955375, 17 April 1934 (filed 5 March 1930), 1.

33. W. J. O'Brien, "Soy Bean Proteins," in *Proceedings: Second Dearborn Conference, May 12, 13, 14* (Dearborn, MI: Farm Chemurgic Council, 1936), 258.

34. 同上, 256。

35. 同上, 255; Percy L. Julian and Andrew G. Engstrom, "Process for Production of a Derived Vegetable Protein," US Patent 2238329, 15 April 1941 (filed 3 December 1937), 1.

36. Cone and Brown, "Protein Product," 1–2.

37. O'Brien, "Soy Bean Proteins," 258; "Glidden Company to Make Soya Bean Oil and Meal," *Oil, Paint, and Drug Reporter* vol. 126 (November 1934): 52.

38. Arthur Evans, "Lusty Industry Born in Chicago from Soy Bean," *Chicago Daily Tribune*, 29 March 1935, 4; "Probe Factory Blast Fatal to Six; 43 Injured," *Chicago Daily Tribune*, 8 October 1935, 1.

39. "Science: Bean Blast," *Time*, 21 October 1935, 34; David J. Price and Hylton R. Brown, *Quarterly of the National Fire Protection Association* 29 (January 1936).

40. O'Brien, "Soy Bean Proteins," 256.

41. "Probe Factory Blast."

42. "Four More Bodies Are Taken from Ruins of Plant," *Chicago Daily Tribune*, 11 October 1935, 14.

43. "Probe Factory Blast"; "Dig in Wreckage for 5 Men Still Missing in Blast," *Chicago Daily Tribune*, 9 October 1935, 11.

44. "Soy Bean Plant Owner Killed in Blast on 1st Day," *Chicago Daily Tribune*, 23 October 1935, 8; David J. Price, "A Rural Soybean Plant Explosion," *Quarterly of the National Fire Protection Association* 29 (January 1936): 241–243.

45. Price and Brown, "Glidden Soybean Plant Explosion," 239.

46. "Glidden to Erect Soy Bean Plant, Office Building," *Chicago Daily Tribune*, 1 November 1935, 33; "Glidden Sales up, but Profits Slip behind Last Year," *Wall Street Journal*, 17 April 1936, 6; Soyinfo Center, "History of the Glidden Company's Soya Products / Chemurgy Division, a Special Exhibit—The History of Soy Pioneers around the World—Unpublished Manuscript by William Shurtleff and Akiko Aoyagi," last modified 2004, www.soyinfocenter. com/HSS/glidden.php.

47. 同上。

48. Carol Willis, *Form Follows Finance: Skyscrapers and Skylines in New York and Chicago* (New York: Princeton Architectural Press, 1995), 121–123.

49. William D. Falloon, *Market Maker: A Sesquicentennial Look at the Chicago Board of Trade* (Chicago: Board of Trade of the City of Chicago, 1998), 184–186.

50. 以下对期货的介绍来自Gail L. Cramer and Walter G. Heid Jr., *Grain Marketing Economics* (New York: John Wiley & Sons, 1983), 171–212。

51. Roland McHenry, Chicago, to J. C. Murray, Chicago Board of Trade, 25 September 1931, Correspondence Re. Soybean Futures 1931, Archives of the Chicago Board of Trade, Box II.1.128, Folder 3091, Daley Library Special Collections, University of Illinois at Chicago（以下简称Soybean Futures Correspondence 1931）.

52. University of Illinois Agricultural Experiment Station, *Supply and Marketing of Soybeans and Soybean Products*, by C. L. Stewart, W. L.

Burlison, L. J. Norton, and O. L. Whalin, Bulletin 386 (Urbana: University of Illinois, 1932), 529.

53. Fred Clutton, Chicago, to John E. Brennan, Chicago, 1 October 1931, and responses, 5 and 18 November 1931, Soybean Futures Correspondence 1931; Chicago Board of Trade Directors Meeting Minutes, 17 November 1931, Directors Meeting Minutes 1931–1935, Archives of the Chicago Board of Trade, Box II.1.128, Folder 3091, Daley Library Special Collections, University of Illinois at Chicago（以下简称Directors Meeting Minutes）.

54. H. E. Robinson, "The Economic Significance of Soybean Oil Flavor Stability," in *Proceedings of the Conference on Flavor Stability in Soybean Oil* (Chicago: National Soybean Processors Association, 22 April 1946), 9.

55. US Department of Agriculture, Bureau of Agricultural Economics, *Soybeans in American Farming,* by Edwin G. Strand, Technical Bulletin No. 966 (Washington, DC: US Government Printing Office, November 1948), 2, 5.

56. Edwin G. Nourse, Joseph S. Davis, and John D. Black, *Three Years of the Agricultural Adjustment Administration* (Washington, DC: Brookings Institution, 1937), 86, 89; Strand, *Soybeans in American Farming,* 5.

57. Dean Dorhees, Fairbury, IL, to C. S. Beach, Chicago, 13 March 1935, Soybean Committee Materials 1935–1936, Archives of the Chicago Board of Trade, Box III.937, Folder 5, Daley Library Special Collections, University of Illinois at Chicago （以下简称Soybean Committee Materials 1935–1936）.

58. L. B. Breedlove, "Soybean—The Magic Plant, Article I: Picturing Its Multiple Industrial and Economic Possibilities," *Chicago Journal of Commerce and La Salle Street Journal,* 2 June 1936, 12.

59. Frank Ridgway, "Corn-Hog Plan Is Helped by Chinch Bug," *Chicago Daily Tribune,* 3 April 1935, 15; Primmer, "United States Soybean Industry," 205; Mabel P. Crompton, "The Soybean Crop of Illinois," *Journal of Geography* 39 (April 1940): 143; Dorhees to Beach, 13 March 1935, Soybean Committee Materials 1935–1936.

60. Paul Potter, "A 'Baby' Combine for Medium Size Farms Is Shown," *Chicago Daily Tribune,* 25 July 1933, 16.

61. "Active Thresher Sales Expected by Leading Farm Tool Makers," *Wall Street Journal*, 14 June 1935, 2.

62. "Farm Machine Output Up," *New York Times*, 5 April 1937, 28.

63. US Department of Agriculture, Bureau of Agricultural Economics, *Soybean Production in War and Peace*, by Edwin G. Strand (Washington, DC: US Government Printing Office, September 1943), 33.

64. Primmer, "United States Soybean Industry," 206. 出于同一原因, 用联合收割机收割的大豆比起刈割干草用的大豆更能保护土壤, 除非以干草为食的牲畜排泄的粪肥能够细致地施回到豆田里。不过, 1936年的《农业调整法》却把干草大豆作为土壤保护作物, 种用大豆则不在此列。Strand, *Soybeans in American Farming*, 5.

65. M. M. Durkee, "Soybean Oil in the Food Industry," *Industrial and Engineering Chemistry* 28 (August 1936): 901.

66. Arthur Evans, "Processing Tax Sought by Dixie on Foreign Oils," *Chicago Daily Tribune*, 29 October 1933, 9; "Hearing on Oleo Is Attended by Groups of the Farm Interest," *Oshkosh* [Wisconsin] *Northwestern*, 16 May 1935, 3.

67. George F. Deasy, "Geography of the United States Cottonseed Oil Industry," *Economic Geography* 17 (October 1941): 351; Ruth Dupré, "'If It's Yellow, It Must Be Butter': Margarine Regulation in North America since 1886," *Journal of Economic History* 59 (June 1999): 360–361.

68. Soybean Committee Report, 15 March 1935, Exhibit 3: Soybean Production Tables, Soybean Committee Materials 1935–1936.

69. George F. Deasy, "Geography of the United States Soybean-Oil Industry," *Journal of Geography* 40 (January 1941): 2.

70. L. B. Breedlove, "Soybean—The Magic Plant, Article XIX: Trading in Futures Next Development in Perfecting Market Facilities," *Chicago Journal of Commerce and La Salle Street Journal*, 16 July 1936, 12.

71. Chicago Board of Trade Directors Meeting Minutes, 4 December 1934, Directors Meeting Minutes.

72. Soybean Committee Report, 15 March 1935, Soybean Committee

Materials 1935–1936.

73. E. H. G., Pontiac, IL, to Beach, Wickham & Co., Chicago, Soybean Committee Materials 1935–1936.

74. Crompton, "Soybean Crop of Illinois," 142.

75. Deasy, "Geography," 2.

76. Approval of Soybean Committee, 28 January 1936, Soybean Committee Materials 1935–1936.

77. Second Draft of Report, 18 August 1936, Soybean Committee Records 1936, Archives of the Chicago Board of Trade, Box IV.16.599, Folders 1–3, Daley Library Special Collections, University of Illinois at Chicago（以下简称 Soybean Committee Records 1936）.

78. 同上。

79. 同上。

80. Breedlove, "Soybean—The Magic Plant, Article I."

81. Second Draft of Report, 18 August 1936, Soybean Committee Records 1936.

82. Amendment to Rule 1823, 21–23 September 1936, Archives of the Chicago Board of Trade, Box II.2.139, Folder 3337, Daley Library Special Collections, University of Illinois at Chicago.

83. Proposed Amendment to Rules, 2 July 1936, Archives of the Chicago Board of Trade, Box I.1.18, Folder 16/26, Daley Library Special Collections, University of Illinois at Chicago.

84. Forest Glen Warren, "Economic Significance of the Futures Market for Soybeans" (PhD diss., University of Illinois, 1945), 85.

85. Max Tishler, "Percy L. Julian, the Scientist," *The Chemist* 42 (March 1965): 109.

86. "The House That Joyce Built," *Fortune*, May 1949, 99; Tishler, "Percy L. Julian," 109. 豆制品部门的第一位研究主任叫埃里克·瓦尔福斯，他的名字迟至1936年8月还出现在格利登的一份专利申请书中。Eric Wahlforss, "Soya Bean Product," US Patent 2284700, 2 June 1942 (filed 6 August 1936).

87. William F. McDermott, "Slavery's Grandchildren," *Coronet*, January

1948, 123–127; NOVA, "Transcripts: Forgotten Genius. PBS Airdate: February 6, 2007," last modified 2007, www.pbs.org/wgbh/nova/transcripts/3402_julian. html; Paul de Kruif, "The Man Who Wouldn't Give Up," *Reader's Digest*, August 1946, 113–118; Tishler, "Percy L. Julian"; "Dr. Julian Makes Good at Depauw, Ind., University," *Afro-American*, 14 July 1934, 14.

88. 但似乎到1947年时，他又不再避讳与这位同获斯平加恩奖的同胞对比了。Drew Pearson, "Drew Pearson on the Washington Merry-Go-Round," *Florence* [South Carolina] *Morning News*, 29 June 1947, 4. Also Albert Barnett, "Dr. Carver or Dr. Julian: Which Would You Choose?" *Chicago Defender (National Edition)*, 15 October 1949, 7.

89. De Kruif, "Man Who Wouldn't Give Up," 116.

90. Percy L. Julian and Andrew G. Engstrom, "Process for Production of a Derived Vegetable Protein," US Patent 2238329, 15 April 1941 (filed 3 December 1937), 1.

91. 同上, 2。

92. 同上, 3。

93. Arthur A. Levinson and James L. Dickinson, "Method of Preparing Feed Material," US Patent 2162729, 20 June 1939 (filed 8 June 1938); Soyinfo Center, "History of the Glidden Company's Soya Products/Chemurgy Division, a Special Exhibit—The History of Soy Pioneers around the World—Unpublished Manuscript by William Shurtleff and Akiko Aoyagi," last modified 2004, www.soyinfocenter.com/HSS/glidden.php.

94. Tishler, "Percy L. Julian," 109.

95. Percy L. Julian and Andrew G. Engstrom, "Preparation of Vegetable Phosphatides," US Patent 2249002, 15 July 1941 (filed 8 June 1938); Soyinfo Center, "History of Soy Lecithin—A Special Report on the History of Soy Oil, Soybean Meal & Modern Soy Protein Products: A Chapter from the Unpublished Manuscript, History of Soybeans and Soyfoods: 1100 b.c. to the 1980s by William Shurtleff and Akiko Aoyagi," last modified 2007, www. soyinfocenter.com/HSS/lecithin2.php.

96. Tishler, "Percy L. Julian," 110.

97. Soyinfo Center, "History of Glidden's Soya Products Division."

98. Shurtleff and Aoyagi, "Ford and His Researchers," 98–99.

99. R. A. Boyer, "How Soybeans Help Make Ford," in *Proceedings, Eighteenth Annual Meeting of the American Soybean Association*, 12–14 September 1938 at Wooster and Columbus, Ohio, 9.

100. Robert A. Boyer, William T. Atkinson, and Charles F. Robinette, "Artificial Fibers and Manufacture Thereof," US Patent 2377854, 12 June 1945 (filed 7 June 1941), 1.

101. Soyinfo Center, "Ford and His Employees."

102. Shurtleff and Aoyagi, "Ford and His Researchers," 313; Lewis, *Public Image*, 285.

103. Soyinfo Center, "Ford and His Employees."

104. Watts, *The People's Tycoon*, 483.

105. Borth, *Pioneers of Plenty*, 363–365.

106. Shurtleff and Aoyagi, "Ford and His Researchers," 82.

107. Soyinfo Center, "Ford and His Employees."

108. 最后的引文来自Decatur [Illinois] *Herald Review*, 该报显然是大豆应用的既得利益者。Watts, *The People's Tycoon*, 283.

109. Howard P. Segal, *Recasting the Machine Age: Henry Ford's Village Industries* (Boston: University of Massachusetts Press, 2005), 4.

110. 同上, 164。他之前在雷德河综合工厂（Rouge complex）里也开设了一家类似的工厂。

111. David E. Wright, "Alcohol Wrecks a Marriage: The Farm Chemurgic Movement and the USDA in the Alcohol Fuels Campaign in the Spring of 1933," *Agricultural History* 67 (Winter 1993): 65.

112. L. B. Breedlove, "Soybean—The Magic Plant, Article XV: Industrial Uses Already Manifold with More in Prospect," *Chicago Journal of Commerce and La Salle Street Journal*, 7 July 1936, 12; Crompton, "Soybean Crop of Illinois."

113. Lewis, *Public Image*, 284.

114. Charles V. Piper and William J. Morse, *The Soybean* (New York:

McGraw-Hill, 1923; reprint, New York: Peter Smith, 1943), 238–257.

115. 同上, 273–279。

116. 同上, 236。

117. William J. Morse, "Letter from Dr. Morse," in *Proceedings of the American Soybean Association*, vol. 2: *1928, 1929* (n.p.: American Soybean Association, 1930), 51–52.

118. William Shurtleff and Akiko Aoyagi, *William J. Morse—History of His Work with Soybeans and Soyfoods (1884–1959): Extensively Annotated Bibliography and Sourcebook* (Lafayette, CA: Soyinfo Center, 2011), 255.

119. 同上。他给患有慢性病的奥克利（Oakley）寄了一罐 "阿尔门" 让对方尝试。Morse, Keijo, to Oakley, 3 November 1929; Morse, Tokyo, to Pieters, 30 January 1930, Morse Correspondence.

120. Morse, Sapporo, Hokkaido, to Oakley, 28 September 1929, Morse Correspondence.

121. Morse, Tokyo, to Pieters, 15 February 1930, Morse Correspondence.

122. Morse, "Letter from Dr. Morse," 51.

123. Shurtleff and Aoyagi, "William J. Morse—History of His Work," 380.

124. Soyinfo Center, "Madison College and Madison Foods, a Special Exhibit—The History of Soy Pioneers around the World—Unpublished Manuscript by William Shurtleff and Akiko Aoyagi," last modified 2004, www.soyinfocenter.com/HSS/madison_college_and_foods.php.

125. William Shurtleff and Akiko Aoyagi, *History of Seventh-Day Adventist Work with Soyfoods, Vegetarianism, Meat Alternatives, Wheat Gluten, Dietary Fiber and Peanut Butter (1863–2013): Extensively Annotated Bibliography and Sourcebook* (Lafayette, CA: Soyinfo Center, 2014), 185–186.

126. William Shurtleff and Akiko Aoyagi, *Mildred Lager—History of Her Work with Soyfoods and Natural Foods in Los Angeles (1900–1960): Extensively Annotated Bibliography and Sourcebook* (Lafayette, CA: Soyinfo Center, 2009), 30.

127. Gordon Kennedy, ed., *Children of the Sun: A Pictorial Anthology; From Germany to California, 1883–1949* (Ojai, CA: Nivaria Press, 1998), 7–10.

128. Shurtleff and Aoyagi, *Mildred Lager*, 30.

129. "For Your Health's Sake Use Jones Fresh Ground Soy Bean Flour!" [Ad] *Los Angeles Times*, 3 April 1932, J21; "The May Company Modern Market: Savory Wednesday" [Ad], *Los Angeles Times*, 2 May 1934, A6.

130. Mildred Lager, *The Useful Soybean: A Plus Factor in Modern Living* (New York: McGraw-Hill, 1945), 125.

131. Jethro Kloss, *Back to Eden: A Human Interest Story of Health and Restoration to Be Found in Herb, Root, and Bark* (Coalmont, TN: Longview Publishing House, 1939), 160, 269.

132. Elmer Vernon McCollum, *A History of Nutrition: The Sequences of Ideas in Nutrition Investigation* (Cambridge, MA: Riverside Press, 1957), 158, 167.

133. J. H. Kellogg, "Be Sure to Chew Your Milk," *Washington Post*, 8 October 1916, ES4.

134. John Harvey Kellogg, "Method of Making Acidophilus Milk," US Patent 1982994, 4 December 1934 (filed 14 June 1933); Soyinfo Center, "Dr. John Harvey Kellogg and Battle Creek Foods: Work with Soy—A Special Exhibit—The History of Soy Pioneers Around the World—Unpublished Manuscript by William Shurtleff and Akiko Aoyagi," last modified 2004, www.soyinfocenter.com/HSS/john_kellogg_and_battle_creek_foods.php.

135. William Shurtleff and Akiko Aoyagi, *History of Soy Yogurt, Soy Acidophilus Milk, and Other Cultured Soymilks (1918–2012): Extensively Annotated Bibliography and Sourcebook* (Lafayette, CA: Soyinfo Center, 2012), 6.

136. "No Intestinal Poisoning Here!" [Ad for Theradophilus], *Los Angeles Times*, 17 June 1934, J21.

137. Harry W. Miller, typewritten memoir transcribed from voice recordings, ca. 1958, Department of Archives and Special Collections, Del E. Webb Memorial Library, Loma Linda University, Loma Linda, CA, 252（以下简称Miller Memoir）.

138. Soyinfo Center, "History of Soymilk and Dairy-like Soymilk

Products—A Special Report on the History of Traditional Non-fermented Soyfoods—A Chapter from the Unpublished Manuscript, History of Soybeans and Soyfoods: 1100 b.c. to the 1980s by William Shurtleff and Akiko Aoyagi," last modified 2007, www.soyinfocenter.com/HSS/soymilk1.php.

139. Kloss, 611.

140. Miller Memoir, 164–166.

141. Harry W. Miller, *The Story of Soya Milk* (Mt. Vernon, OH: International Nutrition Laboratory, 1941), 20.

142. William Shurtleff, "Dr. Harry Miller: Taking Soymilk around the World," *Soyfoods* 1 (Winter 1981): 30.

143. Miller Memoir, 256.

144. Miller, *Story of Soya Milk*, 22.

145. Harry Willis Miller, "Process of Making Vegetable Milk," US Patent 2078962, 4 May 1937 (filed 3 December 1935), 1.

146. Miller Memoir, 254; Pierce Mason Travis, "Dispersion Mill," US Patent 1851071, 29 March 1932 (filed 30 June 1923); Miller, "Process of Making Vegetable Milk."

147. Miller, *Story of Soya Milk*, 25.

148. Miller Memoir, 257; Miller, *Story of Soya Milk*, 24; Shurtleff, "Miller," 30.

149. Miller, *Story of Soya Milk*, 26.

150. Miller Memoir, 258–259.

151. Shurtleff, "Miller: Taking Soymilk," 32–33.

152. Shurtleff and Aoyagi, "Henry Ford and His Researchers," 8.

153. Ronald Deutsch, *The Nuts among the Berries*, rev. ed. (New York: Ballantine Books, 1967), 135–136.

154. Lewis, *Public Image*, 229.

155. 同上, 229; 及Watts, *The People's Tycoon*, 328。

156. Reynold Wik, *Henry Ford and Grass-roots America* (Ann Arbor: University of Michigan Press, 1972), 152.

157. Shurtleff and Aoyagi, "Ford and His Researchers," 191.

158. 同上，191；及Soyinfo Center, "Ford and His Employees"。

159. 根据威伦斯等人在80年代的回忆。但30年代的报告中没有提到他。Shurtleff and Aoyagi, "Ford and His Researchers," 37, 300–301, 306.

160. 同上，37；及Soyinfo Center, "Ford and His Employees"。

161. Shurtleff and Aoyagi, "Ford and His Researchers," 36.

162. Soyinfo Center, "Ford and His Employees."

163. Lewis, *Public Image*, 285.

第五章　应　召

1. "Governor Is Host at Soy Bean Lunch,"*New York Times*, 15 June 1943, 24.

2. Richard N. Smith,*Thomas E. Dewey and His Times* (New York: Simon and Schuster, 1982), 367–368.

3. H. E. Babcock, "Report of State Food Commission,"*New York Times*, 11 June 1943, 8.

4. Harvey Levenstein,*Paradox of Plenty: A Social History of Eating in America*, rev. ed. (New York: Oxford University Press, 1993; Berkeley: University of California Press, 2003), 83.

5. "Soybeans: Governor Dewey Sponsors Them as Partial Solution to Food Crisis," *Life*, 19 July 1943, 45–47.

6. US Department of Agriculture, Bureau of Agricultural Economics,*Soybean Production in War and Peace*, by Edwin G. Strand (Washington, DC: US Government Printing Office, September 1943), 24; "Brazil Tests Tung Groves to Replace Idle Acres of Old Coffee Plantations," *Soybean Digest*, April 1941, 12.

7. D. J. Bunnell, "Soybean Oil in the War Time Economy,"*Soybean Digest*, October 1942, 4.

8. *Soybean Digest*, April 1941, 6; Strand, *Soybean Production*, 15.

9. "USDA Urges Soybean Increase," *Soybean Digest*, June 1941, 1.

10. "Million More Acres, Says A.A.A.," *Soybean Digest*, October 1941, 3.

11. "Eight Million Acres in 1942," *Soybean Digest*, January 1942, 2.

12. "Battle of the Soybean," *Soybean Digest*, March 1942, 2–3.

13. D. J. Bunnell, "Problems of the Soybean Processor," *Soybean Digest*, April 1943, 6, 9.

14. "The CCC Purchase Program," *Soybean Digest*, November 1942, 1–2. 相比之下，1941年美国大豆的平均价格，从1940年的90美分涨到了1.55美元。Strand, *Soybeans in American Farming*.

15. "Telling the Straight Story," *Soybean Digest*, April 1942, 1.

16. "Battle of the Soybean IV," *Soybean Digest*, June 1942, 8.

17. Strand, *Soybean Production*, 15.

18. L. R. Combs, "Let's Solve Soybean Erosion Problem," *Soybean Digest*, April 1942, 6–7, 12.

19. G. G. McIlroy, "Problems of the Soybean Grower," *Soybean Digest*, April 1943, 5.

20. Walter W. McLaughlin, "Soybean Industry as Seen by a Grower," *Soybean Digest*, September 1943, 10.

21. Bunnell, "Problems."

22. "The Soybean Storage Problem," *Soybean Digest*, July 1942, 6–7.

23. "Battle of the Soybean," *Soybean Digest*, March 1942, 2–3.

24. US Department of Agriculture, Bureau of Agricultural Economics, *Soybeans in American Farming*, by Edwin G. Strand, Technical Bulletin No. 966 (Washington, DC: US Government Printing Office, November 1948), 57.

25. "Educating the Public to Feed More Protein," *Soybean Digest*, October 1942, 3.

26. "The Meal Situation," *Soybean Digest*, November 1942, 1–2.

27. Earl O. Heady, "The Meal Situation," *Soybean Digest*, December 1942, 5, 9; "Too Much Feeding of Whole Beans," *Soybean Digest*, November 1943, 12; D. J. Bunnell, "Problems of the Soybean Processor."

28. O. D. Klein, "The 1943 Soybean Meal Distribution Program," *Soybean Digest*, September 1943, 12, 44.

29. "Those 1943 Bean Goals," *Soybean Digest*, January 1943, 6.

30. Klein, "1943"; "WFA Order Limits Proteins, Effective January 1," *Soybean Digest*, December 1943, 9–10.

31. "Declare War on These Weasels [Ad]," *Soybean Digest*, June 1943, inside front cover.

32. "Everybody Is Short," *Soybean Digest*, February 1944, 1.

33. "Expand Processing Output: New Mills Going Up," *Soybean Digest*, November 1943, 13.

34. Strand, *Soybean Production*, 20.

35. Porter M. Hedge, "Washington Digest: Protein Supplies," *Soybean Digest*, October 1944, 19; Walter S. Berger, "The Feed Situation: No Time to Relax," *Soybean Digest*, December 1944, 9, 14.

36. Historical Statistics of the United States: Millennial Edition Online, "Table Da995–1019—Beef, veal, pork and lamb—slaughtering, production, and price: 1899–1999," last updated 2006, hsus.cambridge.org; Historical Statistics of the United States: Millennial Edition Online, "Table Da1039–1058—Chicken, turkeys, and eggs—number, production, price, sales, and value per head: 1909–1999," last updated 2006, hsus.cambridge.org; Strand, *Soybean Production*, 22, 27.

37. C. R. Weber, "Lincoln: A New Variety High in Yield and Oil Content," *Soybean Digest*, March 1944, 6–7.

38. Levenstein, *Paradox of Plenty*, 83–84.

39. 同上, 87。

40. Jethro Kloss, *Back to Eden: A Human Interest Story of Health and Restoration to Be Found in Herb, Root and Bark* (Coalmont, TN: Longview Publishing House, 1939), 584.

41. Donald S. Payne, "Soybeans in Lend-Lease," *Soybean Digest*, September 1942, 8.

42. Soyinfo Center, "History of Soy Flour, Grits, Flakes, and Cereal-Soy Blends—A Special Report on the History of Soy Oil, Soybean Meal, & Modern Soy Protein Products: A Chapter from the Unpublished Manuscript, History of Soybeans and Soyfoods: 1100 b.c. to the 1980s by William Shurtleff and Akiko Aoyagi," last modified 2007, www.soyinfocenter.com/HSS/flour3.php.

43. Jeanette McCay, *Clive McCay*, 332.

44. William Shurtleff and Akiko Aoyagi, *Clive M. McCay and Jeanette B. McCay—History of Work with Soyfoods, the New York State Emergency Food Commission, Improved Bread, and Extension of Lifespan (1927–2009): Extensively Annotated Bibliography and Sourcebook* (Lafayette, CA: Soyinfo Center, 2009), 7; Cornell University Cooperative Extension, *Soybeans: An Old Food in a New World*, Cornell Extension Bulletin 668 (Ithaca: Cornell University, 1945), 2.

45. Soybean Committee of the New York State Emergency Food Commission, Report to H. E. Babcock and L. A. Maynard, 20 December 1943, Table: "Soybean Letters Received," no page, in Clive McCay Papers 1920–1967, Box 3, Division of Rare and Manuscript Collections, Carl A. Kroch Library, Cornell University, Ithaca, NY（以下简称McCay Box 3）.

46. 同上, 1; 及Shurtleff and Aoyagi, *McCay: Work with Soyfoods*, 28。

47. 同上, 28; 及Jeanette McCay, *The Miracle Bean* (Ithaca: New York State Emergency Food Commission, n.d.), Clive McCay Papers 1920–1967, Box 1, Division of Rare and Manuscript Collections, Carl A. Kroch Library, Cornell University, Ithaca, NY（以下简称McCay Box 1）。

48. Jeanette McCay, *Clive McCay, Nutrition Pioneer: Biographical Memoirs by His Wife* (Charlotte Harbor, FL: Tabby House, 1994), 375; C. M. McCay, *Sprouted Soy Beans* (Ithaca: New York State Emergency Food Commission, n.d.) in McCay Box 1.

49. McCay, *Clive McCay*, 376.

50. McCay, *Clive McCay*, xvi, 143, 488; C. M. McCay and Mary F. Crowell, "Prolonging the Life Span," *Scientific Monthly* 39 (November 1934): 406–407, 412; Hyung Wook Park, "Longevity, Aging and Caloric Restriction: Clive Maine McCay and the Construction of a Multidisciplinary Research Program," *Historical Studies in the Natural Sciences* 40 (Winter 2010): 88–90; Roger B. McDonald and Jon J. Ramsey, "Honoring Clive McCay and 75 Years of Calorie Restriction Research," *Journal of Nutrition* 140 (July 2010): 1205; C. M. McCay, "Effect of Restricted Feeding upon Aging and Chronic Diseases in Rats and Dogs," *American Journal of Public Health* 37 (May 1947): 525; Ida

Jean Kain, "Full Calories Boost Health with Nutrients," *New York Times*, 24 January 1952, B5.

51. Clive M. McCay, *Nutrition of the Dog* (Ithaca: Comstock, 1943), 84.

52. "Housewife Urged to Buy Best Food," *New York Times*, 12 November 1942, 28.

53. 同上, 28。

54. Shurtleff and Aoyagi, *McCay: Work with Soyfoods*, 29; Cornell University Cooperative Extension, *Soybeans: An Old Food*, 44–45; "Open Formula Bread," food label, n.d., in McCay Box 1.

55. McCay, *Clive McCay*, xx; "Open Formula Bread," McCay Box 1.

56. "Governor Is Host at Soy Bean Lunch."

57. "Open Formula Bread," McCay Box 1.

58. "Meat Substitute," *Science News Letter* 43 (22 May 1943): 326.

59. McCay, *Clive McCay*, 332; Cornell University Cooperative Extension, *Soybeans: An Old Food*, 29.

60. McCay, *Clive McCay*, 332.

61. "Meat Substitute."

62. "Governor Dewey Sponsors Soybeans," 45.

63. C. M. McCay, *Sprouted Soy Beans*.

64. Patricia Woodward, "A Practical Study in Nutrition Education," *Journal of Home Economics* 37 (January 1945): 19–22.

65. Soya Food Research Council Organoleptic Committee, *Report on Tests of Continued Flavor Acceptance of Soy Flour in Bread* (Chicago: Soya Food Research Council, 1944), 4.

66. James L. Doig, "White Bread: The Big Market for Soy," *Soybean Digest*, November 1943, 5.

67. "It's Time to Act," *Soybean Digest*, September 1943, 3.

68. Porter M. Hedge, "Washington Digest: Soya Food Is Here to Stay," *Soybean Digest*, April 1944, 19.

69. Mildred Lager, *The Useful Soybean: A Plus Factor in Modern Living* (New York: McGraw-Hill, 1945), 175.

70. Lager, *The Useful Soybean*, 80, 175.

71. Russell Maloney, "The Food Crisis," *New Yorker*, 10 July 1943, 58–59; "Governor Dewey Sponsors Soybeans."

72. Eugene Kinkaid and Russell Maloney, "Talk of the Town: Meat without Bones," *New Yorker*, 31 July 1943, 14–15.

73. Quoted in Levenstein, *Paradox of Plenty*, 84–85.

74. Sheila Hibbens, "Markets and Menus: Substitutes and Other Things," *New Yorker*, 76–79.

75. Jeanette B. McCay, "Soybeans Are Here to Stay," *Journal of Home Economics* 39 (December 1947): 629.

76. *New Yorker*, 27 May 1944, 26.

77. *New Yorker*, 15 September 1945, 31.

78. Levenstein, *Paradox of Plenty*, 90–93.

79. Kinkaid and Maloney, "Meat without Bones."

80. Martin V. H. Prinz, "The Dramatic Story of Soy Flour: It Began in Vienna," *Soybean Digest*, March 1944, 4.

81. Bunnell, "Soybean Oil in the War Time Economy."

82. "German Army Soya Cookbook," *Soybean Digest*, December 1941, 2–3.

83. Prinz, "The Dramatic Story."

84. Anastacia Marx De Salcedo, *Combat-Ready Kitchen: How the U.S. Military Shapes the Way You Eat* (New York: Current, an Imprint of Penguin Random House, 2015), 70.

85. "Soybeans … and People," *Soybean Digest*, March 1942, 10; Rohland S. Isker, "Soybeans in the Army Ration," *Soybean Digest*, September 1942, 11.

86. James L. Doig, "Life Raft Ration: Canadian Navy Adopts Soy," *Soybean Digest*, March 1943, 6, 14.

87. Wayne G. Broehl Jr., *Cargill: Trading the World's Grain* (Hanover, NH: University Press of New England, 1992), 664–665.

88. McCay, *McCay*, 361–366.

89. 同上, 365, 358。

90. C. M. McCay to Captain D. G. Hakansson, 5 January 1944 in McCay

Box 3.

91. Wm. H. Adams, "Now! It Can Be Told! Soy Saves Ships," *Soybean Digest*, July 1944, 8.

92. George Gordon Urquhart, "Fire Extinguishing Composition," US Patent 2269958, 1 January 1942 (filed 26 July 1938).

93. Soyinfo Center, "History of the Glidden Company's Soya Products/ Chemurgy Division, a Special Exhibit—The History of Soy Pioneers around the World—Unpublished Manuscript by William Shurtleff and Akiko Aoyagi," last modified 2004, www.soyinfocenter.com/HSS/glidden.php.

94. "The House That Joyce Built," *Fortune*, May 1949, 99.

95. US Department of the Interior, War Relocation Authority, *WRA: A Story of Human Conservation* (Washington, DC: US Government Printing Office, 1946), 25–30; Greg Robinson, *A Tragedy of Democracy: Japanese Confinement in North America* (New York: Columbia University Press, 2009), 93.

96. War Relocation Authority, *WRA*, xiv-xv, 22.

97. 同上, 97–100。

98. "Minutes of the Meeting of Advisory Board of Industry," 28 September 1942, Camouflage Net Factory, Reels 256–257, *Japanese-American Evacuation and Resettlement Records, 1930–1974 (bulk 1942–1946)*, BANC MSS 67/14 c, Bancroft Library, University of California, Berkeley（在线查询网站：content. cdlib.org/view?docId=ft6j49n9ck&brand=calisphere&doc）.

99. War Relocation Authority, *WRA*, 100.

100. 同上, 111–112; "Member of Dies Committee Raps Majority Report," *Minidoka Irrigator*, 28 August 1943, 1; "Denver Post Article Censured by WRA," *Manzanar Free Press*, 5 June 1943, 1.

101. Robinson, *A Tragedy of Democracy*, 154–155.

102. Harry M. Kumagai, memos to H. A. Mathiesen, 10 June 1942 and 12 June 1942, Record Group 210, Records of the War Relocation Authority, Records of Relocation Centers, Subject-Classified General Files 1942–1946, Colorado River, Box 114, National Archives, Washington, DC（以下简称 Colorado River Box 114）; Harry M. Kumagai and H. A. Mathiesen, memo to

魔豆：大豆在美国的崛起

Wade Head, 30 June 1942, Record Group 210, Records of the War Relocation Authority, Records of Relocation Centers, Subject-Classified General Files 1942–1946, Colorado River, Box 106, National Archives, Washington, DC（以下简称Colorado River Box 106）.

103. Harry M. Kumagai, "Organization Plan and Policies of the Department of Factory," report to John Evans, 16 September 1942, Colorado River Box 106; Industry Department, Poston III, to H. A. Mathiesen, 10 November 1942, Colorado River Box 114.

104. "Unit II Tofu Industry Delayed by Lack of Construction Material," *Poston Chronicle*, 22 December 1942, 7.

105. Harry M. Kumagai and H. A. Mathiesen, memo to Wade Head, 30 June 1942 in Colorado River Box 114; Harry M. Kumagai, memos to H. A. Mathiesen, 10 June 1942 and 12 June 1942, in Colorado River Box 114.

106. "Indy. Dept. Expected Tofu Production within Fortnight," *Poston Chronicle*, 16 January 1943, 3.

107. "Production of Tofu Starts in Unit I," *Poston Chronicle*, 14 April 1943, 1.

108. Report of the Poston Community Enterprise Department of Factory Planning, 12 June 1942, 2, in Colorado River Box 114; "Daily Output of 500 Tofu Planned for Poston III," *Poston Chronicle*, 2 October 1942, 1; "Indy. Dept. Expected Tofu"; "Tofu Production to Be Doubled Soon," *Poston Chronicle*, 2 February 1943, 5; "Production of Tofu Starts in Unit I"; "Tofu Production," *Poston Chronicle*, 18 April 1943, 4.

109. "First Tofu Produced by Poston III Industry," *Poston Chronicle*, 19 January 1943, 1.

110. "Poston Starts Tofu Factory," *Granada Pioneer*, 17 April 1943, 3; "Mass Production of 'Tofu' Begun by Poston Factory," *Minidoka Irrigator*, 1 May 1943, 2.

111. "Community Government Closing Report," 1945, Topaz Final Reports, Folder 9 of 15, Reels 14–17, *Records of the War Relocation Authority, 1942–1946: Field Basic Documentation*, BANC FILM 1932, Bancroft Library, University of California, Berkeley（在线查询网站: content.cdlib.org/view?docI

d=ft9b69p234&brand=calisphere&doc）.

112. "To Manufacture Soy Bean Cakes for Topazans," *Topaz Times*, 16 February 1943, 2; "Construction of Tofu Plant Begins," *Topaz Times*, 4 January 1944, 1; "1800 Cakes of Tofu Distributed to Mess Halls," *Topaz Times*, 12 April 1944, 3.

113. "'Tofu' Lovers!" *Manzanar Free Press*, 15 May 1943, 1; "Large Scale Production of Tofu to Start," *Granada Pioneer*, 20 November 1943, 1.

114. 比如波斯顿营的Tomoji Wada和Masayoshi Yamaguchi ("Indy. Dept. Expected Tofu Production," *Poston Chronicle*, 16 January 1943, 3, and "Production of Tofu Starts in Unit I," *Poston Chronicle*, 14 April 1943, 1); 曼扎纳营的S. Okugawa ("'Tofu' Manufacture Given Approval," *Manzanar Free Press*, 5 June 1943, 3); 哈特山营的Kichizo Umeno ("Tofu Factory in Operation," *Heart Mountain Sentinel*, 8 January 1944, 8); 以及丹森（Denson）营的Gonshiro Harada ("Manufacturing of 'Tofu' to Start Here Soon," *Denson Tribune*, 30 March 1943, 4)。William Shurtleff and Akiko Aoyagi, *How Japanese and Japanese-Americans Brought Soyfoods to the United States and the Hawaiian Islands—A History (1851–2011): Extensively Annotated Bibliography and Sourcebook* (Lafayette, CA: Soyinfo Center, 2011), 140.

115. "Reporters Learn Process in Tofu Making Tedious," *Manzanar Free Press*, 16 October 1943, 4; "1,500 Tofu Cakes to be Made Daily," *Minidoka Irrigator*, 20 January 1945, 1; "These Fellows Know Their 'Soybeans,'" *Denson Tribune*, 29 June 1943, 3.

116. "Shoyu Project Ready," *Manzanar Free Press*, 10 October 1942, 1. 曼扎纳营位于欧文斯谷（Owens Valley），该山谷是洛杉矶获取饮用水的著名水源地。

117. "Shoyu, Rice Arrive," *Manzanar Free Press*, 22 April 1942, 2.

118. "Name Selected for Local Shoyu," *Manzanar Free Press*, 3 December 1942, 1.

119. "Record Output of Shoyu Made," *Manzanar Free Press*, 21 November 1942, 1.

120. William Shurtleff and Akiko Aoyagi, *History of Soy Sauce (160 C.E.*

to 2012): Extensively Annotated Bibliography and Sourcebook (Lafayette, CA: Soyinfo Center, 2012), 865, 896, 927, 1088.

121. "Malt Method Used in Shoyu," *Manzanar Free Press*, 23 February 1944, 6.

122. "Semi-Annual Report, July 1–Dec. 31, 1943: Industry Section," Record Group 210, Records of the War Relocation Authority, Washington Office Records, Washington Document, Box 5, National Archives, Washington, DC; "Poston May Get Soybean Milk," *Poston Chronicle*, 22 October 1943, 3; War Relocation Authority, *Human Conservation*, 96; "Semi-Annual Report, July 1-Dec. 31, 1944: Industry Section," Record Group 210, Records of the War Relocation Authority, Washington Office Records, Documentary Files, Semi-Annual Reports, Box 5, National Archives, Washington, DC.

123. War Relocation Authority, *Human Conservation*, 1.

124. "Tofu Manufacture Contemplated Here," *Gila News-Courier*, 23 March 1943, 3; "Tofu for Rivers a Possibility," *Gila News-Courier*, 24 June 1943, 1; "'Tofu' Manufacture in Rivers Soon," *Gila News-Courier*, 13 November 1943, 1; "Mess 45 to Be Turned into Tofu Factory," *Gila News-Courier*, 20 November 1943, 5; "Tofu a Dream No More," *Gila News-Courier*, 23 November 1943, 3; "Keadle Gets Facts on Tofu Delivery," *Gila News-Courier*, 2 December 1943, 4; "Tofu Factory Shifts to High," *Gila News-Courier*, 15 January 1944, 1; "Tofu Factory to Open Again," *Gila News-Courier*, 5 August 1944, 3.

125. "Lawson Joins Hospital Staff," *Gila News-Courier*, 19 August 1943, 5. 可能正是洛森本人提供了这一描述，以及该报纸上经常出现的有关她的报道。

126. Grace Lawson, "The Dietary Department," 15 August 1945, Gila River Final Reports, Folder 22 of 31, Reels 40–43, *Records of the War Relocation Authority, 1942–1946: Field Basic Documentation*, BANC FILM 1932, Bancroft Library, University of California, Berkeley, 9. 现在不清楚她用的菜谱中是只有美式配方、日式配方还是二者兼有。

127. "Dr. Lawson: Tofu for Peptic Ulcers," *Gila News-Courier*, 11 July 1944, 5.

128. War Relocation Authority, *Human Conservation*, xiv.

129. "Tofu Factory Set Up in Minn.," *Colorado Times*, 19 July 1945, 1.

130. Shurtleff and Aoyagi, *How Japanese and Japanese-Americans*, 182, 191.

131. Robinson, *A Tragedy of Democracy*, 256.

132. "Co-op Plans to Make Tofu," *Tule Lake Cooperator*, 6 November 1943; "Tofu Making Discontinued on Nov. 30," *Tule Lake Cooperator*, 10 November 1945.

133. Jennifer 8. Lee, *The Fortune Cookie Chronicles: Adventures in the World of Chinese Food* (New York: Twelve, 2008), 264.

134. Shurtleff and Aoyagi, *How Japanese and Japanese-Americans*, 86, 168.

第六章　拓　界

1. W. H. Goss, *The German Oilseed Industry* (Washington, DC: Hobart Publishing Company, 1947), 17.

2. 同上, 56。

3. John Gimbel, *Science, Technology, and Reparations: Exploitation and Plunder in Postwar Germany* (Stanford: Stanford University Press, 1990), 5.

4. 同上, 7。

5. Office of Technical Services, Technical Industrial Intelligence Division, "Purpose and Activity Summary," January 1947, Records of the Office of Technical Services, Series: Industrial Research and Development Division Subject File, 1944–1948, Box 65, National Archives II, College Park, MD.

6. Allie Shah, "Obituary: Warren H. Goss, 86, Noted Pillsbury Co. Scientist," *Minneapolis-St. Paul Star-Tribune*, 16 July 1998; Goss, *German Oilseed Industry*, no page.

7. Michael Shermer and Alex Grobman, *Denying History: Who Says the Holocaust Never Happened and Why Do They Say It?* (Berkeley: University of California Press, 2002), 114–117; Nuremberg Trial Proceedings Vol. 7, Sixty-Second Day, 19 February 1946, Morning Session, avalon.law.yale.edu/imt/02-19-46.asp.

8. Goss, *German Oilseed Industry*, 3.

9. 同上, 3。

10. 同上, 10。

11. 同上, 14。

12. W. H. Goss, "Processing Oilseeds and Oils in Germany," *Oil & Soap* 23 (August 1946): 244.

13. Goss, *German Oilseed Industry*, 56.

14. 同上, no page。

15. US House of Representatives, *Department of Commerce Appropriation Bill for 1948: Hearings before the Subcommittee of the Committee on Appropriations, H.R.*, 80th Congress, First Session, February 1947 (Washington, DC: US Government Printing Office, 1947), 131.

16. Gimbel, *Science*, 98.

17. Edward Dies, "Introductory Remarks," in *Proceedings of the Conference on Flavor Stability in Soybean Oil* (Chicago: National Soybean Processors Association, 22 April 1946), 3.

18. H. E. Robinson, "The Economic Significance of Soybean Oil Flavor Stability," in *Proceedings of the Conference on Flavor Stability in Soybean Oil* (Chicago: National Soybean Processors Association, 22 April 1946), 1; O. H. Alderks, "Soybean Oil," *Oil & Soap* 21 (September 1945): 233.

19. H. J. Dutton, "History of the Development of Soy Oil for Edible Use," *Journal of the American Oil Chemists' Society* 58 (1981): 235.

20. Alderks, "Soybean Oil," 233.

21. Herbert J. Dutton, Helen A. Moser, and John C. Cowan, "The Flavor Problem of Soybean Oil I: A Test of the Water-Washing Citric Acid Refining Technique," *Journal of the American Oil Chemists' Society* 24 (August 1947): 261–264.

22. Helen A. Moser, Carol M. Jaeger, J. C. Cowan and H. J. Dutton, "The Flavor Problem of Soybean Oil II: Organoleptic Evaluation," *Journal of the American Oil Chemists' Society* 24 (September 1947): 291–296.

23. Herbert J. Dutton, Arthur W. Schwab, Helen A. Moser, and John C.

Cowan, "The Flavor Problem of Soybean Oil IV: Structure of Compounds Counteracting the Effect of Prooxidant Metals," *Journal of the American Oil Chemists' Society* 25 (November 1948): 385–388; Dutton, "History of the Development of Soy Oil," 235.

24. H. J. Dutton, Catherine R. Lancaster, C. D. Evans, and J. C. Cowan, "The Flavor Problem of Soybean Oil VIII: Linolenic Acid," *Journal of the American Oil Chemists' Society* 28 (March 1951): 115–118.

25. W. J. Wolf and J. C. Cowan, *Soybeans as a Food Source* (Cleveland: CRC Press, 1971), 28; Dutton, "History of the Development of Soy Oil."

26. J. C. Cowan, "Key Factors and Recent Advances in the Flavor Stability of Soybean Oil," *Journal of the American Oil Chemists' Society* 43 (July 1966): 300A.

27. J. P. Houch, "Domestic Markets," in *Soybeans: Improvement, Production, and Uses*, ed. B. E. Caldwell (Madison, WI: American Society of Agronomy, 1973), 606.

28. Wolf and Cowan, *Soybeans as a Food Source*, 28.

29. Harry Snyder and T. W. Kwon, *Soybean Utilization* (New York: Van Nostrand Reinhold Company, 1987), 214.

30. "Bromfield Arouses Ire in Oleo Fight," *Washington Post*, 4 March 1949, 25.

31. House of Representatives, *Oleomargarine: Hearings before the Committee on Agriculture, March 1–5, 1949*, 81st Congress, First Session (Washington, DC: Government Printing Office, 1949), 228.

32. House of Representatives, *Oleomargarine Hearings* (1949), 260–261.

33. 有不少文献讲述过人造黄油的历史及相关立法的艰辛历程，参见 William H. Nicolls, "Some Economic Aspects of the Margarine Industry," *Journal of Political Economy* 54 (June 1946): 221–42; S. F. Riepma, *The Story of Margarine* (Washington, DC: Public Affairs, 1970); Ruth Dupré, "'If It's Yellow, It Must Be Butter': Margarine Regulation in North America since 1886," *Journal of Economic History* 59 (June 1999): 353–371; 及Bee Wilson, "Pink Margarine and Pure Ketchup," 152–212 in Bee Wilson, *Swindled: The*

魔豆：大豆在美国的崛起

Dark History of Food Fraud, from Poisoned Candy to Counterfeit Coffee (Princeton, NJ: Princeton University Press, 2008)。

34. "Your Market Is Bound," *Soybean Digest* 1 (August 1941): 11.

35. John Ball, "House Oleo Battle Only a Starter," *Washington Post*, 4 April 1948, B8; "Housewives' Victory," *New York Times*, 29 April 1948, 22.

36. Samuel A. Towers, "Senate GOP Maps Final Move to End South's Filibuster," *New York Times*, 2 August 1948, 1.

37. Sigrid Arne, "Washington Daybook," *Corsicana* [Texas] *Daily Sun*, 13 September 1941, 6.

38. House of Representatives, *Oleomargarine Hearings* (1949), 17.

39. 同上, 148–149。

40. "Bromfield Arouses Ire in Oleo Fight"; *Oleomargarine: Hearings before the Committee on Agriculture*, 148–149.

41. House of Representatives, *Oleomargarine Hearings* (1949), 308.

42. John W. Ball, "House Group Votes Repeal of Oleo Tax," *Washington Post*, 10 March 1949, 1.

43. John W. Ball, "House Passes Bill to Remove All Taxes on Oleomargarine," *Washington Post*, 2 April 1949, 1.

44. John W. Ball, "'Ersatz' Food Threat Seen in Oleo Bill," *Washington Post*, 11 January 1950, 5.

45. John W. Ball, "Senate Votes to End Oleo Taxes, 56–16," *Washington Post*, 19 January 1950, 1. 虽然兰格真心支持民权, 但此番提案却是因为他反对人造黄油法, 而不是出于让民权立法能获得通过的策略。全国有色人种协进会也反对他的修正案。

46. John W. Ball, "Oleo Issues Are Settled at Meeting," *Washington Post*, 22 February 1950, 15.

47. Riepma, *The Story of Margarine*, 148–151.

48. George Gallup, "The Gallup Poll: Half of Families Would Use Butter at 45c Lb," *Washington Post*, 15 May 1953, 19.

49. J. A. Livingston, "Mad Hatter Picks Smithsonian as Storage Place for Butter," *Washington Post*, 5 March 1953, 20.

50. A. H. Probst and R. W. Judd, "Origin, U.S. History and Development, and World Distribution," in *Soybeans: Improvement, Production, and Uses*, ed. B. E. Caldwell (Madison, WI: American Society of Agronomy, 1973), 10.

51. William Shurtleff and Akiko Aoyagi, *William J. Morse—History of His Work with Soybeans and Soyfoods (1884–1959): Extensively Annotated Bibliography and Sourcebook* (Lafayette, CA: Soyinfo Center, 2011), 390.

52. Edgar E. Hartwig, "Soybean Varietal Development 1928–1978," in *Fifty Years with Soybeans*, a compilation of invited papers presented during the Advisory Board meeting of the National Soybean Crop Improvement Council, Hilton Head, South Carolina, 26–28 August 1979, 2; Shurtleff and Aoyagi, *Morse*, 366.

53. Edgar E. Hartwig, "Varietal Development," in *Soybeans: Improvement, Production, and Uses*, ed. B. E. Caldwell (Madison, WI: American Society of Agronomy, 1973), 193; Shurtleff and Aoyagi, *Morse*, 409.

54. "Hartwig to Get Award," *Delta Democrat-Times*, 9 October 1975, 8; N. W. Simmonds and J. Smartt, *Principles of Crop Improvement* (London: Blackwell Science, 1979), 159.

55. Shurtleff and Aoyagi, *Morse*, 362–363.

56. USDA Agricultural Research Service, "Germplasm Resource Information Network (GRIN): National Plant Germplasm System (NPGS)," www.ars-grin.gov/npgs:PI548477.

57. Edgar E. Hartwig, "The New Varieties for the Southern States," *Soybean Digest* 14 (October 1954): 8.

58. "Farmers Given Warning upon Soybean Fraud," *Sarasota Herald-Times*, 29 January 1954, 7; Hartwig, "New Varieties," 9.

59. E. E. Hartwig, "Hill, a New Early Maturing Soybean for the South," *Soybean Digest* 19 (August 1959): 21.

60. Edgar E. Hartwig, "Lee—A Superior Soybean for the Midsouth," *Soybean Digest* 14 (June 1954): 14–15.

61. Hartwig, "Varietal Development," 201; USDA, "Germplasm Resource Information Network."

魔豆：大豆在美国的崛起

62. National Academy of Sciences, National Research Council, Division of Biology and Agriculture, *Genetic Vulnerability of Major Crops* (Washington, DC: National Academy of Sciences, 1972), 211–213.

63. Harry D. Fornari, "The Big Change: Cotton to Soybeans," *Agricultural History* 53 (January 1979): 251.

64. Roger Horowitz, *Putting Meat on the American Table: Taste, Technology, Transformation* (Baltimore: Johns Hopkins University Press, 2006), 108.

65. Marvin Schwartz, *Tyson: From Farm to Market* (Fayetteville: University of Arkansas Press, 1991), 123.

66. Fornari, "The Big Change," 250.

67. Richard H. Day, "The Economics of Technological Change and the Demise of the Sharecropper," *American Economic Review* 57 (June 1967): 434.

68. Fornari, "The Big Change," 251.

69. Day, "Economics," 428.

70. Fornari, "The Big Change," 251.

71. Day, "Economics," 442.

72. Ralph D. Christy, "The Afro-American, Farming, and Rural Society," in *Social Science Agricultural Agendas and Strategies*, ed. G. Johnson and J. Bonnen (East Lansing: Michigan State University Press, 1991), III-105.

73. Bruce L. Gardner, *American Agriculture in the Twentieth Century: How It Flourished and What It Cost* (Cambridge, MA: Harvard University Press, 2002), 95.

74. Hartwig, "New Varieties."

75. 同上。

76. "Dr. Julian's Work May Halt Divorce," *Afro-American*, 2 July 1949, 3.

77. "Cheap Sex Hormone Result of 'Accident'," *Washington Afro-American*, 2 October 1951, 5.

78. Percy L. Julian, Edwin W. Meyer, and Helen Printy, "Sterols VI: 16-Methyltestosterone," *Journal of the American Chemical Society* 70 (November 1948): 3872.

79. Roy Gibbons, "Science Gives Synthetic Key to New Drug," *Chicago Daily Tribune*, 30 September 1949, 1.

80. "Slave's Grandson Made 'Chicagoan of the Year'," *New York Times*, 18 January 1950, 18; "Dr. Percy L. Julian Wins 'Chicagoan of the Year' Award," *Afro-American*, 28 January 1950, 12. 他是1949年的 "年度芝加哥人", 但晚宴是在1950年1月举办的。

81. 该产品由国家泡沫系统公司生产, 正式名称叫 "空气泡沫"。Soyinfo Center, "History of the Glidden Company's Soya Products/Chemurgy Division, a Special Exhibit—The History of Soy Pioneers Around the World—Unpublished Manuscript by William Shurtleff and Akiko Aoyagi," last modified 2004, www.soyinfocenter.com/HSS/glidden.php.

82. Max Tishler, "Percy L. Julian, the Scientist," *The Chemist* 42 (March 1965): 109.

83. 同上, 108。

84. "Cheap Sex Hormone Result of 'Accident'"; Percy L. Julian, Edwin W. Meyer, and Norman C. Krause, "Recovery of Sterols," US Patent 2218971, 22 October 1940 (filed 6 April 1939); Percy L. Julian and John Wayne Cole, "Process for Recovering Sterols," US Patent 2273045, 17 February 1942 (filed 8 July 1940).

85. John W. Greiner and Glen A. Fevig, "Countercurrent Extraction of Steroids," US Patent 2839544, 17 June 1958 (filed 4 September 1956), 1–2.

86. Tishler, "Percy L. Julian," 110.

87. Emanuel Hershberg and Abraham Kutner, "Isolation of Stigmasterol," US Patent 2520143, 29 August 1950 (filed 27 October 1947), 1; Percy L. Julian, William J. Karpel, and Jack W. Armstrong, "Oxidation of Soya Sitosteryl Acetate Dibromide," US Patent 2464236, 15 March 1949 (filed 8 May 1946).

88. Percy L. Julian, John Wayne Cole, Arthur Magnani, and Harold E. Conde, "Procedure for the Preparation of Progesterone," US Patent 2433848, 6 January 1948 (filed 10 February 1944), 1.

89. Soyinfo Center, "History of the Glidden Company's Soya Products";

Tishler, "Percy L. Julian," 110.

90. Soyinfo Center, "History of the Glidden Company's Soya Products."

91. 在美国还有一个活跃的雌激素市场，产品是从马尿中提取的。Norman Applezweig, *Steroid Drugs* (New York: McGraw-Hill, 1962), 23.

92. "Battle of the Sexes: Negro Scientist Key in New Suit," *Chicago Defender*, 12 January 1946, 1; Warren Hall, "Millions in Hormones 1: German Cartel Forces Exorbitant Prices," *American Weekly*, 12 January 1947, 2–3; Warren Hall, "Hormones for Millions," *American Weekly*, 11 November 1947, 9.

93. Bernhard Witkop, *Percy Lavon Julian, 1899–1975: A Biographical Memoir*, Biographical Memoirs, vol. 52 (Washington, DC: National Academy Press, 1980), 21.

94. "Improved Use for New Drug on Arthritics Told," *Chicago Daily Tribune*, 28 January 1950, A8; Applezweig, *Steroid Drugs*, 26.

95. NOVA, "Transcripts: Forgotten Genius. PBS Airdate: February 6, 2007," last modified 2007, www.pbs.org/wgbh/nova/transcripts/3402_julian.html; William L. Laurence, "Rare Cortisone F Made of Soya Bean," *New York Times*, 22 April 1950, 17.

96. John A. Hogg, "Steroids, the Steroid Community, and Upjohn in Perspective: A Profile of Innovation," *Steroids* 57 (December 1992): 601.

97. Applezweig, *Steroid Drugs*, 23–25; Ray F. Dawson, "Diosgenin Production in North America: A Brief History," *HortTechnology* 1 (October/December 1991): 24.

98. Applezweig, *Steroid Drugs*, 26.

99. Sydney B. Self, "Cortisone War," *Wall Street Journal*, 25 November 1953, 1. 这篇报道提到，格利登可能也会利用墨西哥的薯蓣皂苷元继续生产性激素，但这家公司似乎急于从激素业务中完全脱身。参见NOVA, "Forgotten Genius"。

100. NOVA, "Forgotten Genius"; Soyinfo Center, "History of the Glidden Company's Soya Products"; Applezweig, *Steroid Drugs*, 30.

101. Applezweig, *Steroid Drugs*, 23–25; Ray F. Dawson, "Diosgenin

Production in North America: A Brief History," *HortTechnology* 1 (October/ December 1991): 24.

102. Applezweig, *Steroid Drugs*, 32.

103. Hogg, "Steroids, the Steroid Community, and Upjohn," 602–603; Greiner and Fevig, "Countercurrent"; Applezweig, *Steroid Drugs*, 32.

104. Dawson, "Diosgenin," 24, 26.

105. Jane Hidgon, *An Evidence Based Approach to Dietary Phytochemicals* (New York: Thieme Medical Publishers, 2007), 175–176.

第七章 暗 兴

1. Norman C. Miller, *The Great Salad Oil Swindle* (New York: Coward McCann, 1965), 142, 157.

2. 同上, 179。

3. 同上, 13–21。

4. 同上, 23。虽然德安吉利斯的西班牙交易与蜜酒公司的航运交易非常相似, 但是它们似乎是不同的两笔交易。蜜酒公司通过墨西哥运送大豆油, 而联合公司利用的是纽约的伊斯布兰特森铁路公司 (Isbrandtsen Line) 的服务。"Mankato Firm Shipping Soybean Oil to Spain," *Winona* [MN] *Daily News*, 30 December 1957, 3.

5. Miller, *Oil Swindle*, 24. 那时候, 美国农业部对德安吉利斯已经极不信任; 他是以分包商的身份供应油料。

6. James P. Houck, Mary E. Ryan and Abraham Subotnik, *Soybeans and Their Products: Markets, Models, and Policy* (Minneapolis: University of Minnesota Press, 1972), 42.

7. "Board of Trade Is Host to Educators," *Cedar Rapids* [Iowa] *Gazette*, 9 September 1955, 2; "Board of Trade Will Tell Educators How Market Helps Public," *Chicago Daily Tribune*, 2 September 1951, A7.

8. Dwayne Andreas, "Commodity Markets and the Processor," speech, Chicago Board of Trade Commodity Markets Symposium, Union League Club, Chicago, September 1955, E. J. Kahn Papers, Box 14, Subject File: Andreas, Dwayne, Articles and Speeches, New York Public Library Manuscripts and

Archives Division, New York, 1.

9. 在门诺派教徒中，这个姓氏的另一个变体是安德烈森（Andresen），这意味着安德烈亚斯家族与黄油集团在国会的那位明尼苏达领袖奥古斯特·安德烈森是远亲。

10. E. J. Kahn Jr., *Supermarketer to the World: The Story of Dwayne Andreas, CEO of Archer Daniels Midland* (New York: Warner Books, 1991), 59–61.

11. Alan L. Olmstead and Paul W. Rhode, *Creating Abundance: Biological Innovation and American Agricultural Development* (New York: Cambridge University Press, 2008), 276; Frank B. Morrison, *Feeds and Feeding: A Handbook for the Student and Stockman*, 22nd ed., unabridged (Ithaca: Morrison Publishing Company, 1956), 544.

12. Kahn, *Supermarketer to the World*, 62.

13. Lew P. Reeve Jr., "Dwayne Andreas Today: Long Way from Early Feed Business in Lisbon and C.R.," *Cedar Rapids Gazette*, 1 November 1964, 22A. 现在不完全清楚，为什么一种酒精饮料的名字会赢得这个门诺派家族的好感。

14. Kahn, *Supermarketer to the World*, 61, 71–74.

15. Reeve, "Dwayne Andreas Today," 22A; Louis F. Langhurst, "Solvent Extraction Processes," in *Soybeans and Soybean Products*, vol. 2, ed. Klare S. Markley, Fats and Oils: A Series of Monographs (New York: Interscience Publishers Ltd., 1951), 563.

16. Kahn, *Supermarketer to the World*, 72, 78.

17. 同上，71；及Wayne G. Broehl Jr., *Cargill: Trading the World's Grain* (Hanover, NH: University Press of New England, 1992), 665, 687。

18. 后来，安德烈亚斯曾当着嘉吉的实习工的面评论道："如果你管这叫艺术，那我觉得它还真就是艺术。" Dwayne Andreas, "The Vegetable Oil Industry and Its Outlook for the Future," 217, speech and discussion, Cargill training session, 7 March 1946, E. J. Kahn Papers, Box 14, Subject File: Andreas, Dwayne, Articles and Speeches, New York Public Library Manuscripts and Archives Division, New York.

19. Henry Crosby Emery, "Futures in the Grain Market," *Economic Journal* 9 (March 1899): 49; 在霍尔布鲁克(Holbrook)之前, 对于对冲的性质提出理解的另一个例子可参见G. Wright Hoffman, "The Hedging of Grain," *Annals of the American Academy of Political and Social Science* 155 (May 1931): 7–22。

20. Andreas, "Commodity Markets," 2–4.

21. Andreas, "Vegetable Oil Industry," 218; "Futures Trade in Soybean Oil Begins Monday," *Chicago Daily Tribune*, 13 July 1950, A9; "Board of Trade Starts Dealing in Soybean Meal," *Chicago Daily Tribune*, 30 August 1951, C5.

22. Andreas, "Commodity Markets," 4–5.

23. 同上, 5–9。

24. 同上, 6。

25. Kahn, *Supermarketer to the World*, 132.

26. Broehl, *Cargill*, 709–710, 762–763; Kahn, *Supermarketer to the World*, 80.

27. "Sale of Surplus to Russ Barred," *Wisconsin State Journal*, 11 February 1954, 12.

28. Kahn, *Supermarketer to the World*, 83–84.

29. 同上, 106–107。

30. 同上, 60。

31. 同上, 90。

32. Carl Solberg, *Hubert Humphrey: A Biography* (New York: W. W. Norton, 1984), 166.

33. Dan Morgan, *Merchants of Grain* (New York: Viking, 1979), 101–102, 124.

34. Ray A. Goldberg, *Agribusiness Coordination: A Systems Approach to the Wheat, Soybean, and Florida Orange Economies* (Boston: Graduate School of Business Administration, Harvard University, 1968), 124–125; Morgan, *Merchants*, 125–128.

35. "Roach in Spain for Soybeans," *Waterloo* [Iowa] *Daily Courier*, 5 December 1956, 30; Milt Nelson, "Agriculture's Foreign Trade Promotion," *Cedar Rapids Gazette*, 2 June 1962, 10B; Stewart Haas, "Bean Gains Favor on

Mediterranean," *Waterloo* [Iowa] *Sunday Courier*, 16 February 1963, 25.

36. "Mankato Firm Shipping Soybean Oil to Spain," *Winona* [Minnesota] *Daily News*, 30 December 1957, 3.

37. Solberg, *Hubert Humphrey*, 231–232.

38. "Parade of Political Figures on Restrum at GTA Meet," *Austin* [Minnesota] *Herald*, 17 November 1965, 11.

39. Solberg, *Hubert Humphrey*, 232–233.

40. 同上, 295; 及Kahn, *Supermarketer to the World*, 116。

41. "Archer-Daniels-Midland Names Daniels Chairman and Andreas President," *Wall Street Journal*, 5 February 1968, 16; "Archer-Daniels Holders Approve Acquisition of First Interoceanic," *Wall Street Journal*, 7 November 1969, 26; "Archer-Daniels Designates D. O. Andreas Top Officer," *Wall Street Journal*, 10 November 1970, 26; Kahn, *Supermarketer to the World*, 71, 75.

42. James P. Houck, Mary E. Ryan, and Abraham Subotnik, *Soybeans and Their Products: Markets, Models, and Policy* (Minneapolis: University of Minnesota Press, 1972), 46.

43. Earl C. Hedlund, *The Transportation Economics of the Soybean Processing Industry* (Urbana: University of Illinois Press, 1952), 182.

44. Kahn, *Supermarketer to the World*, 133.

45. Kenneth J. Carpenter, *Protein and Energy: A Study of Changing Ideas in Nutrition* (New York: Cambridge University Press, 1994), 160.

46. 同上, 147。

47. 同上, 158。

48. Ritchie Calder, *Common Sense about a Starving World* (New York: Macmillan, 1962), 131–32.

49. Carpenter, *Protein and Energy*, 163–168, 175–177.

50. 同上, 168–175。

51. Soyinfo Center, "Worthington Foods: Work with Soyfoods—A Special Exhibit—The History of Soy Pioneers around the World—Unpublished Manuscript by William Shurtleff and Akiko Aoyagi," last modified 2004, www.soyinfocenter.com/HSS/worthington_foods.php.

52. 同上。

53. Soyinfo Center, "Henry Ford and His Employees: Work with Soy—A Special Exhibit—The History of Soy Pioneers around the World—Unpublished Manuscript by William Shurtleff and Akiko Aoyagi," last modified 2004, www.soyinfocenter.com/HSS/henry_ford_and_employees.php.

54. William T. Atkinson, "Meat-Like Protein Food Product," US Patent 3488770, 6 January 1970（1969年3月7日申请，是1966年8月17日和1964年5月21日申请的专利的部分延续，后来放弃），1–2.

55. 该名称多少容易引起混乱，因为拉丝食用蛋白也常常归类为"结构化"蛋白。

56. Clyde Farnsworth, "Versatile Soya Food Star of Cologne Fair," *Chicago Tribune*, 2 October 1967, C7.

57. John A. Prestbo, "Meatless 'Meats': Several Firms Develop Soybean-based Copies of Beef, Pork, Chicken," *Wall Street Journal*, 2 October 1969, 1.

58. "Suspense Film and Food," [Twin Falls, Idaho] *Times-News*, 22 April 1973, 21.

59. US Department of Agriculture, Farm Cooperative Service, *Edible Soy Protein: Operational Aspects of Producing and Marketing*, FCS Research Report 33 (Washington, DC: US Government Printing Office, January 1976), 42, 46.

60. Barry Wilson, "Soya Meat on the Threshold of a Boom," *Agra Europe* (January 1977): M/3–M/8.

61. Shurtleff and Aoyagi, "Worthington Foods."

62. Shurtleff and Aoyagi, "Ford and His Employees."

63. T. J. Mounts, W. J. Wolf, and W. H. Martinez, "Processing and Utilization," in *Soybeans: Improvement, Production, and Uses*, 2nd ed., ed. J. R. Wilcox (Madison, WI: American Society of Agronomy, 1987), 824.

64. F. T. Orthoefer, "Processing and Utilization," in *Soybean Physiology, Agronomy and Utilization*, ed. A. Geoffrey Norman (New York: Academic Press, 1978), 423.

65. USDA, *Edible Soy Protein*, 50.

66. Harry Snyder and T. W. Kwon, *Soybean Utilization* (New York: Van Nostrand Reinhold Company, 1987), 321.

67. Mounts, Wolf, and Martinez, "Processing and Utilization," 242.

68. Diane Swiss, *Introducing Sammy Soy Bean* (Amherst: University of Massachusetts Cooperative Extension Service, ca. 1975).

69. James Trager, *Amber Waves of Grain* (New York: Arthur Fields Books, 1973), 2.

70. Martha M. Hamilton, *The Great American Grain Robbery* (*and Other Stories*) (Washington, DC: Agribusiness Accountability Project, 1972), 93.

71. Trager, *Amber Waves*, 86.

72. Kazuhisa Oki, *U.S. Food Export Controls Policy: Three Cases from 1973 to 1981*, USJP Occasional Paper 08–13 (Cambridge, MA: Harvard University Program on U.S.–Japan Relations, 2008), 5.

73. Trager, *Amber Waves*, 60.

74. Keith Smith and Wipada Huyser, "World Distribution and Significance of Soybeans," in *Soybeans: Improvement, Production, and Uses*, 2nd ed. (Madison, WI: American Society of Agronomy, 1987), 12.

75. Trager, *Amber Waves*, 59.

76. Smith and Huyser, "World Distribution," 12.

77. Trager, *Amber Waves*, 134.

78. Wayne G. Broehl Jr., *Cargill: Going Global* (Hanover, NH: University Press of New England, 1998), 243; Oki, *U.S. Food Export Controls*, 9.

79. Bruce L. Gardner, *American Agriculture in the Twentieth Century: How It Flourished and What It Cost* (Cambridge, MA: Harvard University Press, 2002), 151.

80. Oki, *U.S. Food Export Controls*, 9.

81. John Jones, "Freeze, Embargo Create Commodities Turmoil," *Los Angeles Times*, 2 July 1973, B9.

82. "Japanese Upset by Soybean Curbs," *New York Times*, 7 July 1973, 27.

83. "The Soybean Embargo," *Washington Post*, 2 July 1973, A22.

84. Marquis Childs, "The Mismanaged Soybean Embargo," *Washington*

Post, 10 July 1973, A19.

85. Kahn, *Supermarketer to the World*, 182–183; "Humphrey Contributor Gave $25,000 Linked to Break-in Suspect," *Washington Star-News*, 25 August 1973.

第八章 亮 相

1. Stephen [Gaskin] and The Farm, *Hey Beatnik! This Is The Farm Book* (Summertown, TN: Book Publishing Co., 1974), no page.

2. Stephen [Gaskin], *The Caravan* (New York: Random House, 1972), n.p.

3. Timothy Miller, *The 60s Communes: Hippies and Beyond* (Syracuse: Syracuse University Press, 1999), 17–18.

4. Rick Fields, *How the Swans Came to the Lake: A Narrative History of Buddhism in America*, 3rd ed., revised and updated (Boston, MA: Shambala Publications, 1992), 225–230.

5. Stephen [Gaskin], *Monday Night Class* (Santa Rosa, CA: Book Farm, 1971), n.p.

6. Gaskin, *Caravan*, n.p.

7. 同上, n.p。

8. Soyinfo Center, "The Soyfoods Movement: A Special Exhibit—The History of Soy Pioneers around the World—Unpublished Manuscript by William Shurtleff and Akiko Aoyagi," last modified 2004, www.soyinfocenter. com/HSS/soyfoods_movement_worldwide1.php.

9. Gaskin, *Caravan*, n.p.

10. Rupert Fike, ed., *Voices from The Farm* (Summertown, TN: Book Publishing Company, 1998), 13.

11. 同上, 11; 及Gaskin, *Hey Beatnik!*, n.p。

12. Gaskin, *Hey Beatnik!*, n.p.

13. Fike, *Voices*, ix; Alice Alexander, "A Commune's Last Stand in the Tennessee Hill Country," *Washington Post*, 20 May 1979, H1.

14. Gaskin, *Hey Beatnik!*, n.p.

15. "The Plowboy Interview: Stephen Gaskin and The Farm," *Mother Earth*

News, May/June 1977, 14–18, www.motherearthnews.com/nature-community/
stephen-gaskin-zmaz77mjzbon.aspx.

16. Gaskin, *Hey Beatnik!*, n.p.

17. Soyinfo Center, "Soyfoods Movement."

18. William Shurtleff and Akiko Aoyagi, *The Book of Tempeh: The Delicious, Cholesterol-Free Protein*, 2nd ed. (New York: Harper Colophon Books, 1985), 147.

19. Soyinfo Center, "Soyfoods Movement"; Shurtleff and Aoyagi, *Book of Tempeh*, 151.

20. *Farm Foods: Products Catalogue* (Summertown, TN: The Farm, 1978), Alphabetical Files, SFM-Farm, Soyinfo Center, Lafayette, CA.

21. Gaskin, *Hey Beatnik!*, n.p.

22. William Shurtleff and Akiko Aoyagi, *History of Soybeans and Soyfoods in Mexico and Central America (1877–2009): Extensively Annotated Bibliography and Sourcebook* (Lafayette, CA: Soyinfo Center, 2009), 86; "Plowboy Interview: Gaskin."

23. Fike, *Voices*, 74.

24. 同上, 74–76。

25. 同上, 76; 及Darryl Jordan and Suzie Jenkins, *Plenty Agricultural Program*, aspresented to UNICEF Guatemala (Summertown, TN: Plenty, 1980), 29 (held in Alphabetical Files, SFM-Farm, Soyinfo Center, Lafayette, CA)。

26. Shurtleff and Aoyagi, *History of Soyfoods in Mexico*, 84; Jordan and Jenkins, *Plenty*, 6–8.

27. Plenty International, *Soy Demonstration Program: Introducing Soy Foods in the Third World, a Step By Step Guide for Demonstrating Soymilk and Tofu Preparation* (Summertown, TN: Plenty International, ca. 1980), Alphabetical Files, SFM-Farm, Soyinfo Center, Lafayette, CA; Jordan and Jenkins, *Plenty*, 28.

28. Shurtleff and Aoyagi, *History of Soyfoods in Mexico*, 138; Jordan and Jenkins, *Plenty*, 28; *Soy Demonstration Program*; Fike, *Voices*, 79.

注释   435

29. Fike, *Voices*, 80.

30. 同上, 79–80。

31. 同上, 146, 157。

32. Paul Ehrlich, "Introduction," in Harrison, *Make Room*, n.p.

33. Frances Moore Lappé, *Diet for a Small Planet* (New York: Friends of the Earth/Ballantine, 1971), 4.

34. Frances Moore Lappé, *Diet for a Small Planet: Revised Edition* (New York: Ballantine, 1975), 354.

35. "Health Food Center Sponsors Open House," *Chicago Defender*, 4 June 1966, 21; Dave Potter, "Gregory Starts Eating Again After 54 Days," *Chicago Daily Defender*, 10 January 1968, 3.

36. William Roy Shurtleff and Lawton Lothrop Shurtleff, *The Shurtleff and Lawton Families: Geneology and History*, 2nd ed. (Lafayette, CA: Pine Hill Press, 2005). 洛顿（Lawton）在2012年4月以97岁高龄去世。

37. 同上, 234; 及Bill Shurtleff, *A Peace Corps Year with Nigerians*, ed. Hans Brinkmann (Frankfurt am Main: Verlag Moritz Diesterweg, 1966), no page ["Introduction"]。现在不清楚他在参加和平工作团之前是否拿到了工业管理学位, 但他看来是有资格教授物理学的。

38. Shurtleff, *A Peace Corps Year*, 64–66.

39. David Harris, *Dreams Die Hard* (New York: St. Martin's/Marek, 1982), 183–184; Stewart Burns, *Social Movements of the 1960s: Searching for Democracy* (Boston: Twayne Publishers, 1990), 95.

40. William Shurtleff and Akiko Aoyagi, *History of Erewhon—Natural Foods Pioneer in the United States: Extensively Annotated Bibliography and Sourcebook* (Lafayette, CA: Soyinfo Center, 2011), 265.

41. 同上。

42. Soyinfo Center, "George Ohsawa, the Macrobiotics Movement: A Special Exhibit—The History of Soy Pioneers around the World—Unpublished Manuscript by William Shurtleff and Akiko Aoyagi," last modified 2004, www.soyinfocenter.com/HSS/george_ohsawa_macrobiotics_soyfoods1.php.

43. "The Plowboy Interview: Bill Shurtleff and Akiko Aoyagi," *Mother*

Earth News, March/April 1977, 8–18, www.motherearthnews.com/real-food/akiko-aoyagi-zmaz77mazbon.aspx.

44. 同上；及William Shurtleff and Akiko Aoyagi, *The Book of Tofu: Protein Source of the Future ... Now!* Vol. 1 (Berkeley: Ten Speed Press, 1983), 9。

45. "The Plowboy Interview: Shurtleff."

46. Shurtleff and Aoyagi, *Book of Tofu*, 10.

47. 同上, 271–273。

48. 同上, 11。

49. 同上, 书中各处。

50. Shurtleff and Aoyagi, *History of Tofu*, 5; Lorna J. Sass, "A Couple on a Tofu Mission in the West," *New York Times*, 24 September 1980, C3.

51. Shurtleff and Aoyagi, *History of Erewhon*, 118–120.

52. Shurtleff and Aoyagi, *History of Tofu*, 5.

53. "Plowboy Interview: Shurtleff."

54. 同上。

55. William Shurtleff and Akiko Aoyagi, *Tofu and Soymilk Production: The Book of Tofu*, vol. 2. *A Craft and Technical Manual*, 2nd ed. (Lafayette, CA: Soyfoods Center, 1984), 35–36.

56. 同上, 55。

57. 同上, 55。

58. 同上, 63, 68。

59. 同上, 13；及Shurtleff and Shurtleff, *The Shurtleff and Lawton Families*, 196。

60. Shurtleff and Aoyagi, *History of Tofu*, 6.

61. 同上, 6。

62. 同上, 6；及William Shurtleff and Akiko Aoyagi, *The Soyfoods Industry and Market: Directory and Databook*, 5th ed. (Lafayette, CA: Soyfoods Center, 1985), 48。根据舒特莱夫后来的统计, 到1981年时, 美国已有173家亚裔和非亚裔的豆腐生产商。同上, 52。

63. Sass, "Couple on a Tofu Mission."

64. Lorna J. Sass, "Soy Foods: Versatile, Cheap and on the Rise," *New York*

Times, 12 August 1981, C1.

65. Soyinfo Center, "Soyfoods Movement."

66. 同上。

67. Tsuru Yamauchi, interview by Michiko Kodama, in *Uchinanchu: A History of Okinawans in Hawaii*, ed. Marie Hara, trans. Sandra Iha and Robin Fukijawa (Honolulu: Ethnic Studies Oral History Project, Ethnic Studies Program, University of Hawaii, 1981), 496–503.

68. Soyinfo Center, "History of Tofu: A Chapter from the Unpublished Manuscript, History of Soybeans and Soyfoods: 1100 b.c. to the 1980s by William Shurtleff and Akiko Aoyagi," last modified 2007, www.soyinfocenter. com/HSS/tofu1.php.

69. 在此之前，这种纸盒已有多种用途，包括盛装去壳牡蛎、冰激凌和其他熟食，以及在狂欢节上盛装用来售卖的金鱼。Jennifer 8. Lee, *The Fortune Cookie Chronicles: Adventures in the World of Chinese Food* (New York: Twelve, 2008), 140.

70. Soyinfo Center, "Chronology of Tofu Worldwide: 965 a.d. to 1929 by William Shurtleff and Akiko Aoyagi," last modified 2001, www.soyinfocenter. com/chronologies_of_soyfoods-tofu.php.

71. "Tofu Is Good, Good for You," *Ada* [Oklahoma] *Evening News* [AP], 25 June 1968, 3.

72. Shurtleff and Aoyagi, *History of Erewhon* (Lafayette, CA: Soyinfo Center, 2011), 120.

73. Douglas Bauer, "Prince of the Pit," *New York Times*, 25 April 1976, 200.

74. Bob Tamarkin, *The New Gatsbys: Fortunes and Misfortunes of Commodity Traders* (New York: William Morrow and Company, 1985), 56.

75. Bauer, "Prince of the Pit."

76. 同上。

77. Thomas Petzinger, "Speculator Richard Dennis Moves Markets and Makes Millions in Commodity Trades," *Wall Street Journal*, 8 November 1983, 37.

78. Laurie Cohen, "A Rare Trip: Trading Pit to Think Tank," *Chicago*

Tribune, 31 July 1983, S5; Stanley Angrist, "Winning Commodity Traders May Be Made, Not Born: A Turtle Race Worth Watching," *Wall Street Journal*, 5 September 1989, C1.

79. 关于库克工业的垮台, 参见Dan Morgan, *Merchants of Grain* (New York: Viking, 1979), 330–341。

80. William Hieronymous, "Commodities: Brazil May Be Stuck with Surplus of Soybeans; Receipts Outlook Cut," *Wall Street Journal*, 22 July 1977, 18.

81. "Mitsui and Co. Acquires Eight Grain Elevators from Cook Industries," *Wall Street Journal*, 7 June 1978.

82. 与此同时, 亨特家族打了三年官司, 最后才在庭外和解中同意支付50万美元的罚款, 并在三年内不参与大豆期货交易。1980年, 他们又试图在白银市场中逼仓, 导致白银市场崩溃, 并差点儿使其他大宗商品市场也随之崩盘。Tamarkin, *The New Gatsbys*, 192–194.

83. Bashir Aslam Qasmi, "An Analysis of the 1980 US Trade Embargo on Exports of Soybeans and Soybean Products to the Soviet Union: A Spatial Price Equilibrium Approach," PhD diss., Iowa State University, 1986, Retrospective Theses and Dissertations (Paper 8110), 149; Robert Paarlberg, "Lessons of the Grain Embargo," *Foreign Affairs* 59 (1980): 154.

84. US Department of Agriculture, Economic Research Service, *Soybeans and Peanuts: Background for 1990 Farm Legislation*, by Brad Chowder et al., Agriculture Information Bulletin No. 592 (Washington, DC: US Government Printing Office, 1990), 2.

第九章 登 顶

1. Charles Babcock, "Add the Relish, Stir up an Embarrassment," *Washington Post*, 7 January 1982, A21; "Tofu and Turkey," *New York Times*, 26 November 1981, A26.

2. Ward Sinclair, "Q: When Is Ketchup a Vegetable? A: When Tofu Is Meat." *Washington Post*, 9 September 1981, A7.

3. Ellen Goodman, "Reagan's Nouvelle Cuisine for Kids," *Washington Post*,

15 September 1981, A23.

4. "Letters to the Editor: Down with Ketchup, up with Tofu," *Washington Post*, 20 September 1981, C6.

5. "Tofu and Turkey."

6. Martha Wagner, "Forget Meatballs, America; It's Time for Tofu," *Chicago Tribune*, 9 June 1983, G7H.

7. "Government Wants More Soy in Schools," *New York Times*, 24 December 1999, A14.

8. Patricia Leigh Brown, "Health Food Fails Test at School in Berkeley," *New York Times*, 13 October 2002, 22; Vivian S. Toy, "From 'Yuck' to 'Mmmmmm'," *New York Times*, 19 October 2003, LI1.

9. "Some Students Have Beef with Soy School Lunches," *Washington Post*, 1 April 2000, I2.

10. Soyinfo Center, "The Soyfoods Movement, Part 2: A Special Exhibit—The History of Soy Pioneers around the World—Unpublished Manuscript by William Shurtleff and Akiko Aoyagi," last modified 2004, www.soyinfocenter. com/HSS/soyfoods_movement_worldwide2.php.

11. William Shurtleff, "Soycrafters Conference: The Birthing of a New Industry: The Honeymoon Stage Is Over," *Soycraft*, Winter 1980, 17–18.

12. "Roundtable: 'I Believe in the Gas-Station on Every Corner Tofu Shop Myth'," *Soycraft*, Winter 1980, 60–62.

13. Richard Leviton, "Effective Soyfoods Marketing," *Soyfoods*, Summer 1980, 47.

14. William Shurtleff and Akiko Aoyagi, *History of Tofu and Tofu Products (965 C.E.–2013): Extensively Annotated Bibliography and Sourcebook* (Lafayette, CA: Soyinfo Center, 2013), 1613; William Shurtleff and Akiko Aoyagi, *Soyfoods Industry and Market: Directory and Databook*, 5th ed. (Lafayette, CA: Soyfoods Center, 1985), 51.

15. Shurtleff and Aoyagi, *Tofu and Tofu Products*, 1613.

16. Karen Dukess, "Tofu, Tofu Everywhere," *New York Times*, 2 August 1981, F17.

17. Lorna J. Sass, "Soy Foods: Versatile, Cheap and on the Rise," *New York Times*, 12 August 1981, C1.

18. Shurtleff and Aoyagi, *Tofu and Tofu Products*, 1613.

19. "Roundtable: 'Tofu Shop Myth'," 62.

20. 莱维顿的笑蚱蜢豆腐坊却逆这股潮流而动，变成了新英格兰大豆乳品厂。

21. Leviton, "Effective Soyfoods Marketing," 48; Soyinfo Center, "The Soyfoods Movement, Part 2."

22. Sass, "Soy Foods"; Soyinfo Center, "The Soyfoods Movement, Part 2."

23. Margaret Sheridan, "Soul's Menu Soy Inventive," *Chicago Tribune*, 7 February 1986, N-A30.

24. Joseph Fucini and Suzy Fucini, *Experience, Inc.: Men and Women Who Founded Famous Companies after the Age of 40* (New York: Free Press, 1987), 68; Sass, "Soy Foods"; Dukess, "Tofu, Tofu," F17; Shurtleff and Aoyagi, *Tofu and Tofu Products*, 1507.

25. William Shurtleff and Akiko Aoyagi, *Tofutti and Other Soy Ice Creams: The Non-Dairy Frozen Dessert Industry and Market* (Lafayette, CA: Soyfoods Center, 1985), 15–30.

26. Fucini and Fucini, *Experience, Inc.*, 70; Jerry Jacubovics, "David Mintz: King of Tofu," *Management Review* 75 (December 1986): 13.

27. Shurtleff and Aoyagi, *Tofu and Tofu Products*, 2104.

28. Trish Hall, "Tofu Products May Be in, but Its Fans Wonder if There's Tofu in the Products," *New York Times*, 27 February 1985, 34; Deborah Leigh Wood, "Nothing Timid in Frozen Tofu's Calorie Count," *Chicago Tribune*, 13 June 1985, G2.

29. Shurtleff and Aoyagi, *Tofu and Tofu Products*, 2665–2666, 2530.

30. Karen Gillingham, "Americanization of a Soy Food," *Los Angeles Times*, 7 June 1984, L1.

31. Shurtleff and Aoyagi, *Tofu and Tofu Products*, 3839.

32. "Tofu Provides an Alternative Meat at Mealtime" [Ad], *Los Angeles Times*, 30 April 1987, I30.

33. Morinaga Nutritional Foods, Inc., "New Products/Convenience Foods: Packaging Breakthrough Extends Life of Tofu" [Special Advertising Supplement], *Los Angeles Times*, 26 June 1986, L35; Morinaga Nutritional Foods, Inc., "New Products/Convenience Foods: Tofu Maker Celebrating First Year in United States" [Special Advertising Supplement], *Los Angeles Times*, 31 July 1986, I38.

34. Shurtleff and Aoyagi, *Tofu and Tofu Products*, 2519, 2538, 2549.

35. 同上, 2011, 2489。

36. 同上, 2877。

37. Shurtleff and Aoyagi, *Soyfoods Industry and Market*, 54; Shurtleff and Aoyagi, *Tofu and Tofu Products*, 2489.

38. Magaly Olivero, "Milking the Soybean for Cha-Cha Cherry," *New York Times*, 9 August 1987, CN23.

39. Mark Messina and Stephen Barnes, "The Role of Soy Products in Reducing the Risk of Cancer," *Journal of the National Cancer Institute* 83 (17 April 1991): 544; Mark Messina, Virginia Messina, and Kenneth D. R. Setchell, *The Simple Soybean and Your Health* (New York: Avery Publishing Group, 1994), xi.

40. Barbara Harland and Donald Oberleas, "Phytate in Foods," *World Review of Nutrition and Dietetics* 52 (1987): 239.

41. Camila Warnick, "The Secret of Soybeans," *Cincinnati Post*, 10 March 1997, 1B.

42. "Time Running out on Cheetahs," *Chicago Tribune*, 23 November 1986, E3.

43. Messina, Messina, and Setchell, *The Simple Soybean*, 72.

44. Messina and Barnes, "The Role of Soy Products," 542.

45. Messina, Messina, and Setchell, *The Simple Soybean*, xi.

46. "Second Annual Soyfoods Symposium Proceedings—Mark J. Messina," last modified 1997, fearn.pair.com/rstevens/symposium97/messina.html.

47. Messina, Messina, and Setchell, *The Simple Soybean*, epigraph.

48. "History of the American Dietetic Association's Vegetarian Position

Papers, Part Five: 1997 (Virginia Messina and Kenneth I. Burke)," last modified 1997, letthemeatmeat.com/post/24878934186/1997.

49. Connie LaBarr, "Report of the First International Symposium on the Role of Soy in Preventing and Treating Chronic Disease," *Topics in Clinical Nutrition* 10 (January/March 1994): 86–90.

50. Messina and Barnes, "The Role of Soy Products," 542.

51. "Use of Soy Products Are Traced to Fewer Menopausal Symptoms," *Chicago Tribune*, 18 May 1992, 7.

52. Elizabeth Siegel Watkins, *The Estrogen Elixir: A History of Hormone Replacement in America* (Baltimore: Johns Hopkins University Press, 1997), 223, 240.

53. Jane Brody, "Personal Health: Diet May Be One Reason Complaints about Menopause Are Rare in Asia," *New York Times*, 27 August 1997, C8.

54. Nadia Koutzen, "To the Editor: Soy Milk, Anyone?" *New York Times*, 27 March 1997, A28.

55. Lisa Belkin, "Dairy Items for Those Who Can't Digest Milk," *New York Times*, 15 August 1984, C1.

56. Nicholas J. Gonzalez, "Milk: White Poison for Young Blacks," *New York Amsterdam News*, 5 February 1977, A1.

57. William Shurtleff and Akiko Aoyagi, *Soymilk Industry and Market* (Lafayette, CA: Soyfoods Center, 1984), 36.

58. 同上, 36。

59. William Shurtleff and Akiko Aoyagi, *History of Soymilk and Other Non-Dairy Milks (1226–2013): Extensively Annotated Bibliography and Sourcebook* (Lafayette, CA: Soyinfo Center, 2013), 9.

60. Soyfoods Association of North America (SANA), "Sales by Product Type, 1996–2011," last modified 2011, www.soyfoods.org/wp-content/uploads/SANA-sales-data-1996-2011-for-web.pdf.

61. 后来在2002年, 迪恩公司又收购了白浪的剩余股份; 参见Shurtleff and Aoyagi, *History of Soymilk*, 9–10。

62. Shurtleff and Aoyagi, *Soymilk Industry*, 36; John O'Neil, "Use of Soy for

Babies Is Focus of Debate," *New York Times*, 3 August 1999, F7.

63. SANA, "Sales."

64. Jane L. Levere, "Advertising: Campaigns for Supplements for That Midlife Event Content That Mother Nature Knows Best," *New York Times*, 18 August 1998, D5.

65. Sally Squires, "FDA to Allow Claims That Soy Products Help Cut Heart Disease Risk," *New York Times*, 21 October 1999, A15.

66. Mark Messina and John W. Erdman, "Third International Symposium on the Role of Soy in Preventing and Treating Chronic Disease: Introduction," *Journal of Nutrition* 130 (2000): 653S.

67. Wendy Lin, "Breakthrough: Soy That Tastes Good!" *Washington Post*, 8 February 2000, 19.

68. Daniel Charles, *Lords of the Harvest: Biotech, Big Money, and the Future of Food* (Cambridge, MA: Perseus Publishing, 2001).

69. 同上, 61。

70. 同上, 74。

71. 同上, 69。

72. Wayne A. Parrot and Thomas E. Clemente, "Transgenic Soybean," in *Soybeans: Improvement, Production, and Uses*, 3rd ed. (Madison, WI: American Society of Agronomy, 2004), 281.

73. 同上, 281; 及Charles, *Lords of the Harvest*, 81–82。

74. Parrot and Clemente, "Transgenic Soybean," 276.

75. Charles, *Lords of the Harvest*, 81.

76. 同上, 151。

77. 同上, 120。

78. 同上, 113。

79. Jack Ralph Kloppenburg Jr., *First the Seed: The Political Economy of Plant Biotechnology* (Cambridge, UK: Cambridge University Press, 1988; 2nd ed. Madison: University of Wisconsin Press, 2004), 243.

80. 第一份专利形式的证书于1973年发放。"Protection Is Given to Seed Plants," *New York Times*, 28 April 1973, 41.

81. Kloppenburg Jr., *First the Seed*, 153.

82. Fae Holin and Kate Fisher, "Cream of the Crop: Here Are 2001's Top New Soybean Varieties," *Corn and Soybean Digest* (November 2000): 33–34.

83. Paul Barrett, "High-Court Battle Sprouts from Clash between Farmers and the Seed Industry," *Wall Street Journal*, 23 May 1994, B1.

84. *Asgrow Seed Co. v. Winterboer* (92-2038), 513 U.S. 179 (1995).

85. *Diamond v. Chakrabarty*, 447 U.S. 303 (1980).

86. Charles, *Lords of the Harvest*, 152–153.

87. Parrot and Clemente, "Transgenic Soybean," 266. 事实上，到2001年时，耐除草剂大豆的种植面积就已经占到了大豆种植面积的68%。USDA Economic Research Service, "Adoption of Genetically Engineered Crops in the U.S.: Recent Trends in GE Adoption," last updated 2016, www.ers.usda.gov/data-products/adoption-of-genetically-engineered-crops-in-the-us/recent-trends-in-ge-adoption.aspx.

88. Syl Marking, "Roundup Ready Trait Dominates New Varieties," *Corn and Soybean Digest*, December 1998, 22.

89. US Department of Agriculture, Economic Research Service, *Soybeans and Peanuts: Background for 1990 Farm Legislation*, by Brad Chowder et al., Agriculture Information Bulletin No. 592 (Washington, DC: US Government Printing Office, 1990), 10.

90. Scott Kilman, "U.S. Farmers Expect to Boost Planting," *Wall Street Journal*, 1 April 1998, A2.

91. Environmental Working Group, "Farm Subsidy Database: Soybean Subsidies in the United States Totaled 31.8 Billion from 1995–2014," last updated 2017, farm.ewg.org/progdetail.php?fips=00000&progcode=soybean.

92. Scott McMurray, "Marketplace: Environment: No-Till Farms Supplant Furrowed Fields, Cutting Erosion but Spreading Herbicides," *Wall Street Journal*, 8 July 1993, B1; Charles, *Lords of the Harvest*, 62.

93. Parrot and Clemente, "Transgenic Soybean," 270.

94. Stephen G. Rogers, "Biotechnology and the Soybean," *American Journal of Clinical Nutrition* 68 (suppl.) (1998): 1330S–1332S.

95. "Seven Enginered Foods Declared Safe by FDA: Some Scientists Question Biotech Standard," *Washington Post*, 3 November 1994, A11.

96. Marc Lappé, "Tasting Technology: The Agricultural Revolution in Genetically Engineered Plants," *Gastronomica* 1 (Winter 2001): 25.

97. Parrot and Clemente, "Transgenic Soybean," 268.

98. 同上, 269。

99. 同上, 270–272。

100. William Drozkiak, "Germany in Furor over a U.S. Food," *Washington Post*, 7 November 1996, A48.

101. Charles, *Lords of the Harvest*, 257.

102. John Schwartz, "Six Farmers in Class Action vs. Monsanto," *Washington Post*, 15 December 1999, E1.

103. Scott Kilman, "Biotech Scare Sweeps Europe, and Companies Wonder if U.S. Is Next," *Wall Street Journal*, 7 October 1999, A1.

尾声　到此为止?

1. Robert Falkner, "The Global Biotech Food Fight: Why the United States Got It So Wrong," *Brown Journal of World Affairs* 14 (Fall/Winter 2007): 104–105.

2. Robert Blair and Joe Regenstein, *Genetic Modification and Food Quality: A Down to Earth Analysis* (Chichester, UK: John Wiley & Sons, 2015), 254.

3. "US Consumers Concerned about Safety of GM Foods," *The Organic and Non-GMO Report*, last modified 2007, non-gmoreport.com/articles/jan07/GM_ food_safety.php.

4. 同上。

5. *Public and Scientists' Views on Science and Society* (Washington, DC: Pew Research Center, 2015), 6.

6. 有10%的人认为基因修饰食品有正面的"健康益处"。Cary Funk and Brian Kennedy, *The New Food Fights: U.S. Public Divides Over Food Science* (Washington, DC: Pew Research Center, 2016), 3.

7. 有一些人呼吁基因工程与有机农业达成和解。参见Pamela C. Ronald and

Raoul W. Adamchak, *Tomorrow's Table: Organic Farming, Genetics, and the Future of Food* (New York: Oxford University Press, 2008)。

8. Julia Moskin, "Farmers' Monsanto Lawsuit Dismissed by Federal Judge," *New York Times*, 28 February 2012, B2. 该裁决后来得到了美国联邦巡回上诉法院的维持。

9. "Soybeans and the Spirit of Invention," *New York Times*, 14 May 2013, A24.

10. Blair and Regenstein, *Genetic Modification*, 84; William Neuman, "A Growing Discontent: Rapid Rise in Seed Prices Draws Government Scrutiny," *New York Times*, 12 March 2010, B1; Georgina Gustin, "Justice Department Ends Monsanto Antitrust Probe," *St. Louis Post-Dispatch*, 19 November 2012.

11. Dan Charles, "The Salt: Campbell Soup Switches Sides in the GMO Labeling Fight," last modified 8 January 2016, www.npr.org/sections/thesalt/2016/01/08/462422610/campbell-soup-switches-sides-in-the-gmo-labeling-fight.

12. Marion Desquilbet and David S. Bullock, "Who Pays the Costs of Non-GMO Segregation and Identity Preservation?" *American Journal of Agricultural Economics* 91 (August 2009): 656–672.

13. W. D. McBride and Catherine Greene, "The Profitability of Organic Soybean Production," *Renewable Agriculture and Food Systems* 24 (2009): 276. 不过，这在7,300万英亩的大豆中仍然只占很少一部分。

14. Elaine Watson, "Food Navigator: Post Unveils Non-GMO Verified Grape Nuts as Gen Mills Says Goodbye to GMOs in Original Cheerios," posted 17 January 2014, www.foodnavigator-usa.com/Manufacturers/Post-unveils-non-GMO-verified-Grape-Nuts-as-Gen-Mills-says-goodbye-to-GMOs-in-Original-Cheerios.

15. *Public and Scientists' Views*, 6.

16. Blair and Regenstein, *Genetic Modification*, 85–102; Dan Charles, "The Salt: European Cancer Experts Don't Agree on How Risky Roundup Is," last modified 13 November 2015, www.npr.org/sections/thesalt/2015/11/13/455810235/european-cancer-experts-dont-agree-on-how-risky-roundup-is.

17. Dan Charles, "The Salt: Why Monsanto Thought Weeds Would Never Defeat Roundup," last modified 11 March 2012, www.npr.org/sections/thesalt/2012/03/11/148290731/why-monsanto-thought-weeds-would-never-defeat-roundup.

18. "Roundup Unready," *New York Times*, 19 February 2003, A24; William Neuman and Andrew Pollack, "Rise of the Superweeds," *New York Times*, 4 May 2010, B1; Dan Charles, "NPR Morning Edition: Farmers Switch Course in Battle against Weeds," last modified 20 August 2007, www.npr.org/templates/story/story.php?storyId=13746169.

19. Dan Charles, "NPR The Salt: Arkansas Tries to Stop an Epidemic of Herbicide Damage," 23 June 2017, www.npr.org/sections/thesalt/2017/06/23/534117683/arkansas-tries-to-stop-an-epidemic-of-herbicide-damage.

20. Stephanie Strom, "Misgivings about How Weed Killer Affects Soil," *New York Times*, 20 September 2013, B1.

21. Alfonso Valenzuela and Nora Morgado, "Trans Fatty Isomers in Human Health and in the Food Industry," *Biological Research* 32 (1999): 273–287.

22. Andrew Pollack, "In a Bean, a Boon to Biotech: Move to Ban Trans Fats May Benefit Plant-Gene Modifiers," *New York Times*, 16 November 2013, B1; Tanya Blasbalg et al., "Changes in Consumption of Omega-3 and Omega-6 Fatty Acids in the United States during the 20th Century," *American Journal of Clinical Nutrition* 93 (2011): 953.

23. Kim Severson and Melanie Warner, "Fat Substitute, Once Praised, Is Pushed out of the Kitchen," *New York Times*, 13 February 2005, 1.

24. Thomas Lueck, "Public Speaks on Plan to Limit Trans Fats, Mostly in Favor," *New York Times*, 31 October 2006, B2; Anemona Hartocollis, "Restaurants Prepare for Big Switch: No Trans Fat," *New York Times*, 21 June 2008, B1; "Starbucks Cuts Use of Trans Fats," *New York Times*, 3 January 2007, C7.

25. "An Overdue Ban on Trans Fats," *New York Times*, 12 November 2013, A26; Sabrina Tavernise, "F.D.A. Seeking Near Total Ban on Trans Fats," *New York Times*, 8 November 2013, A1. 在肉产品和奶产品中也有少量天然反式脂

肪酸，是在牛的瘤胃中形成的所谓"反刍动物反式脂肪"。目前尚未发现它们产生人造反式脂肪酸那样的健康影响。

26. Alexei Barrionuevo, "Kellogg Will Use New Soybean Oil to Cut Fat," *New York Times*, 9 December 2005, C3.

27. Pollack, "In a Bean, a Boon to Biotech," B1.

28. 详细介绍参见Susan Allport, *The Queen of Fats: Why Omega-3s Were Removed from the Western Diet and What We Can Do to Replace Them* (Berkeley: University of California Press, 2007)。

29. Gary Rivlin, "Magical or Overrated? A Food Additive in a Swirl," *New York Times*, 14 January 2007, B1.

30. Blasbalg et al., "Changes in Consumption," 950.

31. Allport, *Queen of Fats*, 117.

32. Parveen Yaquoob, "Book Review: *The Queen of Fats*," *British Journal of Nutrition* 97 (2007): 806.

33. Evangelos Rizos et al., "Association Between Omega-3 Fatty Acid Supplementation and Risk of Major Cardiovascular Disease Events: A Systematic Review and Metaanalysis," *JAMA* 308 (September 2012): 1024–1033.

34. William S. Harris and Gregory C. Shearer, "Omega-6 Fatty Acids and Cardiovascular Disease: Friend or Foe?" *Circulation: Journal of the American Heart Association*, published online 26 August 2014, circ.ahajournals.org/content/early/2014/08/26/CIRCULATIONAHA.114.012534.

35. Kaayla Daniel, *The Whole Soy Story: The Dark Side of America's Favorite Health Food* (Washington, DC: New Trends Publishing, 2005). 有关罗宾斯对韦斯顿·A. 普赖斯基金会的看法，参见John Robbins, "VegSource: Reflections on the Weston A. Price Foundation," last modified 4 November 2009, www.vegsource.com/news/2009/11/reflections-on-the-weston-a-price-foundation.html。

36. 详细内容参见Elizabeth Siegel Watkins, *The Estrogen Elixir: A History of Hormone Replacement in America* (Baltimore: Johns Hopkins University Press, 1997), 264–285。

注释

37. Marion Burros, "Eating Well: Doubts Cloud Rosy News on Soy," *New York Times*, 26 January 2000, F1.

38. Ethan Balk et al., *Effects of Soy on Health Outcomes*, Evidence Report/ Technology Assessment Number 126 (Rockville, MD: Agency for Healthcare Research and Quality, 2005).

39. 同上, 135。

40. 同上, 119。

41. Daniel, *The Whole Soy Story*, 11. 在该书中, 她几次引用了 "名副其实的 '无骨之肉'" 一语, 据说这是豆腐在古代亚洲的别名; 在这个地方, 这个别名 有一点儿像性双关语。

42. Jim Rutz, "WorldNetDaily (WND): Soy Is Making Kids 'Gay'," posted 12 December 2006, www.wnd.com/2006/12/39253. 其他一些网站把植物雌激 素说成植物的策略, 用来让害虫雌性化, 因此也就让它们降低了生育力, 但基 本没有什么证据支持这一说法。

43. Mark Messina, "Insights Gained from Twenty Years of Soy Research," *Journal of Nutrition* 140 (2010): 2292S.

44. B. P. Setchell, "Sperm Counts in Semen of Farm Animals, 1932–1995," *International Journal of Andrology* 20 (1997): 209–214.

45. B. L. Strom et al., "Exposure to Soy-based Formula in Infancy and Endocrinological and Reproductive Outcomes in Young Adulthood," *JAMA* (286): 807–814. 有一篇近期研究的概述对此表达了担忧, 参见Deborah Blum, "The Great Soy Formula Experiment," *Undark*, 2 August 2017, undark.org/ article/soy-formula-babies-endocrine-disruptor。

46. 比如可以参见Faith Goldy, "Faith Goldy: Is Soy Feminizing the West?" published 15 June 2015, www.youtube.com/watch?v=mduUbJTdXag。

47. Kate Knibbs, "Lexicon: Why the Far Right Wing Fears Soy," *The Ringer*, 3 November 2017, www.theringer.com/tech/2017/11/3/16598872/alt-right-lingo-soy-boy.

48. Lon White et al., "Brain Aging and Midlife Tofu Consumption," *Journal of the American College of Nutrition* 19 (2000): 242–255.

49. Sandra File et al., "Eating Soya Improves Human Memory," *Psychophar-*

魔豆：大豆在美国的崛起

macology 157 (2001):430–436; Messina, "Insights," 2292S–2293S.

50. Kids with Food Allergies: A Division of the Asthma and Allergy Foundation of America, "Living with Food Allergies: Allergen Avoidance List," last updated 2017, www.kidswithfoodallergies.org/page/top-food-allergens.aspx.

51. United Soybean Board, "Soyconnection: Estimating Prevalence of Soy Protein Allergy," last modified 2016, www.soyconnection.com/newsletters/soy-connection/health-nutrition/articles/Estimating-Prevalence-Of-Soy-Protein-Allergy.

52. Christopher Cordle, "Soy Protein Allergy: Incidence and Relative Severity," *Journal of Nutrition* 134 (2004): 1214S.

53. Katherine Vierk et al., "Prevalence of Self-Reported Food Allergy in American Adults and Use of Food Labels," *Journal of Allergy and Clinical Immunology* 119 (2007): 1504–1510.

54. Cordle, "Soy Protein Allergy," 1215S.

55. T. Foucard and I. Malmheden Yman, "A Study on Severe Food Reactions in Sweden—Is Soy Protein an Underestimated Cause of Food Anaphylaxis?" *Allergy* 54 (March 1999): 261–265.

56. Camila Domonoske, "DNA Tests Find Subway Chicken Only 50 Percent Meat, Canadian News Program Reports," last modified 1 March 2017, www.npr.org/sections/thetwo-way/2017/03/01/517920680/dna-tests-find-subway-chicken-only-50-percent-meat-canadian-media-reports.

57. Andrew Pollack, "Biotech's Sparse Harvest," *New York Times*, 14 February 2006, C1.

58. Messina, "Insights," 2293S.

59. Soyfoods Association of North America (SANA), "Sales by Product Type, 1996–2011," last modified 2011, www.soyfoods.org/wp-content/uploads/SANA-sales-data-1996-2011-for-web.pdf; SANA, "Soy Products: Sales and Trends," last updated 2014, www.soyfoods.org/soy-products/sales-and-trends.

60. Lizzie Widdicombe, "The End of Food," *New Yorker*, 12 May 2014, 34.

61. Rosa Labs LLP, "Soylent: What's in Soylent?" last modified 2016, blog.

soylent.com/post/51243920779/whats-in-soylent.

62. 参见John King, *Reaching for the Sun: How Plants Work* (New York: Cambridge University Press, 1997), 48–49。

63. Impossible Foods, "Impossible: Frequently Asked Questions," last modified 2016, www.impossiblefoods.com/faq/.

64. Beyond Meat, "The Beyond Burger," last modified 2017, beyondmeat.com/products/view/beyond-burger.

65. Jason Margolis, "NPR All Things Considered: Soy Seats in New Cars: Are Companies Doing Enough for Environment?" last modified 4 August 2015, www.npr.org/2015/08/04/429333129/the-soy-car-seat-are-companies-doing-enough-for-the-environment.

66. D. Howard Doane, "Suggested Policies," in *Proceedings: Second Dearborn Conference, May 12, 13, 14* (Dearborn, MI: Farm Chemurgic Council, 1936), 360.

67. William Shurtleff and Akiko Aoyagi, *History of Biodiesel—With Emphasis on Soy Biodiesel (1900–2017): Extensively Annotated Bibliography and Sourcebook* (Lafayette, CA: Soyinfo Center, 2017), 8.

68. Vaclav Smil, *Two Prime Movers of Globalization: The History and Impact on Diesel Engines and Gas Turbines* (Cambridge, MA: MIT Press, 2010), 221.

69. 参见Tiziano Gomiero, "Are Biofuels an Effective and Viable Energy Strategy for Industrialized Societies? A Reasoned Overview of Potentials and Limits," *Sustainability* 7 (2015): 8491–8521。该文是对生物燃料可持续性的详细考察。

魔豆：大豆在美国的崛起

主要参考文献

档案资源

康奈尔大学

Clive McCay Papers 1920–1967, Division of Rare and Manuscript Collections, Carl A. Kroch Library, Cornell University, Ithaca, NY.

洛马琳达大学

Archives of the E. G. White Estate Branch Office, Loma Linda University, Loma Linda, CA.

Department of Archives and Special Collections, Del E. Webb Memorial Library, Loma Linda University, Loma Linda, CA.

美国国家农业图书馆

Plant Exploration Collections, No. 325: USDA Forage Crop Investigation Records, Special Collections, National Agricultural Library, Beltsville, MD.

US Department of Agriculture, Bureau of Plant Industry, Foreign Plant Introduction and Forage Crop Investigations. *Agricultural Exploration in Japan, Chosen (Korea), Northeastern China, Taiwan (Formosa), Singapore, Java, Sumatra and Ceylon, by Dorsett, P. H. and Morse, W. J., Agricultural Explorers, 1928–1932.* Plant Exploration Collections, No. 51: Dorsett-Morse Oriental Agricultural Exploration Expedition, Series I: Journals, Special Collections, National Agricultural Library, Beltsville, MD.

美国国家档案馆一馆

Record Group 210, Records of the War Relocation Authority, Records of Relocation Centers, Subject-Classified General Files 1942–1946, Colorado River, Box 106, National Archives, Washington, DC.

Record Group 210, Records of the War Relocation Authority, Records of Relocation Centers, Subject-Classified General Files 1942–1946, Colorado River, Box 114, National Archives, Washington, DC.

Record Group 210, Records of the War Relocation Authority, Washington Office Records, Documentary Files, Semi-Annual Reports, Box 5, National Archives, Washington, DC.

Record Group 210, Records of the War Relocation Authority, Washington Office Records, Washington Document, Box 5, National Archives, Washington, DC.

美国国家档案馆二馆

Record Group 40, General Records of the Department of Commerce, Subgroup: Records of the Office of Technical Services, Series: Industrial Research and Development Division Subject File, 1944–1948, Box 65, National Archives II, College Park, MD.

Record Group 54, Subgroup: Division of Forage Crops and Diseases, Series: Correspondence with State Agricultural Experiment Stations, 1899–1928, Boxes 10–12: Idaho-Illinois to Illinois-Indiana, National Archives II, College Park, MD.

Record Group 54, Subgroup: Division of Forage Crops and Diseases, Series: General Correspondence, 1905–1929, Boxes 92–93: Morgan-Morse to Morse-Napier, National Archives II, College Park, MD.

Record Group 59, Textual Records from the Department of State, M329, Roll 183, 893.61321/6a and 893.61321/7, National Archives II, College Park, MD.

Record Group 88, Records of the Food and Drug Administration, Subgroup: Records of the Bureau of Chemistry, 1877–1943, Series: World War I Project File, 1917–1919, National Archives II, College Park, MD.

纽约公共图书馆

E. J. Kahn Papers, Box 14, Subject File: Andreas, Dwayne, Articles and Speeches, New York Public Library Manuscripts and Archives Division, New York.

加利福尼亚大学伯克利分校

Camouflage Net Factory, Reels 256–257, *Japanese-American Evacuation and Resettlement Records, 1930–1974 (bulk 1942–1946)*, BANC MSS 67/14 c, Bancroft Library, University of California, Berkeley.

"Community Government Closing Report," 1945, Topaz Final Reports, Folder 9 of 15, Reels 14–17, *Records of the War Relocation Authority, 1942–1946: Field Basic Documentation*, BANC FILM 1932, Bancroft Library, University of California, Berkeley.

Lawson, Grace. "The Dietary Department," 15 August 1945, Gila River Final Reports, Folder 22 of 31, Reels 40–43, *Records of the War Relocation Authority, 1942–1946: Field Basic Documentation*, BANC FILM 1932, Bancroft Library, University of California, Berkeley.

Martin, Hoyt. "Industry: Final Report, Historical," 1 May 1945, Gila River Final Reports, Folder 29 of 31, Reels 40–43, *Records of the War Relocation Authority, 1942–1946: Field Basic Documentation*, BANC FILM 1932, Bancroft Library, University of California, Berkeley.

伊利诺伊大学

William L. Burlison Papers, 1888–1968, Series 8/6/22, University of Illinois Archives, Urbana, IL.

伊利诺伊大学芝加哥分校

Archives of the Chicago Board of Trade, Daley Library Special Collections, University of Illinois at Chicago.

可检索的在线档案馆

Cornell Home Economics Archive (HEARTH), hearth.library.cornell.edu.

Densho Digital Archive. "Camp Newspaper Collections." archive.densho.org/main.aspx.

SOYINFOCENTER（大豆信息中心）。整个网站本身自成一座可检索的档案馆，其上还有涉及众多主题的参考文献和图书原文，均为可检索的PDF格式。www.soyinfocenter.com.

University of California's Calisphere，包含许多有关日裔拘留史的内容。camps.calisphere.org.

USDA Agricultural Research Service. "Germplasm Resource Information Network (GRIN): National Plant Germplasm System (NPGS)." www.ars-grin.gov/npgs.

图书、图书章节和文章

Boyer, R. A. "How Soybeans Help Make Ford," 6–9. In *Proceedings, Eighteenth Annual Meeting of the American Soybean Association*. 12–14 September 1938 at Wooster and Columbus, Ohio.

Bradley, Theodore F. "Nonedible Soybean Oil Products," 853–890. In Klare S. Markley, ed., *Soybeans and Soybean Products*, vol. 2. Fats and Oils: A Series of Monographs. New York: Interscience Publishers Ltd., 1951.

Burnett, R. S. "Soybean Protein Industrial Products," 1003–1053. In Klare S. Markley, ed., *Soybeans and Soybean Products*, vol. 2. Fats and Oils: A Series of Monographs. New York: Interscience Publishers Ltd., 1951.

Carriker, Roy R., and Raymond M. Leuthold.*Some Economic Considerations of Soy Protein-Meat Mixtures*. AE-4398. Urbana, IL: Department of Agricultural Economics, University of Illinois at Urbana-Champaign, March 1976.

Cordle, Christopher. "Soy Protein Allergy: Incidence and Relative Severity."*Journal of Nutrition* 134 (2004): 1213S–1219S.

Cowan, J. C. "Key Factors and Recent Advances in the Flavor Stability of Soybean Oil." *Journal of the American Oil Chemists' Society* 43 (July 1966): 300A–302A, 318A.

Crompton, Mabel P. "The Soybean Crop of Illinois."*Journal of Geography* 39 (April 1940): 142–150.

Daniel, Kaayla.*The Whole Soy Story: The Dark Side of America's Favorite Health Food.* Washington, DC: New Trends Publishing, 2005.

Desquilbet, Marion, and David S. Bullock. "Who Pays the Costs of Non-GMO Segregation and Identity Preservation?" *American Journal of Agricultural Economics* 91 (August 2009): 656–672.

Dies, Edward Jerome.*Soybeans: Gold from the Soil*. New York: Macmillan, 1942.

Dutton, H. J. "History of the Development of Soy Oil for Edible Use."*Journal of the American Oil Chemists' Society* 58 (March 1981): 234–236.

Fornari, Harry D. "The Big Change: Cotton to Soybeans."*Agricultural History* 53 (January 1979): 245–253.

Foucard, T., and I. Malmheden Yman. "A Study on Severe Food Reactions in

魔豆：大豆在美国的崛起

Sweden—Is Soy Protein an Underestimated Cause of Food Anaphylaxis?"*Allergy* 54 (March 1999): 261–265.

Fucini, Joseph, and Suzy Fucini.*Experience, Inc.: Men and Women Who Founded Famous Companies after the Age of 40*. New York: The Free Press, 1987.

Goldberg, Ray A.*Agribusiness Coordination: A Systems Approach to the Wheat, Soybean, and Florida Orange Economies*. Boston: Graduate School of Business Administration, Harvard University, 1968.

Hartwig, Edgar E. "Soybean Varietal Development 1928–1978," 2–10. In *Fifty Years with Soybeans*, a compilation of invited papers presented during the Advisory Board meeting of the National Soybean Crop Improvement Council, Hilton Head, South Carolina, 26–28 August 1979.

——. "Varietal Development," 187–210. In *Soybeans: Improvement, Production, and Uses*, ed. B. E. Caldwell. Madison, WI: American Society of Agronomy, 1973.

Hirahara, Naomi.*Distinguished Asian American Business Leaders*. Westport, CT: Greenwood Press, 2003.

Ho, Ping-Ti. "The Loess and the Origin of Chinese Agriculture."*American Historical Review* 75 (October 1969): 1–36.

Houch, James P. "Domestic Markets," 589–618. In *Soybeans: Improvement, Production, and Uses*, ed. B. E. Caldwell. Madison, WI: American Society of Agronomy, 1973.

Houck, James P., Mary E. Ryan, and Abraham Subotnik.*Soybeans and Their Products: Markets, Models, and Policy*. Minneapolis: University of Minnesota Press, 1972.

Hymowitz, Theodore. "Dorsett-Morse Soybean Collection Trip to East Asia: Fifty Year Retrospective." *Economic Botany* 38 (October–December 1984): 378–388.

——. "Introduction of the Soybean to Illinois." *Economic Botany* 41:1 (1987): 28–32.

——. "Soybeans," 159–162. In *Evolution of Crop Plants*, ed. N. W. Simmonds. New York: Longman, 1976.

Hymowitz, Theodore, and J. R. Harlan. "Introduction of the Soybean to NorthAmerica by Samuel Bowen in 1765." *Economic Botany* 37 (December 1983): 371–379.

Markley, Klare S., and Warren H. Goss.*Soybean Chemistry and Technology*. Brooklyn, NY: Chemical Publishing Company, 1944.

Mayer, I. D. "Harvesting Soybeans with the Combine," 21–22. In *Proceedings of the American Soybean Association*, vol. 2, *1928, 1929*. N.p.: American Soybean Association, 1930.

McBride, W. D., and Catherine Greene. "The Profitability of Organic Soybean Production." *Renewable Agriculture and Food Systems* 24 (2009): 276–284.

Messina, Mark. "Insights Gained from 20 Years of Soy Research."*Journal of Nutrition* 140 (2010): 2289S–2295S.

Mounts, T. J., W. J. Wolf, and W. H. Martinez. "Processing and Utilization," 819–866. In *Soybeans: Improvement, Production, and Uses*, 2nd ed., ed. J. R. Wilcox. Madison, WI: American Society of Agronomy, 1987.

National Academy of Sciences. National Research Council, Division of Biology and Agriculture. *Genetic Vulnerability of Major Crops*. Washington, DC: National Academy of Sciences, 1972.

Oki, Kazuhisa. U.S.*Food Export Controls Policy: Three Cases from 1973 to 1981.* USJP Occasional Paper 08-13. Cambridge, MA: Harvard University Program on US-Japan Relations, 2008.

Orthoefer, F. T. "Processing and Utilization," 219–246. In *Soybean Physiology, Agronomy, and Utilization*, ed. A. Geoffrey Norman. New York: Academic Press, 1978.

Ostrander, W. A. "It's Fun to Remember."*Soybean Digest* 4 (September 1944): 16–17.

Parrot, Wayne A., and Thomas E. Clemente. "Transgenic Soybean," 265–302. In *Soybeans: Improvement, Production, and Uses*, 3rd ed. Madison, WI: American Society of Agronomy, 2004.

Pendleton, P. W., and Edgar E. Hartwig. "Management," 211–238. In *Soybeans: Improvement, Production, and Uses*, ed. B. E. Caldwell, 353–390. Madison, WI: American Society of Agronomy, 1973.

Probst, A. H., and R. W. Judd. "Origin, U.S. History and Development, and World Distribution," 1–16. In *Soybeans: Improvement, Production, and Uses*, ed. B. E. Caldwell. Madison, WI: American Society of Agronomy, 1973.

Ralston, Brian. "Soy Protein Plastics: Material Formulation, Processing, and Properties." PhD diss., University of Wisconsin–Madison, 2008.

Reigel, W. E. "Protecting the American Soybean Market," 49–51. In *Proceedings of the Sixteenth Annual Meeting of the American Soybean Association*. N.p.: American Soybean Association, 1936.

Ross, R. C. "Cost of Growing and Harvesting Soybeans in Illinois," 46–56. In *Proceedings of the American Soybean Association*, vol. 3, *1930.* N.p.: American Soybean Association, 1931.

魔豆：大豆在美国的崛起

Scott, Walter O. "Cooperative Extension Efforts in Soybeans," 64–67. In *50 Years with Soybeans*, ed. R. W. Judd. Urbana, IL: National Soybean Crop Improvement Council, 1979.

Shaw, Wilfred. "Commercial Prospects of Soybeans," 28–33. In *Proceedings of the American Soybean Association*, vol. 2, *1928, 1929*. N.p.: American Soybean Association, 1930.

Shurtleff, William, and Akiko Aoyagi.*The Book of Tempeh: The Delicious, Cholesterol-Free Protein*, 2nd ed. New York: Harper Colophon Books, 1985.

——. *The Book of Tofu: Protein Source of the Future ... Now!* Vol. 1. Berkeley, CA: Ten Speed Press, 1983.

——. *The Soyfoods Industry and Market: Directory and Databook*, 5th ed. Lafayette, CA: Soyfoods Center, 1985.

——. *Soymilk Industry and Market*. Lafayette, CA: Soyfoods Center, 1984.

Smith, Keith, and Wipada Huyser. "World Distribution and Significance of Soybeans," 1–22. In *Soybeans: Improvement, Production, and Uses*, 2nd ed. Madison, WI: American Society of Agronomy, 1987.

Snyder, Harry, and T. W. Kwon.*Soybean Utilization*. New York: Van Nostrand Reinhold Company, 1987.

Soyfoods Association of North America (SANA). "Sales by Product Type, 1996–2011" [graph]. Last modified 2011. www.soyfoods.org/wp-content/uploads/SANA-sales-data-1996-2011-for-web.pdf.

Ujj, Orsolya. "European and American Views on Genetically Modified Foods."*The New Atlantis* 49 (Spring/Summer 2016): 77–92.

Upchurch, Woody. "Soybean Industry Builds on Foundation Laid by Tar Heel Farmers, Businessmen." [Lumberton, NC] *Robesonian*, 23 December 1967, 5.

US Department of Agriculture, Bureau of Agricultural Economics.*Soybean Production in War and Peace*, by Edwin G. Strand. Washington, DC: Government Printing Office, September 1943.

——. *Soybeans in American Farming*, by Edwin G. Strand. Technical Bulletin No. 966. Washington, DC: Government Printing Office, November 1948.

US Department of Agriculture, Farm Cooperative Service.*Edible Soy Protein: Operational Aspects of Producing and Marketing*. FCS Research Report 33. Washington, DC: Government Printing Office, January 1976.

Vest, Grant, D. F. Weber, and C. Sloger. "Nodulation and Nitrogen Fixation," 353–390.

In *Soybeans: Improvement, Production, and Uses*, ed. B. E. Caldwell. Madison, WI: American Society of Agronomy, 1973.

Wand, Frederick A. "Commercial Outlet for Soybeans," 35–36. In *Proceedings of the American Soybean Association*, vol. 2, *1928, 1929*. American Soybean Association: 1930.

——. (As F. A. Wand.) "Relation between the Soybean Grower and the Oil Mill," 104–106. In *Proceedings of the American Soybean Association*, vol. 1, *1925, 1926, 1927*. N.p.: American Soybean Association, 1928.

Warren, Forest Glen. "Economic Significance of the Futures Market for Soybeans." PhD diss., University of Illinois, 1945.

Willis, Carol. *Form Follows Finance: Skyscrapers and Skylines in New York and Chicago*. New York: Princeton Architectural Press, 1995.

Young, E. C. "The Proper Place for Soybeans in the System of Farming," 19–21. In *Proceedings of the American Soybean Association*, vol. 2, *1928, 1929*. N.p.: American Soybean Association, 1930.

索引

魔豆：大豆在美国的崛起

魔豆：大豆在美国的崛起

魔豆：大豆在美国的崛起

魔豆：大豆在美国的崛起

魔豆：大豆在美国的崛起

魔豆：大豆在美国的崛起

魔豆：大豆在美国的崛起

图书在版编目（CIP）数据

魔豆：大豆在美国的崛起 /（美）马修·罗思著；刘夙译 . —北京：商务印书馆，2023
（自然文库）
ISBN 978-7-100-21594-7

Ⅰ.①魔…　Ⅱ.①马…②刘…　Ⅲ.①大豆—栽培技术—农业史—研究—美国　Ⅳ.① S565.1-097.12

中国版本图书馆 CIP 数据核字（2022）第 148391 号

自然文库
魔豆：大豆在美国的崛起
〔美〕马修·罗思　著
刘夙　译

商 务 印 书 馆 出 版
（北京王府井大街36号　邮政编码100710）
商 务 印 书 馆 发 行
北京新华印刷有限公司印刷
ISBN 978 - 7 - 100 - 21594 - 7

2023年2月第1版　　　开本880×1230　1/32
2023年2月北京第1次印刷　印张16⅛　插页2
定价：88.00元